国家出版基金项目
NATIONAL PUBLICATION FOUNDATION

地球观测与导航技术丛书

无人飞行器序列影像处理与运动分析

余旭初　张鹏强　于文率　著

科学出版社
北　京

内 容 简 介

无人飞行器正成为一种日渐重要的遥感动态监测平台。本书在国内外相关研究的基础上，结合作者所在团队近年来取得的研究成果，阐述无人飞行器获取的序列影像的快速处理和运动分析的有关理论与技术。全书共分10章，涉及无人飞行器序列影像处理与分析的基础理论和关键技术。首先，结合遥感动态监测系统的功能特性分析，介绍无人飞行器遥感监测系统的组成与特性。在此基础上，针对无人飞行器搭载平台，讨论序列影像预处理技术和摄像机构像几何模型。接下来，重点围绕序列影像快速处理和运动分析两方面的关键技术展开深入与广泛的讨论，内容分别包括摄像机几何标定、地面移动目标快速定位、序列影像配准与镶嵌和序列影像运动估计、运动检测以及运动对象跟踪。

本书可供遥感和地学领域研究人员与工程技术人员参考，也可作为大专院校相关专业的本科生与研究生的教材或参考书。

图书在版编目(CIP)数据

无人飞行器序列影像处理与运动分析/余旭初，张鹏强，于文率著. —北京：科学出版社，2014. 11

(地球观测与导航技术丛书)

ISBN 978-7-03-042273-6

Ⅰ.①无… Ⅱ.①余…②张…③于… Ⅲ.①图象处理-应用-无人驾驶飞行器-研究 Ⅳ.①V47

中国版本图书馆 CIP 数据核字(2014)第 248199 号

责任编辑：彭胜潮 苗李莉 朱海燕 / 责任校对：钟 洋

责任印制：徐晓晨 / 封面设计：王 浩

科 学 出 版 社 出版

北京东黄城根北街 16 号

邮政编码：100717

http://www.sciencep.com

北京厚诚则铭印刷科技有限公司 印刷

科学出版社发行 各地新华书店经销

*

2014 年 11 月第 一 版 开本：787×1092 1/16

2019 年 4 月第三次印刷 印张：13 3/4 插页：4

字数：308 000

定价：99.00 元

(如有印装质量问题，我社负责调换)

《地球观测与导航技术丛书》编委会

顾问专家

徐冠华　龚惠兴　童庆禧　刘经南　王家耀
李小文　叶嘉安

主　编

李德仁

副主编

郭华东　龚健雅　周成虎　周建华

编　委（按姓氏汉语拼音排序）

鲍虎军　陈　戈　陈晓玲　程鹏飞　房建成
龚建华　顾行发　江　凯　江碧涛　景　宁
景贵飞　李　京　李　明　李传荣　李加洪
李增元　李志林　梁顺林　廖小罕　林　珲
林　鹏　刘耀林　卢乃锰　孟　波　秦其明
单　杰　施　闯　史文中　吴一戎　徐祥德
许健民　尤　政　郁文贤　张继贤　张良培
周国清　周启鸣

《地球观测与导航技术丛书》出版说明

地球空间信息科学与生物科学和纳米技术三者被认为是当今世界上最重要、发展最快的三大领域。地球观测与导航技术是获得地球空间信息的重要手段，而与之相关的理论与技术是地球空间信息科学的基础。

随着遥感、地理信息、导航定位等空间技术的快速发展和航天、通信和信息科学的有力支撑，地球观测与导航技术相关领域的研究在国家科研中的地位不断提高。我国科技发展中长期规划将高分辨率对地观测系统与新一代卫星导航定位系统列入国家重大专项；国家有关部门高度重视这一领域的发展，国家发展和改革委员会设立产业化专项支持卫星导航产业的发展；工业和信息化部、科学技术部也启动了多个项目支持技术标准化和产业示范；国家高技术研究发展计划（863 计划）将早期的信息获取与处理技术（308、103）主题，首次设立为“地球观测与导航技术”领域。

目前，“十一五”计划正在积极向前推进，“地球观测与导航技术领域”作为 863 计划领域的第一个五年计划也将进入科研成果的收获期。在这种情况下，把地球观测与导航技术领域相关的创新成果编著成书，集中发布，以整体面貌推出，当具有重要意义。它既能展示 973 计划和 863 计划主题的丰硕成果，又能促进领域内相关成果传播和交流，并指导未来学科的发展，同时也对地球观测与导航技术领域在我国科学界中地位的提升具有重要的促进作用。

为了适应中国地球观测与导航技术领域的发展，科学出版社依托有关的知名专家支持，凭借科学出版社在学术出版界的品牌启动了《地球观测与导航技术丛书》。

丛书中每一本书的选择标准要求作者具有深厚的科学研究功底、实践经验，主持或参加 863 计划地球观测与导航技术领域的项目、973 计划相关项目以及其他国家重大相关项目，或者所著图书为其在已有科研或教学成果的基础上高水平的原创性总结，或者是相关领域国外经典专著的翻译。

我们相信，通过丛书编委会和全国地球观测与导航技术领域专家、科学出版社的通力合作，将会有一大批反映我国地球观测与导航技术领域最新研究成果和实践水平的著作面世，成为我国地球空间信息科学中的一个亮点，以推动我国地球空间信息科学的健康和快速发展！

李德仁

2009 年 10 月

前　言

过去十多年来，就在人们惊叹于现代航空航天遥感技术的巨大进展并忙于分享和消化其令人眼花缭乱的成果的时候，一种灵巧型的遥感方式悄然面世并影响和改变着我们的社会与生活，这便是无人机遥感。如果说，一开始人们对这种主要运行于中低空域且只搭载小型载荷的遥感手段并未持过高期望，而仅将其视为已有主流遥感方式的补充的话，那么随着其在各个应用领域特别是反恐战场上取得的巨大成功，一切都发生了改变。这些不断涌现的成功范例，既给人以强烈的视觉和心灵刺激，又确定无疑地展示出未来更精细、更多样化的探测能力和更广阔的应用领域。

毋容置疑，现有的主流遥感手段都可以在无人机上得到小型化的版本。但是，在无人机众多的探测方式中，基于视频流或序列影像的方式却独树一帜。视频影像本身并非新鲜之物，其鼻祖实际上就是早已面世的电视信号。随着计算机、网络和数字处理技术的进步，视频影像已在工业、交通、安全等领域得到应用并迅速普及开来。然而，一旦能够从空中实时传回地面目标和景观的数字视频，一扇全新的遥感视窗便打开了。一直以来，人们都希望能从空中捕捉和跟踪地面的运动现象并对兴趣区域进行连续与持久的监视，无人机、视频影像和实时传输技术的结合正好切合了这一需求。

然而，与上述美好愿景相伴的却是数据处理和分析方面的巨大障碍。尽管信息提取一直是各种遥感应用中普遍性的瓶颈问题，但在基于序列影像的应用处理方面问题则异常突出，且随着无人机遥感硬件系统整体性能的成倍提高而显得越发严重。这就不难解释为何美军即便动用了大批专业人员在后方基地对世界各地传回的视频进行二十四小时不间断的人工判读分析，也只能利用这些视频所提供潜在价值的极小部分。而为了进行有效的自动处理和分析，则面临着更为棘手的问题。首先，从庞大的视频流中探测出地面上的运动现象或细微变化并对其实时定位和持续跟踪，需要运用较常规遥感探测更为精细、稳健和高效的算法。再次，为了获得大区域的监视效果，必须将大量不断获取的小视场视频影像动态拼接或组合成相应的大范围场景，这在策略、方法和运算量上都构成挑战。此外，由于空中视频是在平台运动状态下获取的，反映在序列影像上就是背景的运动，这就难以直接借用目前流行的各种面向静止背景的影像分析方法。

本书在无人飞行器（包括无人机和无人飞艇）的统一框架下，围绕前述问题展开讨论和分析。全书内容大致可分为两个层次：较低层次上，安排的是相关的背景知识和基础理论；较高层次上，重点介绍解决上述问题所涉及的关键理论、技术方法与应用范例。书中内容既总结了国内外有关的研究，也结合了作者所在团队十多年来在无人飞行器遥感应用领域取得的部分研究成果。全书共 10 章。第 1 章结合无人飞行器遥感技术的发展论述其对地理空间信息获取的意义，并由此引出序列影像处理与分析所涉及的主要问题。第 2 章介绍无人飞行器遥感系统的硬件组成，分析各部分的功能。第 3 章介绍序列影像的预处理，在分析序列影像一般特性的基础上介绍视频采样、视频压缩编码以及序列影像稳定等方面的知识。第 4 章分析摄像机成像的几何模型，重点是几何构像模型和内、外参数的定义及意义。第 5 章专门介绍摄像机的几何标定问题，涉及经典的标定方法、使用平面模板的标定方法和自标定方法，以及变焦摄像机的在线标定。第 6 章针对地面移动目标，介绍其快速定位理论和技术，内容包括坐标系统及其转换、利用 GPS/INS 的移动目标直接定位方法，以及非量测型摄像机的移动目标定位方法等。第 7 章涉及面向序列影像大区域应用的配准与镶嵌问题；首先给出角点特征提取与匹配的基本算法，然后分析讨论若干序列图像配准模型，最后介绍一个实用的序列图像自动镶嵌系统。第 8 章关注序列影像的运动估计问题，介绍传感器的运动投影关系；在分析常用光流运动分析方法的基础上介绍多约束条件的光流运动估计方法，以及红外序列影像的相位信息运动估计方法。第 9 章阐述序列影像的运动检测；首先介绍静态场景的运动检测，然后分析空中视频的运动目标检测涉及的基本问题，进而着重讨论动态平台条件下运动检测方法与实现问题。第 10 章介绍利用视频流跟踪地面运动对象的理论和方法，内容包括运动跟踪模式分析、基于目标特征的运动跟踪方法和基于状态滤波的运动跟踪方法。

作者谨以此书向中国科学院院士高俊教授致以崇高的敬意和由衷的谢意。十多年前，正是高俊院士为作者及作者团队指明了无人机遥感测绘应用的新方向，并自那时起一直为作者及作者团队承担的相关课题的研究倾注着热情的支持与关怀。作者还特别感谢解放军信息工程大学的游雄教授和万刚教授，在长期的科研合作和联合攻关中，他们给予作者及作者团队以大量无私的帮助。解放军信息工程大学的张永生教授、姜挺教授、张占睦教授、秦志远教授、冯伍法教授、刘智教授和朱宝山教授等为本书的撰写提出了宝贵的意见与建议，在此一并致谢。最后要感谢的是研究生周俊、刘景正、谭熊、付琼莹、秦进春、余岸竹、魏祥坡和刘冰等同学，他们参与了本书所涉及的研究或有关章节的校正工作。

本书的出版得到了解放军信息工程大学地理空间信息学院教材出版专项基金、国家自然科学基金项目（机载低空摄像机在线检校与视频影像实时处理技术研究，41201477）、中国博士后科学基金（基于多视立体的无人机海岛礁测绘数据处理关键技术，2013M542456）的资助。

无人飞行器遥感方兴未艾，定将在互联网和大数据时代迸发出巨大的能量，人们目前所感受到的只是其潜能的冰山一角。相应地，无人飞行器序列影像分析和处理的理论与技术也在不断地充实、发展及完善之中，本书仅结合当前的典型应用做了提炼和总结，没有也不可能形成一个全面的体系。同时，限于作者的学术水平，以及部分研究有待深化，书中一定存在错误及疏漏之处，欢迎读者批评指正。

目　　录

第1章　绪　　论

如果让公众对过去二十年发生在现代遥感领域的大事件做一个排序，那么以无人机为代表的各类无人飞行器的广泛应用极有可能荣登榜首。事实上，无人飞行器的影响已远远超出传统遥感技术的范畴而触及人类社会生活的诸多方面。本章首先对无人飞行器遥感的基本功能、技术特征和发展潜力展开分析，然后结合本书的安排，介绍无人飞行器序列影像处理应用涉及的理论和技术层面的相关内容。

1.1　无人飞行器遥感：能力、魅力与潜力

信息时代的人们多少变得有些麻木。无论是某个商业帝国的突然崩塌，抑或是某个一名不文的少年因突发奇想而一夜成名，诸如此类的人和事出现得太多，也同样不可避免地淹没在信息的洋流之中，于是人们变得习以为常，多数情况下甚至连持久的记忆都难以形成。然而，即便是在信息时代，有一样东西却与众不同地始终吸引着人们的注意力，这就是无人飞行器。无人飞行器由无人机和无人飞艇两大类组成，以前者为主。本书中，除非需要对二者进行区别性的介绍和分析，一般我们直接以无人机来代替无人飞行器的概念。

其实，无人飞行器并非新鲜事物，早在飞机问世后不久就出现了。但是，如今人们却在用新奇的眼光审视它，因为它既改变了现状，又颠覆了传统。同样，它也不是无所不能，人们却对其倾注着热情的期待，因为我们清楚，目前它所展示出来的能力只是其潜能的冰山一角。

说无人飞行器披着神秘的外衣进入人们的视野并不为过。原因首先是科幻因素；人们通常在孩提时代就通过科幻小说、电影或动漫接触到各种无人飞行器，在造成强烈的视觉和心灵刺激的同时也产生种种向往与遐想。再次，当然也是最重要的，就是最近二十年来无人机在军事领域取得的巨大成功。从前人们只听说过无人侦察机，或者作为军事发烧友也对无人靶机等有所了解。如今，五花八门、性能各异的无人机已活跃在世界的各个角落，执行着战场侦察、地形测绘、环境监测乃至目标指示、跟踪和打击的各类任务。下一步，不仅可用于实战的无人战斗机指日可待，满载各类无人机的航空母舰也将游弋于广阔的海洋。

至此，有必要对无人飞行器作一些规范化地讨论。首先是其定义，我们针对无人机和无人飞艇分别给出。无人机是相对于有人机的一个概念，广义地讲，是指飞机内没有驾驶员，又可对其进行控制的一类航空器。虽然对这类航空器我们一直以“无人机”相称，但实际上在其发展过程中却有着众多的英文名称，典型的如 RPV、UAV 和 UAS 等。其中，RPV(remotely piloted vehicle)意为遥控驾驶飞行器，强调的是利用无线电技术对无人机

的远距离控制；UAV(unmanned aerial vehicle)是目前为止最广泛采用的名称，出现于预编程自主飞行技术在无人机上得到应用之后，其直译就是无人航空器；UAS(unmanned aircraft system)即无人机系统，近年来得到广泛采用，它强调了无人机作为一个系统的概念，即除无人机平台外还包括了发射回收设备、地面控制站和通信链路等。飞艇的概念相对简单，它是一种利用轻于空气的气体来提供升力的航空器。虽然早期大多数飞艇都是有人驾驶的，但无人飞艇数量所占的比重越来越大。无人飞艇的英文缩写是 RPA(remotely piloted airship)即遥控驾驶飞艇。

在无人飞行器的各类应用中，军事领域应用一直并毫无疑问地将继续占有支配地位。从最早作为靶机的无人机原型，到陆续用于实战的成像侦察、战场测绘、电子干扰、火炮校射乃至对地攻击的各型无人机，向人们展示出过去三十年来这一领域令人目不暇接的成果。更令人震撼的是，无人机系统的发展近年来正呈加速之势，再过几年就会发现，过去所取得的一切只能看作其早期或初级成就。对此，从目前美军正在研发和验证的几款隐形无人空中作战系统，到实验室中各色形如小鸟的扑翼型智能无人机“样本”，就可以初见端倪。

与军事领域轰轰烈烈的发展相比，无人机在民用领域似乎显得默默无闻、不温不火。但事实却是，尽管民用无人机系统没有(当然也不需要)以军用系统那样的速度推陈出新，但其应用范围在不断扩大，其市场也在加速扩展。如今，在灾害预警与评估、环境监测等应用中，无人机遥感方式因其低成本、高度灵活等特点而越来越多地取代传统的航空遥感。即便是在航空摄影测量这样的高度严密和专业化的技术领域，无人机也渗透进来了。随着面阵相机、侧视雷达和成像光谱仪等传感器的小型化与性能优化，以及数据传输与自动导航能力的提升，中低空无人机航空摄影测量系统正在加速占领小区域、大比例尺地图测绘市场。

未来无人飞行器的一个重要发展趋势就是其网络化运用。除了将型号和功能各异的无人飞行器组网运行，还可在一个统一时空框架下将布设于地面的各类传感器纳入其中。图 1.1 所示为一个地理空间传感器网络原理结构图。该网络在地理空间信息框架下，将应用区域所对应的遥感影像信息、非影像信息及其他地理空间信息数进行集成关联，从而实现对空中及地面传感器的协同控制，以及对多个运动目标的同步跟踪和对特定区域的

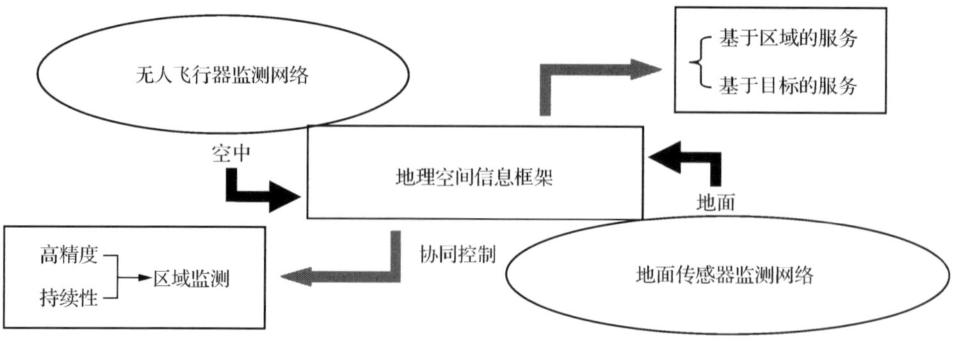

图 1.1　地理空间传感器网络原理结构图

持续监测，实现基于区域与目标的地理空间信息快速获取和全维认知服务。其中，基于区域的服务是在应用空间内确定重点的区域范围，实时调配区域网络资源，对区域内地理空间环境和其他认知信息进行快速采集、处理与分析，从而充分获取该区域在对应时间内的环境信息。基于目标的服务是在区域监测和前期探测的基础上确立重点目标，在目标不脱离应用区域或者被捕获的条件下，网络资源向对应的兴趣目标倾斜，实现实时监视、跟踪和高精度定位。

地理空间传感器网络系统的网络集成特性首先表现在该网络是一个空地结合的立体监测网络。它由分层和分区域部署的空中多无人飞行器监测网络与地面监测网络构成，以空中监测网络为主，地面监测为辅。地面监测网络可以探测并发现运动目标，从而引导激活空中无人飞行器网络的运行，并和空中传感器网络共同组成多视觉的立体监测网络，实现多维信息的全方位监测。网络集成特性其次表现在多传感器的集成。空中无人飞行器网络可以搭载可见光、红外、合成孔径雷达等传感器；地面传感器主要为微型传感器节点，该节点可以是视频、图像等成像传感器，也可以是振动、热敏、红外、声波等非成像传感器。

地理空间信息框架是传感器网络体系的核心。为确保网络构建阶段的有效布设以及其中各传感器的协同实现，需要依托该框架从横向和纵向对空间区域进行划分，如图 1.2 所示。区域划分和分层是网络所属各传感器间实现协同应用的基础。在空间信息框架中将应用空间划分为相对独立的区域，同时确定各传感器所负责的区域，进而将传感器及其平台配属或投放到其对应的区域，以保证传感器对于监测区域的完整覆盖。在纵向上的层次划分可以将网络中不同性能的飞行器及其搭载传感器分别布置于各个层级空域，从而使网络传感器及平台在其性能上得到有效分工，优化监测结果。

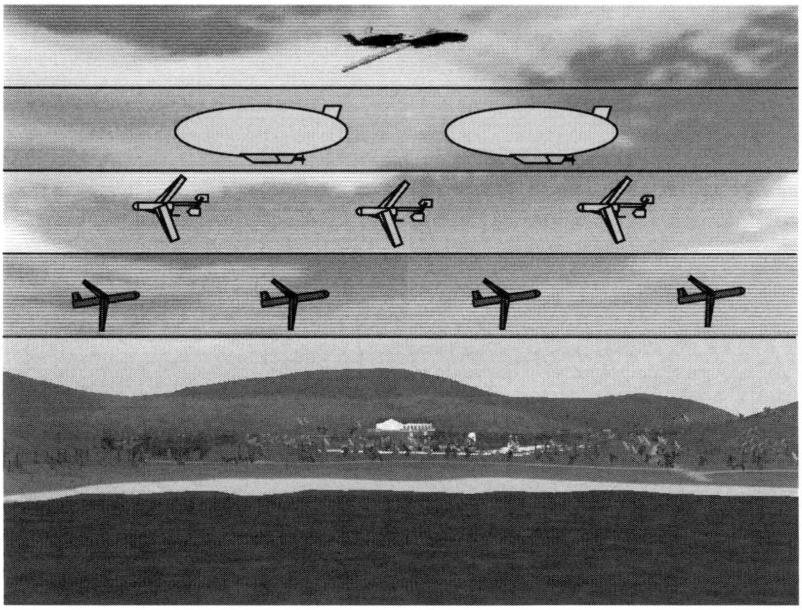

图 1.2　空中监测网络的分层布设

1.2 序列影像处理与运动分析

如 1.1 节所述，目前无人飞行器已能搭载各类现有的遥感载荷执行不同的对地观测任务，这意味着当今主流的遥感技术手段都可以在无人飞行器上得到小型化的版本。如此一来，乍一看无人飞行器遥感过程似乎并不复杂，因为一切都可遵循既定的程序和套路。但实际情况却远非如此，与传统的航空航天遥感相比，无人飞行器遥感必须应对一系列非典型的情况，包括低成本载荷获取的影像质量相对较低、飞行平台的高动态和不稳定、海量数据的实时处理与信息提取等。并且，除了携带不同的传感器，无人飞行器遥感还有两大特征，这就是无人飞行平台的差异性，以及遥感观测任务的多样化。

鉴于此，我们在建立无人飞行器遥感技术体系的时候，就很难将上述因素综合在一起，构建一个通用的系统。硬件方面的难度自不必言，数据融合处理方面同样存在着巨大的障碍。因此，目前比较现实也是通行的做法是，结合具体的无人飞行系统硬件配置来设计和开发相应的软件系统，以执行和完成特定的遥感探测任务。

但是，即便是面对种类众多的无人飞行器系统及其纷繁复杂的任务模式，仍然可以从顶层抽出一些共性的问题加以分析和讨论。例如，可以撇开无人机系统的差异，将某类传感器与其具体应用结合起来，提炼和分析其关键技术。这样，我们就可以从整体上把握具有与之相同或类似的无人机遥感模式的主要理论和技术特征。

本书正是从这一愿望和设想出发，围绕无人飞行器序列影像及其区域监视和运动目标跟踪应用展开。我们注意到，这是当前和今后相当长一个时期的主流遥感模式。在无人飞行器众多的探测方式中，基于视频流或序列影像的方式却独树一帜。随着计算机、网络和数字处理技术的进步，视频影像已在工业、交通、安全等领域得到应用并迅速普及开来。然而，一旦能够从空中实时传回地面目标和景观的数字视频，一扇全新的遥感视窗便打开了。一直以来，人们都希望能从空中捕捉和跟踪地面的运动现象并对兴趣区域进行连续与持久的监视，无人飞行器、视频影像和实时传输技术的结合正好切合了这一需求。

从大的结构上，本书在介绍无人飞行器系统后分两部分展开：前半部分重点介绍无人飞行器序列影像的基本特征以及各种标定和预处理方法；后半部分主要围绕区域监视和对地面目标的定位与跟踪应用讨论相关的问题。下面结合各章内容安排对本书的理论和技术体系作介绍。

在正式针对无人飞行器序列影像的分析处理和应用展开讨论之前，有必要对无人飞行器系统做一个较为详细的介绍。这不仅是为了内容体系上的完整性，更是因为序列影像的分析处理过程通常并非单纯针对影像数据本身来进行，往往还需结合飞行平台和传感器的状态参数以及数据传输特性联合进行。第 2 章首先分别结合无人机和无人飞艇的构造特征介绍二者的系统组成，并从稳定性、航空动力学控制和电子控制三方面分析飞行控制系统的设计要求。对作为无人飞行器中枢系统的地面控制站，在介绍其基本组成和物理配置的基础上，重点剖析针对各类任务的规划功能和飞行控制功能，对其与无人飞行器系统其他部分的外部通信接口也作了简要介绍。接下来介绍任务载荷，重点结合成像传感器的目标探测和识别性能及指标要求进行分析。连续和高精度地获取成像时传感器的位置与姿态可为地面目标快速定位提供全新的途径，这方面分别讨论 GPS(global positioning system)定位原理、惯性导航系统(inertial navigation system,INS)位置和姿态测量方法,以及 GPS/INS 组合系统。最后介绍无人飞行器的数据链路,在分析其组成和特征之后着重讨论其数据传输特性。

在任何一个多层次的影像处理和分析系统中,预处理一般都被视作最底层和最初级的处理,对于序列影像亦是如此,这一环节之所以不可或缺,是因为其直接关乎后续处理的质量和效率。第 3 章介绍序列影像预处理技术。首先给出序列影像的一般特性,包括时间连续性和空间相关性;对无人飞行器获取的序列影像,则分析其获取平台特性、信息内容特性和目标对象特性。通过对视频影像进行离散化处理,可以获得时空相关性较高且属性参数一致的序列影像,这涉及视频影像重采样与模数转换问题,分别介绍模拟视频信号采样、视频采样制式转换、视频影像模数转换,以及数字视频影像编码与压缩等方面的理论和技术。序列影像质量的退化既有色调的失真,也可能来自各类噪声污染,甚至由于较大的斑点遮挡影像中的关键信息或重要特征;影像增强和复原的主要任务就是解决类似的问题。对于该章这部分核心内容,重点讨论色调校正及调整、视频滤波噪声抑制、区域斑点影像移除以及多帧影像超分辨率重建的基本理论和方法。序列影像的全局运动会对其中运动目标的相关处理分析造成干扰,因此需要在事前进行补偿纠正,以降低背景位移变化的幅度,这种自运动纠正的处理技术称为影像稳定,是序列影像特有的一种预处理。这方面先分析动态平台序列影像运动补偿问题的数学表达,接着分别给出基于特征的影像稳定方法以及光流估计影像稳定方法。

第 4 章的讨论围绕摄像机的成像几何模型展开。无人飞行器携带的通常是非量测型成像传感器,相对于遥感测绘中使用的量测型相机而言,这类传感器的内部结构不规则,内参数完全或部分未知,甚至不稳定。对于这类传感器,传统的摄影测量中针对画幅式相机进行几何建模的方法已不再适用,但却可以借助计算机视觉的方法加以描述。为了描述物像关系,该章首先介绍针孔摄像机模型和基于旋转矩阵的空间直角坐标变换。实际应用中,像点的与场景点的坐标分别在像平面坐标系和物方空间直角坐标系中测量。为此,接下来分别定义表示摄像机坐标系和这两个坐标系之间转换关系的摄像机参数,包括表示像平面坐标系与摄像机坐标系关系的内部参数(或内参数)、表示物方空间直角坐标系与摄像机坐标系关系的外部参数(或外参数)。摄像机的光学系统会受到多种畸变的影响,最主要的有两种,即切向畸变和径向畸变,研究表明,径向畸变是影响图像变形的主要因素,给出考虑镜头径向畸变的摄像机几何投影模型。最后,分析基于计算机视觉的成像几何模型与遥感测绘中广泛使用的摄影测量构像模型——共线条件方程之间的异同,以及各自的适用性。

下一步是针对摄像机的几何标定,该过程既是无人飞行器序列图像用于移动目标定位的前提,也是序列图像配准镶嵌前改正图像镜头畸变的依据。几何标定需要通过实验与计算来确定摄像机内外参数和镜头畸变模型参数。由于无人飞行器飞行和起降操作机动灵活,而且还可以方便地更换搭载传感器,所以需要更加灵活的几何标定方法。另外,为了满足不同飞行条件下的多分辨率图像获取,无人飞行器往往搭载焦距可调的摄像机,而在飞行过程中调焦会导致传感器内参数发生变化,这就需要在焦距变化后快速甚至实时地重新标定内参数。能够满足这一在线标定需求的技术方法就是摄像机自标定。第 5 章先介绍经典的摄像机标定方法,即利用布设野外控制点进而采用直接线性变换模型的解算方法，以及在室内使用三维标定参照物的方法。平面模板是一种适于标定无人飞行器摄像机的方便灵活的标定参照物。但是，采用该模板进行几何标定时，需要充分考虑所有场景点均位于同一平面这一特定的约束条件，并建立合适的几何构像模型以解算摄像机内外参数，这方面详细介绍目前最具有代表性的 Tsai 两步法和张正友方法的基本原理与实现过程。摄像机自标定方面，重点分析基于 Kruppa 方程的自标定方法。作为范例，最后结合推导的变焦摄像机内参数模型，将自标定方法应用到变焦摄像机的在线标定。

有了传感器的几何标定参数和成像时的位置姿态参数，就可以结合地面控制条件，确定出现在无人飞行器图像或视频中地面目标的地理坐标，这一过程就是地面目标定位。地面目标可分为固定目标和移动目标，二者的定位方法差别较大。固定目标可采用基于摄影测量的定位技术，利用在不同方位获取的两幅(或多幅)图像建立三维立体模型进行高精度定位；移动目标则由于其运动使之在多幅图像上的相对位置发生变化，因而无法在立体模型上进行精确定位。同时，在一段时间间隔内，移动目标的定位结果应当是其运动轨迹的地理坐标序列。相较于传统的摄影测量立体交会方法，基于视频影像的目标定位可以充分利用 GPS/INS 组合系统来持续解算成像时传感器的位置和姿态，从而实现定位的快速或实时化。基于 GPS/INS 的目标定位涉及多种坐标系统，包括 GPS 坐标系和与 INS 相关的坐标系，以及摄影测量坐标系和表示最终定位结果的地图坐标系，第 6 章首先介绍这些坐标系统并给出它们之间的转换关系。对序列图像中的移动目标进行定位，首先要将 GPS/INS 的输出信息转换为摄像机的绝对位置和姿态参数以得到其外方位元素，然后再针对序列图像中的移动目标施以单像目标直接定位方法。接下来对与此过程相关的算法进行介绍。对于定位误差，分析移动目标定位的各项误差因子，并推导出各因子的误差传递公式。无人飞行器搭载的非量测型摄像机，其内部结构不规则，为此本书给出一种更适合于这类非量测型传感器的移动目标定位方法，重点介绍其基本原理和投影矩阵的确定算法。

在地理环境监测应用方面，视频序列影像的独特优势就是能够客观地反映地理环境的实时状态。但由于无人飞行器飞行高度通常较低，再加上传感器视场范围小，获取的序列影像本身并不能满足大范围动态地理环境监测的需求。为此，需要利用图像配准镶嵌技术拼接出所需的大区域场景图像。序列图像镶嵌技术的核心是图像间的配准，常用的配准方法分为基于特征的方法和基于区域的方法，后者亦称为基于光流的方法。基于特征方法利用从图像中提取的目标特征作为控制基础，通过求解待配准图像和参考图像相应特征之间的几何关系来建立图像间的几何变换模型，具有更广泛的适应性和更高的稳定性。角点特征是一种稳定性好且易于处理的影像特征，其优势在于以相接的边缘信息作为辅助，反映匹配窗口内的几何结构特性，从而有助于实现更好的特征匹配。第 7 章首先讨论角点特征的提取与匹配技术，包括 Harris 算子、KLT(Kanade-Lucas-Tomasi)特征跟踪方法等角点特征提取方法，以及基于相似性测度的特征粗匹配、基于一致性判据的特征精匹配等角点特征匹配算法。为了获取更多的匹配角点特征用于序列图像配准，本书给出一种新的基于三视图的角点特征提取算法，它通过借助第三幅视图，在两幅待配准图像之间间接地获取匹配角点特征，接下来介绍这种方法。针对序列图像配准模型方法，分别讨论平面构像配准模型、起伏地表配准模型、多项式模型以及旋转摄像机构像模型。对本书建立的一个基于人工监督的序列图像自动镶嵌系统，也结合其界面和功能做了简要介绍。

第8章讨论序列影像运动估计。这一处理的目的是计算因传感器移动引起的影像变化造成的背景位移,从而使后续的运动目标检测和跟踪成为可能。无人飞行器序列影像中包含的信息内容相对复杂,因此运动估计变得较为困难。光流技术是实现运动估计的有效手段,它涵盖了由灰度级到特征级、局部到全域、空间域到频率域的多种处理方法。在运动矢量估计中,背景运动常表现为全局性,但是与背景运动不一致的目标运动极有可能成为估计运算过程中的离群值,并对最终处理结果的准确性和精度造成影响。此外,重复的纹理区域和投影成像模型导致的混淆及变形等情况也会干扰位移矢量的计算。因此,需要多尺度框架下的多约束条件综合分析,以期克服各种干扰影响,从而获得精确的解算结果。基于光流方法的运动估计也可转换到频率域中进行。空间域中的位移矢量反映为频率域中的相位变化,可以通过频域特征推导运动信息,同时频域方法也能够较好应对影像中的对比度变化及噪声影响等问题,所以更为适用于具有类似特点的影像数据,如红外序列影像等。该章首先结合运动投影变换推导出光流场的约束方程,接着给出三种光流运动分析方法,即微分梯度法、关联匹配法和频率能量法。在光流运动估计方面,重点是变分方法的运用,为此讨论序列影像的多尺度结合、变分光流方法及其中的平滑作用,以及具体的变分光流计算方法。红外影像中的不利因素是没有丰富的纹理、外形轮廓等特征,当出现动目标的热属性接近环境条件时,则更难以有效检测或进行相关的运动分析。因此,可着重相位特征信息在红外序列影像运动估计中的应用,该章最后介绍相关的技术并展示具体的处理效果。

序列影像运动检测是根据获得的运动属性及其他特征信息从影像中提取或分离出运动目标。在无人飞行器序列影像应用中,检测的难点主要来自于背景的运动。在最终达成针对动态平台条件下的运动检测之前,作为准备有必要首先结合静态场景的运动检测做一些理论和技术准备。事实上,静态背景是目前广泛应用的各类地面视频监控系统的主要特征,因此,相关的理论和技术完全适用于这些系统。这方面介绍影像帧间差分方法和采用Bayes模型或混合高斯模型的静止背景建模方法。除运动背景因素外,无人飞行器序列影像运动检测的复杂性还体现在复杂场景纹理、多目标等方面。接下来,从数据获取和数据处理两个阶段提出一些空间属性与运动特征相关的要素,并对其所产生的影响或作用进行定性分析。有了这些基础,第9章的内容聚焦于动态平台条件下的运动检测问题,基本思路是首先进行背景位移补偿,然后利用差分等方法提取运动目标。分别讨论基于背景纠正差分的运动检测方法、活动轮廓运动分割方法、混合概率模型分割检测方法。

本书的最后一章即第10章集中讨论目标跟踪问题。对于从序列影像中检测出的运动目标,如果确认其为兴趣关注目标,就需要锁定该目标并进行跟踪。在运动分析技术体系中,运动估计、运动检测主要根据的是运动属性,而目标跟踪仅依靠运动特征难以对具体的目标进行有效鉴别,所以还必须选择更具代表性或者随时间的演变更有规律、更易于描述的颜色等特征属性,从而克服各自因素的干扰,进一步提高跟踪的稳定性和可靠性。基于序列影像的运动目标跟踪从本质上还要求能够驱动飞行器的空中机动和传感器成像姿态的调整。但仅就影像分析而言,目标跟踪处理的实质则是根据原有的属性信息预测目标对象的位置和方向,从而描绘出其运动轨迹,或者在连续的影像帧中对被跟踪目标给出一致的标识。运动目标跟踪的处理流程包括三个基本的步骤:构建目标模型、确认跟踪域和选定跟踪方法。该章首先对运动跟踪模式类型进行系统的分析，包括将与影像相关的特征属性转化为可供处理计算的目标表征模型，以及分别基于区域、轮廓、特征和模板的运动跟踪模式。对基于目标特征的运动跟踪，分别讨论 KLT 特征跟踪方法、直方图及核函数模型和均值偏移跟踪方法。最后，讨论使用 Bayesian 相关滤波对目标的位置状态进行预测更新的跟踪方式——状态滤波更新运动跟踪方法。并分别介绍 Bayesian 动态系统框架、Kalman 滤波跟踪及其扩展形式，以及蒙特卡罗方法和粒子滤波跟踪。

第2章　无人飞行器遥感监测系统

无人飞行器由于结构简单、维护方便、使用成本低、机动灵活等特点，已成为一种广泛使用的新型遥感监测平台。利用无人飞行器搭载摄像机构建的对地观测系统，能够持续获取并即时传输观测对象的动态信息，可在生态环境监测、区域安全监控、工程施工监测、交通监控、公安侦查等领域发挥重要作用。在军事上亦可用于目标侦察、动态环境监测、炮兵校射等即时传输型应用。

无人飞行器遥感监测系统一般由无人飞行平台、地面控制站、任务载荷和数据链路等几部分组成。

2.1　概　　述

无人飞行器是无人驾驶飞行器的简称，主要包括无人机和无人飞艇两大类。无人机是无人驾驶飞机(unmanned aerial vehicle，UAV)的简称，它是一种由无线遥控设备或预设导航控制系统操纵、动力驱动、机上无人驾驶、可重复使用的飞行器。飞艇是人类最早使用的飞行器之一，曾有过迅速发展的黄金时代，并且在20世纪初期一度成为主要的民航运输工具。与无人机相比，无人飞艇具有起降条件要求低、操作技术难度小等优点，缺点是需要填充氦气(在无明火的安全环境下可使用成本相对较低的氢气替代)、机动性能较差。除飞行器不同外，无人飞艇在飞行控制、数据传输、数据处理等方面均与无人机相差无几。由于无人机实验飞行的成本和任务飞行的成本几乎相同，而无人飞艇与无人机工作方式相似，并且飞行成本低廉，因此，除了可作为一种低速的遥感信息获取平台外，无人飞艇还可作为一种低成本的替代实验平台，用于无人机系统研发过程中的联机调试和飞行试验环节。飞艇的另一个优势在于能够利用艇囊中比空气轻的浮升气体的浮力长时间地停留在空中。

一套典型的无人飞行器遥感监测系统至少应包括一个或多个飞行器、一个或多个地面控制系统、一种或多种任务载荷及无线电通信网络。此外，很多无人飞行器遥感监测系统还包括发射与回收子系统、地面数据处理与应用子系统、运载工具及其他地面维护设备。无人飞行器飞行和执行任务有两种控制方式：一种是由飞行控制员通过地面控制站设置的开关或操纵杆人工调整飞行器的方向、高度、速度，以及摄像机的指向、焦距等；另一种是通过预设指令，由自动驾驶仪保持飞行器飞行，利用各种类型的导航系统(全球定位系统、无线电控制系统、惯性导航系统等)和传感器执行事先设定的任务，同时飞行控制员可利用监视器对其进行操控。当无人飞行器飞临目标区上空，收集到任务数据后，可立即将数据传输到用户终端。如果用户有了新的操作请求，也可立即通知地面控制站，由控制员发送指令改变无人飞行器的飞行程序。无线电通信范围内飞行器与地面控制站之间可通过无线电直接通信，超出通信范围时可经由通信卫星进行通信，如图 2.1 所示(法斯多姆和格利森，2003)。

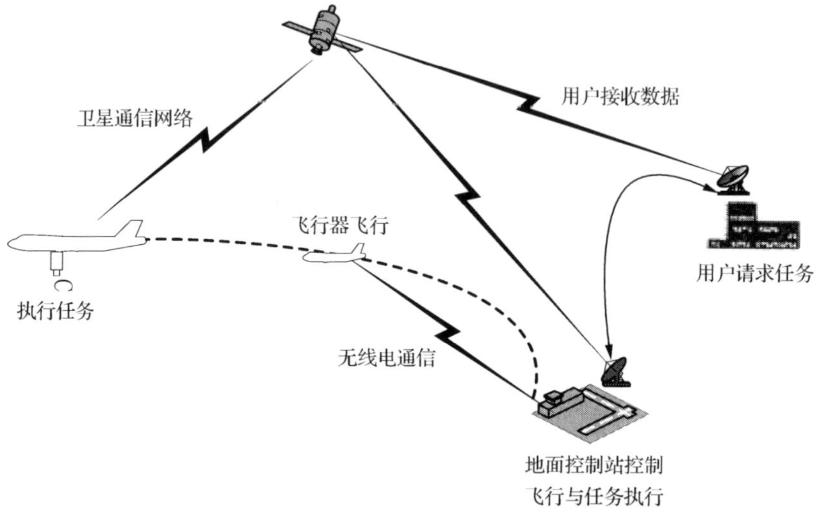

图 2.1　无人飞行器遥感监测系统工作原理模型

2.2　无人飞行平台

飞行平台是无人飞行器系统中的空中部分，包括飞机机体(或飞艇艇体)、推进装置、飞行控制装置和供电系统等。无人机的空中设备一般安装在飞机体内，无人飞艇的空中设备则安装在艇体底部的吊舱内。飞行数据通信终端被安装在飞行平台上，它被认为是通信数据链路的空中部分。任务载荷也安装在飞行平台上，但它通常被认为是独立的子系统，能够在不同的飞行器之间通用，并且经过特殊设计，能够完成各种不同的任务。

2.2.1　无人机平台

无人机的飞速发展，使得现代无人机的种类繁多、型号各异，目前对于无人机的分类尚无统一确定的方法。为方便读者比较，将已有的各种分类方法大致归纳如下。

按大小和质量分类，可分为大型无人机、中型无人机、小型无人机和微型无人机。起飞质量 500kg 以上为大型无人机。起飞质量 200～500kg 为中型无人机。小型无人机则是起飞质量小于 200kg，最大尺寸为 3～5m，活动半径为 150～350km 的无人机；小型无人机上可安装视频摄像机、前视红外装置、红外扫描仪或激光测距仪等载荷设备，采用无线电遥控、自主飞行或两者组合的控制方式，回收可采用降落伞回收、滑跑着陆和拦截网回收等方式。对于微型无人机，美国国防高级研究计划局的定义是翼展在 15cm 以下的无人机；而英国《飞行国际》杂志将翼展或机体最大尺寸小于 0.5m，使用距离约 2km 的无人机统称为微小型无人机；微型无人机目前仍处于原理设计阶段。

按航程分类，可分为近程无人机、短程无人机、中程无人机和长航时无人机。近程无人机一般指在低空工作，任务载荷不到 5kg，飞行范围 5～50km，巡航时间根据任务不同为 1～6h 不等，地面控制站可由人工携带或者装载在机动轮式车辆上。短程无人机要求能在 150km 的范围内活动，最好能达到 300km，续航时间 8～12h；短程无人机由于尺寸小、费用低、使用灵便，世界各国都比较青睐，发展很快。中程无人机是一种活动半径在 700～1000km 范围内的无人机，它可以安装光学相机、红外扫描仪和视频摄像机，能实时传输图像；中程无人机通常采用自主飞行方式，辅以无线电遥控飞行；发射方式多为空中投放或地面发射两种；回收方式既可为伞降回收，也可由大型飞机在空中回收。另有一类长航时无人机，至少要有 24h 以上的续航时间，飞行高度超过 6km，主要用于军事侦察和监视；目前，全球鹰的续航时间已超过 36h，正在研制的太阳能高空无人机的飞行时间将达到一周以上。

按飞行方式分类，可分为固定翼无人机、旋翼无人机、扑翼无人机等。其中，旋翼无人机是一种利用飞行时的相对气流吹动旋翼自转以产生升力的无人机，它的前进力由发动机带动螺旋桨高速旋转提供。扑翼无人机是一种能像昆虫和鸟一样通过拍打、扑动机翼来产生升力的一种无人机。

本节讨论的无人机限定为固定翼无人机，自身有动力、可自主飞行或遥控飞行、能携带任务载荷获取地面遥感信息，并可重复使用。此类无人机机体主要由机身、机翼、尾翼、起落装置等组成。

1. 机身

机身主要用来装载发动机、燃油、任务载荷、电源、控制与操纵系统（包括导航系统）、数据链路设备，并通过它将机翼、尾翼、起落架等部件连成一个整体。

2. 机翼

机翼是飞行器用来产生升力的主要部件。固定翼无人机的机翼一般分为左右两个翼面，机翼通常有平直翼、后掠翼、三角翼等。机翼前后缘都保持基本平直的称为平直翼；机翼前缘和后缘都向后掠的称为后掠翼；机翼平面形状成三角形的称为三角翼。平直翼比较适用于低速飞行器，后两种较适用于高速飞行器。通常，在左右机翼后缘会各设一个副翼，用于控制飞行器倾斜；当左右副翼偏转方向不同时，就会产生滚转力矩，使飞行器产生倾斜运动。例如，若使左机翼上的副翼向上偏转，左机翼升力会下降；右机翼上的副翼下偏，右机翼升力将增加；在两个机翼升力差作用下无人机会向左滚转。

3. 尾翼

尾翼分垂直尾翼和水平尾翼两部分。对于一些结构比较特殊的无人机来说，可能会不设垂直尾翼或水平尾翼。

垂直尾翼垂直安装在机身尾部，主要功能为保持机体的方向平衡和操纵。通常，垂直尾翼后缘设有用于操纵方向的方向舵。例如，如果飞行控制系统控制方向舵右偏，那么气流吹在垂直尾翼上就会产生一个向左的侧力，此侧力相对于机体重心产生一个使机头右偏的力矩，使机头右偏；反之，则使机头左偏。

水平尾翼水平安装在机身尾部，主要功能为保持俯仰平衡和俯仰操纵。低速无人机水平尾翼前端为水平安定面，是不可操纵的；其后缘设有操纵俯仰的升降舵。水平尾翼是左右对称的两个，左右两侧的升降舵同步偏转才能操纵机体俯仰。若使升降舵上偏，相对气流吹向水平尾翼时，水平尾翼会产生附加的负升力(即向下的升力)，此力对机体重心产生一个使机头上仰的力矩，就会使其抬头；反之，使其低头。

4. 起落装置

起落装置的作用是使无人机在地面或水面进行起飞、着陆、滑行和停放。着陆时还通过起落装置吸收撞击能量，改善着陆性能。

起落装置是飞行器组成中形式最为多样化的一个部分，这主要是因为无人机有多种发射、回收方式。采用轮式起飞、着陆的无人机设有三个起落架。大型无人机的起落装置包含起落架和改善起落性能的装置两部分，起落架在起飞后收起，以减少飞行阻力；大多数小型无人机的起落架很简单，在空中也不收起。对于采用弹射方式发射、拦阻网回收的小型无人机就不需要起落架；对于采用手掷发射的小型无人机，也没有起落装置。伞降回收的无人机着陆装置可以说就是降落伞。

5. 推进器

推进无人机的引擎有五种基本类型，即四冲程往复式内燃机、二冲程往复式内燃机、旋转式引擎、涡轮发动机及电马达。前四种内燃机都是通过燃烧汽油、汽油/机油混合物、喷气燃料(航空煤油)或柴油产生功率，电马达则使用电池。往复式引擎和旋转式引擎连接到推进器上就可提供推力来推动飞行器。汽油涡轮引擎既能进行直接喷气推进，又能用齿轮连接到推进器或水平旋翼上；旋转机翼的无人机常使用汽油涡轮动力装置。电马达目前仅在微型无人机上使用。

四冲程引擎广泛应用于汽车，优点是高效可靠，缺点是机械结构相当复杂，工作时由于活塞的往复运动造成的振动较大。二冲程引擎机械结构要比四冲程引擎简单得多，通常用在割草机、电锯和模型飞机上；二冲程引擎的最大缺点之一是由燃烧残留物与新鲜油气混合物相混合而引起的，新鲜的油气混合物中总会掺进一些杂质，这会引起油耗增大及运转不平滑而造成振动。振动对电子系统和敏感的光电任务载荷系统影响极大，振动也是导致无人飞行器系统可靠性降低的主要原因。如果引擎的往复式振动和周期性冲程转换能以某种方式稍加缓解，振动就会大为减弱。旋转引擎的工作原理是以带有双凸轮三边形定子的旋转为基础的，转子在定子内旋转从而使三个顶点与定子保持连续接触；转子旋转一周就是一个工作循环，因此可以把单组旋转引擎看作是三缸引擎。往复式运动已不复存在，因此振动也就微乎其微。

所有引擎中最可靠的是燃气涡轮机。由于稳定的燃烧冲程特性和单纯的旋转运动，燃气涡轮机产生的振动最小。由于上述原因及固有的可靠性，垂直起飞/着陆飞行器常使用燃气涡轮机。燃气涡轮机能直接产生推力或与齿轮连接以转动旋翼或推进器。燃气涡轮机比旋转引擎振动更小，高空飞行效率高；主要缺点是造价高及因航空动力学上的尺度效应而受限的微型化能力。

2.2.2 无人飞艇平台

飞艇是比空气轻的浮空器。与同为浮空器的气球相比，由于飞艇有动力、可操控且外形采用流线型，因此飞行性能好得多。飞艇按浮空气体特点可分为常温浮升气体(氦气、氢气)飞艇和热浮升气体飞艇(即热气飞艇)；按容量大小可分为大型载重飞艇、中型飞艇和小型飞艇。按照飞艇的结构特点，分为软式飞艇、半硬式飞艇和硬式飞艇。软式飞艇也称轻型飞艇，其艇囊(也称气囊)内充满轻于空气的浮升气体，艇囊的外形由浮升气体的压力来保持。用于获取地面遥感信息的无人飞艇一般采用中小型常温气体软式飞艇。软式飞艇艇体主要包括艇囊、副气囊、吊舱、起落架和动力推进系统等(甘晓华和郭颖，2005)。

1. 艇囊

艇囊是飞艇浮空飞行的浮力源，也是最能反映飞艇外形特点的主体结构之一。飞艇对艇囊的主要要求有：流线型外形，以减少空气阻力和提高飞艇的操控性能；能承受飞行中的空气静力、动力和推进装置产生的载荷。艇囊的形状对于飞艇的整体性能有很大的影响，理想的形状是椭圆形或橄榄形。

在艇囊的结构设计上，要保持艇囊内部对外部空气有恒定的压力差，来防止在飞艇飞行高度改变时温度和气压发生变化而导致的艇囊变瘪或爆裂。在实践中，可以通过改变副气囊中的空气量，来补偿艇囊气体体积的变化；即调节副气囊中的空气量，以保持艇囊的恒定压力，进而保持艇囊的结构形状。

2. 副气囊

飞艇的浮力平衡也是通过副气囊来控制的。典型的副气囊是一个充满空气的气袋，它与艇囊连接。副气囊中的空气与艇囊中的浮升气体相隔绝，它通过软管和阀门与外部空气连通。软管用来给副气囊充气和排气，副气囊可被完全充满或部分地充满空气，这要由艇囊所需的工作状态决定。副气囊底部的阀门是用来排气的。

大多数飞艇将副气囊和艇囊连成一个整体。一般是将与艇囊相同材料制成的半球面体沿周边紧密缝制在艇囊的内下表面，此部分表面也就成了副气囊的下表面。这样，就可以在艇囊内形成单独的副气囊气密舱。

3. 吊舱

术语“吊舱”出自早期的齐柏林飞艇，是具有空气动力学外形(外形像船体)的硬式容器结构。飞艇吊舱也称吊篮，是飞艇载荷的主要承力结构，也是飞艇的工作中心。飞艇吊舱内部容纳燃油箱、电气系统、航空电子设备、飞艇任务设备、压舱物等；外部安装推进器(螺旋桨等)与发动机、着陆装置(起落架)等。对于软式飞艇来说，一般是单个吊舱，也可采用飞艇任务设备(摄像机等)与发动机吊舱分开设置的方案，提供独立的任务设备和动力吊舱，这样有利于将发动机的振动与任务设备隔离。

吊舱在艇囊下方的安装位置，应使得当满载悬挂质量时，吊舱重心在飞艇浮升气体的静升力(浮力)中心正下方。吊舱中的可变质量(燃油、压舱物等)应在吊舱之内，以保持整个飞艇的平衡。

4. 起落架

飞艇的起落架是具有独特结构的一类着陆装置。从构造上讲，飞艇与其他类航空器相比最大的特点之一，是大多数飞艇都只有一个起落架(即单腿独脚)。这是由飞艇本身的浮空飞行特点决定的。

飞艇起落架的数量和位置，应从防止飞艇与地面撞击和有助于飞艇保持水平姿态出发，取决于艇体与发动机推进器(螺旋桨等)部件的总体布局。在飞艇重心下面安装起落架，承受飞艇质量是最基本的要求。

5. 动力推进系统

飞艇的推进系统为飞艇做浮空飞行和辅助系统(操控系统等)提供动力。飞艇的推进系统一般包括能源(燃油)、原动力(发动机)和推进飞艇飞行的推进器(螺旋桨、风扇等)。发动机不仅提供推进飞艇前进的动力，还要为辅助系统提供动力。例如，提供艇载设备和飞艇操控装置使用的电力与(或)液压动力等。但对于飞艇来说，首要的核心任务，则是推动飞艇做浮空飞行的前进动力。早期飞艇的推进器，一般只承担飞艇的前进推进作用。现代飞艇已证实推进发动机的推力转向技术，将会改进飞艇的性能和操控性。

2.2.3 飞行控制系统

飞行控制系统的作用是保证飞行过程中飞行器的稳定性和操纵性，提高飞行器飞行性能和完成任务的能力，增强飞行的安全性。飞行控制系统分为人工飞行控制系统和自动飞行控制系统两大类。现代无人飞行器一般采用自动飞行控制系统。

1. 稳定性

飞行器要维持飞行就必须是稳定的。飞行器的稳定性包括静态稳定性与动态稳定性。静态稳定性是指作用在飞行器上的各种力(推力、重力及航空动力学上的各种力)合成于一个方向上;在飞行器遭受阵风或其他外力扰动后，合力仍有把飞行器恢复到初始平衡位置的趋势。如果飞行器静态是不稳定的，那么即使是微小的扰动都会使得飞行器远远偏离初始的飞行状态。一架静态稳定的飞行器在干扰消失后有返回到初始位置的趋势，但是在受到干扰时飞行器或许会过冲、回转、反方向运动、再次反冲，乃至最终振荡不止直至损坏。在这种情况下，飞行器是静态稳定的，但不是动态稳定的。如果振荡受到抑制并最终消失，就可以说该飞行器是动态稳定的。

为了获得动态稳定性，恢复力必须能吸收来自系统的能量。动态稳定性是由与机翼、机尾、机身等表面的运动速度成比例的各种力形成的。这些翼面都有一个称作稳定性导数的比例常数。稳定性导数与飞行器的角速度相乘得到一个力，这个力通常减小该飞行器的角速度(也就是说吸收能量)，因此这是一种阻尼现象。由于真实系统中摩擦总是自然存在的，因此如果系统是静态稳定的，系统通常但并不总是具有动态稳定性。

飞行器有偏航(yaw)、俯仰(pitch)和侧滚(roll)三个自由度。俯仰轴稳定性是最关键的，侧滚轴和偏航轴一定程度的不稳定性是可以接受的。俯仰轴稳定性称为纵向稳定性;一般将侧滚轴稳定性和偏航轴稳定性结合在一起，称为横向稳定性。

2. 航空动力学控制

对飞行器的俯仰轴、侧滚轴和偏航轴的控制分别由升降舵、副翼与方向舵来实现。这些控制的分析涉及复杂的绞接力矩、驾驶杆运动和感觉系统。有些特殊的飞行状态需要控制翼面产生特殊的运动或力。例如，控制机身俯仰的升降舵的能力(升降舵控制功率)取决于升降舵的大小、形状和速度，着陆过程中，飞行器通常低速飞行，升降舵有必要获得足够大的功率来保持机头上仰从而不让飞行器再增大速度。弹射发射过程中，速度通常也低(接近停车速度)，一旦飞行器受到干扰，在获得适当的空速前一定要有足够的控制来保持飞行器的姿态。

俯仰力矩是通过改变尾翼升力系数得到的。尾翼升力系数可通过偏转升降舵来得到。升降舵偏转决定飞行器能产生的加速度大小，因而也决定转弯半径的大小。副翼是用来实现侧滚的。当飞行器正在跟踪目标时，有必要进行侧滚控制来转弯及避免飞行器摇摆，因而也会缓解万向节上传感器的运动(飞行器越稳定，锁定目标的万向节上的任务载荷的运动就越小)。方向舵用于控制转弯时的飞行平衡，也可用来控制偏航。

3. 电子控制

自动化电子控制系统是应用于现代无人飞行器的最普遍的控制方法。电子控制系统采用被称为反馈或闭环的工作方式。系统对飞行器的实际状态，飞行路径、姿态、高度、空速等，进行检测、电反馈并与期望状态相比较(相减)。差信号或误差信号经放大后用于设定控制翼面的适当位置，从而产生一个力来让飞行器返回到期望的位置，使误差信号逼近于零。一个闭环自动控制系统的简化功能框图如图 2.2 所示。

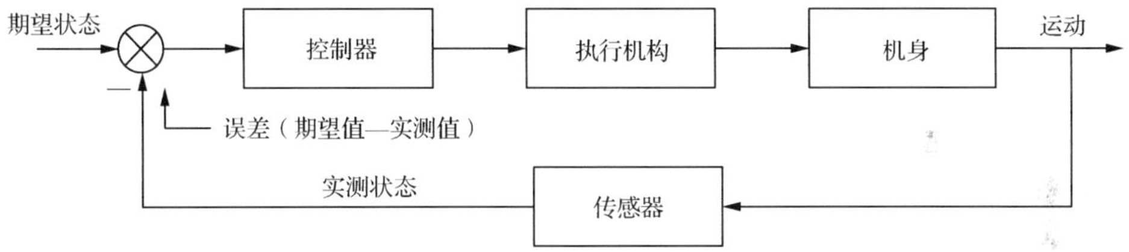

图 2.2　闭环自动控制系统功能框图

传感器测量飞行器的姿态(水平、垂直陀螺仪)、角速度(速率陀螺仪)、空速(全压静压系统)、航向(罗盘)、高度(气压计或雷达高度仪)及其他所需的参数。把测得的数值与期望状态相比较。如果偏差超出了规定值，就会产生用于移动控制翼面的误差信号以便消除这些偏差。利用 GPS 也可测量高度、空速和飞行器位置等参数。比较功能通常由控制器实现。

控制器包含必需的电子装置来产生前述的误差信号，放大后送给执行机构。执行机构接到指令后要产生所需的力来移动控制翼面。大型飞机上的执行机构通常是液压装置，但无人飞行器上常常是电气执行机构，因而可避免使用笨重且易泄漏的液压泵、调节器、管路、液体等。控制机翼移动时会产生力，这些力将引起飞行器做出反应。传感器可感知这一反应或飞行器的运动。当姿态、速度或位置落进规定的范围之内时，误差就变为零，同时执行机构停止移动翼面。对误差信号进行补偿是缓慢进行的，以便飞行器慢慢地接近其期望位置或期望姿态而不至于出现过冲。系统连续地搜索干扰并进行调整以便飞行器平滑地飞行。

2.3 地面控制站

地面控制站是无人飞行器系统的神经中枢。地面控制站控制飞行器的发射、飞行与回收，接收和处理来自任务载荷的传感器数据，控制传感器的运行以及提供无人飞行器系统与外部系统的接口。此外，大多数无人飞行器的地面控制站还包括任务规划功能，因此，地面控制站有时也称为任务规划与控制站。

2.3.1 基本组成

在一些简单的无人飞行器系统中，组成地面控制站的装置并不比无线遥控模型飞机的控制装置复杂，只包含显示任务载荷图像的显示器、任务规划及导航用的地图、与外部系统的通信装置就够了。然而，实践表明，即使对于最简单的系统，也很有必要为操作员提供一个友好的人机交互界面，其中包括一些基本的自动飞行与导航功能。操作员仅需要输入目的地、飞行高度、飞行速度等操作命令，实际的飞行控制则由地面控制站中的计算机及飞行器上的自动驾驶仪来处理。当然，起飞和降落阶段，飞行环境突变、紧急返航等复杂情况下，飞行控制还是要更多地依靠操作员的经验与操控。

不同系统任务载荷操作的自动化程度差别较大。在最简单的系统中，一个最常见的任务载荷是摄像机，几乎完全由人工控制。最低程度的自动化功能要求用惯性来稳定摄像机，以减少视频画面抖动。更高程度的自动化功能包括，稳定摄像机的视线以对地面目标进行自动跟踪，或自动指向由操作员以某种方式指定的地面坐标。最高程度的自动化功能是任务载荷可对指定的地面区域自动执行搜索过程；此时，导航、飞行及任务载荷的自动操作相互协同，浑然一体；飞行器按预定的路线飞行，飞行路线与任务载荷相互配合，对指定的区域进行彻底的搜索。

地面控制站可通过数据通信链路控制飞行器的飞行。在飞行过程中必须掌握飞行器的位置，以便执行规划好的飞行路线及设定传感器的姿态和指向。目前大多数系统都能在计算机屏幕上显示地图与飞行器位置及航迹。如果任务区域处于通信范围之内，各种命令可传送至飞行器，以控制飞行路线、激活和控制各种传感器。如果任务区域超出通信范围，可以通过执行预先制定的飞行路线到达任务区域，并执行预先编程的命令后自动返回。如果无人飞行器用来获取信息，如利用摄像机获取视频图像，地面控制站就要包含接收下行信号和显示任务载荷所收集信息的装置。传送至飞行器和传感器的指令信号使用数据链路系统的上行链路，来自于飞行器的状态信号及传感器获取数据使用下行链路。因此，地面控制站包括发送上行链路信号的天线和发射机、捕获下行链路信号的天线和接收机，以及用来操作数据链路的其他控制装置。

地面控制站必须为操作员显示两类信息：第一类是飞行器自身控制需要显示的基本状态信息，如位置、高度、航向、空速及剩余燃油等，这些信息的显示与有人驾驶飞机的驾驶舱内的显示极为相似；第二类信息包括传感器任务载荷收集到的数据。显示信息的显示器特性各异，取决于传感器的特性和使用信息的方式。对于来自摄像机或热成像仪的图像，每帧都可静止显示（帧冻结），图像可以进行增强处理以获得更高的清晰度；雷达传感器可使用图像方式显示；气象传感器的信息可用文字显示或模拟仪表显示。通常在传感器显示器上加上文字及数字，表示获取时间、飞行器的位置与高度、传感器的姿态角等信息。所有传感器数据均可被记录和回放，从而允许操作员有可能比实时显示更加从容地检查这些数据，对数据进行编辑，并发送给其他数据用户以便对数据进行更深入的分析。

最后，位于地面控制站以外的指挥机构与用户也可能需要掌握飞行器所收集的信息或飞行状态。因此，地面控制站的基本组成部分也应包括给无人飞行器操作员指派任务、下达命令，以及与其他数据用户进行通信的外部通信信道。

2.3.2 物理配置

地面控制站中的所有设备都置于一个或多个机箱内，便携式的地面控制站甚至可放进手提箱甚至公文包大小的机箱内。大多数地面控制站都是利用一至二个标准化车载方舱。方舱必须为操作员提供工作空间，也必须为人员及设备提供环境控制装置。

任务监视器、地图显示器、飞行器状态指示、控制输入装置(操纵杆、轨迹球、电位器)及键盘等许多功能设备可组合到一个或多个通用显控台或工作站里。与其他工作站、数据链路、中央计算机及通信设备进行通信的所有电子接口都在一个工作站内。

受控制站方舱面积所限，操作员的人数也受到限制。通常希望专职飞行器操作员和任务载荷操作员并排坐在一起。任务载荷操作员的操作技能特别重要，因为是他对看到的一切做出分析判断。通常由一个任务指挥员负责监视和指挥飞行器飞行及任务载荷运作，并担任总协调员。

2.3.3 基本功能

地面控制站具有与飞行和执行任务相关的基本功能。诸如飞行器状态的获取和控制、任务载荷数据的显示和对任务载荷的控制、与飞行器的无线通信、与其他地面系统的(有线或无线)通信等。现代地面控制站系统还具有自检和故障隔离的功能，并能在飞行器不进行实际飞行的条件下(飞行器由内置模拟器替代)训练操作员。以上功能中，最重要的是任务规划和飞行控制。

1. 任务规划

任务规划是指，综合考虑飞行任务、飞行环境和气象条件等因素制定任务计划，包括确定飞行器执行任务的批次，参与飞行器的种类和数量，每一飞行器的具体目标及其往返航线等内容。其中，确定飞行器的飞行航线亦即航迹规划是其主要任务之一。航迹规划是指在综合考虑飞行器飞行时间、油料、威胁以及可飞行区域等因素的前提下，为飞行器规划出最优的飞行路线，以保证圆满完成飞行任务，并安全返回回收区域。

与有人驾驶飞机相比，无人飞行器的任务规划是成功完成任务的关键。规划功能的复杂程度取决于任务的复杂程度。例如，一个最简单的任务是监测一个路口或一座桥梁并报告交通流量。这一任务的规划制定要求确定接近和离开该监测点的飞行路线，并选择监测该点时飞行器巡航的区域。

对于遥感地面监测，还必须考虑需要监测的任务区域、所使用的传感器的类型、传感器的视场范围。如果传感器是视频摄像机一类的光电传感器，那么目标与太阳的相对位置及飞行器的位置也要作为选择巡航路线的一个因素。如果地面起伏较大或植被茂盛，事先选择合适的巡航路线以便在观察目标区域时能有良好的视线。

即使执行并不复杂的任务，地面控制站内的自动规划辅助系统也非常有用。这些辅助系统通常包括以下软件功能：在地图上叠加显示预设的飞行路线、对设定的飞行路线自动计算飞行时间及燃油消耗、自动记录飞行路线并实时在地图上叠加显示等。

在任务规划制定之后能将其存储在地面控制站内。这样，在执行任务规划的各个子段时，仅仅通过从存储器调出程序并下达命令就可以了。例如，任务规划可分解成若干子段，从发射到指定地点的飞行、在指定地点上空的巡航飞行、飞向第二指定地点上空的飞行及返回回收地点的飞行等。于是，为了按规划来执行任务，操作员只需依次激活各个规划子段即可。灵活的软件系统允许操作员在较少量的重新规划后就能从各点退出并进入预定的任务。例如，如果在飞向预定巡航地点的途中观测到另一个感兴趣的目标时，就可以挂起预定规划子段并执行一个新的巡航与监视任务；当接到恢复预定规划的指令时，再重新恢复执行预定的规划子段。

更复杂的任务能够分解为几个可供选择的子任务。这类任务很重视时间和燃油消耗的计算，以便能在飞行器的总续航时间内按时完成各个子任务。为了辅助此类规划，需要有一个标准任务规划“库”。例如，对以特定地点为中心的小区域进行搜索的航线库，航线库的输入包括指定地点、以该地点为中心的搜索半径、观察该区域的方向，还包括预期的目标区域地形的复杂程度、待搜索目标的类别。基于已知的传感器性能，规划辅助系统将进行该子任务的规划，设计合理的巡航路线、设置传感器的搜索模式和速度、计算搜索该区域所需的总时间。形成的规划子段将插入总飞行规划中，该子任务所需的燃油消耗及时间也要添加到任务总表中。合成图像模拟器可用来帮助选择从哪个方向搜索指定区域。由于各个子任务都添加到任务总表中，因此，规划人员要监控总的任务安排、掌握特定时间是否合适以及飞行器完成任务所需的总时间。与当前的飞行器状态相对应的任务状态的显示，对任务指挥员执行任务管理来说是至关重要的。任务状态包括当前飞行器的位置、已完成的规划任务段、未完成的规划任务段、完成规划任务所需的时间、剩余燃油及可支撑的飞行时间等。

2. 飞行控制

一旦完成任务规划，地面控制站的功能就要转变到对任务执行期内的所有要素进行控制这一基本功能上。这些基本功能包括：对飞行器飞行过程（包括发射和回收）的全程控制，对任务载荷的控制，任务载荷数据的接收、显示、处理、记录以及向用户的传输。

一般来说，飞行器有自主能力，可以从一点飞向另一点，也有绕某一点盘旋的标准机动飞行的能力。发射过程中的控制及爬升、回收过程中的控制，一般也应通过对飞行器的自动驾驶仪进行预先编程来实现。应当把一些预规划飞行子任务存储在飞行器上以应对通信链路中断。这些子任务包括在链路中断点处试图恢复链路，在链路中断的一定预置间隔后自动返回回收区域。

地面控制站通过发送指令控制飞行器，以特定的高度及空速从一点飞向另一点。通常，这些命令作为一个完整的飞行子任务以一条单独指令发送出去。飞行器操作员的工作职责应集中在对飞行器位置及状态的全面监控上。操作员的输入包括选择菜单来激活预定的飞行子任务，而不像飞行员对飞行器姿态和控制翼面进行控制。如果需要添加新的子任务，通常应让操作员在对飞行全程进行详细检查后，制定一个新的飞行子任务并加以实施，而不是单独输入高度、航向或空速等参数。这就要求地面控制站软件就新的飞行子任务与地形（如果有数字化的地形数据）的冲突进行评审，以及为各种机动飞行使用标准的库航线以确保新的命令不会给飞行器带来灾难。

为控制飞行器的飞行，首先必须确定飞行器的位置。在早期的无人飞行器系统中，飞行器的位置是使用数据链路确定的方位角数据和距离数据、相对于测得的地面控制站数据链路天线位置来解算的。此时导航一般由航位推算、惯性导航、数据链路的距离和方位测量所组成。现代无人飞行器系统中则大多被全球定位系统（如 GPS、GLONASS、GALILEO、北斗系统等）等绝对定位系统所取代。

显然，从地面控制站的观点来看，飞行器控制可能相当简单。这似乎与直觉有点相悖，因为人们会认为控制飞行器是地面控制站的主要功能。虽然飞行器控制确实是地面控制站的一项关键功能，对于现代无人飞行器系统来说，对飞行器的控制并不是地面控制站执行的功能中最繁重的任务。相反，对任务载荷或传感器的控制可能比飞行器的控制更复杂，也更困难，原因是传感器常常需要传感器操作员实时控制。当自动驾驶仪轻易地把飞行器维持在指定的飞行高度及空速飞行时，无需操作员干预就可让飞行器绕空中一点以固定的轨道飞行。而如果没有操作员的连续干预，传感器通常无法智能地指向感兴趣的区域。

2.3.4 外部接口

地面控制站需要通过外部接口与无人飞行器系统的其他部分以及外部通信系统连接起来。本节简要描述所需要的外部接口。

1. 飞行器接口

从地面控制站至飞行器的逻辑接口，是经由数据链路自地面控制站局域网至飞行器局域网的网关。物理接口有如下几级：①地面控制站局域网至地面控制站方舱内的数据链路接口；②自方舱内的数据链路部分至方舱外的数据链路中的调制解调器、射频部分、天线部分；③自射频传输至飞行器内数据链路的射频及调制解调器部分（机载数据终端）；④自飞行器内的调制解调器至飞行器局域网。

2. 发射架接口

这一接口可以简单到仅仅是自地面控制站局域网至发射架的话音链路（有线或无线）。某些系统中，还有一个数据接口是自地面控制站局域网至发射架，或者至飞行器。该接口用于地面控制站确认飞行器已做好发射准备、指挥飞行器执行发射计划，并指挥发射本身。

3. 回收系统接口

接口可以是到回收系统的话音链路，也可以是精心设计的数据链路。最简单的情形是飞行器自动飞入某种类型的回收网中，地面控制站与回收系统间的通信仅用于确认回收网是否已准备完毕，以及确认回收网上的所有信标是否工作正常。另一种可能性是人工着陆。这种情况下，要有一个供操作员使用，来控制飞行器飞行的远程飞行器显控台。显控台必须与飞行器有链路连接，或者用其短程数据链路连接，或者通过地面控制站来连接。

4. 外部通信接口

地面控制站可能需要有与外部通信网络连接的接口，用于接收和报告任务、传输数据等。较为简单的情况是，数据链路直接连接到附近的外部通信网络的同轴电缆或光缆。如果距离遥远，也可以用宽带射频数据链路，这种数据链路对天线及射频系统有其特殊要求。对于宽带数据（视频直播或视频录像）的远程分发，地面控制站要有至远程用户接收机的特殊数据链路。

2.4 任务载荷

任务载荷是指为了执行任务而装备到无人飞行器上的设备，包括传感器、支撑传感器的稳定平台、测量传感器位置和姿态的设备，以及执行遥感监测、侦察与监视、目标搜索与跟踪等任务所需要的设备。在本节中，将用于飞行器飞行、导航与回收的设备和储备作为无人飞行器的基本组成部分来考虑，因此，这里的任务载荷不包括航空电子设备、数据链路和燃油。

2.4.1 成像传感器

无人飞行器上使用最普遍的任务载荷是用于遥感监测的成像传感器。成像传感器有被动式和主动式之分。被动式传感器本身不发射任何能量，必须依靠目标辐射或反射的能量。例如，照相机和视频摄像机接收目标对太阳光、月光或星光的反射能量。热红外传感器接收目标的热辐射能量。与此形成对比的是，主动式传感器发射能量到被观察的物体并且接收从目标反射回来的能量。雷达是典型的主动式传感器。主动式和被动式两类传感器都受到大气吸收与散射的影响。

成像传感器输出的是能被操作人员理解的图像。视频摄像机图像就是被拍摄场景的电视图像。如果摄像机工作在电磁波谱的可见光波段，图像就是人们平时看到的那种图像。如果摄像机工作在近红外波段，那么图像（在这种情况下几乎总是单色图像）与平常观察到的地物图像相比具有一些不同的特征。例如，绿色植物因为其强烈的近红外反射特性而呈亮白色。但是场景的几何特性是相似的。

如果传感器工作在中红外或热红外波段，则输出的图像代表了场景内物体温度和辐射的变化。呈现给操作人员的场景是特征不明显的图像，热的物体显得明亮，凉的物体显得暗淡（或者根据操作者的选择，反向显示，也可以根据物体的温度用不同的色彩显示）。对于热场景图像的识别需要一个熟悉过程并进行一定的训练，这是因为建立在长期经验（来自对可见光波段的物体表面的观察）之上的某些直观印象是有欺骗性的。在热场景中会出现一些有趣的现象，例如，一辆停着的汽车开走后，原来车身下的“阴影”仍然保留在原地，这是因为停车时被遮住的地面因照射不到阳光而变冷。

本节主要讨论可见光和热红外这两种被动式传感器获取的序列图像的处理与分析。这两类传感器主要用来执行遥感监测、侦察与监视、目标搜索与跟踪等任务。结合测量传感器位置和姿态的设备,利用这些传感器还能够对目标进行定位。

1. 目标探测、识别与确认

探测、识别与确认目标是无人飞行器感知地面目标的三个层次。探测是在传感器视场内,发现感兴趣的目标并确定位于图像中的某个具体位置;识别是确定目标的属性,如建筑物、车辆、小船或人;确认是确定目标的型号,如一辆载重 20t 的卡车、一艘长条形的冲锋舟或一个穿过马路的行人。顺利地完成这些任务依赖于系统的分辨率、目标的对比度和大气条件等诸要素间的相互关系。图像传输方式(数据链路)也是一个重要的因素。

1) 系统分辨率

系统分辨率是指从传感器获取并传输的图像上分辨物体细部的能力。它通常以影像上 1mm 范围内能分辨出宽度相同的黑白线对数(line pairs,单位记为 lp)来表示,单位为 lp/mm(线对/毫米,即 1 毫米宽度包含的黑白线对数)。系统分辨率越高,单位长度内能分辨的线对数越多,分辨影像上细小的地物的能力也就越强。

Johnson 准则表明,要达到 50%的探测概率,就需要有两条线(一个线对)穿过目标。如果要提高探测概率、确定更多的目标细节特征(即识别与确认目标),就需要有更多的线穿过目标。图 2.3 给出探测、识别和确认概率随穿过目标的线对数变化的曲线。

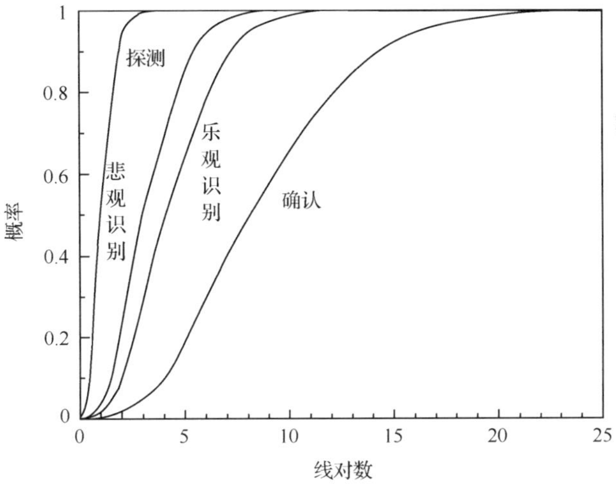

图 2.3　Johnson 准则(据法斯多姆和格利森,2003)

反过来,考察地面上多大的地物能够被无人飞行器探测到。这取决于系统分辨率和图像的比例尺。例如,若系统分辨率为 2lp/mm,按照 Johnson 准则,图像上宽度达到 0.5mm 的物体,才能有两条线(一个线对)穿过目标,即达到 50%的探测概率。进一步,假设图像比例尺为 1∶1 万,则对应于地面宽度 5m 的物体能达到 50%的探测概率。

但是对于数字方式成像的传感器,上述系统分辨率不能充分描述这种图像分辨率的特征,因为这种图像是由作为最小信息单元的像素组成,而不是视频摄像机的扫描线。像素又称像元,是传感器中最小的敏感单元,如数码相机中电荷耦合器件(charge-coupled device, CCD)的探测元件。因此,对这类光电传感器的数字图像,常用像素分辨率作为评价其分辨率的标准。所谓像素分辨率是指像素所覆盖的地面尺寸,通常以米为单位。

在这种扫描方式成像的数字影像上,物体细部的分辨能力可以参照 Johnson 准则确定。但是,需要注意的是,数字影像上的两个像元并不完全能分辨出一个扫描线对。可以用图 2.4 来说明,在图 2.4(a)的情况下,六个像元能分辨出三个线对;但这图 2.4(b)的情况下,六个像元不足以分辨出三个线对,即两个像元不足以分辨出一个线对。因此,在平均意义下,要有两个多像元才能分辨出一个线对。一般认为,用 2.5 个或 2.8 个像元可以代表一个线对内相同的信息。

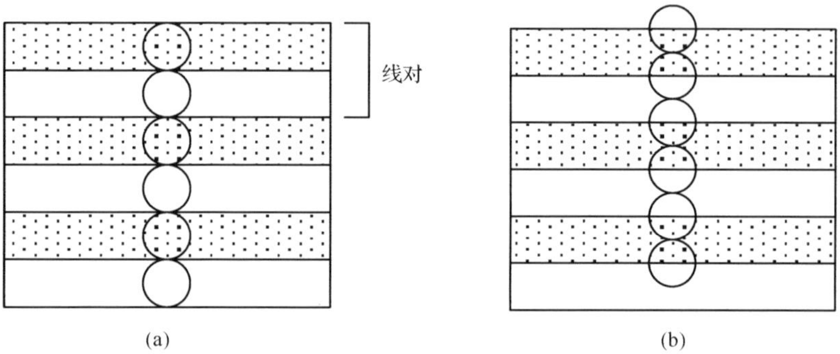

图 2.4 线对与像元的不同排列方式

在目前的技术条件下,光电传感器的实际分辨率一般是由传感器系统中探测器的特性所决定,而非光学系统的衍射角分辨率所限。此外,由传感器运动和振动引起的图像模糊、传感器系统或显示系统中的视频放大器的高频衰减、图像的处理方式和在数据链路中的传输方式引起的失真等因素,也会造成最终系统分辨率的下降。

2) 目标对比度

目标的对比度对传感器探测目标的能力也有很大影响。上面关于系统分辨率的讨论中假定图像有很高的信噪比。如果信噪比降低,那么分辨图像中物体的难度也会加大。图像中的信噪比是以目标和背景之间的对比度来度量的。对于依赖物体反射可见光和近红外工作的传感器,对比度 C 的定义为

$$C = \frac{|B_t - B_b|}{B_b} \tag{2.1}$$

式中, B_t 为目标的亮度;B_b 为背景的亮度。

对于工作在中红外或热红外波段的热成像传感器,对比度定义为目标与背景间的辐射温度差 ΔT:

$$\Delta T = |T_t - T_b| \tag{2.2}$$

式中, T_t、T_b 分别为目标和背景的辐射温度。

3) 系统空间频率

考虑目标对比度和系统分辨率的共同影响。可见光和近红外传感器系统可用最小可分辨对比度(minimum resolvable contrast, MRC)表示其分辨目标对比度的能力;热红外传感器系统分辨则用最小可分辨温度差(minimum resolvable temperature difference, MRTD)表示。MRC 是指在传感器系统的光瞳入口处能被传感器分辨的光栅间的最小

对比度，MRTD 是指在传感器系统的光瞳入口处能被传感器分辨的光栅间的最小温度差；它们都是系统空间频率的函数。

空间频率是角分辨率的倒数，用传感器视场每单位角度所包含的线对数来度量，单位为 lp/mrad(线对/毫弧度)。角分辨率数值越小，则空间频率越大，表明系统的分辨率越高。例如，一个采用面阵 CCD 探测器由 768×576 像元组成，竖直方向上视场角为 10°(约 174.5mard)，则其竖直方向上像元的角分辨率为 174.5÷576≈0.303mrad；而 0.303mrad 的角分辨率相当于 3.3pixel/mrad(像元/毫弧度)，即每 1mrad 包含 3.3 个像元，按 2.5 个像元代表一个线对的信息量计算，换算为潜在的可分辨黑白线对的最大能力，为 1.32lp/mrad；因此其空间频率为 1.32lp/mrad。

MRC 和 MRTD 是综合评价系统对比度分辨率与温度分辨率的主要系统参数，不仅考虑了传感器系统的各个组成部分，包括前置光学元件、探测器、电子器件、对观察者的显示，还考虑了传感器对地面的视角摆动或运动引起的模糊效应，以及观察者的主观因素。图 2.5 和图 2.6 所示为典型的 MRC 和 MRTD 曲线。如果系统对于低频条纹(角分辨率

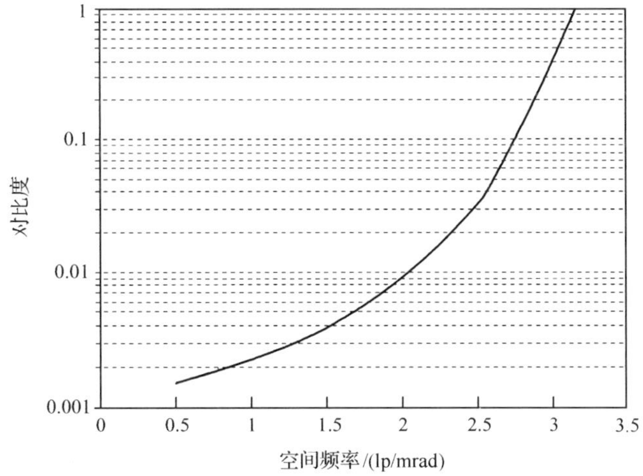

图 2.5　典型 MRC 曲线

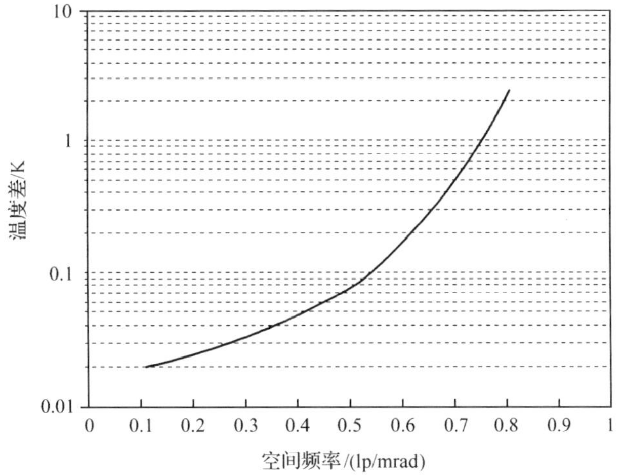

图 2.6　典型 MRTD 曲线

数值较大，空间频率较低)具有较小的 MRC 或 MRTD 值，表明该系统具有较好的灵敏度，如果对高频条纹具有较小的 MRC 或 MRTD 值，表明系统具有高分辨率。

需要指出的是，MRC 和 MRTD 曲线表示的是传感器系统对于光瞳入口处的有效对比度与温度差，这是地物反射或发射的电磁波经过大气衰减后的能量。传感器光瞳处的对比度是由目标的固有对比度(零距离处)和大气透过率来决定的。而大气透过率是目标与传感器距离 R 的函数，因此，到达传感器的有效对比度 C 和温度差 ΔT 也与距离 R 有关(法斯多姆和格利森，2003)。

目标对比度不仅依赖于目标表面的属性(涂料和粗糙程度等)与背景(物质和颜色等)，也与光照条件有关。对于可见光、近红外传感器的系统分析，假定对比度的值约为 0.5。对于较恶劣的条件，可将对比度的值取得小一点。假定大部分目标的对比度在 0.25～0.5 之间是比较合理的。对于，热红外探测器，探测目标的热对比度可以指定。如果没有指定，那么 ΔT 在 1.75～2.75K 范围内取值是合理的。这是指在零距离处目标的对比度，由于大气衰减，在传感器光瞳处目标的对比度会下降，这会影响传感器与目标作用的距离。

4) 目标探测、识别与确认的距离

了解了传感器的 MRC 和 MRTD 特性和目标特征，就可以来具体分析传感器探测、识别与确认目标的距离。

首先将 MRC 和 MRTD 中的单位为 lp/mrad 的空间频率轴转换为距离。可以用下式实现转换：

$$R = \frac{L \times \text{空间频率}}{n} \tag{2.3}$$

式中，R 为传感器到目标的距离；L 为目标在视线方向的宽度；n 为按期望的概率完成目标探测、识别、确认所需的穿过目标的线对数，而空间频率则表示成每弧度(而不是毫弧度)的线对数。例如，某一感兴趣的目标在视线方向具有 4m 的宽度，即 $L=4\text{m}$；要以 0.5 的概率对目标进行探测，按照 Johnson 准则，需要在视线方向有两条线穿过目标($n=1\text{lp}$)。依据以上条件，可把每毫弧度的线数或周数(MRC 和 MRTD 横轴的单位)直接映射为传感器到目标的距离。

完成映射变换后，就可以将 MRC 和 MRTD 曲线的横轴由空间频率重新标注为距离，如图 2.7 所示。

需要注意的是这个轴仅适用于特定的 L 和 n。以零距离处的目标对比度作为纵轴的截距，并计算或测量对比度随距离的变化，按同样的刻度比例描绘目标的对比度线(载荷线)。载荷线与 MRC 或 MRTD 曲线在最大距离处相交。在最大距离范围内，传感器光瞳处的有效对比度超过完成任务(以 0.5 的概率探测宽度 4m 的目标)所需的对比度。因此，载荷线与 MRC 或 MRTD 曲线交点处的距离值预测了传感器系统能完成任务的最大距离。

5) 大气的影响

在上述特例中，利用普通 MRTD 曲线估算出以 0.5 的概率探测一个宽度为 4m 的目标所对应的距离。假定零距离处的热对比度为 2K，总的红外消光系数为 0.1/km，那么载荷线与 MRTD 曲线在 0.63lp/mrad(对应于距离轴 2.5km)处相交。这意味着，在小于

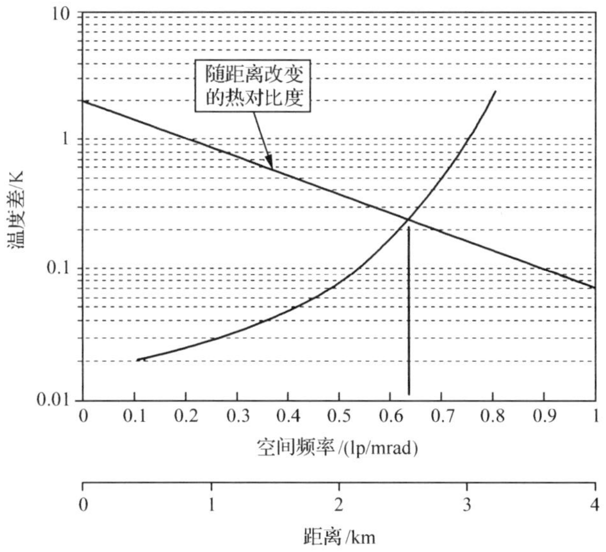

图 2.7　载荷线分析(据法斯多姆和格利森,2003)

2.5km 的距离,传感器光瞳处的有效对比度(载荷线)超过任务所需的对比度(MRTD 曲线);超过 2.5km 的距离,有效对比度小于所需对比度。因此,该传感器系统以 0.5 的概率探测 4m 的目标所对应的最大的距离是 2.5km。

由于大气的衰减作用,目标的对比度线一般为一条下降的曲线。注意在上述特例中,对比度线是一条直线。这是因为,对于热辐射,到达传感器的有效温度差 ΔT 由下式给出:

$$\Delta T(R) = \varepsilon(R) \mid T_t - T_b \mid = \varepsilon(R)\Delta T_0 \tag{2.4}$$

式中,T_t 和 T_b 分别为目标和背景的温度;$\Delta T_0 = |T_t - T_b|$ 是零距离处的温度差;$\varepsilon(R)$ 是从地物达到距离 R 处的大气透过率,由如下的 Bier 定律给出:

$$\varepsilon(R) = \exp(-k_\lambda R) \tag{2.5}$$

式中,k_λ 即为消光系数,它依赖于大气状态和传感器的工作波长。由于此处假定总的红外消光系数为常数,并在纵轴方向采用对数刻度,因此,目标对比度和距离的关系就变成了一条直线。对于在可见光和近红外波段的反射图像,达到传感器的有效对比度与大气透过率的关系则更为复杂,因此对比度线就很难描绘成直线。

上面介绍的是用于成像传感器探测、识别与确认距离分析的标准方法。这种方法可以从正反两个方向加以运用,根据给定的 MRC 或 MRTD 曲线预测性能;或根据所要求的性能反推在不同空间频率上所需的 MRC 或 MRTD 的上限值。尽管这种方法精度很高,且已在实践中已被证明是合理准确的,但应认识到这只不过是对将获得的系统性能的一个估计值。实际上由于目标的对比度和大气状况难以精确测量、操作员的表现水平参差不齐、场景的混乱程度不同等,很难得到相同条件下的大量试验结果,因而也就无法精确估计系统的性能。

2. 稳定平台

任务载荷要有一个稳定的平台,这是至关重要的。由于飞行平台本身一般不能保持任务所需的角度稳定性，所以成像系统不能直接固定在飞行器机体上。例如，飞行在海拔2km高空的无人机，以45°的侧视角扫描，目标到传感器的最大斜距约为3km。为保证有两条解像线穿过3km处的一辆坦克(探测一辆坦克所需要的最小分辨率是2.3m)。按照式(2.3)，传感器的最大空间频率为1.3lp/mrad，亦即至少每线对0.76mrad，或者每线0.38mrad的分辨率。为了在每线0.38mrad时保持合理的MRC，必须有比0.38mrad好得多的机械稳定度。无人机本身不能保持接近0.4mrad的角度稳定度，因此必须将传感器安装在一个稳定的平台上，该平台能支撑传感器且具有最小的角运动。可以通过采用多轴万向装置保证图像的质量、目标的跟踪和传感器指向的精度。

2.4.2 传感器位置与姿态测量

为满足目标探测和搜索的需要，要事先规划好飞行航线与传感器指向，并在执行时实时测量传感器位置与传感器姿态。另一方面，利用无人飞行器对地面目标进行快速定位是其主要优势之一。位置姿态测量装置可以连续测量成像时传感器的位置和姿态，为地面运动目标快速定位提供了一种全新的技术途径，极大地提高了目标快速定位的效率。

应用于无人飞行器传感器位置与姿态测量设备主要是卫星无线电导航定位系统(如GPS)和惯性导航系统。

1. GPS定位

GPS定位的基本原理是测量出已知位置的卫星到用户接收机之间的距离，然后综合多颗卫星的数据解算接收机的位置。要达到这一目的，卫星的位置可以根据星载时钟的时间在卫星星历中查出。而接收机到卫星的距离则通过纪录卫星信号传播到接收机所经历的时间，再乘以光速得到。由于信号传播时间中包含有卫星时钟与接收机时钟不同步的误差、卫星星历误差、接收机测量误差以及信号在大气中传播的延迟等误差，这一距离并不是用户与卫星之间的真实距离，而是伪距(pseudo range)。当GPS卫星正常工作时，会不断地用伪随机码(简称伪码)发射导航电文。GPS系统使用的伪码一共有两种，分别是民用的C/A码和军用的P(Y)码。当用户接收到导航电文时，提取出卫星时间并将其与自己的时钟作对比可得卫星和用户的距离，再利用导航电文中的卫星星历数据推算出卫星发射电文时所处位置，可得用户在WGS-84大地坐标系中的位置、速度等信息。

按定位方式，GPS定位分为单点定位和相对定位(差分定位)。单点定位就是根据一台接收机的观测数据来确定接收机位置的方式，它只能采用伪距观测量，可用于车船等的概略导航定位。为提高定位精度，在精密定位应用中通常采用差分GPS(differential GPS，DGPS)技术，即将一台(或几台)GPS接收机安置在基准站上，与流动站上的接收机进行同步观测。根据基准站已知的精密坐标，计算出基准站到卫星的距离改正数，并对流动站接收机的定位结果进行改正，从而提高定位精度。根据数据处理时间的不同，DGPS可以分为实时差分和事后处理差分；按照观测值类型的不同又可分为伪距差分和载波相位差分。研究表明，伪距差分能得到米级动态定位精度，载波相位差分可以获得厘米级的动态定位结果。当用于测量载体的实时位置时，DGPS技术至少需要两台GPS接收机，一台安装在飞行载体上，一台安置在已知点上。

GPS接收机有军用和民用类型。军用接收机能够接收GPS卫星发布的公开的C/A

码和保密的 P1、P2 码星历，精度很高，全球范围定位精度在 1m 左右，但仅限美国及其盟国军方使用。民用接收机分测量型和导航型。测量型接收机主要用于精密大地测量和精密工程测量；这类仪器主要采用载波相位观测值进行差分定位，定位精度高，可达毫米级；但仪器结构复杂，价格较贵，且需要长时间的静态观测，不能用于动态导航。导航型 GPS 接收机则主要用于运动载体的导航，它可以实时给出载体的位置和速度，这类接收机价格便宜，应用广泛。但导航型接收机只能接收 GPS 卫星发布的公开的 C/A 码星历，单点实时定位精度较低，有选择可用性（selective availability，SA）加密影响时为±100m，2000 年 5 月 1 日关闭 SA 加密后，精度显著提高，可达±10m。但随着技术的进步，目前新型的导航型 GPS 接收机实际定位精度已经达到 5m 以内。导航型接收机还可以进一步分为车载型（用于车辆导航定位）、航海型（用于船舶导航定位）、航空型（用于飞机导航定位，由于飞机运行速度快，因此，在航空上用的接收机要求能适应高速运动）和星载型（用于卫星的导航定位，由于卫星的速度高达 7km/s 以上，因此对接收机的要求更高）。用于无人飞行器的 GPS 接收机应选用航空型 GPS 接收机。

2. INS 位置和姿态测量

惯性导航（inertial navigation，IN）是通过测量飞行器的加速度（惯性），自动进行积分运算，获得飞行器瞬时速度和瞬时位置数据的技术。组成惯性导航系统的设备都安装在飞行器内，工作时不依赖外界信息，也不向外界辐射能量，不易受到干扰，是一种自主式导航系统。

INS 属于一种推算导航方式，即从一已知点的位置根据连续测得的载体航向角和速度推算出其下一点的位置，因而可连续测出载体的当前位置。INS 有如下主要优点：①由于它是不依赖于任何外部信息，也不向外部辐射能量的自主式系统，故隐蔽性好且不受外界电磁干扰的影响；②可全天候、全球、全时间地工作于空中、地表乃至水下；③能提供位置、速度、航向和姿态角数据，所产生的导航信息连续性好而且噪声低；④数据更新率高、短期精度和稳定性好。

按照惯性导航组合在飞行器上的安装方式，分为平台式惯性导航系统（惯性导航组合安装在惯性平台的台体上）和捷联式惯性导航系统（惯性导航组合直接安装在飞行器上）。捷联式惯性导航系统与平台式惯性导航系统相比较，有两个主要的区别：①省去了惯性平台，陀螺仪和加速度计直接安装在飞行器上，使系统体积小、重量轻、成本低、维护方便；但陀螺仪和加速度计直接承受飞行器的振动、冲击及角运动，因而会产生附加的动态误差；这对陀螺仪和加速度计就有更高的要求。②需要用计算机对加速度计测得的飞行器加速度信号进行坐标变换，再进行导航计算得出需要的导航参数（航向、地速、航行距离和地理位置等）。由于这种系统需要进行坐标变换，而且必须进行实时计算，因而要求计算机具有很高的运算速度和较大的容量。现代电子计算机技术的迅速发展为捷联式惯性导航系统创造了条件。

惯导系统目前已经发展出挠性惯导、光纤惯导、激光惯导、微固态惯性仪表等多种方式。陀螺仪由传统的绕线陀螺发展到静电陀螺、激光陀螺、光纤陀螺、微机械陀螺等。激光陀螺测量动态范围宽，线性度好，性能稳定，具有良好的温度稳定性和重复性，在高精度的应用领域中一直占据着主导位置。

惯导的基本工作原理是以牛顿力学定律为基础，通过测量载体在惯性参考系的加速度，将它对时间进行积分，且把它变换到导航坐标系中，就能够得到在导航坐标系中的速度、偏航角和位置等信息。INS 通常由惯性测量单元(inertial measurement unit, IMU)、计算机、控制显示器等组成。IMU 是 INS 的核心部件，负责姿态测定。IMU 通常由三个加速度计和三个陀螺仪、数字电路和 CPU 组成的(李学友，2005)。三个加速度计用来测量飞行器的三个平移运动的加速度，三个自由度陀螺仪用来测量飞行器的三个转动运动。

INS 位置姿态测量主要是利用 IMU 中的陀螺仪、加速度计等惯性元件来感测载体运动的加速度和角速度，在已知初始位置和速度的情况下，通过积分求出载体的速度、位置和姿态等信息。

3. GPS/INS 组合系统

虽然 GPS 系统可量测传感器的位置和速率，具有高精度，误差不随时间积累等优点，但其易受干扰、动态环境中可靠性差(易失锁)、输出频率低，不能测量瞬间快速的变化，没有姿态量测功能。而 INS 有姿态量测功能，具有完全自主、保密性强，既能定位、测速，又可快速量测传感器瞬间的移动，输出姿态信息等优点；但主要缺点是误差随着时间迅速积累增长，导航精度随时间而发散，不能单独长时间工作，必须不断加以校准。可以看出 GPS 与 INS 正好是互补的，因此，最优化的方法是对两个系统获得的信息进行综合，这样可得到高精度的位置、速率和姿态数据。

GPS/INS 组合有多种方式，代表了不同的精度和水平。最简单的方式是将 GPS 和 INS 独立使用，仅起冗余备份作用，这是早期的组合方式。最理想的组合模式是从硬件层进行组合，即一体化组合，GPS 为 INS 校正系统误差，而 INS 辅助 GPS 缩短卫星捕获时间，增加抗干扰能力，剔除多路径等粗差影响；这种组合体积小、重量轻、功耗低，大都用于军事领域。在工程中比较易于实现的是从软件层次组合，保持 GPS 和 INS 各自硬件的独立，只需要通过相应的接口将 GPS 和 INS 的数据传输到中心计算机上，并利用相应的算法进行两套数据的时空同步和最优组合即可，这是目前最主要的组合方式(孙红星，2004)。

GPS 与 INS 的组合主要是通过 Kalman 滤波来实现的。以 INS 系统误差方程为状态方程，以 GPS 测量结果为观测方程，采用线性 Kalman 滤波器为 INS 系统误差提供最小方差估计，然后利用这些误差的估计值去修正 INS 系统，以提高系统的导航精度。另一方面，经过校正的 INS 系统又可以提供导航信息，以辅助 GPS 系统提高其性能和可靠性(董绪荣等，1998)。

利用 Kalman 滤波进行 GPS 与 INS 系统的组合时通常有两种组合模式，即松散组合(位置与速率的组合)和紧密组合(伪距与伪距率的组合)(郭杭和刘经南，2002)。两种方法各有优劣：一般认为松散组合可靠性高，精度低，特别是 GPS 观测卫星少于 4 颗时，完全依靠 INS 导航的精度将更低；紧密组合精度高，但可靠性较差(董绪荣等，1998)。在松散组合模式下组合系统利用 GPS 数据来调整 INS 输出，即用 GPS 输出的位置和速度信息直接修正 INS 的漂移误差，得到精确的位置、速度及姿态参数。当 GPS 正常工作时，系统输出为 GPS 和 INS 信息；当 GPS 中断时，INS 以 GPS 停止工作时的瞬时值为初始值继续工作，系统输出 INS 信息，直到下一个 GPS 工作历元出现为止。

松散组合模式的优点是：①GPS 和 INS 保持了各自的独立性，其中任何一个出现故障时，系统仍能继续工作；②系统结构简单，便于设计；③GPS 和 INS 的开发与调试独立性强，便于系统的故障检测与隔离；④系统开发周期短。松散组合的缺点是组合后 GPS 接收机的抗干扰能力和动态跟踪能力没有得到任何改善，组合系统的导航精度没有紧密组合模式高。孙红星等(2010)利用高阶 INS 误差模型建立 36 阶 Kalman 滤波器，在松散组合模式下，实现了位置标准差 ±5cm、俯仰/横滚角标准差 ±0.002°、航向角标准差 ±0.008°的定位定向精度。

紧密组合的工作原理是，利用 INS 输出的位置和速度信息来估计 GPS 的伪距与伪距率，且与 GPS 输出的伪距和伪距率进行比较，用差值构建系统的观测方程，经 Kalman 滤波后得到精确的 GPS 和 INS 输出信息。

紧密组合模式的优点是：①GPS 接收机向 INS 提供精确的位置和速度信息，辅助并帮助克服 INS 的漂移误差积累；②INS 同时向 GPS 接收机提供实时的位置和速度信息，提高 GPS 接收机的抗干扰能力和动态跟踪能力；③在 INS 的辅助下，GPS 接收机可以接收到更多的卫星信息，而综合滤波器可以利用尽可能多的卫星信息提高滤波修正的精度；④能够对 GPS 接收机信息的完整性进行监测。

在数据处理上，紧密组合将 GPS 和 INS 的原始观测数据一起输入到一个滤波器进行估计，得到整体最优估计结果。松散组合首先使用一个分滤波器对 GPS 独立滤波定位，然后将定位结果输入到一个包含 INS 误差状态方程的主滤波器中，估计 INS 的导航误差。

GPS 和 INS 的系统集成从 20 世纪 80 年代初的简单组合开始，到 80 年代末就已经进入到软硬件组合的水平。目前 GPS/INS 组合系统的精度主要取决于 GPS 数据的定位精度。近年来，随着俄罗斯 GLONASS 系统的复苏，欧洲 GALILEO 系统投入运营，以及我国的北斗系统的快速发展，全球导航卫星系统(global navigation satellite system, GNSS)的阵营不断壮大。通过结合 GPS、GLONASS、GALILE、北斗等多套导航系统的卫星信号，GNSS 接收机可接收的卫星数成倍增加，能提供更多的多余观测用于定位计算，卫星的空间配置也更合理，因此能达到比任何单一系统更高的精度和可靠性。GNSS 与 INS 的结合，也有望进一步提高组合系统的性能(刘军，2007)。

2.5 数据链路

数据链路是无人飞行器与地面控制站之间进行连接的纽带。地面控制站既通过数据链路控制飞行器的飞行与传感器的运行，也通过数据链路接收飞行器上的任务载荷数据。数据链路也可用于测量地面天线相对于飞行器的距离和方位，用于飞行器的导航，辅助传感器对目标进行定位等。

2.5.1 数据链路的组成

无人飞行器数据链路包括一条上行链路和一条下行链路。上行链路(也叫指挥链路)一般为几千赫兹带宽，用于地面控制站对飞行器以及飞行器上设备的控制。上行链路必须保证能随时启用，以确保能及时发送地面控制站的指令；但在执行前一个命令期间(如在自动驾驶仪的控制下从一点飞到另一点期间)可以保持静默。

下行链路提供两个通道(可以合并为单一的数据流):①第一条状态通道(也称遥测通道)用于向地面控制站传递当前的飞行速度、发动机转速以及飞行器上设备状态等信息;该通道仅需要较小的带宽,类似于上行链路。②第二条通道用于向地面控制站传递传感器数据;它需要足够的带宽以传输大量的数据,其带宽范围为 300kHz～10MHz。一般下行数据链路都是连续传输的,但有时也会临时启动以传输飞行器上暂存的数据。

数据链路由空中部分和地面部分组成。数据链路的空中部分包括机载数据终端和天线。机载数据终端包括射频接收机、发射机,以及用于连接接收机和发射机到系统其余部分的调制解调器。有些机载数据终端为了满足下行链路的带宽限制,还提供用于压缩数据的处理器。天线一般采用全向天线,有时也采用具有增益的有向天线。

数据链路的地面部分也称地面数据终端。该终端包括一幅或几幅天线、射频接收机和发射机,以及调制解调器。若传感器数据在传输前经过压缩,则地面数据终端还需采用处理器对数据进行重建。地面数据终端可以分装成几个部分,一般包括一辆天线车(可以停放在与地面控制站有一定距离的地方)、一条连接地面天线和地面控制站的数据连线,以及地面控制站中的若干处理器和接口。

数据链路既可以传递数字信号也可以传递模拟信号。如果要传递数字信号,数据链路既可采用数字式载波调制,也可采用模拟式载波调制。很多简单的遥测链路在视频通道内采用模拟调制;大多数抗干扰数据链路采用数字调制传递数字信号。

几乎所有的现代无人飞行器系统都采用数字计算机进行控制,在地面控制站和飞行器上引入自动驾驶仪,机载的传感器数据预处理部分也一般是数字式的,至少它的末级是数字式的。大多数情况下,数字信号形式是实现检错编码、(通过冗余传输)提高抗干扰能力、实现加密和文电鉴别码的基本途径。因此,无人飞行器数据链路有理由选择数字信号和数字调制。

2.5.2 数据链路的特征

如果无人飞行器数据链路是在严格控制的条件下使用,那么一部简单的收发信机就够了。这样的收信机会受到来自其他具有同样频率范围的发信机的干扰,不过这种干扰可以通过仔细调谐工作频率加以克服。然而,经验表明,只要将工作频率从一个已解决了频率冲突问题的测试频段改变到另一测试频段,这种简单的数据链路就不再能够可靠地工作。

对数据链路的基本要求是不会因为干扰而工作失常。除了避免频率冲突之外,还可以通过采用检错码、应答和重发协议,以及其他类似的抗干扰技术来提高对干扰的抵御能力。数据链路在存在干扰的情况下保持正常工作的能力称为抗干扰能力,可用抗干扰系数衡量。抗干扰系数可定义为无干扰时系统的实际信噪比与系统正常工作所要求的最小信噪比的比例,单位为 dB①。数据链路的抗干扰系数用来表示该数据链路能忍受的最大

---

① dB 是一个关于比例系数的无量纲的单位。如果有两个相同单位的量,其比例系数 R 是一个无量纲的量,则该比例系数可以用 $10\lg R$ 表示,其单位即为 dB。因此,一个系统抗干扰系数为 30dB 的含义是,干扰必须使接收机信噪比下降 1000 倍($10\lg1000=30$)以上才能使系统工作失常

干扰功率，即致使工作性能恰好下降到不能接受的水平时的干扰功率。

在战场上，无人飞行器系统可能面临各种电磁威胁，如引导地面控制站实施炮火攻击的测向定位、锁定地面数据终端辐射源的反辐射武器、电子截获、电子欺骗、对数据链路的无意干扰和蓄意干扰。要在战场电磁环境下工作，无人飞行器数据链路必须有足够高的可靠性，至少能保证在用户需要测试、训练或者操作的任何地方都能正常工作。这就要求数据链路既能在分配的各频率点上工作，又能抵御来自其他可能出现的发信机的无意干扰。因此，军用无人飞行器数据链路需要尽可能地增加抗电磁威胁的功能。

2.5.3 数据传输特性

数据链路的基本功能是在无人飞行器和地面控制站间传输数据。本节讨论数据双向传输时可能出现的延时问题和下行链路数据传输率的问题。

1. 控制环路延迟

某些无人飞行器功能需要地面控制站的闭环控制。传感器指向的人工调节、目标自动跟踪的初始化就需要这种控制，人工控制飞行器回收也需要这种控制。完成这些控制功能的控制环路通过数据链路进行双向传输。如果数据链路采用了数据压缩或裁剪、消息分组、上下链路在同一频率上的时分多路传输，那么在控制环路的控制和反馈传输中将会出现延迟。这种延迟可能带来严重的甚至是灾难性的后果。

控制环路的延时主要来自于数据链路传输率的降低以及传感器数据块传输与重建过程。另一个更难预测的延时是在指令消息分组传输的机制下，数据链路在传输前要等待足够条数的指令以形成完整的消息组，这种等待造成了与飞行器间的消息阻塞。在这种情况下，组成消息组的最后一条指令几乎能马上被传出去，可是下一个消息组中的第一条指令却必须一直等待，直到有足够的指令形成完整的消息组。当然，数据链路在达到某个最大等待时间后也可以将不完整的消息组传递出去，或者地面控制站以一定的速率发出指令以保证形成一个消息组所需要的等待时间是可以接受的。

为了说明克服控制环路延迟的重要性，这里举一个例子。假如有一个特殊的数据链路，它的上行链路每秒钟仅传输一条指令，下行链路每秒钟仅传输一帧视频信号。如果操作员正在控制无人机降落(操作员按照事先决定的俯仰角调节摄像机，并根据电视画面手动控制飞机朝向跑道的入口)，那么总共会产生 2s 多的延迟，其中包括 1s 的发送指令时间、1s 的等待(1s 后才能看到反映飞行路线变化的一帧视频画面)、零点几秒的操作员反应时间和一些控制电路的延迟时间。这种延时很可能造成无人机不能可靠地降落。

有两种解决上述问题的方法。最简单的解决方案是增加一个低功率、宽带、无抗干扰性能的辅助数据链路，该数据链路只在接近回收网和跑道的最后阶段使用。另一个解决方案是采用对数据链路延时不敏感的回收方式。例如，采用自动降落系统、降落伞或翼伞回收。自动降落系统可以跟踪跑道或回收网中的无线电信标，并利用跟踪数据驱动自动驾驶仪实施降落，因此无需控制环路。降落伞只需要一条指令就可以打开，用于打开降落伞的 1s 左右的时间是无关紧要的。翼伞降落比较慢，对于地面降落，控制环路 2～3s 的延时是可以接受的。但是，要是在移动平台(如航行中的船)上回收，就必须考虑控制环路的延时影响。

对于调节传感器指向时的延时问题，不能依靠备份数据链路，解决的方法是设计一种特殊的控制环路，在延时 2～3s 的情况下仍能正常工作。研究表明，如果能对延时期间传感器视场的移动自动进行补偿，则有可能设计出这样的控制环路。然而，应该说明的是这项技术要求飞行器上带有很好的惯性基准，传感器指向系统带有高分辨率的分解器，以使指向指令能够按照惯性基准计算和执行。

当然，也可以通过提高数据链路的数据传输率解决传输延迟的问题。但是，这种解决方案会影响到抗干扰性能、增加数据链路的复杂性和费用。

2. 下行数据率

对传感器数据率的限制是下行数据链路设计中需要着重考虑的问题。几乎所有的成像传感器发送数据的速率都比数据链路的传输速率高得多。例如，来自普通的前视红外(FLIR)传感器能产生大约每秒 7373 万 bit(约 74Mb/s)的原始数据(640×480 像素×30 帧/s×8bit/像素)。而光学摄像机产生的数据量更大。

采用压缩或裁剪的方法可以降低数据传输率。数据压缩是将数据变换成数据量更小但在地面控制站可以重建的表现形式。理想的情况是数据被压缩传输再重建后，信息不会丢失。实际上，由于压缩重建过程中的近似处理，常常会丢失少量的信息。数据裁剪处理则是有意丢失部分数据，如隔帧传输视频信号可将数据传输率降低一半。这种处理会丢失部分信息，但操作员感觉不到，因为每秒 15 帧的数据能够提供操作员所需要的全部信息。另一种裁剪处理是丢掉每帧画面的边框部分，这种处理使传感器的有效视场在每个方向上都减小一半，数据传输率降低到原来的 1/4，地面控制站的观察视野也相应地减小。这种裁剪处理会丢失部分有用信息。

压缩视频信号的主要方法是通过减少图像中的冗余数据和相关信息来降低描述每个像素所需的平均比特数。图像数据中存在很多的冗余，相邻的像素灰度值是存在相关性的。例如，图像中包括一片晴朗的天空，那么对应天空这一部分的像素可能有相同的灰度值；因此就只需要为所有这些像素指定一个灰度值而不需要为每一像素重复发送这个灰度值；对于整幅图像来说，每个像素所需的平均比特数就减少了。即使是图像中含有物体的部分，像素与像素之间也存在相关性。除了阴影边界和对比度较高的物体的边缘处，图像中灰度等级的变化一般是连续光滑的。于是，相邻像素间灰度等级的差一般比 8bit 所表示的原始灰度值要小得多。利用这一特性可以进行一种差编码，即用一个像素与前一像素间的灰度差而不是用灰度值来代表该像素的灰度等级，而该灰度差可以用小于 8bit 的二进制数来表示。

采用更复杂的变换编码方法可进行进一步的压缩。很多方法建立在类似于傅里叶变换基础之上的频谱分解技术，将图像从空间域变换到频率域；然后再传输频率分量的系数，并在地面控制站利用这些系数重建图像。频率域中的低频成分包含了图像中的大部分主体信息(低频分量的系数较大)，高频成分仅包含少量信息(高频分量的系数较小或为0)。因此在传输时可以丢弃或大幅压缩高频分量的系数，这样处理可减少需要的比特数。通常在传输之前，将图像划分成 8×8 像素或 16×16 像素的子图像，这样可根据子图像的内容为每一个子图像选择相应的比特数。包含晴朗天空的子图像只需要用到很少的比特数，而含有大量物体细节的子图像则需要用到较多的比特数。

联合使用差编码和变换编码可以做到以平均每像素 0.1bit 传输可识别的图像。这意味着将每像素 8bit 的原始数据压缩到原来的 1/80。以每秒 30 帧的速率传输分辨率为 640×480 像素的图像，其数据传输率仅为不到 1Mb/s。但是，每像素 0.1bit 的图像在重建后，其分辨率下降了，产生了严重的信息损失。因此，需要在压缩率和系统操作性能之间进行权衡。实验表明，数据压缩到每像素 0.4bit 或更低，对于搜索目标阵列是可接受的；压缩到每像素 1.0～1.5bit，对于搜索孤立的单个目标是可接受的。这里假定一旦发现目标，能够立即改变到较窄的视场进行足够地放大观察，以便识别目标。

另外一些实验结果显示，压缩到每像素 1.0～1.5bit 对于大多数应用来说是可以接受的。需要注意的是图像的质量与用于变换的算法有关，目前还没有明确的证据表明，不能通过采用更好的编码和处理技术进一步降低比特数。这个领域仍存在着进一步开发的潜力。

将每像素比特数降到尽可能低的程度后，就有必要考虑降低要传输的像素数。这需要采用数据裁剪。对于视频数据，减少像素数最简单的方法是降低帧传输率。选择每秒 30 帧作为一种视频标准是为了获得无闪烁的画面，但实际上，在无人飞行器视频中，在 1/30s 内地面上的任何物体都不会移动太远。所以，新的一帧图像中仅包含少量的新信息。

当帧传输率下降到每秒 15 帧时，大部分观察者感觉不到，除非提醒他们注意观察。当帧传输率下降到每秒 7.5 帧时，如果图像中有物体在移动或者传感器的位置发生变化，则图像会出现明显的抖动。当帧传输率更低时，观察者能明显感觉到帧的出现，但有些功能仍能和帧传输率在每秒 15～30 帧时一样正常执行。实验结果表明，帧传输率下降到每秒 0.23 帧时，操作员在传感器视场中搜索目标的时间不受影响。如果采用步进-凝视模式，即保持传感器对准某区域约 4s，再移动到另一区域，对于目标探测任务来说，每秒 0.25 帧的传输率应该是可以接受的。

但是，对于需要传感器、数据链路和操作员之间进行闭环控制的一些操作，帧传输率的下降导致了延时，使操作员滞后才能看到他所下指令的结果。例如，操作员移动传感器以观察感兴趣的不同区域(粗略回转)、指向特殊点或特殊目标(精确回转)，将自动跟踪器锁定目标以便进行激光指示或手动跟踪目标，对于某些无人机，操作员通过观察来自摄像机或红外传感器的图像，手动控制飞机的降落。实践表明，帧传输率下降造成的延时会影响闭环控制活动。如果在设计控制环路时没有考虑控制延时，可能会带来灾难性的后果。

实验表明，帧传输率降低到每秒 3.75 帧，对于手动跟踪、将自动跟踪器锁定运动目标是可接受的；帧传输率降低到每秒 0.12～0.25 帧，对于自动目标搜索、精确回转、将自动跟踪器锁定静止目标是可接受的。

若以上压缩和裁剪措施仍不足以将数据率降低到数据链路可以承受的范围，还有两种形式的裁剪可用于无人飞行器的数据链路，即降低分辨率和视场裁剪。降低分辨率是对相邻像素作平均处理，将垂直方向或者水平方向甚至两个方向的像素数都减少到原来的 1/2 或 1/4。

另一个问题是在无人飞行器系统的哪个环节实现数据传输率降低的功能。数据链路的设计者倾向于在数据链路内部实现该功能。数据链路接收标准的电视视频信号，提供标准的按 30Hz 刷新的电视视频信号给地面控制站监视器。这简化了数据链路与系统其余部分的接口。另一种观点认为，设计压缩和重建算法的专门技术应该由传感器的设计者而不是由数据链路的设计者来开发，这样设计的算法与传感器的数据匹配良好，且信息损失最少。但是，每种传感器需要采用不同的压缩和重建的方法，即使是视频传感器和FLIR传感器间的差别也大到了足以使它们所采用的最佳视频压缩算法有所不同。视频传感器与雷达传感器之间的差别就更大了。而一个通用数据链路需要许多不同的模块（软件的和硬件的）处理各种不同的数据。如果由传感器部分来完成压缩、裁剪，那么数据链路就成了接收和传递带有一定特性的数据流的通道。由传感器制造商提供的重建单元要提供和这些特性相符合的缓存。

参考文献

董绪荣，张守信，华仲春. 1998. GPS/INS组合导航定位及其应用. 长沙：国防科技大学出版社

法斯多姆 G，格利森 J. 2003. 无人飞行器系统导论(第二版). 吴汉平等译. 北京：电子工业出版社

甘晓华，郭颖. 2005. 无飞艇技术概论. 北京：国防工业出版社

郭杭，刘经南. 2002. GPS/INS组合系统数据处理方法. 测绘通报，13(5)：957～965

李学友. 2005. INS/DGPS辅助航空摄影测量综述. 测绘科学，30(5)：110～113

刘军. 2007. GPS/INS辅助机载线阵CCD影像定位技术研究. 郑州：解放军信息工程大学博士学位论文

孙红星. 2004. 差分GPS/INS组合定位定姿及其在MMS中的应用. 武汉：武汉大学博士学位论文

孙红星，袁修孝，付建红. 2010. 航空遥感中基于高阶INS误差模型的GPS/INS组合定位定向方法. 测绘学报，39(1)：28～33

第3章 序列影像预处理

无人飞行器搭载的成像型任务载荷所获取的数据形式常以序列影像为主。序列影像通常被定义为由同一传感器对同一场景连续获得的一组影像。而在更为广泛的意义上，序列影像可以认为是具有较强时空相关性，且在影像尺寸和分辨率等方面基本一致或可进行相互转换的影像数据集合。

视频影像，特别是数字视频影像是最为典型的序列影像。因此，以数字视频影像为例进行分析能够发掘并概括序列影像的基本特性。无人飞行器作为空中移动平台，它所采集的序列影像又有着不同于其他搭载平台的显著特点。在实际应用中，视频数据采集及处理分析一般采用数字制式，而通信传输则可能采用模拟调制。所以，整个处理流程还有必要进行模数转换，这涉及模拟信号的采样制式以及数字视频的编码方式，这些问题都与后期数据处理的质量密切相关。受限于数据获取和传输的实际条件，原始序列影像的数据质量可能难以满足应用需求，因此，需要对数据进行预处理。针对于不同的干扰因素或噪声污染源，这些预处理包括色调校正、噪声滤除、斑点移除，以及较为复杂的影像复原等。对无人飞行器序列影像质量最主要的影响来自于搭载平台自身的运动所造成的影像抖动，这也是序列影像运动分析较为困难的主要原因之一。考虑到后期处理的需要，在序列影像预处理阶段采用特征、光流等方法对影像的自运动进行补偿也是动态背景下序列影像处理的重要内容。

3.1 序列影像数据特性

序列影像数据的特性确立了序列影像的特定功能，也进而决定了数据处理的技术手段和对应方法。面向多种形式的应用，以视频影像为例，序列影像的基本功能体现在对动态信息的表达上，正是序列影像时空连续记录的特性使得这一功能得以实现。所以，区别于二维静止图像，序列影像以三维信号的方式将时空信息融合为整体。

3.1.1 序列影像一般特性

根据序列影像的定义，序列影像数据的本质特性是影像间的时空相关性。所以序列影像既包含空间信息，也含有时间信息。从时间维度，序列影像是延续连贯的；而在空间维度上，相邻影像之间又具有很大的重叠度，如图3.1所示。对时空相关性的利用也是进行序列影像处理的基础。

对于序列影像时间信息的描述的基础参数包括记录的起始时间和采样时间间隔等。记录起始时间限定了时间维度范围，针对特定的空间场景，从时序角度明确了数据包含的信息内容。而至于采样时间间隔，即为数据的时间分辨率，设定了数据在时间维度的离散程度，同时也决定了序列影像帧间内容的相关度。

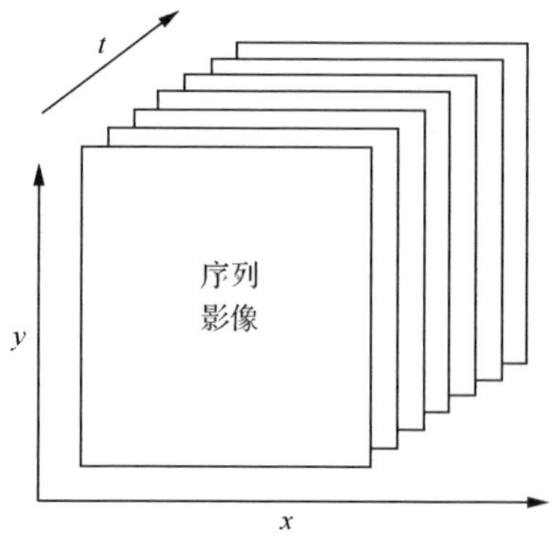

图 3.1　多维序列影像

序列影像表现了所摄场景空间在时序上的变化，通常是以影像像素灰度或色彩改变的形式来进行反映的，同时对应于场景照度的适时变化。尽管有一些特例，但是在绝大多数条件下，序列影像所包含的主要信息是关于观测对象的运动变化。另外，一般情况下，包括空间和时间分辨率，以及影像的幅宽尺寸、辐射度量化等级等都相对固定，使得影像所反映的时序变化呈现较为平滑的过渡；如果类似条件无法满足，那么需要在数据的预先处理中对数据进行调整改化，使得数据能够在统一的基准下完成后续的处理分析。

运动信息指代的是场景中各对象部分或对象与观察者（相机）及光源之间的空间位置随时间而发生的相对变化，因此需要确定或区分关注的目标对象和相应的背景参照。目标对象也称为前景信息，是观察或使用者主要关心或者期望从数据中提取分离出的主体。

序列影像的应用范围是十分广泛的。在序列影像中，目标对象或前景信息是与实体空间中的物体对象相对应的，在一些应用中其可以是车辆、舰船、飞机等载具，也可以是人员或动物等；而在另一些应用中，目标还可以是人的肢体或器官部位、细胞或微生物以及气象云团或星空轨迹等。因此，难以对序列影像中的目标进行统一的定义和描述，而是在具体的应用中，根据关注或感兴趣的对象主体加以指定。与之相反的是场景中的背景，通常是不关注或希望忽略的信息内容。一般情况下，背景是由场景中固定不动或者相对变化较少的物体所组成，而且相比于目标，背景在影像中所占的区域面积更大。需要说明的是，随着时空的演进，目标与背景皆可能具有持续的动态变化，包括几何形状和辐射亮度等，并且目标与背景之间还存在着相互关系的转换。

因此，从信息内容划分的角度，序列影像数据主要包括目标和背景信息，同时还可能含有噪声等。而与其他时变数据处理相似，序列影像数据处理的基本要点是凸显目标、抑制背景、剔除噪声。结合对数据相关性的分析，以及进一步的特征提取等操作，所有相关的处理方法都是围绕着这一目的展开实施的。

综上，关于序列影像的一般特性可归纳为如下三点：

(1) 序列影像的核心特质是影像帧间较强的时空相关性，其也是序列影像区分于其他数据类型且能够实现反映动态信息功能的根本。

(2) 对于序列影像中时空相关性的定义和描述，需要通过时空分辨率等参数设置来完成，并且通过参数调整将数据纳入统一的量化基准以便进行处理分析。

(3) 序列影像数据记录的主体是运动信息，而在序列影像中按内容主要分为目标和背景信息。序列影像数据相关处理的一个基本方向是突出影像中的目标区域，同时相应地弱化或削减背景部分。

3.1.2 无人飞行器序列影像数据特性

无人飞行器序列影像是序列影像的一种应用实例。除了包含影像数据的一般特性外，由于搭载平台及传感器载荷的特殊性，使得无人飞行器序列影像在获取平台、信息内容、目标对象等方面具有非常显著的特点。

1. 获取平台特性

无人飞行器是空中的运动搭载平台。根据任务状况以及地面控制的操作指令，无人飞行器经常需要做出偏航、俯仰、侧滚等机动动作。此外，受阵风、气流等因素的影响，无人飞行器还会出现振颤抖动的情况。无论是受控还是非受控的运动，飞行器姿态的变化都会对影像获取产生较大的干扰。

实践中，传感器是通过云台或吊舱等与飞行器进行连接的，并集成有惯性导航系统模块等对传感器进行姿态控制，以纠正飞行器运动对数据获取的影响。对于目标定位等应用，在某种程度上惯性导航的精度决定了影像数据的质量。无人飞行器序列影像处理分析中，来自传感器姿态变化的影响是不容忽视的。传感器的运动引起了影像中信息内容的被动运动和变化，而通过对影像进行运动估计等处理可解析反求传感器的姿态变化。同样的，如果已知序列影像中每一帧所对应的传感器姿态参数，那么也可以较为容易地推导出影像中背景部分的运动形式和量值。

但是，姿态参数与影像运动信息的联合求解同样存在诸多问题。

(1) 无人飞行器影像数据的获取与参数信息的获取在时间上不同步。序列影像，特别是视频影像，其离散采样的时间分辨率与姿态信息的获取采样频率不能保证完全一致，一般的解决方法是对序列影像进行重采样以匹配姿态参数，但是，依然有可能由于时间维度上的精度不够而无法获得准确可靠的计算结果。

(2) 单纯利用影像空间信息解算实物空间参数属于一种"病态"问题。与现实空间(三维立体)相比，影像空间(二维平面)缺少一个空间维度，所以由影像空间无法恢复实物空间(Hartley and Zisserman，2000)。运动信息的引入将该问题进一步延伸，由于涉及连续采样的相邻影像，使其更类似于立体成像问题，并且多视的结合使用还有助于空间三维重构等应用。虽然增加了一些有利的因素，但是受相邻帧间的重叠度过高、成像投影距离较摄站移动距离过大等各种条件限制，引入运动信息并没有使问题得到简化，只是将其转化为其他的类别形式而已。此外，镜头焦距变化及其畸变、飞行器机动致使传感器姿态突然改变等特殊问题也需要考虑和分析。

鉴于姿态参数使用和姿态信息求解所包含的一些难题，在微观层面上，也就是序列影像相邻帧间或连续数帧之间，其运动分析不需要利用姿态参数或者考虑传感器姿态的影响。这种离散化的处理方式基于一个前提，序列影像的采样时间间隔短，而传感器的姿态在该时间间隔内变化不大，那么认为相邻影像帧或邻接连续影像帧间的运动是平滑过渡的，可以将其限定为平移、旋转、拉伸等相对简单形式或者这几种形式的组合。当然，这个前提并不总是成立的，但是就影像处理来讲在大多数条件下是适用的，而对于某些异常情况则可以采取其他的处理手段。

2. 信息内容特性

影像数据处理中，不仅数据形式，其所包含的信息内容也在很大程度上决定了处理分析方法的选取和采用。而对于信息内容，无人飞行器序列影像与其他方式采集的序列影像之间也有较大的区别。

1）复杂性

无人飞行器序列影像信息内容的复杂性是综合背景信息和目标信息的类型属性以及各种条件情况之后的结果。

对于运动分析，地面场景一般是作为背景信息存在的。地面场景通常由各种类型的地物组成，如房屋建筑、耕地农田、道路、河流等，即使是同类型的地物在形状、尺寸、纹理等特征属性上也会表现出较大的差异，而地物类型的多样和千差万别反映到序列影像中就是背景信息复杂(Zhou，2009)。另外，地物在地面的空间分布呈现出一定的随机性和交互性，如孤立地物或者某地物被其他类型地物截断、遮挡、包含等情况，这也进一步增加了背景信息的复杂程度。

与背景信息类似，作为信息内容另一个主要组成部分的目标信息也包含许多的类型，而且还具有多种的运动方式，目标类型与运动方式的结合作用构成了目标信息的复杂特性。

2）变化性

作为一种表达记录动态信息的影像数据，是实际空间中的运动导致了序列影像中信息内容的变化。无人飞行器应用中，由于传感器与探测场景及目标对象之间存在着相对运动，所以影像信息内容的改变也可以粗略分为被动(传感器运动引起)和主动(目标对象运动引起)两种形式。

无人飞行器的机动、传感器姿态的调整以及镜头焦距缩放等会使影像信息内容产生被动式的变化。因为传感器的运动及视角的转变，影像中地面上各种地物和目标对象的特征属性均随之改变，而其中绝大部分的静态背景也会做出相应的运动，并且为运动对象以及背景中的动态成分添加与传感器变化方向相反的向量。

运动目标以及动态背景的自身运动等使得影像信息内容发生主动式的变化。无人飞行器序列影像中运动目标(如车辆、人员等)的变化主要是以某一速度沿某一方向的位置移动；而动态背景的情况则比较特殊，其既可能是非目标的运动对象(将其归入背景)也可能是背景地物的有规则运动(如河水的流动、树木的摇动等)。

此外，光照、云雾、烟尘、阴影等各种特定环境因素的附加影响也会使影像的信息内容显得富于变化。

3. 目标对象特性

动态信息分析所针对的重点是运动目标。现实世界里，运动目标可以是任何能够自主运动的物体对象。不同的应用方向，关注的目标类型及其属性特征也不尽相同。无人飞行器序列影像处理分析的运动目标主要是地面上的各种车辆和人员，而且即使是与目标对象同为车辆和人员的智能交通、安保监控等类似序列影像应用相比，由于其在数据获取方式、应用目的等方面的区别而反映出一些特性。

概括来讲，无人飞行器序列影像中的运动目标主要具有“小、多、变”的特点。与影像信息内容的复杂性和变化性相似，目标对象的这三个特点也为处理分析造成了一定的困难。

(1) 受传感器条件的限制，尽管影像的成像比例尺较大，但分辨率却不是很高，并且由于视场较小，在非识别状态下传感器通常使用中短焦距段以包含更大的场景范围。以空间分辨率相对较小的视频序列影像为例，多数情况下，车辆、人员等运动目标在影像中只占有很小的尺寸面积，从数百像素到数十像素不等(张天序，2005)。

由于目标较小，所以包含的特征信息也较少，不利于对目标进行定义以区别于背景或其他目标，而且也难以对目标进行检测搜索。

(2) 无人飞行器的传感器能够覆盖一定的地面区域，区域中一般都会有超过一个以上的目标在活动，并且某些情况下目标对象是以群体的形式出现的，如车队、人群等。因此，序列影像中经常会含有多个移动目标。

目标较多对运动处理造成的困扰是会增加运算量，要求具有并行处理能力的算法，目标之间的交错、重叠等现象也会引发新的难点问题，同时为区分不同的目标还需要多属性的结合定义。

(3) 由于飞行器与目标对象间的相对运动以及场景环境状况的适时改变等的影响，会使影像中的目标发生变化；而这些变化主要通过目标的运动方向、形状轮廓、颜色亮度等特征属性来体现。

目标的多变性要求基于特征属性的目标定义需随时进行更新，必要时整个处理流程需要重新循环以适应情况的变化，另外还要考虑更新及循环前后的处理衔接连贯等问题。

上述三点作为无人飞行器序列影像目标对象特性的主要方面对运动分析提出了难题和挑战，但是同其他类型的运动分析应用相比，无人飞行器序列影像中的目标对象也包含着一些有利于处理分析的特性，如目标的运动是刚性且规则的。综合目标特性多方面的分析能够使处理方法的指向更加明确、思路更加清晰，为技术细节的发现和解决奠定基础。

3.2 视频影像重采样与模数转换

视频影像不仅是序列影像的一种主要的具体形式，也是数据获取的主要来源之一。通过对视频影像进行离散化处理，可以获得时空相关性较高且属性参数一致的序列影像。

从定义的角度，视频是关于光强度的连续记录(Wang et al.，2002)。若假设 X 表示空间三维坐标，t 为摄取时刻，λ 代表所记录光的波长，由场景中的物体发射或反射的光强度设为 $C(X,t,\lambda)$，记录所使用摄像机的光谱吸收函数 $\gamma_c(\lambda)$，则观测所覆盖空间中的光强分布为

$$\bar{\phi}(X,t)=\int_0^{\infty}C(X,t,\lambda)\gamma_c(\lambda)\mathrm{d}\lambda \tag{3.1}$$

设定于拍摄的瞬时 t，摄像机采集的影像即为空间场景中光强分布的投影。设$P(\cdot)$为摄像机的投影模型，那么空间点 X 所对应的影像点位置 $\boldsymbol{x}=P(X)$；进而设 $P^{-1}(\cdot)$表

示反向投影，便有影像点相应的空间点坐标 $X = P^{-1}(\boldsymbol{x})$。基于空间光强分布及影像与空间场景的投影关系，进一步有视频信号函数为

$$\phi(\boldsymbol{x},t) = \bar{\phi}(P^{-1}(\boldsymbol{x}),t) \tag{3.2}$$

对于函数的解释是，视频记录了 t 时刻空间场景中 X 的辐射强度在图像平面 x 处的投影。在视频采集过程中，观测区域限定了空间范围，摄取时间设置了时间范围。如果摄像机具有单一传感器，那么 $\phi(\boldsymbol{x},t)$ 是反映亮度信息的标量函数，而输出图像为灰度图像；如果摄像机采用多通道的彩色传感器，则 $\phi(\boldsymbol{x},t)$ 是对应于 x 处包含多个分量的矢量函数，获得彩色图像。

视频信号分为模拟和数字两种模式。无论是模拟还是数字视频，在数据采集和显示时是以设定的时间间隔逐帧进行的，而所涉及的主要技术问题是采样与量化。

3.2.1 模拟视频信号采样

模拟视频系统采用光栅扫描的方式进行视频的获取和显示，光栅扫描分为逐行和隔行两种机制。如图 3.2(a)、(b)分别表示了逐行扫描和隔行扫描。

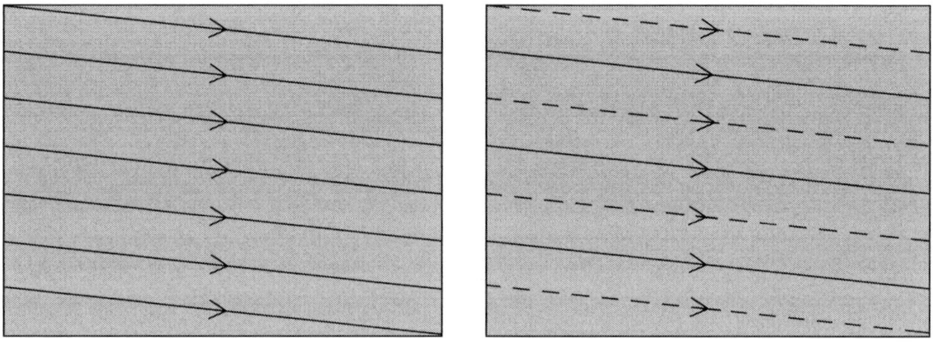

(a)　　　　　　　　(b)

图 3.2　逐行和隔行光栅扫描机制

逐行扫描从时间和垂直两个方向上由顶部至底部一行接一行地相继扫描影像区域，扫描率为 Δt s/帧。空间上每一帧中的各扫描行略微倾斜，且相互之间具有固定的垂直间距，同帧底行与顶行时间间隔为 Δt，由顶行到达底行后完成一帧的扫描后再次回到顶行继续扫描下一帧。逐行扫描获取的亮度值形成连续的一维波形信号，即为光栅扫描。而对于彩色视频系统，其将多个一维光栅复合成为彩色光栅信号。

隔行扫描与逐行扫描的区别是隔行扫描将帧分为多个场(副帧)。若将视频帧分为 n 个场，每场包含了帧中 $1/n$ 数量的扫描行，场中扫描行的间距为原帧行间距的 n 倍，场之间也是帧中相邻扫描行的时间间隔为 $\Delta t/n$，称为场间隔。采用隔行扫描的动机是受制于有限的通信带宽，同时视频更新的频率又要满足人眼的动态观测，因此采用牺牲空间分辨率的方式变相提高时间分辨率。

视频光栅两个基本的，同时也是决定视频质量最重要的属性参数是行数 ln(行/帧)和帧率 fr(帧/s)，这两项参数对应于光栅在空间(垂直方向)和时间上的采样率。通过基本参数还可导出其他相关参数，包括行率 lf＝ln・fr(行/s)，帧采样时间间隔即扫描率为

$\Delta t=1/\mathrm{fr}$(s/帧)；若设影像高度为 h，则每帧空间采样扫描行间距 $\Delta h=h/\mathrm{ln}$，以及每行扫描时间间隔是 $t_1=1/\mathrm{fr}=\Delta t/\mathrm{ln}$。行扫描时间间隔中包含了由行尾移至次行首的回扫时间 t_b，每行扫描的净时间是 $t_a=t_1-t_h$。类似的，在帧采样时间间隔中，同样包含从帧中底行尾部移至次帧顶行起始处的回扫时间 Δt_v，则在每帧扫描时间内实际采集的有效行数为 $\mathrm{ln}^{ac}=(\Delta t-\Delta t_v)/t_1=\mathrm{ln}-\Delta t_v/t_1$。

行数与帧率等属性参数的实际作用是确定了视频信号的空间及时间分辨率。根据信号的行率以及具体的视频格式可以进一步推导视频信号带宽。此外还需说明的参数是影像示象比(IAR)，所代表的是视频影像帧宽与高度之间的比率。

3.2.2 视频采样制式转换

模拟视频系统分为 NTSC、PAL、SECAM 三种格式，三者的区别主要在于时空分辨率、颜色坐标系以及信号带宽复用机制等方面。

模拟视频多采用隔行扫描方式并且其中 $n=2$，即将每帧分为两个场，则对应的用场率代替帧率以表示视频的时间分辨率。行数反映视频的空间分辨率。NTSC、PAL、SECAM 等模式的参数如表 3.1 所示。

表 3.1 模拟视频系统参数

参数	NTSC	PAL	SECAM
场率/Hz	59.94	50	50
行率/(行/帧)	525	625	625
扫描率/(s/帧)	0.03	0.02	0.02
行扫描时间间隔/μs	63.5	64	64
行扫描净时间/μs	53.5	54	54
有效行数/(行/帧)	483	576	576
亮度带宽/MHz	4.2	5.0,5.5	6.0
色度带宽/MHz	1.5(I),0.5(Q)	1.3(U,V)	1.0(U,V)
复合信号带宽/MHz	6.0	8.0,8.5	8.0

模拟视频三种制式的颜色系统均以 RGB 为基色进行摄取和显示，但是在传输通信中所采用的颜色坐标系统有所区别，其中，PAL 制式使用亮度/色度的 YUV 坐标，其与 RGB 归一化后 $\overline{\mathrm{RGB}}$ 之间的相互转换关系可表示为

$$\begin{bmatrix} Y \\ U \\ V \end{bmatrix} = \begin{bmatrix} 0.299 & 0.587 & 0.114 \\ -0.147 & -0.289 & 0.436 \\ 0.615 & -0.515 & -0.100 \end{bmatrix} \begin{bmatrix} \bar{R} \\ \bar{G} \\ \bar{B} \end{bmatrix}$$

$$\begin{bmatrix} \bar{R} \\ \bar{G} \\ \bar{B} \end{bmatrix} = \begin{bmatrix} 1.000 & 0.000 & 1.140 \\ 1.000 & -0.395 & -0.581 \\ 1.000 & 2.032 & 0.001 \end{bmatrix} \begin{bmatrix} Y \\ U \\ V \end{bmatrix} \tag{3.3}$$

NTSC 制式使用 YIQ 坐标系统，两个色度分量指标 I、Q 与 PAL 制式中的 U、V 之间

在色度空间内存在旋转关系，以 YUV 坐标为过渡，YIQ 与 RGB 之间的转换关系是

$$\begin{bmatrix} Y \\ I \\ Q \end{bmatrix} = \begin{bmatrix} 0.299 & 0.587 & 0.114 \\ 0.596 & -0.275 & -0.321 \\ 0.212 & 0.523 & 0.311 \end{bmatrix} \begin{bmatrix} \bar{R} \\ \bar{G} \\ \bar{B} \end{bmatrix}$$

$$\begin{bmatrix} \bar{R} \\ \bar{G} \\ \bar{B} \end{bmatrix} = \begin{bmatrix} 1.000 & 0.956 & 0.620 \\ 1.000 & -0.272 & -0.647 \\ 1.000 & -1.108 & 1.700 \end{bmatrix} \begin{bmatrix} Y \\ I \\ Q \end{bmatrix} \tag{3.4}$$

对于 SECAM 制式，其采用了 $YD_{\mathrm{b}}D_{\mathrm{r}}$ 坐标系，相应的转换关系表示为

$$\begin{bmatrix} Y \\ D_{\mathrm{b}} \\ D_{\mathrm{r}} \end{bmatrix} = \begin{bmatrix} 0.299 & 0.587 & 0.114 \\ -0.450 & -0.884 & 1.334 \\ -1.334 & 1.117 & 0.217 \end{bmatrix} \begin{bmatrix} \bar{R} \\ \bar{G} \\ \bar{B} \end{bmatrix}$$

$$\begin{bmatrix} \bar{R} \\ \bar{G} \\ \bar{B} \end{bmatrix} = \begin{bmatrix} 1.000 & 0.000 & 0.526 \\ 1.000 & -0.129 & -0.268 \\ 1.000 & 0.664 & 0.000 \end{bmatrix} \begin{bmatrix} Y \\ D_{\mathrm{b}} \\ D_{\mathrm{r}} \end{bmatrix} \tag{3.5}$$

上述式(3.3)～式(3.5)，以转换矩阵的方式表示了三种模拟视频制式的颜色转换关系，而其主要描述的是 RGB 基色和各种亮度/色度模式之间在颜色坐标空间中的对应与生成。在 YUV 坐标中，RGB 三基色以一定比例调和成为亮度 Y，两个色度分量 V、U 与 R-Y、B-Y 色差成正比。YIQ 坐标对亮度 Y 的定义与 YUV 坐标中相同，并将色度值 U、V 旋转 $\pi/6$ 得到 I、Q 分量。YIQ 坐标系中，$\sqrt{I^2+Q^2}/Y$ 对应于色彩饱和度，$\arctan(Q/I)$ 约为色调。对于 $YD_{\mathrm{b}}D_{\mathrm{r}}$ 坐标系中的 D_{b} 和 D_{r} 分量，其与 U、V 之间存在的比例关系是 $D_{\mathrm{b}}/U=3.059$，$D_{\mathrm{r}}/V=-2.169$。

根据模拟视频的行率等属性参数可估计视频信号的带宽。由有效行数、示象比、行扫描净时间等可推导信号亮度分量的最大带宽，实际带宽较理论值会有所衰减，对于亮度带宽的计算还需乘以相应的衰减因子。人眼对颜色信息的分辨能力较为敏感，色度分量是具有更窄带宽的带限信号。各信号分量的带宽参照表 3.1 所列具体值。

模拟视频系统信号既包含了视频多个彩色分量，同时也包含音频分量，涉及通信中的信号复合调制问题。模拟信号的调制采用了两重载频，色度副载频的选取应遵循能量互补、远离音频副载频等原则，色度分量通过正交幅度调制(QAM)和频率调制(FM)等方式合成为色度信号。音频信号经过调制后与亮度信号及色度信号形成最终的复合信号。而在接收端，复合信号相应的要经过解调和解复用的过程，具体的方法是采用多种滤波器根据对应频段提取信号中的不同分量信息。

3.2.3 视频影像模数转换

与模拟视频相对的是数字视频。从数据的采集获取方面，既可以利用数字相机直接拍摄得到，也可以通过对光栅扫描进行采样获得。对于数字视频的定义描述除了行数 ln

和帧率 fr 之外，还包括行样点数 pn 和像素比特率 nb。由这些基本参数还可以进一步推导出采样点间距 $\Delta w = w/\text{pn}$，以及视频码率 $c_r = \text{fr} \cdot \text{ln} \cdot \text{pn} \cdot \text{nb}$(kbit/s 或 Mbit/s)等。此外，数字视频中另一个较为重要的参数是像素示象比(PAR)，它所指代的是在数字视频显示时渲染像素的矩形区域的宽高比，与前述影像示象比 IAR 之间的关系是 PAR/IAR=ln/pn。

由模拟视频到数字视频的转换称为视频模数转换，通常也是数字视频处理的基础工作之一。数据信息的数字化过程主要包括采样和量化(Bovik，2009)。信号的采样可用点阵理论进行数学描述。关于点阵做如下定义，D 维空间中 $\mathbf{R}^D$ 的点阵 $\boldsymbol{\Lambda}$ 是指可由 $\mathbf{R}^D$ 中 D 个线性独立矢量通过整数系数线性组合集表示的离散点集：

$$\boldsymbol{\Lambda} = \left\{ \boldsymbol{x} = \sum_{d=1}^{D} n_d \boldsymbol{v}_d \mid \boldsymbol{x} \in \mathbf{R}^D, \forall\, n_d \in \mathbf{Z} \right\} \tag{3.6}$$

式中，$\mathbf{Z}$ 为整数集，线性独立矢量也称为基矢量。由基矢量构成的采样矩阵 $\mathbf{V} = [\boldsymbol{v}_1 \mid \boldsymbol{v}_2 \mid \cdots \mid \boldsymbol{v}_d]$，上式也可表示为 $\boldsymbol{\Lambda} = \text{LAT}(\mathbf{V})$。给定点阵的采样矩阵并不唯一，对于模为 1 的整数矩阵 $\boldsymbol{E}$ 即 $|\det \boldsymbol{E}| = 1$ 有 $\text{LAT}(\mathbf{V}) = \text{LAT}(\mathbf{V}\boldsymbol{E})$。

点阵理论中的另一个重要概念是单元晶格。D 维空间 $\mathbf{R}^D$ 中的单元晶格 P 代表对应点集，以点阵中的点为基点移动或复制晶格 P 可以无重叠的覆盖空间 $\mathbf{R}^D$，以公式表示这两项性质是

$$(P + s_1) \cap (P + s_2) = \varnothing \quad s_1, s_2 \in \boldsymbol{\Lambda}, s_1 \neq s_2 \qquad \bigcup_{s \in \boldsymbol{\Lambda}} (P + s) = \mathbf{R}^D \tag{3.7}$$

单元晶格的作用是对 $\mathbf{R}^D$ 进行量化，而且给定点阵的单元晶格不是唯一的。图 3.3 中显示了二维空间 $\mathbf{R}^D$ 的点阵 $\boldsymbol{\Lambda}$，分别定义该点阵 $\boldsymbol{\Lambda}$ 的基矢量 $\boldsymbol{v}_1 = \begin{bmatrix} 2 \\ 0 \end{bmatrix}$，$\boldsymbol{v}_2 = \begin{bmatrix} 1 \\ 2 \end{bmatrix}$对应的采样矩阵 $\mathbf{V} = \begin{bmatrix} 2 & 1 \\ 0 & 2 \end{bmatrix}$。图 3.3 中六边形和四边形描绘的灰色区域均为点阵 $\boldsymbol{\Lambda}$ 的潜在单元晶格。

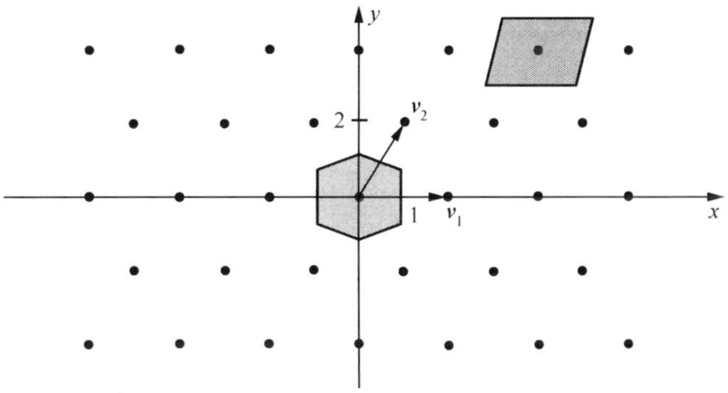

图 3.3 二维空间点阵和备选单元晶格

虽然单元晶格的形式不唯一，但是关于 $\mathbf{R}^D$ 有限子空间的覆盖需要相同数量的晶格，因此给定点阵的单元晶格的容积是固定唯一。若有点阵 $\boldsymbol{\Lambda}$ 的采样矩阵为 $\mathbf{V}$，则其单元晶格的容积为 $\text{vol}(\boldsymbol{\Lambda}) = |\det \mathbf{V}|$，与之相对的采样密度 $\text{den}(\boldsymbol{\Lambda})$ 是晶格容积的倒数，表示为

$$\mathrm{den}(\boldsymbol{\Lambda}) = \frac{1}{\mathrm{vol}(\boldsymbol{\Lambda})} = \frac{1}{|\det\mathbf{V}|} \tag{3.8}$$

在点阵的各类晶格中最有价值的一类是 Voronoi 晶格。从空间距离上，相较于点阵中的其他点，Voronoi 晶格所包含的点更接近晶格中心点，表示为

$$\nu(\boldsymbol{\Lambda}) = \{\boldsymbol{x} \mid \mathrm{distance}(\boldsymbol{x},\boldsymbol{c}) \leqslant \mathrm{distance}(\boldsymbol{x},\boldsymbol{p}),\quad \boldsymbol{x} \in \mathbf{R}^D,\quad \boldsymbol{c}, \forall\, \boldsymbol{p} \in \boldsymbol{\Lambda}\} \tag{3.9}$$

与点阵相关的另一重要概念是倒数点阵。对于采样矩阵为 $\mathbf{V}$ 的点阵 $\boldsymbol{\Lambda}$，其倒数点阵为 $\boldsymbol{\Lambda}^* = \mathrm{LAT}((\mathbf{V}^{\mathrm{T}})^{-1})$，即 $\boldsymbol{\Lambda}$ 的倒数点阵 $\boldsymbol{\Lambda}^*$ 的采样矩阵是 $\mathbf{V}$ 转置后的逆矩阵。

若设整型矢量 $\boldsymbol{n} = [n_1, n_2, \cdots, n_D]^{\mathrm{T}}$，$\boldsymbol{n} \in \mathbf{Z}^D$，对于点阵中点的实际位置有 $\boldsymbol{x} = \mathbf{V}\boldsymbol{n}$，利用点阵 $\boldsymbol{\Lambda}$ 对连续信号 $f_c(\boldsymbol{x})$ 进行采样则可表示为

$$f_s(\boldsymbol{x}) = f_c(\mathbf{V}\boldsymbol{n}), \boldsymbol{n} \in \mathbf{Z}^D \tag{3.10}$$

在离散空间中，所获得采样信号 $f_s(\boldsymbol{x})$ 的傅里叶变换 $F_s(\boldsymbol{u})$ 为

$$F_s(\boldsymbol{u}) = \sum_{n \in \mathbf{Z}^D} f_s(\boldsymbol{n}) \exp(-j2\pi \boldsymbol{u}^{\mathrm{T}} \mathbf{V}\boldsymbol{n}) \tag{3.11}$$

同样设有整型矢量 $\boldsymbol{m} \in \mathbf{Z}^D$，则有采样信号频谱 $F_s(\boldsymbol{u})$ 具备周期性，并表示为

$$F_s(\boldsymbol{u} + (\mathbf{V}^{\mathrm{T}})^{-1}\boldsymbol{m}) = F_s(\boldsymbol{u}) \tag{3.12}$$

表明 $F_s(\boldsymbol{u})$ 的周期为 $(\mathbf{V}^{\mathrm{T}})^{-1}$，且 $F_s(\boldsymbol{u})$ 及其复制样本的中心对应于 $\boldsymbol{\Lambda}$ 的倒数点阵 $\boldsymbol{\Lambda}^*$。由于傅里叶变换的可逆性，若给出频谱 $F_s(\boldsymbol{u})$，则采样信号有

$$f_s(\boldsymbol{n}) = \frac{1}{d(\boldsymbol{\Lambda})} \int_{\nu(\boldsymbol{\Lambda}^*)} F_s(\boldsymbol{u}) \exp(j2\pi \boldsymbol{u}^{\mathrm{T}} \mathbf{V}\boldsymbol{n}) \mathrm{d}\boldsymbol{u},\quad \boldsymbol{n} \in \mathbf{Z}^D \tag{3.13}$$

式(3.13)中频谱积分域位于倒数点阵 $\boldsymbol{\Lambda}^*$ 的 Voronoi 晶格内，为避免信号混叠效应的产生，要求晶格完全包含频谱。基于对称性，信号的频谱在空间中可近似为球形，所以要求晶格能够完整覆盖单位球体所代表的信号频谱。同时包围的越紧致，则采样密度越低，采样效率便越高。比较多种形状的晶格对于球体的覆盖，六边形晶格点阵的效率较高。

视频信号的数字采样需要根据待采信号频率、视觉感知的截止频率、摄录和显示设备特性、处理传输耗费资源代价等因素确定采样的空间与时间分辨率，进而确定有效的采样点阵。光栅扫描相当于从时间和行垂直两个方向上对视频进行采样，并且分为逐行和隔行两种方式，相应点阵的采样矩阵分别为 $\mathbf{V}_{\mathrm{P}} = \begin{bmatrix} \Delta t & 0 \\ 0 & \Delta h \end{bmatrix}$ 和 $\mathbf{V}_{\mathrm{I}} = \begin{bmatrix} \Delta t & \Delta t/2 \\ 0 & \Delta h \end{bmatrix}$。两种扫描方式的采样密度相同，但在各自存在的混叠效应上有所区别。

对扫描后光栅进一步采样以获得数字信号。在对光栅进行采样时需要考虑采样点间距 Δw 与行间距 Δh 之间的匹配，从而保证采样过程中水平和垂直两个方向上近似同步，采样后所生成的三维样点能够对应预设的采样点阵。此外，对于彩色光栅的采样不仅包括亮度分量，还有色度分量。基于人眼视觉感知，色度分量的采样率通常要低于亮度分量，相当于对色度信号进行次采样。亮度及色度分量采样一般按 4∶2∶2 或 4∶2∶0 的格式进行配对，即每 2 个亮度采样对应 2 个色度采样，或 4 个亮度采样对应 2 个色度采样。

上述的采样方式是分步实现的，也可以利用三维空间点阵直接采样。图 3.4 给出了几种典型的采样点阵。图 3.4(a)给出了逐行扫描光栅的采样点阵，行间距为 Δh，帧间隔为 Δt，水平样点采样间距为 Δw，该类型点阵在空间中构成了正交晶体结构。图 3.4(b)

显示了隔行扫描光栅的采样点阵，场间隔 $\Delta t/2$，每场行间距 $2\Delta h$，若不同场间的水平采样能够在行垂直向上对齐，则呈现奇偶行交替出现排列的结构。图 3.4(c)、(b)相比，隔行扫描中的奇偶行样点在垂直方向的对准上错开半个间隔，该类型点阵形成了体中心正交晶体结构。图 3.4(d)是图 3.4(c)结构的变形，每场不再隔行显示，而是包含所有行，但是采样点在每行交错出现，构成图中面中心正交晶体结构。以避免混叠、提高采样效率为考量，根据信号特性设定适当的采样间隔，综合比较几种点阵，隔行扫描的效率要高于逐行扫描，体中心正交晶体结构点阵较隔行扫描采样的效率更高，面中心正交晶体结构点阵与体中心点阵的效率相当，但是具有更好的视觉质量。

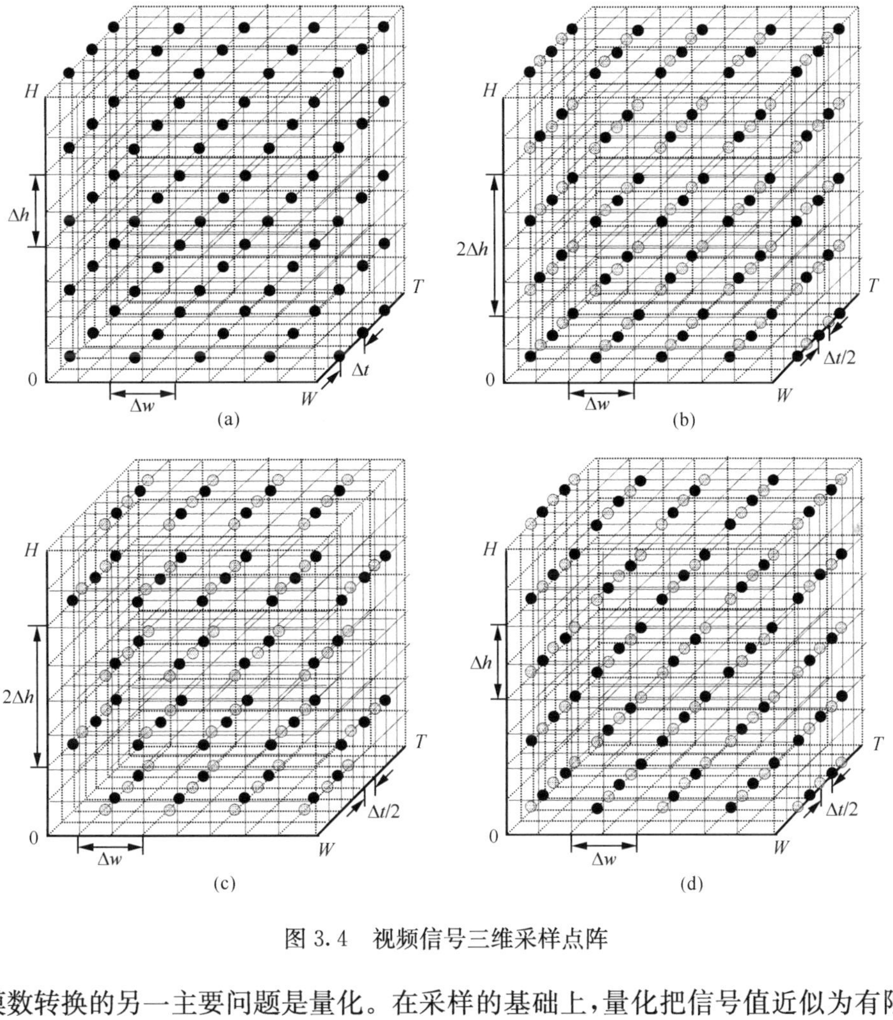

图 3.4　视频信号三维采样点阵

模数转换的另一主要问题是量化。在采样的基础上，量化把信号值近似为有限数量的离散值，量化也是信息编码中的重要内容。对视频采样后的样点数据进行量化，可对单个样点逐一量化，或者对一组多个样点同步量化，前者称为一维标量量化，后者称为多维矢量量化。

标量量化将信源中的样点重新赋予预设码书中的重建值。设定码书 $\mathrm{CB}=\{\boldsymbol{g}(1),\boldsymbol{g}(2),\cdots,\boldsymbol{g}(i),\cdots,\boldsymbol{g}(I)\mid i\in\mathbf{Z}\}$，其中，$\boldsymbol{g}(i)$ 为码书中包含的重建值，i 为对应的整数索引值，I 为码书中重建值及索引值的数量。对于标量量化可描述为

$$Q_s(f_s(\boldsymbol{n})) = \boldsymbol{g}(i) \tag{3.14}$$

关于式(3.14)的说明是，通过量化函数 $Q(X)$ 对采样后的信号 $f_s(\boldsymbol{n})$ 进行量化，使得 $\boldsymbol{n}$ 处的信号值等于码书的重建值 $g(i)$，取值的依据是 $f_s(\boldsymbol{n})$ 位于索引值 i 对应的阶距 B_i 内。上述过程也可采用量化器的操作来解释，定义量化器的参数包括重建值、重建值的数量、边界值，边界值即为索引值对应区间 B_i 的划分边界 b_{i-1} 和 b_i。

矢量量化中的矢量指代多个样点构成的样点组。由于视频影像中相邻像素（样点）之间具有一定的联系或相似性，影像区块所包含的像素反映了一定的模式，所以可以同步量化。另外，作为彩色视频等用多个分量表示同一样点的信源需要采用矢量方式进行量化。与标量量化相比，关于矢量量化的数学描述限定于多维空间。设有 N 维样点矢量（矢量样点）$\boldsymbol{f}_N$，则对应的量化区域 B_i 位于 N 维空间，重建值扩展为重建矢量 $\boldsymbol{g}(i)$，则矢量量化表示为

$$Q_v(\boldsymbol{f}_N) = \boldsymbol{g}(i) \tag{3.15}$$

量化器是量化处理的主要工具。最简洁的标量量化器是均匀量化器，其特性是相邻重建值及边界值的间距相等，即 $\boldsymbol{g}(i)-\boldsymbol{g}(i-1)=b_i-b_{i-1}=q$，$q$ 称为量化步长。对于有限动态范围的信号一般采用均匀量化方式。设有信号的最大值和最小值分别为 $f_{\max}$ 和 $f_{\min}$，给定步长 q，则式(3.14)可改写为

$$Q_s(f_s(\boldsymbol{n})) = f_{\min} + \left\lfloor \frac{f_s(\boldsymbol{n}) - f_{\min}}{q} \right\rfloor \cdot q + \frac{q}{2} \tag{3.16}$$

至于矢量量化的一种简单形式是最邻接量化器。在最邻接量化中，设 $d_N(x_1, x_2)$ 表示 N 维空间中两点间距离的测度函数，那么量化后的样点组矢量与重建矢量建立对应关系的条件是

$$Q_v(\boldsymbol{f}_N) = \boldsymbol{g}(i), \quad d_N(\boldsymbol{f}_N, \boldsymbol{g}(i)) \leqslant d_N(\boldsymbol{f}_N, \boldsymbol{g}(j)), \quad \forall j \neq i \tag{3.17}$$

以简化的量化器为基础，可寻求对量化器的深度优化。对于量化器的优化首先以概率形式描述信号值与重建值的对应关系，同时利用失真测度等评价量化器的优劣，而均方误差等是较为有效的失真测度，最优的标量量化即为最小化均方误差，通常的结果是最优重建值位于量化区域的质心，相应的最优边界值在最优重建值的中点处，量化后的重建值是与原信号值最为接近的重建值。进一步的还可根据信源的分布情况做出针对性的调整。

类似于信号采样，矢量量化器也可采用点阵形式，通常截取多维空间中点阵的一个区域，点阵中的点即为各个重建值，区域点阵构成了码书，点阵的晶格是为量化区间。点阵量化器是一种均匀分布的量化器。矢量量化器的最优化主要面向非均匀分布的信源，对于给定的重建矢量，量化区域的设置使得整个区域的平均失真最小，而对于给定的单个量化区域，选择使该区域内失真最小的重建矢量。

3.2.4 数字视频影像编码及压缩

任何涉及视频通信、存储、处理、获取和复制等应用都会包含视频编码的内容，数字视频编码与模拟视频隔行扫描的目的是一致的，通过降低数据信息的码率减小信道带宽、存储容量等的限制要求，以确保传输、处理等的及时性(Guan et al.，2009)。由于不同的媒体形式和应用模式对于条件及实时性的要求不同，因此视频的编码方式或压缩格式也有

较大的区别。

视频编码的主要依据是用来描述视频影像的信源模型。信源模型综合考虑影像中的信息内容，预置像素的时空相关性，并且设计及指定模型参数，进一步量化模型参数为符号集，同时映射为二进制码。而解码是编码的逆向操作，还原信源模型的参数并合成视频影像帧。视频编解码系统以及视频数据由采集到显示的编解码流程如图 3.5 所示。

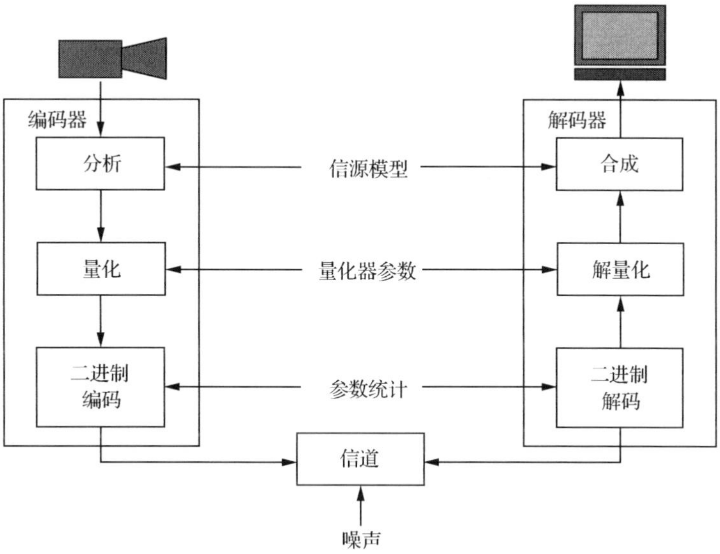

图 3.5　视频编解码系统及流程

视频编码技术基于影像信号的统计特性可采用变换编码或预测编码。这两种编码方式都是根据采样样点的相关性，变换编码是将量化及编码的参数转为变换系数，而预测编码则是预测样点的时空变化，并对预测误差进行编码；对于更多的情况是综合变换和预测两种形式，并结合阈值设置在两种编码方式之间进行切换。视频编码也可基于影像信息所呈现的内容，按照影像中所包含的物体对象划分影像区域，使用矢量信息、颜色波形和多维轮廓对其运动、纹理及形状等特性进行定义编码。在已知视频影像中物体类型或行为模式的条件下，可采用模型或语义编码方式。

针对各类视频应用，根据不同的编码方式建立形成了多种编码标准和格式（Woods，2012）。目前较为通行的视频编码标准主要有运动图像专家组（MPEG）提出的 MPEG 和国际电信联盟（ITU）提出的 H. 26X 等系列标准。MPEG 系列标准包括了 MPEG-1、MPEG-2、MPEG-4 和 MPEG-7 等多个阶段版本，所有标准的核心部分是视频编解码算法。其中，最初的 MPEG-1 标准包含了系统、视频、音频、一致性测试、软件模拟共五个部分，所采用的压缩算法具有正常回放、快进/反向播放、随机视频编辑和获取、高分辨率静止帧编码、容错功能等特性。为了适应更高的分辨率及码率要求，该组织进一步提出了 MPEG-2 标准，在 MPEG-1 原有五部分的基础上，新增了数字存储媒体控制命令、先进音频编码、流解码器实时接口、数字媒体命令一致性测试等；MPEG-2 标准所采用的压缩算法的特性有低延迟模式、缩放编码模式、错误复原选项等，并且该项标准与 MPEG-1 标准兼容。

MPEG-4 标准主要通过引入媒体对象概念解决甚低码率视频传输问题，在 MPEG-4 标准有第 2、第 10 两个部分关于视频数据表示和解码的内容。MPEG-4 标准第 2 部分针对视频数据中基于对象的有效编码表示，通过定义影像中的对象并划分数据比特流段落分别对其进行编码来实现，具体的压缩编码技术方式包括视频对象编码、运动矢量编码、运动纹理编码、子图形编码、格网对象编码、模型编码、静态纹理编码等。MPEG-4 标准的第 10 部分也称为先进视频编码，可分为视频编码层和网络抽象层；前者定义了能够提供有效视频表达的解码过程；而针对特定的网络或存储媒介，后者提供适当的报头和系统信息，同时将视频编码层的数据映射到不同的传输层。后继的 MPEG-7 定义了音视频内容的存储和检索业务，该标准主要由描述符、描述方案、描述定义语言及系统工具等构成。其描述符分为颜色、纹理、形状、运动、位置等类型；而相应的描述方案主要分为音视频领域相关和多媒体描述两个方面，并且对于多媒体描述可细分为基本元素、内容描述、内容管理、内容组织、导航与存取、用户交互等。

国际电信联盟共提出了四项编码标准：H. 261、H. 262、H. 263 和 H. 264。H. 261 是首个在国际范围内普遍采用的变换编码标准，也是 MPEG 和 H. 26X 等后续视频编码标准的原型基础。

H. 26X 系列标准对数字视频电话、数字电视通信等应用中所采用的各种数字格式提供了数据编解码技术支持。从功能上，H. 262、H. 264 标准等同于 MPEG-2 和 MPEG-4 标准的相关编码器，H. 263 标准基于 H. 261 框架，主要针对低带宽应用。图 3. 6 给出了作为各类编码标准原型的 H. 261 编码器示意。

总体而言，各类视频编码压缩标准规范串联了各种视频数据形式，使得视频数据在各种设备媒体之间通信转换、显示还原具有可供遵循的机制原则。特别是随着技术的更新和应用的拓展，视频编码压缩标准也在不断扩充，以适应技术发展的需求。

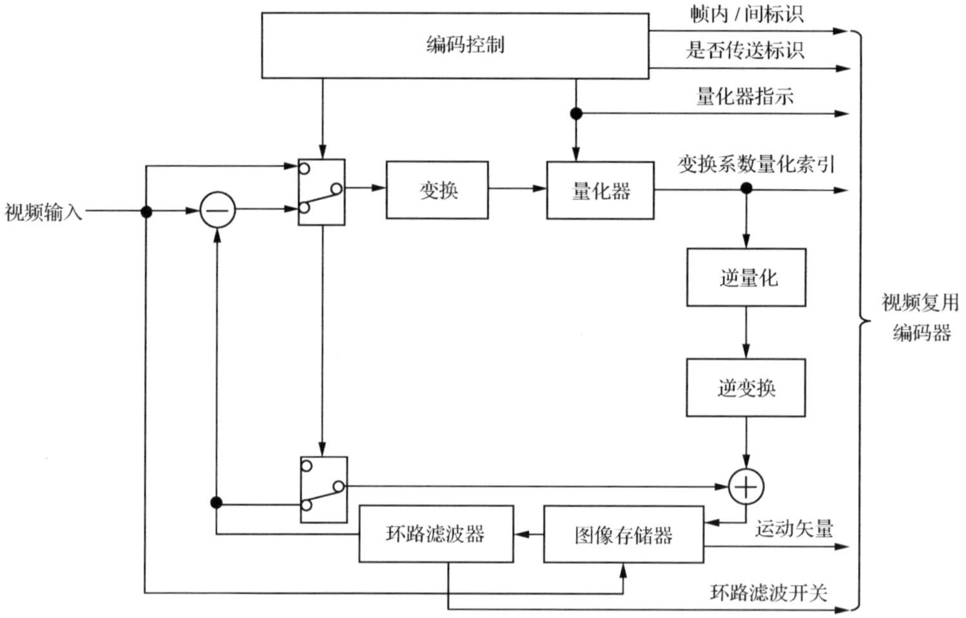

图 3. 6　H. 261 编码器示意框图

3.3 序列影像增强与复原

环境条件状况的不可控因素以及设备性能素质等的影响限制，会使序列影像的质量发生退化。因此，需要通过增强和复原处理提升影像的视觉质量，有利于后续的影像分析及理解操作，相关的处理也是各种视频应用领域的重要内容。序列影像质量的退化既有色调的失真，也可能来自各类噪声污染，甚至由于较大的斑点遮挡影像中的关键信息或重要特征，影像增强和复原的主要任务是解决类似的问题。同时，基于序列影像的优势特性，通过连续多帧影像的融合重建可提高影像的分辨率。无人机序列影像预处理中包含了影像增强与复原的相关部分。

3.3.1 色调校正及调整

颜色或色调既是影像信息内容的重要组成，同时也是处理分析时定义或指代目标的核心特征之一。在视频数据的采集、传输和显示过程中，色调易受到干扰而使呈现或记录的视频与原场景或目标之间存在较大的色彩偏差。所以对颜色进行校正或者还原色差是视频影像处理中非常重要的一项基础工作。从系统的角度，根据各种干扰因素，视频颜色的校正可以在采集、编码、处理、显示等各个阶段实行。

在 3.2.1 节和 3.2.2 节视频信号采样中对视频光栅和颜色系统做出了说明。在模拟视频中采用亮度/色度模式表示色彩信息，而且对于单色视频则主要是亮度信息。基于视频光栅的扫描及显示原理，模拟视频的色调调整采用亮度和色度分开独立设置的方式(Moeslund，2012)。而在数字视频中，经过模数转换后，亮度及色度信息被按照一定的比例采样到影像帧中的每个像素，同时根据彩色坐标系的转换关系将 YUV 等分量值转化为 RGB 对应值，或者进行逆向的转换，如式(3.3)、式(3.4)、式(3.5)等。

在数字视频中常采用的色彩变换模型是式(3.5)中所给出的 YD_bD_r 色彩系统空间，Y 为亮度分量，D_b 是蓝色分量相对于参考值的偏差，而 D_r 则是红色分量与参考值之间的差值。另一种对于数字影像较为重要的色彩空间是色度-辐射度-饱和度(HIS)模型，该模型更符合人眼对于颜色信息的描述习惯，特别是以流形式表现的。色度是单纯关于颜色(基色)的属性值，饱和度代表基色为白色光稀释的程度。

HIS 模型可由图 3.7(b)中的对称圆锥形色彩空间进行说明。位于中央的亮度轴，其亮度值 I 由黑代表 0 的过渡到白代表的 1；空间中的色值点在垂直于亮度轴的各个圆形剖面上，以 0°表示的红为起点，圆周角度表示色度 H；各剖面原点到色值点的矢量定义了饱和度 S。给定影像中的 RGB 值，每一像素的色度值 H 可由如下得到

$$H=\begin{cases}\theta & \text{if} \quad B\leqslant G\\ 360-\theta & \text{if} \quad B>G\end{cases},\quad \theta=\arccos\left\{\frac{\frac{1}{2}[(R-G)+(R-B)]}{[(R-G)^2+(R-B)(G-B)]^{1/2}}\right\} \tag{3.18}$$

而饱和度 S 分量有

$$S=1-\frac{3}{(R+G+B)}\min(R,G,B) \tag{3.19}$$

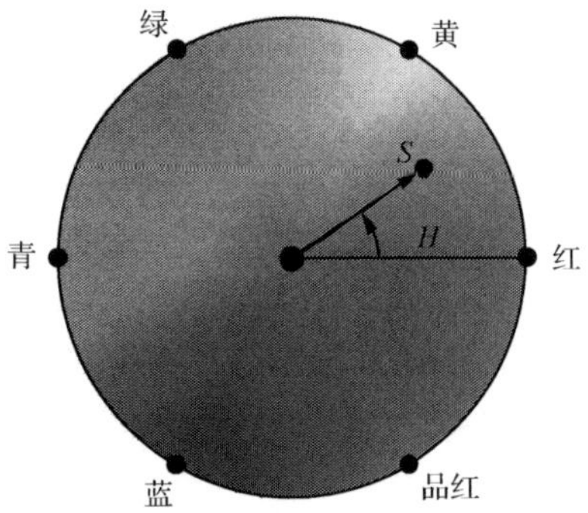

(a)

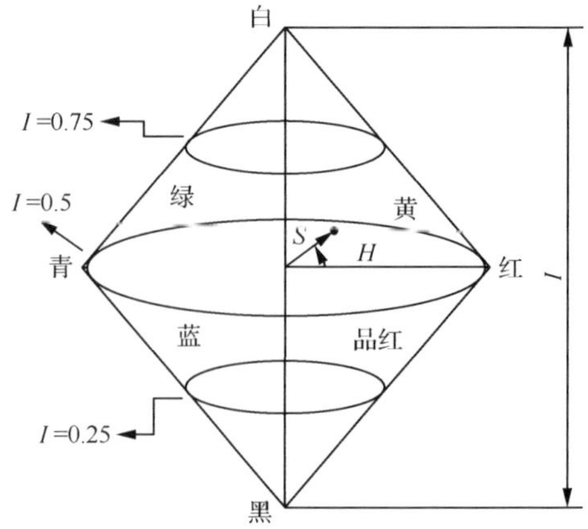

(b)

图 3.7　HIS 色彩空间模型(彩图附后)

最后是辐射度分量 I,可通过平均 RGB 值得到

$$I=\frac{1}{3}(R+G+B) \tag{3.20}$$

由 RGB 到 HIS 的转换假设 RGB 值归一化至[0,1]内,则饱和度及辐射度分量均位于[0,1]内,而色度分量通过除以 360°也可进行归一化。按照图 3.7(a)中圆形区域对于色度 H 的分布设置,HIS 到 RGB 的逆向变换划分为三个扇区,即 $0°\leqslant H<120°$的红绿扇区,$120°\leqslant H<240°$的绿蓝扇区,$240°\leqslant H\leqslant 360°$的蓝红扇区,其变换公式分别为

$$0°\leqslant H<120°,\quad \begin{cases} R=I\left(1+\dfrac{S\cos H}{\cos(60°-H)}\right) \\ G=3I-(R+B) \\ B=I(1-S) \end{cases} \tag{3.21}$$

当 H 位于绿蓝扇区的则有

$$\begin{matrix} 120°\leqslant H<240° \\ H=H-120° \end{matrix},\quad \begin{cases} R=I(1-S) \\ G=I\left(1+\dfrac{S\cos H}{\cos(60°-H)}\right) \\ B=3I-(R+B) \end{cases} \tag{3.22}$$

进而有蓝红扇区的转化公式是

$$\begin{matrix} 240°\leqslant H<360° \\ H=H-240° \end{matrix},\quad \begin{cases} R=3I-(R+B) \\ G=I(1-S) \\ B=I\left(1+\dfrac{S\cos H}{\cos(60°-H)}\right) \end{cases} \tag{3.23}$$

通过上述各式实现 RGB 与 HIS 之间的相互转换。对于数字视频的色彩处理,能够在任意色彩空间模型中进行,其差别在于与应用客观条件及处理进行阶段的适应匹配、可控制的量化程度,以及相应的执行效率和处理结果。因此,多数的色彩处理都涉及色彩模型间的转换,以满足实际应用的特定要求。以数字视频的 HIS 变换为例,可以通过亮度、对比度、色度及饱和度等参数的设定来完成色调校正调整。图 3.8 给出了视频影像的色

调校正效果，图 3.8(a)～(d)分别是原始影像、亮度变暗、饱和度提高以及色彩偏绿等调整结果。

(a) (b) (c) (d)

图 3.8　视频影像色调校正调整(彩图附后)

3.3.2　视频滤波噪声抑制

噪声是最为普遍的信号质量影响的因素，而通常序列影像中所包含的是各类噪声的混合，并且噪声对原信号的影响具有非线性特性。实践中，噪声的影响可用理想序列影像添加白噪声建模描述。假设不包含任何噪声的序列影像信号 $f(\boldsymbol{x},t)$，则记录或呈现的影像 $g(\boldsymbol{x},t)$ 是 $f(\boldsymbol{x},t)$ 与噪声 $n(\boldsymbol{x},t)$ 的叠加，表示为

$$g(\boldsymbol{x},t) = f(\boldsymbol{x},t) + n(\boldsymbol{x},t) \tag{3.24}$$

式中，$\boldsymbol{x} = (x,y)$ 为空间坐标；t 为时间标签或指代影像序列的帧序号。以式(3.24)的模型为依据，视频影像的去噪处理等同于给定带有噪声的观测值 $g(\boldsymbol{x},t)$ 推导影像的估计值 $\hat{f}(\boldsymbol{x},t)$。滤波方法是信号去噪的典型方法。对于序列影像，需要从时空三个维度进行滤波处理，并且为了保证时序上的连贯一致，所以更加强调时间方向的滤波。

最为简化的时间滤波器是对序列帧在时间向上的加权平均，用公式进行表示是

$$\hat{f}(\boldsymbol{x},t) = \sum_{l=-T}^{T} w(l) g(\boldsymbol{x},t-1) \tag{3.25}$$

式中，$w(l)$ 为滤波器的加权因子，用以对连续的 $2T+1$ 帧序列影像配赋权重；T 也称为时域窗口长度，窗口越大，则对噪声的抑制效果越好。如果给纳入滤波处理的所有帧赋予相同的权重，那么有 $w(l) = l/(2T+1)$。进一步通过最小化估计值与理想值之间的接近程度推导 $w(l)$，加以优化：

$$\min_{w(1)} E[(f(\boldsymbol{x},t) - \hat{f}(\boldsymbol{x},t))^2] \rightarrow w(l) \tag{3.26}$$

基于这一目标给出时域的维纳(Wiener)滤波器方法是

$$\begin{bmatrix} C_{fg}(-T) \\ \vdots \\ C_{fg}(0) \\ C_{fg}(1) \\ \vdots \\ C_{fg}(T) \end{bmatrix} = \begin{bmatrix} C_{gg}(0) & \cdots & C_{gg}(-T) & \cdots & C_{gg}(-2T) \\ \vdots & & \ddots & & \\ C_{gg}(T) & & C_{gg}(0) & & \vdots \\ & & & \ddots & \\ \vdots & & & & C_{gg}(0) \\ & & & & \ddots \\ C_{gg}(2T) & & \cdots & & C_{gg}(0) \end{bmatrix} \begin{bmatrix} w(-T) \\ \vdots \\ w(0) \\ w(1) \\ \vdots \\ w(T) \end{bmatrix} \tag{3.27}$$

式中，$C_{gg}(k)=E[g(\boldsymbol{x},t)g(\boldsymbol{x},t-k)]$为时域自相关函数；$C_{fg}(k)=E[f(\boldsymbol{x},t)g(\boldsymbol{x},t-k)]$为时域互相关函数。均值滤波方法的缺点是由于对前后景信息的平滑作用，因此会使得序列影像中的运动物体出现模糊。为改善滤波处理对运动物体的影响，引入帧间运动矢量估计，从而获得运动补偿时域滤波：

$$\hat{f}(x,t)=\sum_{l=-T}^{T}w(l)g(x-\boldsymbol{d}_x(x,y;t,1),y-\boldsymbol{d}_y(x,y;t,1),t-1) \tag{3.28}$$

式中，$\boldsymbol{d}(\boldsymbol{x};t,1)=(\boldsymbol{d}_x(x,y;t,1),\boldsymbol{d}_y(x,y;t,1))$ 为不同时刻 t 和 1 的影像帧在空间坐标 (x,y) 处存在的位移矢量。式(3.28)说明噪声抑制与运动估计是逆相关的，而如果噪声的影响较为严重，就需要避免直接进行运动估计。可采取的策略是检测运动区域以减小平滑帧的数量，并且使滤波处理沿多个预设运动方向进行，则预设条件决定了最终的滤波结果。

鉴于对空间因素的考虑，式(3.25)给出的时间向滤波可扩展为时空三维加权滤波形式：

$$\hat{f}(\boldsymbol{x},t)=\sum_{\boldsymbol{m},l\in S}w(\boldsymbol{m},l)g(x-\boldsymbol{m},t-1) \tag{3.29}$$

式中，S 指代了支持滤波处理的窗口区域。类似于时间滤波存在的问题，时空滤波重点关注的也是其中权重因子 $w(\boldsymbol{m},l)$ 的选取和确定，而其效果取决于是否能够与所处理的序列影像相适应，同时也要具有简易特性，以减少计算复杂度。例如，根据式(3.29)对 $\hat{f}(x,t)$ 的估计，第 $t-1$ 帧影像的 $\boldsymbol{x}-\boldsymbol{m}$ 处对其的贡献权值可设为

$$w(\boldsymbol{m},l;\boldsymbol{x},t)=\frac{\alpha}{l+\max(\beta,(g(\boldsymbol{x},t)-g(\boldsymbol{x}-\boldsymbol{m},t-1))^2)} \tag{3.30}$$

对于式(3.30)的解释是以阈值 β 衡量滤波中心像素值 $g(\boldsymbol{x},t)$ 与权对应像素值 $g(\boldsymbol{x}-\boldsymbol{m},t-1)$ 的差异；如果小于阈值，配赋相同的权值为 $\frac{\alpha}{l+\beta}$，反之给以更小的权值。这种权值设定的优点是与中心像素偏离越远的窗口像素，则赋予的权值越小。式(3.29)的时空滤波同样可以引入式(3.28)中的空间位移矢量，并且使滤波窗口沿像素的运动轨迹进行，以使时空滤波能够实现运动补偿。

序列影像时空滤波器的进一步改化包括：通过递归迭代缓存更少的影像帧；通过对滤波窗口进行排序统计，逐次处理方向、量级、相关等信息，实现非线性滤波；采用离散小波变换等将序列影像分解为多级多分辨率的波段，以滤除其中的噪声信息(Dabov et al.，2007)。此外，基于序列影像的特性，滤波也可在时间和空间域分别进行，或转化到频率域执行。图 3.9 显示了对序列影像进行滤波去噪处理后的结果。图中的第一行是含有噪声的原始序列影像帧，第二行为采用非局域空间变换滤波方法去除噪声后的处理结果。

3.3.3 区域斑点影像移除

典型的区域斑点退化通常与影像记录所采用的胶片介质有关。胶片被污损颗粒遮盖或者缺少明胶，都会使得对应区域出现或明或暗的污点，称为区域斑点。而对于模拟视频甚至数字序列影像，不会涉及胶片缺损等问题，但是在数据采集、传输及处理等环节均存在受到区域斑点影响的可能。例如，数据采集时传感器或镜头等附着尘埃也会对影像造

图 3.9　序列影像滤波去噪

成斑点污染。关于序列影像中区域斑点的描述给出如下数学模型：

$$g(\boldsymbol{x},t)=(l-b(\boldsymbol{x},t))f(\boldsymbol{x},t)+b(\boldsymbol{x},t)c(\boldsymbol{x},t)+n(\boldsymbol{x},t) \tag{3.31}$$

式中，$g(\boldsymbol{x},t)$、$f(\boldsymbol{x},t)$、$n(\boldsymbol{x},t)$ 与式(3.24)的含义相同；$b(\boldsymbol{x},t)$ 为二值判别函数，以判断 $(\boldsymbol{x},t)$ 处的是否是区域斑点所包含的像素；$c(\boldsymbol{x},t)$ 为斑点灰度值。根据该模型，影像中区域斑点问题的解决途径主要分为两个步骤：首先是检测斑点区域，即估计判别函数 $b(\boldsymbol{x},t)$；其次在考虑运动补偿的前提下恢复原有的位移矢量，并通过时空插值改正斑点区域的灰度值 $c(\boldsymbol{x},t)$。关于斑点检测移除方法的流程如图 3.10 的示意表明。

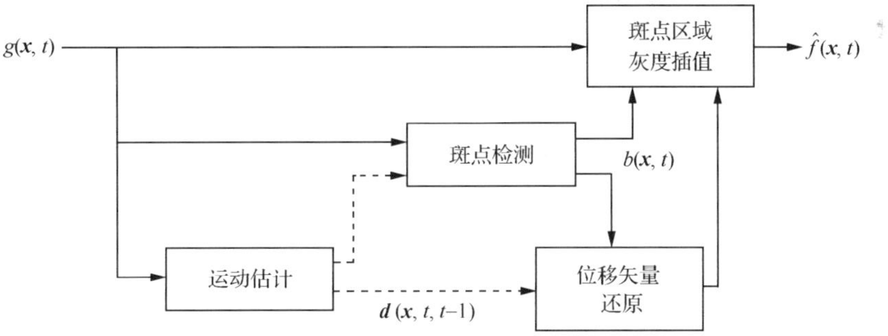

图 3.10　序列影像斑点检测移除方法流程

斑点区域的检测需要采用斑点检测算子(Bovik A，2006)。较为简略的是斑点检测指示函数 $\mathrm{BDI}(\boldsymbol{x},t)$，在运动补偿的基础上，用以检测像素灰度值的时间不连续性，可表示为

$$\begin{aligned}\mathrm{BDI}(\boldsymbol{x},t)=&\min((g(\boldsymbol{x},t)-g(\boldsymbol{x}-\boldsymbol{d}(\boldsymbol{x};t,t-1),t-1))^2,(g(\boldsymbol{x},t)\\&-g(\boldsymbol{x}-\boldsymbol{d}(\boldsymbol{x};t,t-1),t+1))^2)\end{aligned} \tag{3.32}$$

式中，$\boldsymbol{d}(\boldsymbol{x};t,1)$ 为 $\boldsymbol{x}$ 处的像素在连续 t 和 1 帧之间的位移矢量。依据指示函数 $\mathrm{BDI}(\boldsymbol{x},t)$ 和阈值 Th 确定判别函数 $b(\boldsymbol{x},t)$ 的值有

$$b(\boldsymbol{x},t)=\begin{cases}1 & \text{如果 } \mathrm{BDI}(\boldsymbol{x},t)>\mathrm{Th}\\0 & \text{否则}\end{cases} \tag{3.33}$$

斑点检测的实质是搜索离群点，而对于这种处理，非线性方法往往会有更好的效果。因此可以利用阶序差分等方法，即以待检测像素为中心建立经过运动补偿的时空观测窗口，同时对窗口内的参考像素按灰度值大小进行排序，并且求取待检测像素与参考像素的灰度差值，任取其中的差值大于指定阈值，则判别函数为真。更为复杂的检测算子还可以引入概率估计模型等，或者采用滞后阈值(Bavik,2006)等后处理技术方法。

假设区域斑点足够小，基于区块的运动估计一般不会受到斑点的干扰。即使对于较大的斑点也可采用分层估计的方法，在较低的分辨率完成运动估计。给定判别函数 $b(\boldsymbol{x},t)$ 便可标识错误估计的位移矢量。通过两种方式能够还原错误估计的位移矢量：①运动矢量插值，即均值化待还原矢量周围的位移量值；②直接利用斑点邻接区域的位移矢量。斑点区域的位移矢量被恢复后，可得到正确的时间邻域灰度值，则通过时空插值估计斑点处的像素灰度值。基于马尔可夫随机场理论，对像素灰度的时空插值可转化为对下式的优化：

$$
\begin{aligned}
&P(\hat{f}(\boldsymbol{x},t)\mid f(\boldsymbol{x}-\boldsymbol{d}(\boldsymbol{x};t,t-1),t-1),f(\boldsymbol{x},t),f(\boldsymbol{x}-\boldsymbol{d}(\boldsymbol{x};t,t+1),t+1))\propto \\
&\exp\Bigg(-\sum_{\boldsymbol{m};\boldsymbol{d}(\boldsymbol{m},t)=1}\Bigg(\sum_{s\in S^t}(\hat{f}(\boldsymbol{m},t)-\hat{f}(s,t))^2+\lambda\Bigg(\sum_{s\in S^{t-1}}(\hat{f}(\boldsymbol{m},t)-\hat{f}(\boldsymbol{x}-\boldsymbol{d}(\boldsymbol{x};t,t-1),t-1))^2 \\
&\qquad +\sum_{s\in S^{t+1}}(\hat{f}(\boldsymbol{m},t)-\hat{f}(\boldsymbol{x}-\boldsymbol{d}(\boldsymbol{x};t,t+1),t+1))^2\Bigg)\Bigg)\Bigg)
\end{aligned}
\tag{3.34}
$$

式中，S^t、S^{t-1} 和 S^{t+1} 为对应于第 t、$t-1$ 和 $t+1$ 帧的空间窗口；指数函数的第一项是灰度插值的空间强制平滑项，而后两项是时间平滑项，利用已还原的运动矢量使时间平滑在运动轨迹方向上进行，具体的优化需要迭代实现。在运动补偿的基础上，依据序列影像的高度相关性，除了插值求取被斑点覆盖的灰度值，也可以直接拷贝粘贴前后帧的灰度值；而处理模式转变为判定已检测出的斑点区域像素是否可用前后帧的灰度替代赋值，这一过程同样基于概率统计模型。

在斑点区域检测移除处理中，一个潜在的难点问题是影像中的复杂物体运动会导致错误的运动估计，从而引入不必要的误差。解决这类问题的原始思路是检测含有“病态”位移的区域，并且防止这些区域被还原，但是区域中可能存在的失真也因此被保留，而修复失真主要利用相同影像帧中的空间信息同时忽略时域信息。当提取的时域信息不可靠时，影像序列的相关修复方法能够自动转换到针对单帧影像的空间复原。

3.3.4 帧影像超分辨率重建

超分辨率重建是具有鲜明特点的影像处理技术，同时也是很多处理应用的核心技术。由于影像组原始分辨率相对较低，并且附加环境噪声较强以及目标对象运动造成的模糊等影响因素，而实际的应用却要求影像数据具有精细化的呈现显示，以实现对影像中目标对象的准确辨识及细致分析。因此，所谓的“超分辨率重建”是指处理前后的影像质量在空间分辨率方面会有较大的提升。

序列影像的超分辨率重建属于运动超分辨率，每一帧影像视为经纠正后的高分辨率原始影像次采样，同时对应的影像退化基本模型结合噪声及模糊效应。设 $f_0(\boldsymbol{x}_0)$ 为待求解的超分辨率影像，$K(\boldsymbol{x}_0,\boldsymbol{x})$ 表示包括全局变换、次采样、模糊等多级采样率的卷积滤波

核，则有观测到的影像 $g(\boldsymbol{x})$，则影像退化模型为

$$g(\boldsymbol{x}) = \sum_{x_o} f_o(\boldsymbol{x}_o) K(\boldsymbol{x}_o, \boldsymbol{x}) + n(\boldsymbol{x}) \tag{3.35}$$

式中，$n(\boldsymbol{x})$ 为影像噪声。由上式，影像的超分辨率重建相当于给定足够数量的低分辨率影像帧观测值 $g(\boldsymbol{x})$，反求 $f_o(\boldsymbol{x}_o)$。影像超分辨率重建算法一般由影像配准纠正、模糊估计、细化处理三个部分组成。影像配准纠正计算并补偿影像中的运动变换，通过盲解卷积去模糊，式(3.35)给出的 $K(\boldsymbol{x}_o, \boldsymbol{x})$ 指定运动和模糊，基于这些信息和序列影像重建原始影像。相关的各个部分迭代实现，逐次渐进估计高分辨率影像。更具体的超分辨率重建处理可细分如下步骤：

(1) 计算序列影像的全局位移。

(2) 给定升采样系数，变换相应尺度的全局位移参数。

(3) 利用适当的内插核函数和对应尺度的运动参数，以生成经过纠正稳定后的升采样序列。

(4) 采用稳健的时域滤波算子构建静态镶嵌影像。

(5) 使用锐化算子对镶嵌影像进行处理修饰。

影像重建采用的卷积滤波方法也可转换到频率域进行，形成影像重建的频率域算法(Vandewalle et al.，2006)。重建处理的关键环节在于影像的配准纠正，即解算全局位移变换参数，通常以仿射变换加以描述。而在频域处理中，将变换拆解为旋转和平移两部分，分别进行估计求解。若设有原始影像 $f_r(\boldsymbol{x})$，变换后的影像为 $f_t(\boldsymbol{x})$，则有

$$f_t(\boldsymbol{x}) = f_r(\boldsymbol{R}(\boldsymbol{x} + \Delta\boldsymbol{x})) \tag{3.36}$$

式中，平移矢量 $\Delta\boldsymbol{x} = \begin{bmatrix}\Delta x \\ \Delta y\end{bmatrix}$；旋转矩阵 $\boldsymbol{R} = \begin{bmatrix}\cos\varphi & -\sin\varphi \\ \sin\varphi & \cos\varphi\end{bmatrix}$。该式对应的频域傅里叶变换为

$$\begin{aligned} F_t(\boldsymbol{u}) &= \iint_X f_t(\boldsymbol{x}) \mathrm{e}^{-j2\pi\boldsymbol{u}^{\mathrm{T}}\boldsymbol{x}} \mathrm{d}\boldsymbol{x} = \iint_X f_r(\boldsymbol{R}(\boldsymbol{x} + \Delta\boldsymbol{x})) \mathrm{e}^{-j2\pi\boldsymbol{u}^{\mathrm{T}}\boldsymbol{x}} \mathrm{d}\boldsymbol{x} \\ &= \mathrm{e}^{-j2\pi\boldsymbol{u}^{\mathrm{T}}\Delta\boldsymbol{x}} \iint_X f_r(\boldsymbol{R}(\boldsymbol{x} + \Delta\boldsymbol{x})) \mathrm{e}^{-j2\pi\boldsymbol{u}^{\mathrm{T}}\boldsymbol{x}'} \mathrm{d}\boldsymbol{x}' \end{aligned} \tag{3.37}$$

式中，$\boldsymbol{x}' = \boldsymbol{x} + \Delta\boldsymbol{x}$。进一步可以证明变换前后的幅度有 $|F_t(\boldsymbol{u})| = |F_r(\boldsymbol{R}\boldsymbol{u})|$，$|F_t(\boldsymbol{u})|$ 相当于 $|F_r(\boldsymbol{u})|$ 旋转后的版本，$|F_t(\boldsymbol{u})|$ 和 $|F_r(\boldsymbol{u})|$ 独立于空间平移，空间域发生的平移仅作用于频域变换的相位信息。因此，根据幅度值 $|F_t(\boldsymbol{u})|$ 和 $|F_r(\boldsymbol{u})|$ 估计旋转角度 φ，补偿旋转之后，由 $F_r(\boldsymbol{u})$ 与 $F_t(\boldsymbol{u})$ 之间的相位差估计平移分量 Δx。此外，在频域进行处理的另一优点是消减低分辨率影像中的混淆成分。图 3.11 给出了以频域配准方法为主体实现的序列影像超分辨率重建结果，图 3.11(a)～(d)是时间上连续采样的序列影像帧，图 3.11(e)是重建之后的超分辨率影像，影像分辨率提升了一倍，原影像帧分辨率 320×240，重建影像分辨率为 640×480。图 3.11(f)、(g)对比显示了图像中的细节，图 3.11(g)为重建后细节，特征信息有较好的提升。

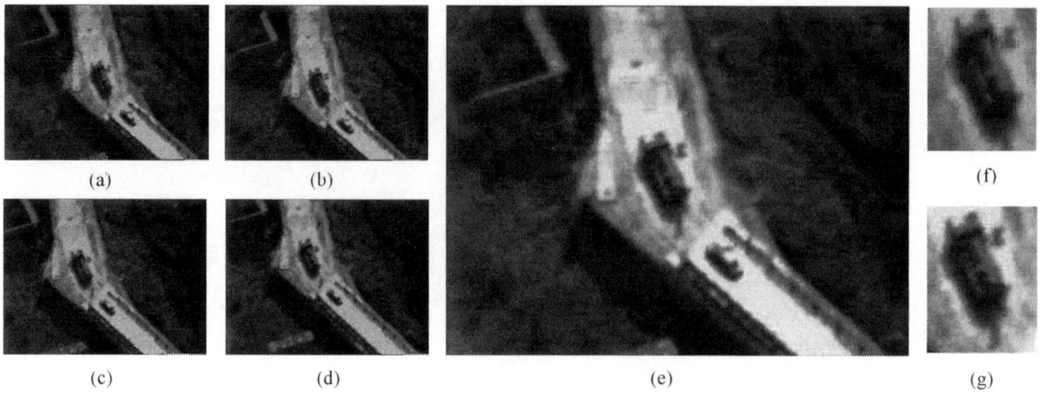

图 3.11　序列影像超分辨率重建

3.4　序列影像稳定

运动平台获取的序列影像具有全局移动的特点，即由于摄取装置的运动导致影像中的背景信息同步发生位移变化。序列影像的全局运动会对其中运动目标的相关处理分析造成干扰，因此需要事前对序列影像中的全局移动进行补偿纠正，以降低背景位移变化的幅度，使得序列影像能够在背景相对静止稳定的条件下进行展开，同时突显影像中的运动目标信息；这种自运动纠正的处理技术方法称为序列影像稳定。

3.4.1　动态平台序列影像运动补偿

在非特定情况下，序列影像一般都是由动态平台承载的传感器获取采集，所以对于多数的序列影像处理分析，全局移动是常态存在且无法忽视的内容。由于影像的全局移动是由传感器的运动引起的，因此在估计全局运动之前，首先要对传感器运动建模描述。类似于式(3.36)对影像全局位移相关变换的定义，动态平台所载传感器的姿态和位置变化反映到成像关系上是场景点的旋转与平移投影变换，以前帧影像的摄站为参考坐标系，则前后连续帧的坐标转换关系可表示为

$$\begin{bmatrix} X' \\ Y' \\ Z' \end{bmatrix} = \boldsymbol{R}\begin{bmatrix} X \\ Y \\ Z \end{bmatrix} + \boldsymbol{T} = \begin{bmatrix} a_1 & a_2 & a_3 \\ b_1 & b_2 & b_3 \\ c_1 & c_2 & c_3 \end{bmatrix}\begin{bmatrix} X \\ Y \\ Z \end{bmatrix} + \begin{bmatrix} \mathrm{d}X \\ \mathrm{d}Y \\ \mathrm{d}Z \end{bmatrix} \tag{3.38}$$

式中，$(X,Y,Z)^{\mathrm{T}}$ 为场景点在前帧影像坐标系中的坐标；$(X',Y',Z')^{\mathrm{T}}$ 为同一物方点在后帧坐标系中的坐标；$\boldsymbol{R}$ 和 $\boldsymbol{T}$ 分别为旋转矩阵和平移矢量。确定坐标系间的转换以进行运动补偿，即为解求矩阵 $\boldsymbol{R}$ 和矢量 $\boldsymbol{T}$。更一般的处理方式是影像帧间的像点直接映射转换，可采用式(3.36)相同的仿射变换模型，该模型也可用线性方程组表示为

$$\begin{cases} x' = a_1 x + a_2 y + d_1 \\ y' = b_1 x + b_2 y + d_2 \end{cases} \tag{3.39}$$

结合影像特征提取等处理操作，利用最小二乘等方法求解其中的六个参数，进一步对影像重采样后获得运动补偿影像。

3.4.2 基于特征的影像稳定方法

利用特征点匹配的方法估计序列影像的全局位移是运动补偿的主要方法之一。基于特征的运动估计算法一般分为特征提取、特征匹配和运动估计共三个步骤。

特征点的提取是处理的首要前提，而针对全局运动估计，需要提取位于影像背景的特征点，以保证计算结果的完整准确。特征提取算子的种类很多，评价特征提取算子性能的主要指标是快速、精确、稳健。特征算子的快速提取在于算法结构的简化和执行效率的优化；算子的精确表示能够高精度地标明特征的坐标位置或涵盖区域；算子的稳健体现在提取出的特征能够稳定复现。

相比于线或面特征，点特征在处理上更为常用。一种典型的点特征是角点，可采用 Harris 算子(Harris and Stephens, 1988)提取，该算子的原理简述为，选择一个小窗口，当移动窗口时，通过窗口内影像的灰度变化来判断其特征：如果窗口沿任意方向移动，灰度均不发生变化，则该区域为面特征；当窗口沿着某一方向运动时灰度发生变化而其他方向不发生变化，则存在线特征；如果任意方向移动窗口，窗口内的灰度均发生较大的变化时，表明窗口内包含点特征。根据这一原理，窗口中的影像灰度变化可以用自相关函数进行数学表述，表示为

$$E(u,v) = \sum_{x,y} w(x,y)(I(x+u,y+v) - I(x,y))^2 \tag{3.40}$$

式中，$E(u,v)$ 为搜索窗口 (u,v) 移动后影像灰度的变化；$w(x,y)$ 为窗口函数，窗口函数可以是均值函数也可以是高斯函数；I 为影像灰度。如果偏移量比较小，则可用双线性近似为

$$E(u,v) \cong [u \quad v] \boldsymbol{M} \begin{bmatrix} u \\ v \end{bmatrix} \tag{3.41}$$

式中，$\boldsymbol{M}$ 为由对窗口内影像求导数得到的 2×2 矩阵：

$$\boldsymbol{M} = \sum_{x,y} w(x,y) \begin{bmatrix} I_x^2 & I_x I_y \\ I_x I_y & I_y^2 \end{bmatrix} \tag{3.42}$$

式中，I_x 为窗口内影像灰度在 x 方向上的导数；I_y 为灰度在 y 方向上的导数。进一步给出 Harris 算子的数学模型：

$$\mathrm{Rc} = \det \boldsymbol{M} - k(\mathrm{tr}\boldsymbol{M})^2 \tag{3.43}$$

式中，k 为一经验阈值，一般取值为 0.04～0.06。设自相关二阶矩阵 $\boldsymbol{M}$ 的特征值分别为 λ_1，λ_2。通过判断特征值的大小来确定窗口内包含的特征是否为点特征，如果 λ_1，λ_2 都比较大，且 $\lambda_1 \approx \lambda_2$ 时有 $\mathrm{Rc}>0$，则搜索窗口内包含角点。

在提取出两幅影像中的角点特征后，需要对相应的特征点进行匹配。特征匹配的相似性测度有很多，较为简易和常用的是差平方和(SSD)测度，计算公式如下

$$S(I_{u,v},T) = \sum_{x=1}^{m} \sum_{y=1}^{n} (I_{u,v}(x,y) - I_w(x,y))^2 \tag{3.44}$$

式中，$I_{u,v}(x,y)$ 为特征点的影像灰度值；$I_w(x,y)$ 为搜索窗口中的影像灰度，窗口大小为 $m \times n$。经过差平方和测度计算后得到的匹配结果是一种概略粗匹配，其中包含一些错误的匹配，可使用随机采样一致(random sample consensus, RANSAC)方法等

(Fischler and Bolles，1981)进行细化匹配。在影像特征匹配中采用 RANSAC 方法主要基于极线几何模型，由影像帧间恢复正确空间关系后的同名像点共面约束条件，随机采样粗匹配结果拟合基础矩阵，根据采样一致原则确定矩阵参数，同时剔除错误的匹配。RANSAC 方法拟合数据模型的优点是最大限度地抑制了离群点对拟合的干扰，并在一定程度上减小数据的计算量。图 3.12 给出了利用特征匹配方法进行运动补偿的结果。其中，图 3.12(a)、(b)分别是原始的前后影像帧，图 3.12(c)显示了图 3.12(a)中提取出的角点特征，图 3.12(d)是图 3.12(b)经过运动补偿后的影像，图 3.12(e)是运动补偿前原始影像帧的差分结果，图 3.12(f)是补偿后的影像差分结果。对比图 3.12(e)、(f)之后可见，影像中的背景部分得到了较好的消减。

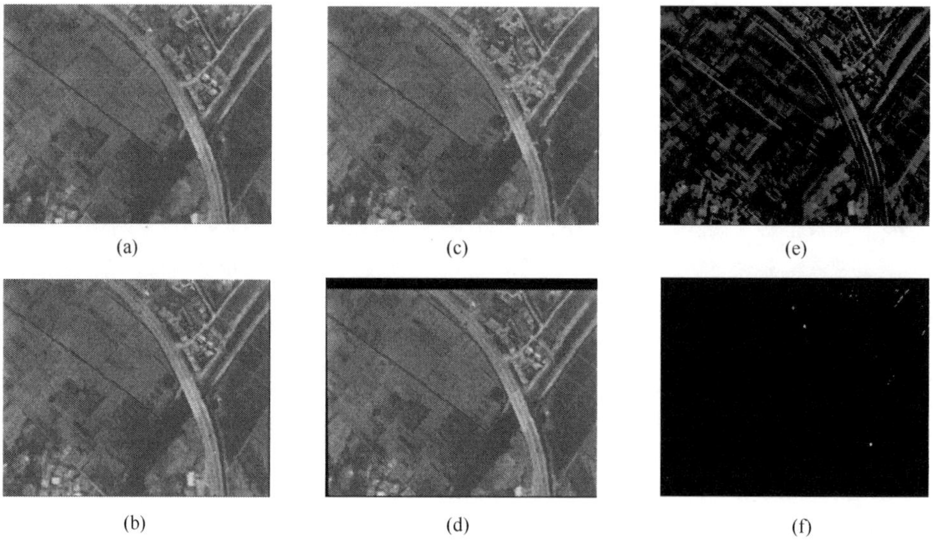

图 3.12　基于特征的影像运动补偿结果(彩图附后)

3.4.3　光流估计影像稳定方法

对于运动影像成像关系而言，光流是像素矢量的集合。多数情况下，光流场是运动场在影像中的表现。光流以场效应加以呈现，所以能够较好地反映影像的全局移动，同时也派生很多光流计算方法。按生成光流场的密集程度可将光流计算方法分为局部和全局光流方法。局部光流相关方法能够克服噪声的影响，但不能生成稠密的光流场；全局光流法正好与其相反。因此可以将局部与全局光流场相结合，实现两者的优势互补，从而能够更好地实现影像的运动估计。

局部的光流计算可采用 Lucas-Kanade 算法，而 Horn-Schunck 方法是全局光流的经典算法，在微分求解框架下，以能量泛函的形式将两种算法加以组合，形成局部全局结合(CLG)光流算法(Bruhn et al.，2005)。该方法的约束条件是在 Horn-Schunck 方法全局平滑的基础上在数据项引入高斯平滑卷积核，则有能量函数：

$$E(\boldsymbol{v}) = \iint_{w} [K_2(\eta) * (\tilde{I}_x \boldsymbol{u} + \tilde{I}_y \boldsymbol{v} + \tilde{I}_t)^2 + \alpha^2(|\nabla \boldsymbol{u}|^2 + |\nabla \boldsymbol{v}|^2)] \mathrm{d}x\mathrm{d}y \quad (3.45)$$

式中，$\boldsymbol{u},\boldsymbol{v}$ 为光流代表的像素位移矢量；$\widetilde{I}_x,\widetilde{I}_y,\widetilde{I}_t$ 分别为经过平滑后的像素空间及时间梯度；$|\nabla \boldsymbol{u}|^2$ 和 $|\nabla \boldsymbol{v}|^2$ 为矢量梯度二范数；$K_2(\eta)$ 为二维高斯卷积核。进一步利用 Euler-Lagrange 方程转化有

$$\begin{cases}\nabla^2 \boldsymbol{u}-\dfrac{1}{\alpha^2}(K_2(\eta)*\widetilde{I}_x^2\boldsymbol{u}+K_2(\eta)*\widetilde{I}_x\widetilde{I}_y\boldsymbol{v}+K_2(\eta)*\widetilde{I}_x\widetilde{I}_t)=0\\ \nabla^2 \boldsymbol{v}-\dfrac{1}{\alpha^2}(K_2(\eta)*\widetilde{I}_y^2\boldsymbol{v}+K_2(\eta)*\widetilde{I}_x\widetilde{I}_y\boldsymbol{u}+K_2(\eta)*\widetilde{I}_y\widetilde{I}_t)=0\end{cases} \tag{3.46}$$

解求能量函数及其转化方程可以使用迭代计算的非线性方法如下

$$u_i^{n+1}=(1-\omega)u_i^n+\omega\frac{\displaystyle\sum_{j\in N(i)^-}u_j^{n+1}+\sum_{j\in N(i)^+}u_j^n-\frac{h^2}{\alpha^2}(K*\widetilde{I}_x(i)\widetilde{I}_y(i)v_i^n+K*\widetilde{I}_x(i)\widetilde{I}_t(i))}{|N(i)|+\dfrac{h^2}{\alpha^2}(K*\widetilde{I}_x(i)^2)}$$

$$v_i^{n+1}=(1-\omega)v_i^n+\omega\frac{\displaystyle\sum_{j\in N(i)^-}v_j^{n+1}+\sum_{j\in N(i)^+}v_j^n-\frac{h^2}{\alpha^2}(K*\widetilde{I}_x(i)\widetilde{I}_y(i)u_i^{n+1}+K*\widetilde{I}_y(i)\widetilde{I}_t(i))}{|N(i)|+\dfrac{h^2}{\alpha^2}(K*\widetilde{I}_y(i)^2)} \tag{3.47}$$

式中，$N(i)^-=\{j\in N(i)\mid j<i\}$；$N(i)^+=\{j\in N(i)\mid j>i\}$；$|N(i)|$ 为邻域内像素个数；ω 为松弛参数，用来控制迭代的收敛速度。该种方法是在多尺度框架下，逐级计算纠正运动矢量的增量，直至全局收敛到影像的原始分辨率精度，给出最终结果。光流估计影像稳定结果如图 3.13 所示。图 3.13(a)、(b)是序列影像帧，图 3.13(c)显示了光流估计中的水平方向上的分量，图 3.13(d)为采用 CLG 方法计算出的光流场，图 3.13(e)是图 3.13(a)、(b)影像帧直接差分后的显示效果，图 3.13(f)为经由光流运动估计补偿后的差分结果。

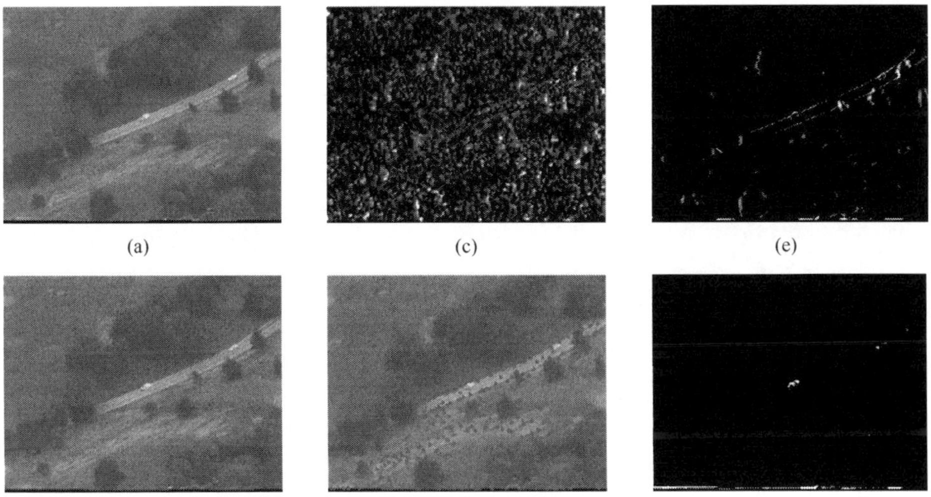
(a) (c) (e)
(b) (d) (f)

图 3.13 光流估计影像稳定结果(彩图附后)

参 考 文 献

张天序. 2005. 成像目标自动识别. 武汉:湖北科学技术出版社

Bovik A. 2006. Handbook of Image and Video Processing (second edition). San Diego: Academic Press

Bovik A. 2009. The Essential Guide to Video Processing. Burlington: Academic Press

Bruhn A, Weickert J, Schnorr C. 2005. Lucas/Kanade meets Horn/Schunck: Combining local and global optic flow methods. Int Journal of Computer Vision, 61(3): 211～231

Dabov K, Foi A, Egiazarian K. 2007. Video denoising by sparse 3D transform-domain collaborative filtering. In: Proceeding in Euro Signal Process Conference

Fischler M A, Bolles R C. 1981. Random sample consensus: A paradigm for model fitting with applications to image analysis and automated cartography. Communications of the ACM, 24(6): 381～395

Guan L, He Y F, Kung S Y. 2009. Multimedia Image and Video Processing. Boca Raton: CRC Press

Harris C, Stephens M. 1988. A combined corner and edge detector. *In*: Fourth Alvey Vision Conference, 147～151

Hartley R, Zisserman A. 2000. Multiple View Geometry in Computer Vision. Cambridge: Cambridge University Press

Moeslund T. 2012. Introduction to Video and Image Processing Building Real Systems and Applications. London: Springer

Vandewalle P, Susstrunk S, Vetterlil M. 2006. A frequency domain approach to registration of aliased images with application to super-resolution. Journal on Applied Signal Processing: 1～14

Wang Y, Osterman J, Zhang Y Q. 2002. Video Processing and Communications. Englewood Cliff: Prentice Hall

Woods J. 2012. Multidimensional Signal, Image, and Video Processing and Coding. Waltham: Academic Press

Zhou G. 2009. Near real-time orthorectification and mosaic of small UAV video flow for time-critical event response. IEEE Trans on Geoscience and Remote Sensing, 47(3): 739～747

第4章　摄像机成像几何模型

无人飞行器用于地理环境遥感监测的任务载荷一般为非量测型的数字相机、光电摄像机、红外热像仪等成像传感器。非量测型成像传感器是相对于遥感测绘中使用的量测型相机而言的，其内部结构不规则，内参数完全或部分未知，甚至内参数不稳定。内参数指的是成像传感器的基本几何参数，如光学焦距、像主点坐标（主光轴与物理成像平面的交点）、镜头畸变、几何结构偏差以及其他系统误差等，是进行影像几何定位的关键参数。由于上述三类成像传感器在几何特性上的相似性，除非特别说明，下文将不再严格区分这三类传感器，而统称为摄像机。对于这类摄像机，可以采用计算机视觉的方法进行几何建模。本章首先介绍计算机视觉中的摄像机几何投影模型、内参数与外参数定义、镜头畸变模型，然后分析其与遥感测绘中广泛使用的摄影测量构像模型——共线条件方程之间的异同，以及各自的适用性。

4.1　针孔摄像机模型

在摄像机坐标系 $O\text{-}xyz$ 中，用 $P(x,y,z)$ 表示场景中的一点，$p(x',y',z')$ 表示它在物理成像平面上的像点，如图 4.1 所示（福赛斯和泊斯，2004）。

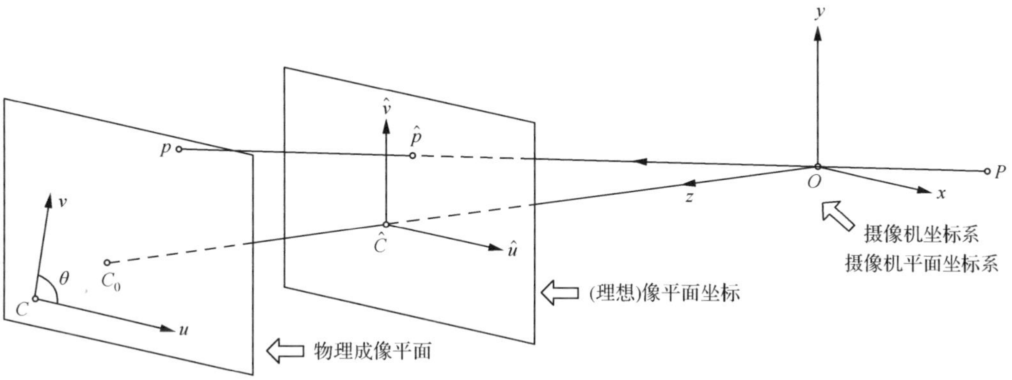

图 4.1　针孔摄像机模型

因为 p 位于图像平面上，所以 $z'=f'$，f' 为摄像机镜头焦距。同时由于 P，p 和镜头光学中心 O（也就是摄像机坐标系的原点）位于一条直线上，于是有 $\overrightarrow{Op}=\lambda\,\overrightarrow{OP}$，$\lambda$ 为成像比例系数，展开为

$$\begin{cases} x'=\lambda x \\ y'=\lambda y \Rightarrow \lambda=\dfrac{x'}{x}=\dfrac{y'}{y}=\dfrac{f'}{z} \\ f'=\lambda z \end{cases} \tag{4.1}$$

消去比例系数λ,得到

$$\begin{cases} x' = f' \dfrac{x}{z} \\ y' = f' \dfrac{y}{z} \end{cases} \tag{4.2}$$

式(4.2)即为针孔摄像机模型——物点、光心、像点共线——的通用公式。使用齐次坐标,式(4.2)表示为

$$\hat{\boldsymbol{p}}' = \frac{1}{z}[\boldsymbol{K} \quad \boldsymbol{0}]\hat{\boldsymbol{P}}^c, \boldsymbol{K} = \begin{bmatrix} f' & 0 & 0 \\ 0 & f' & 0 \\ 0 & 0 & 1 \end{bmatrix} \tag{4.3}$$

式中,$\hat{\boldsymbol{p}}' = [x', y', 1]^{\mathrm{T}}$ 是像点 p 在摄像机平面坐标系 $O - xy$ 中的齐次坐标;$\hat{\boldsymbol{P}}^c = [x, y, z, 1]^{\mathrm{T}}$ 是场景点 P 在摄像机坐标系中的齐次坐标。点的平面齐次坐标由原始二维平面坐标添加一维并取值为 1,变为一个三维向量得到;类似地,点的空间齐次坐标由原始三维空间坐标添加一维,变为一个四维向量得到。

4.2 空间直角坐标变换

设场景点 $\boldsymbol{P}$ 在摄像机坐标系 $O\text{-}xyz$ 中的坐标为(x,y,z),在物方空间直角坐标系(也称为世界坐标系) $S\text{-}XYZ$ 中的坐标为(X,Y,Z),则 $\boldsymbol{P}$ 在物方空间直角坐标系中的坐标可由其在摄像机坐标系中的坐标反算,计算公式为

$$\boldsymbol{P} = \boldsymbol{R}\boldsymbol{P}^c + \boldsymbol{T} \tag{4.4}$$

式中,$\boldsymbol{P} = [X, Y, Z]^{\mathrm{T}}$ 为场景点 $\boldsymbol{P}$ 在 $S\text{-}XYZ$ 中的坐标;$\boldsymbol{P}^c = [x, y, z]^{\mathrm{T}}$ 为场景点 $\boldsymbol{P}$ 在 $O\text{-}xyz$ 中的坐标;$\boldsymbol{T} = [X_S, Y_S, Z_S]^{\mathrm{T}}$ 为 $O\text{-}xyz$ 的原点 O 在 $S\text{-}XYZ$ 中的坐标;$\boldsymbol{R}$ 为坐标系 $O\text{-}xyz$ 相对 $S\text{-}XYZ$ 的旋转矩阵,表示为三个旋转角 φ,ω,κ 的函数:

$$\begin{aligned} \boldsymbol{R} &= \begin{bmatrix} a_1 & a_2 & a_3 \\ b_1 & b_2 & b_3 \\ c_1 & c_2 & c_3 \end{bmatrix} \\ &= \begin{bmatrix} \cos\varphi\cos\kappa - \sin\varphi\sin\omega\sin\kappa & -\cos\varphi\sin\kappa - \sin\varphi\sin\omega\cos\kappa & -\sin\varphi\cos\omega \\ \cos\omega\sin\kappa & \cos\omega\cos\kappa & -\sin\omega \\ \sin\varphi\cos\kappa + \cos\varphi\sin\omega\sin\kappa & -\sin\varphi\sin\kappa + \cos\varphi\sin\omega\cos\kappa & \cos\varphi\cos\omega \end{bmatrix} \end{aligned} \tag{4.5}$$

$\boldsymbol{R}$ 的几何意义是,将坐标系 $S\text{-}XYZ$ 绕联动轴 $Y\text{-}X\text{-}Z$ 旋转 $\varphi\text{-}\omega\text{-}\kappa$ 角后,各坐标轴指向与摄像机坐标系 $O\text{-}xyz$ 对应各轴指向完全一致(王之卓,1992),即此时两个空间直角坐标系平行,如图 4.2 所示。

坐标系 $S\text{-}XYZ$ 绕联动轴 $Y\text{-}X\text{-}Z$ 旋转 $\varphi\text{-}\omega\text{-}\kappa$ 角是指坐标系的三步旋转过程:第一步,将坐标系 $S\text{-}XYZ$ 绕 Y 轴按左手系法则旋转 φ 角,使 $S\text{-}YZ$ 平面与坐标系 $O\text{-}xyz$ 的 z 轴平行;第二步,将第一步旋转后 $S\text{-}XYZ$ 绕旋转后的 X 轴按右手系法则旋转 ω 角,使 Z 轴与 $O\text{-}xyz$ 的 z 轴指向一致,此时 $S\text{-}YZ$ 平面与 $O\text{-}xy$ 平面平行;第三步,将前两步旋转后 $S\text{-}XYZ$ 绕旋转后的 Z 轴按右手系法则旋转 κ 角,使 X,Y 轴同时与 $O\text{-}xyz$ 的 x,y 轴指向一致。

由于旋转矩阵 $\boldsymbol{R}$ 是单位正交阵,其逆矩阵存在,且 $\boldsymbol{R}^{-1} = \boldsymbol{R}^{\mathrm{T}}$。于是由式(4.4),场景点

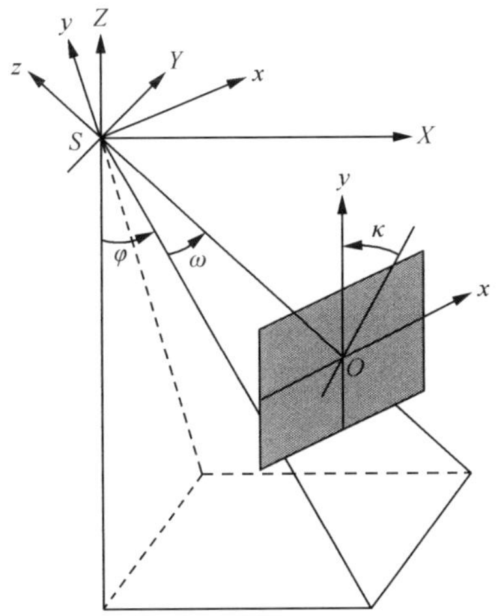

图 4.2　坐标系 $S\text{-}XYZ$ 和 $O\text{-}xyz$ 的旋转变换关系

$\boldsymbol{P}$ 在摄像机坐标系中的坐标可表示为

$$\boldsymbol{P}^c = \boldsymbol{R}^{\mathrm{T}}\boldsymbol{P} - \boldsymbol{R}^{\mathrm{T}}\boldsymbol{T} \tag{4.6}$$

另一方面，由任意两个直角坐标系之间的刚体变换，也可以直接写出

$$\boldsymbol{P}^c = \boldsymbol{R}_2\boldsymbol{P} + \boldsymbol{t} \tag{4.7}$$

式中，$\boldsymbol{t} = [t_x, t_y, t_z]^{\mathrm{T}}$ 为 $S\text{-}XYZ$ 的原点 S 在 $O\text{-}xyz$ 中的坐标；$\boldsymbol{R}_2$ 为坐标系 $S\text{-}XYZ$ 相对 $O\text{-}xyz$ 的旋转矩阵（将坐标系 $O\text{-}xyz$ 分别绕联动轴 $y\text{-}x\text{-}z$ 旋转 $\varphi'-\omega'-\kappa'$ 角后，各坐标轴指向与坐标系 $S\text{-}XYZ$ 对应各轴指向一致，$\boldsymbol{R}_2$ 由旋转角 $\varphi', \omega', \kappa'$ 组成），显然，此旋转矩阵 $\boldsymbol{R}_2$ 即为 $\boldsymbol{R}^{-1}$（或 $\boldsymbol{R}^{\mathrm{T}}$）。对比式(4.6)和式(4.7)，有

$$\boldsymbol{P}^c = \boldsymbol{R}^{\mathrm{T}}\boldsymbol{P} + \boldsymbol{t} \tag{4.8}$$

且

$$\boldsymbol{t} = -\boldsymbol{R}^{\mathrm{T}}\boldsymbol{T} \tag{4.9}$$

使用齐次坐标，式(4.8)写为

$$\begin{bmatrix} \boldsymbol{P}^c \\ \boldsymbol{1} \end{bmatrix} = \begin{bmatrix} \boldsymbol{R}^{\mathrm{T}} & \boldsymbol{t} \\ \boldsymbol{0}^{\mathrm{T}} & \boldsymbol{1} \end{bmatrix} \begin{bmatrix} \boldsymbol{P} \\ \boldsymbol{1} \end{bmatrix} \tag{4.10}$$

式中，$\boldsymbol{0} = [0, 0, 0]^{\mathrm{T}}$。这样一来，用一个 4×4 矩阵就可以表示两个直角坐标系之间的刚体变换。

4.3　摄像机几何构像模型

式(4.2)是理想条件下的摄像机几何构像模型。这个方程的成立是有条件的，像点和场景点的坐标都要在摄像机坐标系中度量。实际应用中，像点的坐标是在像平面坐标系中测量的，而场景点的坐标是在物方空间直角坐标系中测量的。为此，需要用一些物理参数表示摄像机坐标系和这两个坐标系之间的转换关系，这些物理量就是摄像机参数。其中，表示像平面坐标系与摄像机坐标系关系的参数叫做摄像机内部参数（或者内参数），包括焦距、像素尺寸、像主点（主光轴与物理成像平面的交点）坐标、物理成像平面坐标轴夹角；表示物方空间直角坐标系与摄像机坐标系关系的参数叫做摄像机外部参数（或者外参数），包括物方空间直角坐标系在摄像机坐标系中的平移和旋转参数。摄像机几何标定就是解算这些参数的技术过程。

4.3.1 摄像机内参数

首先建立二维的理想像平面直角坐标系 $\hat{C}$-$\hat{u}\hat{v}$ 作为辅助坐标系，如图 4.1 所示。该坐标系确定的平面平行于摄像机的物理成像平面，且到摄像机光心的距离为单位长度。原点定在光轴与平面的交点处 $\hat{C}$，坐标轴 $\hat{u}$，$\hat{v}$ 与摄像机坐标系坐标轴 x，y 平行。场景点 P 在这个平面上的投影 $\hat{p}$ 坐标记为$(\hat{u},\hat{v})$，则由摄像机几何模型式(4.2)，得到

$$\begin{cases}\hat{u}=\dfrac{x}{z}\\ \hat{v}=\dfrac{y}{z}\end{cases}\Rightarrow \hat{\boldsymbol{p}}''=\frac{1}{z}[\boldsymbol{I}\quad \boldsymbol{0}]\hat{\boldsymbol{P}}^{c} \tag{4.11}$$

式中，$\hat{\boldsymbol{p}}''=[\hat{u},\hat{v},1]^{\mathrm{T}}$ 为 $\hat{p}$ 的齐次坐标。

实际的物理成像平面 C-uv 与我们定义的理想像平面直角坐标系不同，它到光心的距离为 $f(f\neq 1)$，物理图像坐标(u,v) 一般以像素（而不是以 $\hat{C}$-$\hat{u}\hat{v}$ 中的米或毫米）为单位。而且通用摄像机的像素单元一般不是正方形，而是个长方形，所以需要用两个比例因子 k 和 l（单位均为 pixel/mm 或 pixel/m）表示，于是有

$$\begin{cases}u=kf\hat{u}\\ v=lf\hat{v}\end{cases} \tag{4.12}$$

代入式(4.11)，得到

$$\begin{cases}u=kf\,\dfrac{x}{z}\\ v=lf\,\dfrac{y}{z}\end{cases}\Rightarrow \begin{cases}u=\alpha\,\dfrac{x}{z}\\ v=\beta\,\dfrac{y}{z}\end{cases} \tag{4.13}$$

式中，$\alpha=kf$，$\beta=lf$，单位为像素。与式(4.2)对照，α 和 β 实际上可以分别看作是 u 和 v 方向上以像素为单位的摄像机焦距。

一般把图像的一角而不是中心定为物理成像平面坐标系的原点（例如，在图 4.1 中，原点是左下角，则图像上一个像素的坐标就是它所在的列数和行数），则式(4.13)需要改写为

$$\begin{cases}u=\alpha\,\dfrac{x}{z}+u_0\\ v=\beta\,\dfrac{y}{z}+v_0\end{cases} \tag{4.14}$$

式中，(u_0,v_0) 为主光轴与物理成像平面的交点 C_0（像主点）的像平面坐标。

最后，由于制造误差，物理成像平面坐标轴可能不完全垂直（但也接近垂直），如图 4.3所示。

在这种情况下，假设之前建立的摄像机坐标系的 x 轴和物理成像平面坐标系的 u 轴

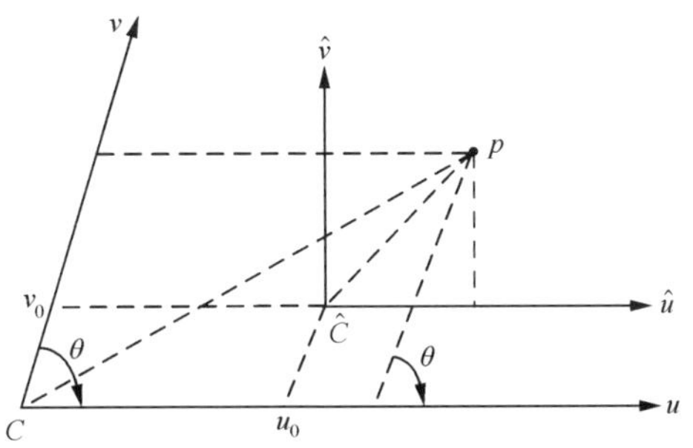

图 4.3　物理成像平面坐标系 $C\text{-}uv$ 和理想像平面直角坐标系 $\hat{C}\text{-}\hat{u}\hat{v}$（据福赛斯和泊斯，2004）

平行，相应地，理想像平面坐标系的 $\hat{u}$ 轴与物理成像平面坐标系的 u 轴平行，则式(4.14)改为

$$\begin{cases} u = \alpha \dfrac{x}{z} - \alpha\cot\theta \dfrac{y}{z} + u_0 \\ v = \dfrac{\beta}{\sin\theta} \dfrac{y}{z} + v_0 \end{cases} \tag{4.15}$$

式中，θ 为物理 u 轴和 v 轴的夹角。

由式(4.11)和式(4.15)，得到场景点 P 在理想像平面 $\hat{C}\text{-}\hat{u}\hat{v}$ 上的投影 $\hat{p}(\hat{u},\hat{v})$ 和场景点 P 在物理成像平面上 $C\text{-}uv$ 的投影 $p(u,v)$ 之间的关系为

$$\hat{\boldsymbol{p}} = \boldsymbol{A}\hat{\boldsymbol{p}}'', \quad \boldsymbol{A} = \begin{bmatrix} \alpha & -\alpha\cot\theta & u_0 \\ 0 & \dfrac{\beta}{\sin\theta} & v_0 \\ 0 & 0 & 1 \end{bmatrix} \tag{4.16}$$

式中，$\hat{\boldsymbol{p}} = [u,v,1]^{\mathrm{T}}$ 为图像点在物理成像平面坐标系 $C\text{-}uv$ 中的齐次坐标；$\boldsymbol{A}$ 定义为内参数矩阵，由五个独立的参数构成。若不考虑参数的物理意义，仅从计算的角度出发，$\boldsymbol{A}$ 也可写成

$$\boldsymbol{A} = \begin{bmatrix} \alpha & \gamma & u_0 \\ 0 & \beta' & v_0 \\ 0 & 0 & 1 \end{bmatrix} \tag{4.17}$$

比较式(4.16)和式(4.17)，有

$$\beta = \beta' \cdot \sin\theta, \quad \cot\theta = -\frac{\gamma}{\alpha} \tag{4.18}$$

此外，根据参数的物理意义，内参数之间还有如下关系，由于 α 和 β 分别是 u 和 v 方向上以像素为单位的摄像机焦距，且 $\alpha = kf$，$\beta = lf$，于是有

$$\frac{\beta}{\alpha} = \frac{l}{k} = \frac{d_u}{d_v} \tag{4.19}$$

式中，$d_u = 1/k$ 和 $d_v = 1/l$ 分别为物理成像平面上 u 和 v 方向的像素尺寸。进而，有

$$\frac{\beta'}{\alpha} = \frac{d_u}{d_v \cdot \sin\theta} \tag{4.20}$$

最后，将式(4.16)代入式(4.11)，得到图像点 p 在物理成像平面坐标系中的齐次坐标

$\hat{\boldsymbol{p}}$ 和场景点 P 在摄像机坐标系中的齐次坐标 $\hat{\boldsymbol{P}}^c$ 之间的关系为

$$\hat{\boldsymbol{p}} = \frac{1}{z}\boldsymbol{B}\hat{\boldsymbol{P}}^c, \quad \boldsymbol{B} = [\boldsymbol{A} \quad \boldsymbol{0}] \tag{4.21}$$

4.3.2 摄像机外参数

为了表示图像点 p 在物理成像平面坐标系中的坐标和场景点 P 在物方空间直角坐标系中的坐标之间的关系，将空间直角坐标变换关系式(4.10)代入式(4.21)，得

$$\hat{\boldsymbol{p}} = \frac{1}{z}\boldsymbol{A}[\boldsymbol{R}^{\mathrm{T}} \quad \boldsymbol{t}]\hat{\boldsymbol{P}} \tag{4.22}$$

式中，$\hat{\boldsymbol{P}} = [X, Y, Z, 1]^{\mathrm{T}}$ 是场景点 P 在物方空间直角坐标中的齐次坐标；$\boldsymbol{R}^{\mathrm{T}}$ 和 $\boldsymbol{t} = [t_x, t_y, t_z]^{\mathrm{T}}$ 的意义如式(4.7)中所述，这两组变量称为摄像机投影变换的外参数。

将式(4.22)写为

$$z\hat{\boldsymbol{p}} = \boldsymbol{M}\hat{\boldsymbol{P}}, \quad \boldsymbol{M} = \boldsymbol{A}[\boldsymbol{R}^{\mathrm{T}} \quad \boldsymbol{t}] \tag{4.23}$$

式中，$\boldsymbol{M}$ 称为投影矩阵。式(4.23)中的深度 z(场景点 P 在摄像机坐标系中的坐标分量之一) 与 $\boldsymbol{M}$ 和 $\hat{\boldsymbol{P}}$ 是相关的。令 $\boldsymbol{m}_1^{\mathrm{T}}, \boldsymbol{m}_2^{\mathrm{T}}$ 和 $\boldsymbol{m}_3^{\mathrm{T}}$ 分别表示 $\boldsymbol{M}$ 的三行，由式(4.23) 可知 $z = \boldsymbol{m}_3^{\mathrm{T}}\hat{\boldsymbol{P}}$。有时，为了方便起见，把式(4.23)写为

$$\begin{cases} u = \dfrac{\boldsymbol{m}_1^{\mathrm{T}}\hat{\boldsymbol{P}}}{\boldsymbol{m}_3^{\mathrm{T}}\hat{\boldsymbol{P}}} \\[2ex] v = \dfrac{\boldsymbol{m}_2^{\mathrm{T}}\hat{\boldsymbol{P}}}{\boldsymbol{m}_3^{\mathrm{T}}\hat{\boldsymbol{P}}} \end{cases} \tag{4.24}$$

式(4.22)～式(4.24)均可认为是摄像机几何投影模型。

投影矩阵 $\boldsymbol{M}$ 可以由五个内参数($\alpha, \beta, u_0, v_0, \theta$) 和六个外参数(三个表示旋转矩阵 $\boldsymbol{R}$ 的三个角度，三个表示平移 t_x, t_y, t_z) 显式表达：

$$\boldsymbol{M} = \begin{bmatrix} \alpha \cdot \boldsymbol{r}_1^{\mathrm{T}} - \alpha\cot\theta \cdot \boldsymbol{r}_2^{\mathrm{T}} + u_0\boldsymbol{r}_3^{\mathrm{T}} & \alpha \cdot t_x - \alpha\cot\theta \cdot t_y + u_0 t_z \\ \dfrac{\beta}{\sin\theta}\boldsymbol{r}_2^{\mathrm{T}} + v_0\boldsymbol{r}_3^{\mathrm{T}} & \dfrac{\beta}{\sin\theta}t_y + v_0 t_z \\ \boldsymbol{r}_3^{\mathrm{T}} & t_z \end{bmatrix} \tag{4.25}$$

式中，$\boldsymbol{r}_1^{\mathrm{T}}, \boldsymbol{r}_2^{\mathrm{T}}$ 和 $\boldsymbol{r}_3^{\mathrm{T}}$ 为旋转矩阵 $\boldsymbol{R}^{\mathrm{T}}$ 的三行。

4.4 镜头畸变

前面一直假设摄像机使用的是理想的无畸变透镜。真实的透镜会受到多种畸变的影响，最主要的有两种：切向畸变和径向畸变。大量研究表明，影响图像变形的主要因素是径向畸变，而且主要是低次项形变。其他更复杂的畸变模型非但不会提高精度，反而会造成计算上的不稳定(Tsai，1987；Wei and Ma，1994；Zhang，2000)。

令 $(\tilde{u}, \tilde{v})$ 表示图像点 p 在物理成像平面坐标系中的实际观测坐标(带有镜头畸变)；(u, v) 表示理想的无畸变图像坐标，也就是按式(4.24) 计算得到的图像坐标，以像素为单

位；$\tilde{x}=(\tilde{u}-u_0)\cdot d_u$ 和 $\tilde{y}=(\tilde{v}-v_0)\cdot d_v$ 为实际观测像点坐标，$\bar{x}=(u-u_0)\cdot d_u$ 和 $\bar{y}=(v-v_0)\cdot d_v$ 为理想的无畸变像点坐标，以毫米为单位；$d_u=1/k$ 和 $d_v=1/l$ 分别为物理成像平面上 u 和 v 方向的像素尺寸。由径向畸变模型得到(Zhang，2000)

$$\begin{cases}\tilde{x}=\bar{x}+\bar{x}(k_1\bar{r}^2+k_2\bar{r}^4+\cdots+k_n\bar{r}^{2n})\\ \tilde{y}=\bar{y}+\bar{y}(k_1\bar{r}^2+k_2\bar{r}^4+\cdots+k_n\bar{r}^{2n})\end{cases} \tag{4.26}$$

式中，$k_1,k_2,\cdots,k_n$ 为径向畸变系数；$\bar{r}=\sqrt{\bar{x}^2+\bar{y}^2}$ 为理想无畸变像点到像主点的距离。

式(4.26)也可以表示为关于图像坐标 $(\tilde{u},\tilde{v})$ 和 (u,v) 之间关系的形式：

$$\begin{cases}\tilde{u}=u+(u-u_0)(k_1r^2+k_2r^4+\cdots+k_nr^{2n})\\ \tilde{v}=v+(v-v_0)(k_1r^2+k_2r^4+\cdots+k_nr^{2n})\end{cases} \tag{4.27}$$

式中，r 可以用场景点 P 在摄像机坐标中的坐标 (x,y,z) 给出：

$$r=\sqrt{\left(\frac{x}{z}\right)^2+\left(\frac{y}{z}\right)^2} \tag{4.28}$$

由式(4.15)，若物理成像平面坐标轴不正交，P 在摄像机坐标中的坐标 (x,y,z) 之间的关系表示为

$$\begin{cases}\dfrac{x}{z}=\dfrac{u-u_0}{\alpha}+\alpha\cot\theta\dfrac{y}{z}=\dfrac{u-u_0}{\alpha}-\gamma\dfrac{y}{z}\\ \dfrac{y}{z}=\dfrac{v-v_0}{\dfrac{\beta}{\sin\theta}}=\dfrac{v-v_0}{\beta'}\end{cases} \tag{4.29}$$

实践中，物理成像平面坐标轴夹角接近 90°。忽略坐标轴不正交的影响，有

$$\begin{cases}\dfrac{x}{z}=\dfrac{u-u_0}{\alpha}\\ \dfrac{y}{z}=\dfrac{v-v_0}{\beta}\end{cases} \tag{4.30}$$

这样一来，就无需明确物理成像平面上的像素尺寸 d_u 和 d_v（对于民用级的摄像机，厂家一般不提供该参数），而直接以像素为单位给出摄像机的内参数。

最后，考虑镜头径向畸变，摄像机几何投影模型式(4.24)表示为

$$\begin{cases}\tilde{u}=u+\Delta u=\dfrac{\boldsymbol{m}_1^{\mathrm{T}}\hat{\boldsymbol{P}}}{\boldsymbol{m}_3^{\mathrm{T}}\hat{\boldsymbol{P}}}+\Delta u\\ \tilde{v}=v+\Delta v=\dfrac{\boldsymbol{m}_2^{\mathrm{T}}\hat{\boldsymbol{P}}}{\boldsymbol{m}_3^{\mathrm{T}}\hat{\boldsymbol{P}}}+\Delta v\end{cases} \tag{4.31}$$

式中

$$\begin{cases}\Delta u=(u-u_0)(k_1r^2+k_2r^4+\cdots+k_nr^{2n})\\ \Delta v=(v-v_0)(k_1r^2+k_2r^4+\cdots+k_nr^{2n})\end{cases} \tag{4.32}$$

4.5 与摄影测量构像模型的比较

在遥感测绘中，一般使用量测型相机。这类相机内部几何结构精密稳定，物理成像平面与光轴垂直，像点单元是正方形，所以只需要用焦距 $f(f=\alpha/k=\beta/l)$ 而无需 α 和 β 来

描述光心到物理成像平面的距离，f 的单位为毫米；同时，物理成像平面坐标轴正交，即式(4.15)中 $\theta=90°$，为固定值。于是，摄像机内参数减少为三个 f,u_0,v_0，投影矩阵 $\boldsymbol{M}$ 由式(4.25)退化为

$$\boldsymbol{M}_{3\times4}=\begin{bmatrix} kf\cdot\boldsymbol{r}_1^{\mathrm{T}}+u_0\boldsymbol{r}_3^{\mathrm{T}} & kf\cdot t_x+u_0t_z \\ lf\cdot\boldsymbol{r}_2^{\mathrm{T}}+v_0\boldsymbol{r}_3^{\mathrm{T}} & lf\cdot t_y+v_0t_z \\ \boldsymbol{r}_3^{\mathrm{T}} & t_z \end{bmatrix} \tag{4.33}$$

代入摄像机几何投影模型式(4.24)，同时考虑到式(4.9)，得

$$\begin{cases} u-u_0=kf\dfrac{a_1(X-X_S)+b_1(Y-Y_S)+c_1(Z-Z_S)}{a_3(X-X_S)+b_3(Y-Y_S)+c_3(Z-Z_S)} \\ v-v_0=lf\dfrac{a_2(X-X_S)+b_2(Y-Y_S)+c_2(Z-Z_S)}{a_3(X-X_S)+b_3(Y-Y_S)+c_3(Z-Z_S)} \end{cases} \tag{4.34}$$

或

$$\begin{cases} \bar{x}-x_0=f\dfrac{a_1(X-X_S)+b_1(Y-Y_S)+c_1(Z-Z_S)}{a_3(X-X_S)+b_3(Y-Y_S)+c_3(Z-Z_S)} \\ \bar{y}-y_0=f\dfrac{a_2(X-X_S)+b_2(Y-Y_S)+c_2(Z-Z_S)}{a_3(X-X_S)+b_3(Y-Y_S)+c_3(Z-Z_S)} \end{cases} \tag{4.35}$$

式中，$\bar{x}=u/k,\bar{y}=v/l$ 分别为以毫米为单位度量的像点坐标；$x_0=u_0/k,y_0=v_0/l$ 为以毫米为单位度量的像主点坐标。此时，摄像机内参数表示为内方位元素 f,x_0,y_0。

考虑径向畸变模型式(4.26)，令 $(\tilde{x},\tilde{y})$ 表示图像点 p 在物理成像平面坐标系中的实际观测坐标(带有镜头畸变)，$(\bar{x},\bar{y})$ 表示理想无畸变图像坐标，最后得到

$$\begin{cases} \tilde{x}-x_0=\bar{x}-x_0+\Delta x=f\dfrac{a_1(X-X_S)+b_1(Y-Y_S)+c_1(Z-Z_S)}{a_3(X-X_S)+b_3(Y-Y_S)+c_3(Z-Z_S)}+\Delta x \\ \tilde{x}-y_0=\bar{y}-y_0+\Delta y=f\dfrac{a_2(X-X_S)+b_2(Y-Y_S)+c_2(Z-Z_S)}{a_3(X-X_S)+b_3(Y-Y_S)+c_3(Z-Z_S)}+\Delta y \end{cases} \tag{4.36}$$

式中

$$\begin{cases} \Delta x=(\bar{x}-x_0)(k_1r^2+k_2r^4+\cdots+k_nr^{2n}) \\ \Delta y=(\bar{y}-y_0)(k_1r^2+k_2r^4+\cdots+k_nr^{2n}) \end{cases} \tag{4.37}$$

$$r=\sqrt{\bar{x}^2+\bar{y}^2} \tag{4.38}$$

式(4.35)和式(4.36)即为摄影测量中的构像模型。与王之卓(1992)中的形式相比，公式右边相差一个负号。这是因为以上建立的摄像机几何投影模型式(4.24)中假定摄像机成像符合针孔成像模型，所成的像位于针孔(光心)的后面，是实际场景的倒像，如图 4.4所示；而在摄影测量构像模型中，使用的是相机输出的正像，这相当于在针孔的前面虚拟一幅图像，它到针孔的距离等于实际成像面到针孔的距离。接下来分析这两种情况下像点坐标之间的关系。

由针孔模型的物点、光心、像点共线原理，在虚拟图像上，像主点 C_0 处的像与实际图像像主点处的像完全一致，虚拟的正像相当于在物理成像平面内将实际图像绕像主点 C_0 旋转 180°得到，如图 4.5 所示。

下面考察摄像机输出正像时，已建立的摄像机几何投影模型中，内参数 $(\alpha,\beta,u_0,v_0,$

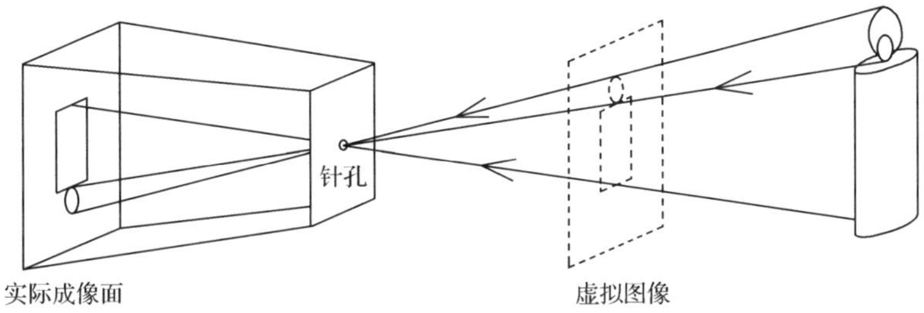

图 4.4 针孔成像模型——物理成像平面上的像是实际场景的倒像

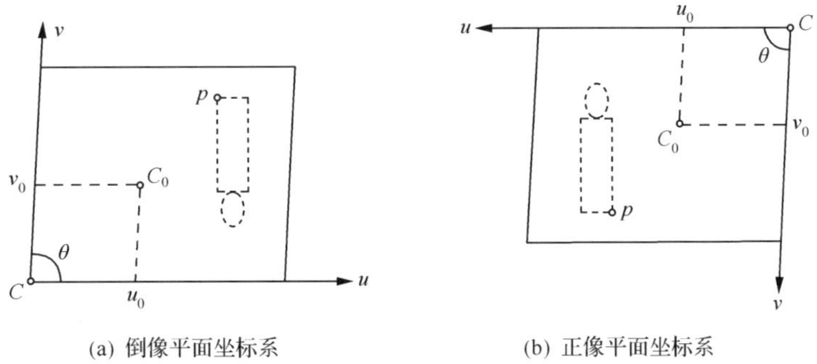

图 4.5 摄像机输出的正像由实际图像绕像主点 C_0 旋转 180°得到

θ) 的物理意义有何变化：

(1) α,β:u,v 方向上以像素为单位的摄像机焦距，不变。

(2) u_0,v_0:像主点 C_0 在实际物理成像(倒像)平面坐标系 C-uv 中的坐标，若在虚拟图像上建立如图 4.6(b)所示的物理成像(正像)平面坐标系，则 (u_0,v_0) 仍为像主点 C_0 的坐标。

(3) θ:物理 u 轴和 v 轴的夹角，不变。

进一步，假设像点 p 在倒像平面坐标系 C-uv 中的坐标为(u,v)，则其在以像主点 C_0 为原点建立的倒像平面坐标系 C_0-$u'v'$ 中的坐标为$(u-u_0,v-v_0)$，其中，u_0,v_0 为像主点 C_0 在倒像平面坐标系 C-uv 中的坐标，如图 4.6(a)所示。如果将倒像和正像中的像主点重合(坐标系 C_0-$u'v'$ 也重合了)，则倒像中的像点 p 和其对应正像中的像点 p 关于像主点 C_0 对称，于是像点 p 在正像平面坐标系 C_0-$u'v'$ 中的坐标为$(-(u-u_0),-(v-v_0))$。这说明，利用基于针孔模型建立的摄像机几何成像模型同样适用于摄像机输出正像的情形。实际应用中，摄像机一般输出为正像，此时只要将以像主点为原点的像点坐标符号取反即可。这也就是式(4.36)右边差一个负号的原因。

通过以上分析可以看出，计算机视觉几何构像模型与摄影测量构像方程均表示像点坐标与物方空间坐标之间的关系，但是二者之间存在表示形式上的差异，具体表现为：

(1) 计算机视觉几何构像模型更多地考虑了非量测型摄像机内部结构的不规则性；摄影测量构像方程则适用于内部结构规则的量测型相机。所以从理论上，对于无人飞行器搭载的非量测型摄像机的标定与定位，计算机视觉几何构像模型更适用。

(2) 摄影测量构像方程中的内方位元素和像点坐标均使用实际的度量单位毫米来表示，这说明在应用时需要知道相机的内部几何参数；计算机视觉几何投影模型中的内参数

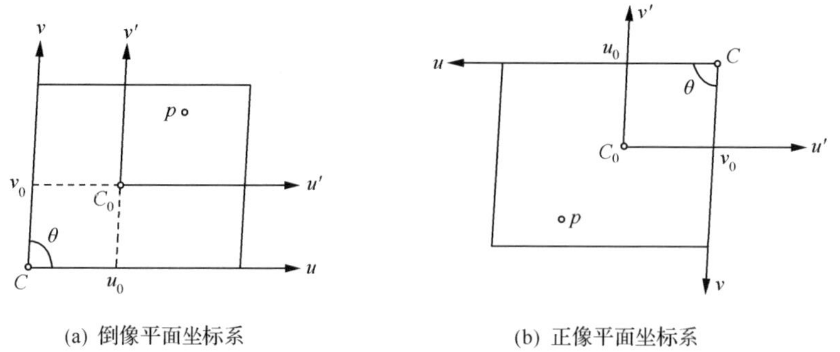

图 4.6　以像主点 C_0 为原点建立像平面坐标系

则可以用像素数表示,这意味着在应用时可以不必关心相机的内部的实际几何参数,有利于非量测型摄像机的应用。

参 考 文 献

福赛斯 A，泊斯 J. 2004. 计算机视觉——一种现代方法. 林学訚等译. 北京：电子工业出版社

王之卓. 1992. 摄影测量原理. 北京：测绘出版社

Tsai R. 1987. A versatile camera calibration technique for high-accuracy 3D machine vision metrology using off-the-shelf TV cameras and lenses. IEEE Journal of Robotics and Automation，3(4)：323～344

Wei G，Ma S. 1994. Implicit and explicit camera calibration：Theory and experiments. Transactions on Pattern Analysis and Machine Intelligence，16(5)：469～480

Zhang Z. 2000. A flexible new technique for camera calibration. IEEE Transactions on Pattern Analysis and Machine Intelligence，22(11)：1330～1334

第 5 章　摄像机几何标定

摄像机几何标定是指通过实验与计算，确定摄像机内外参数和镜头畸变模型参数的过程；它是无人飞行器序列图像中移动目标定位的前提，也是序列图像配准镶嵌前改正图像镜头畸变的依据。由于无人飞行器飞行和起降操作机动灵活，而且还可以方便地更换传感器，所以需要更加灵活的摄像机标定方法。另外，为了满足不同飞行条件下的多分辨率图像获取，无人飞行器往往搭载焦距可调的摄像机，而在飞行过程中调焦会导致传感器内参数发生变化，这就需要在焦距变化后快速甚至实时地重新标定内参数。能够满足这一在线标定需求的技术方法就是摄像机自标定。本章首先分析常规的摄像机标定方法对于无人飞行器搭载的摄像机进行几何标定的适用性，引入使用平面模板标定无人飞行器搭载摄像机的方法，然后介绍变焦条件下的摄像机在线自标定方法。

5.1　标定摄像机的经典方法

经典摄像机几何标定方法需要利用像点坐标和物点坐标之间的对应关系来解算摄像机内参数。根据物方空间点坐标获取的手段，可以将其分为利用野外控制点的方法和使用三维标定参照物的方法。

5.1.1　利用野外控制点的方法

遥感测绘中使用的量测型相机的几何标定是利用野外控制点来完成的。将相机内方位元素(内参数)和镜头畸变参数看作未知量与外方位元素(外参数)一起代入摄影测量构像模型式(4.36)参与整体摄影测量平差解算。Faig(1975)的标定方法是这一类标定技术的典型代表，考虑了摄像机成像过程中的各种因素，设计了摄像机成像模型。对于每一幅图像，利用至少 17 个参数来描述其与三维物体空间的约束关系，计算量非常大。由于引进的参数比较多，在图像投影和三维重建时取得了很高的精度。

由于摄影测量构像模型是一个非线性方程，从其中求解未知参数需要对其线性化并迭代求解，当近似垂直对地摄影时，能够方便地估计相机外方位元素的初值。但是，当采用大倾角成像时，难以确定外方位元素的初值。直接线性变换(DLT)方法利用线性模型表示像点和物点的关系，是对上述非线性优化算法的一种简化。DLT 方法可由摄影测量构像方程改化得到，对式(4.35)进行改化，得到直接线性变换模型：

$$\begin{cases} \bar{x} = \dfrac{L_1X + L_2Y + L_3Z + L_4}{L_9X + L_{10}Y + L_{11}Z + 1} \\ \bar{y} = \dfrac{L_5X + L_6Y + L_7Z + L_8}{L_9X + L_{10}Y + L_{11}Z + 1} \end{cases} \tag{5.1}$$

式中，$L_1, L_2, \cdots, L_{11}$ 为 11 个参数，可以由摄影测量内外方位元素表示。相应地，若已知

$N(N>5)$ 个地面控制点的物方坐标 (X,Y,Z) 和对应像点坐标 (x,y)，即可利用线性最小二乘法计算上述 11 个参数，进而反求相机的内方位元素(徐青等，2000)。

考虑径向镜头畸变，直接线性变换模型变为

$$\begin{cases} \tilde{x}=\bar{x}+\Delta x=\dfrac{L_1X+L_2Y+L_3Z+L_4}{L_9X+L_{10}Y+L_{11}Z+1}+\Delta x \\ \tilde{y}=\bar{y}+\Delta y=\dfrac{L_5X+L_6Y+L_7Z+L_8}{L_9X+L_{10}Y+L_{11}Z+1}+\Delta y \end{cases} \tag{5.2}$$

式中，$(\tilde{x},\tilde{y})$ 为实际观测像点坐标(带有镜头畸变)；$(\bar{x},\bar{y})$ 为理想无畸变图像坐标；Δx，Δy 的含义与式(4.37)相同。由此我们可以看出，在直接线性变换方法中，非线性镜头畸变的引入是非常方便的。但是，引入镜头畸变后，式(5.2)变成了一个非线性方程。可用两种方法求解此方程：一种办法是对式(5.2)进行线性化，迭代求解，投影矩阵参数 L_1，L_2，…，L_{11} 的初值由式(5.1)解算得到；另一种方法是将投影矩阵参数和镜头畸变参数分开解算，首先设定镜头畸变参数 k_1，k_2，… 的值(第一次迭代时均为零)，解算投影矩阵参数，然后固定投影矩阵参数，解算镜头畸变参数。以上两步迭代计算直到收敛，两步均只需解算线性方程。

直接线性变换方法是对摄影测量经典方法的一种简化，并且更符合计算机视觉中使用的民用摄像机的特点，成为连接摄影测量学与计算机视觉之间的桥梁。这体现在利用计算机视觉几何投影模型也可以推导出 DLT 模型这一事实。用 M_1，M_2，…，M_{12} 表示投影矩阵 $\boldsymbol{M}$ 的 12 个元素，代入式(4.24)中，并对分子分母同除以 M_{12}，可得到直接线性变换模型：

$$\begin{cases} u=\dfrac{M_1X+M_2Y+M_3Z+M_4}{M_9X+M_{10}Y+M_{11}Z+1} \\ v=\dfrac{M_5X+M_6Y+M_7Z+M_8}{M_9X+M_{10}Y+M_{11}Z+1} \end{cases} \tag{5.3}$$

由于温度、湿度、大气等成像环境的变化，在不同的作业条件下，摄像机内参数的值是会产生漂移的，尤其是在摄像机变焦时尤为明显。上述方法的优点是可以利用真实作业条件下的摄像机图像进行野外几何标定，因而能够得到成像时精确的摄像机内参数；缺点是需要有精确的野外控制点坐标，并量测其图像坐标，因而不适于无人飞行器这种机动灵活的平台搭载摄像机的几何标定。

5.1.2 使用三维标定参照物的方法

获取野外控制点精确坐标的工作量较大，一种简化的方法是在室内建立一个三维标定场，或者放置一个三维控制架(图 5.1)作为标定参照物，控制架上粘贴大量的反光标志，这些标志的物方坐标是经过精确测量的，因而可以作为物方控制点。从不同角度对此控制架成像，在图像上量测各控制点的像点坐标，其结果可用于摄像机标定。

使用三维控制架或其他三维标定参照物的优点是仍然可以利用摄影测量方法和直接线性变换方法解算相机内方位元素，并且能够取得较高的标定精度。但是，它仍然不是一个理想的标定参照物：一是不便于搬运，使用场地受限制；二是移动或放置一段时间后容易变形，需要重新测量标志点的物方坐标。所以仍然不适于无人飞行器搭载摄像机的几何标定。

图 5.1　三维控制架

5.2　使用平面模板标定摄像机

对于无人飞行器搭载的非量测摄像机的几何标定，需要一种方便灵活、便于搬运的标定参照物，平面模板是能够满足这一要求的理想选择。采用平面模板进行几何标定时，需要充分考虑所有场景点均位于一个平面上这一特定的约束条件，建立合适的几何构像模型，并解算摄像机内外参数。目前在这方面的研究已经取得了很多实用的成果，其中最具有代表性的是 Tsai 两步法和张正友方法。

5.2.1　Tsai 两步法

摄影测量中的经典标定方法要使用最优化算法求解未知参数，求解的结果常常取决于给定的初始值。如果初始值给定不合适，就很难得到正确的结果。而直接线性变换方法可以利用线性方法求解摄像机参数。如果先利用直接线性变换方法求解摄像机参数，再以求得的参数为初始值，考虑畸变因素，并利用最优化算法进一步提高标定精度，这就形成了所谓的两步法。

Tsai(1987)提出的方法就是典型的两步法，使用一个平面模板作为标定参照物，并且将物方空间坐标系的原点取在模板平面上，使模板平面上的标定点在世界坐标系中的坐标为 $(X,Y,0)$，即 $Z=0$。Tsai 注意到，假定摄像机仅存在径向畸变，那么无论畸变如何变化，从图像中心点 C_0 到图像点 $p_d(u_d,v_d)$ 的向量 $\overrightarrow{C_0 p_d}$ 的方向保持不变，且与 $\overrightarrow{P_{Oz}P}$ 平行，即 $\overrightarrow{C_0 p_d} \,/\!/\, \overrightarrow{C_0 p} \,/\!/\, \overrightarrow{P_{Oz}P}$，如图 5.2 所示。$P_{Oz}$ 是光轴上的一点，其 z 坐标与物点 P 在摄像机坐标系 $O\text{-}xyz$ 下的坐标值相同，p 是无畸变条件下 P 的像点。这就是所谓的径向一致约束(radial alignment constraint, RAC)，这一条件为 Tsai 的两步法提供了理论基础，因而使得其比未考虑镜头畸变的直接线性变换模型解算更为严密。

1. 第一步

计算摄像机定向参数(旋转矩阵)和世界坐标系原点在摄像机坐标系中的前两个坐标 (t_x,t_y)。

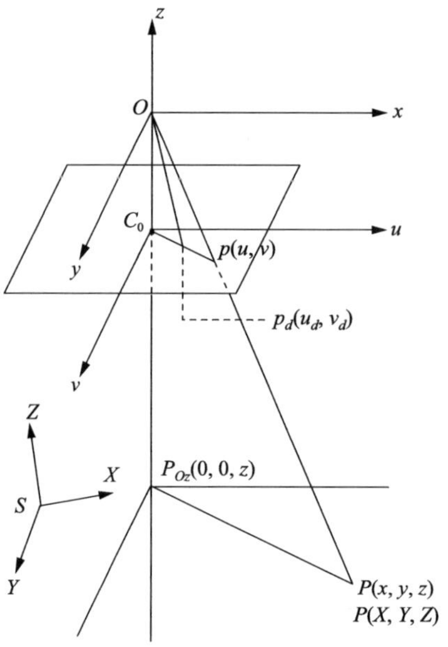

图 5.2 径向一致约束

上述径向一致约束 $\overrightarrow{C_0 p_d} \mathbin{/\!/} \overrightarrow{C_0 p} \mathbin{/\!/} \overrightarrow{P_{Oz} P}$ 等价于 $\overrightarrow{C_0 p_d} \times \overrightarrow{P_{Oz} P} = \mathbf{0}$，即

$$(u_d, v_d) \times (x, y) = \mathbf{0}$$

或

$$u_d \cdot y - v_d \cdot x = 0 \tag{5.4}$$

式中，$u_d = d_u(u - u_0)$，$v_d = d_v(v - v_0)$ 为像点坐标，$d_u = 1/k$ 和 $d_v = 1/l$ 分别为物理成像平面上 u 和 v 方向的像素尺寸，以米或毫米为单位，由摄像机参数提供；(u_0, v_0) 为光轴与物理成像平面的交点(像主点)坐标，Tsai 将 (u_0, v_0) 简单地取为图像中心，而不包含在要标定的内参数中。(x, y, z) 为物点在摄像机坐标系中的坐标，式(4.8)指出了其与物方空间坐标系(世界)坐标的关系，写为矩阵形式，为

$$\begin{bmatrix} x \\ y \\ z \end{bmatrix} = \begin{bmatrix} a_1 & b_1 & c_1 \\ a_2 & b_2 & c_2 \\ a_3 & b_3 & c_3 \end{bmatrix} \begin{bmatrix} X \\ Y \\ Z \end{bmatrix} + \begin{bmatrix} t_x \\ t_y \\ t_z \end{bmatrix} \tag{5.5}$$

将式(5.5)代入式(5.4)，并且考虑到 $Z=0$，得

$$u_d(a_2 X + b_2 Y + t_y) - v_d(a_1 X + b_1 Y + t_x) = 0 \tag{5.6}$$

将 $a_1/t_y, b_1/t_y, t_x/t_y, a_2/t_y, b_2/t_y$ 作为五个未知量，上式可以改化为

$$[v_d X \quad v_d Y \quad v_d \quad -u_d X \quad -u_d Y] \cdot \begin{bmatrix} a_1/t_y \\ b_1/t_y \\ t_x/t_y \\ a_2/t_y \\ b_2/t_y \end{bmatrix} = u_d$$

取 $N(N \geqslant 5)$ 个标定点，将其物方坐标和像点坐标代入上式，即可利用线性最小二乘

法解算上述五个未知量。然后用这五个未知量分别解算旋转矩阵元素 $\boldsymbol{R}$ 的九个元素，以及 t_x 和 t_y，具体公式及其推导参见 Tsai(1987)。

2. 第二步

计算摄像机内参数(等效焦距、畸变参数)和世界坐标系原点在摄像机坐标系中的第三个坐标 t_z。

Tsai 的方法中，假定物理成像平面坐标轴的夹角 $\theta=90°$，所以如同在 4.5 节中所讨论的，投影矩阵 $\boldsymbol{M}$ 由式(4.25)退化为式(4.33)，代入摄像机几何投影模型式(4.24)，同时考虑到 $Z=0$，得

$$\begin{cases} d_u(u-u_0)=f\dfrac{a_1X+b_1Y+t_x}{a_3X+b_3Y+t_z} \\ d_v(v-v_0)=f\dfrac{a_2X+b_2Y+t_y}{a_3X+b_3Y+t_z} \end{cases} \tag{5.7}$$

将上式的第二个式子中 f,t_z 作为未知量，改写为

$$[y-v_d]\cdot\begin{bmatrix} f \\ t_z \end{bmatrix}=wv_d \tag{5.8}$$

式中，$y=a_2X+b_2Y+t_y$；$w=a_3X+b_3Y$；$v_d=d_v(v-v_0)$ 为像点坐标。

取 $N(N\geqslant 2)$ 个标定点，将其物方坐标和像点坐标代入式(5.8)，即可利用线性最小二乘法解算上述两个未知量。需要注意的是，在摄像时，成像平面不能平行于模板平面，否则式(5.8)将线性相关而无法求解。

截至目前，以上算法中还没有考虑镜头畸变的影响。由径向一致约束条件，径向镜头畸变的存在并不影响第一步求出的五个参数(三个定向参数和两个位移参数 t_x 和 t_y)的值。所以，在考虑镜头畸变时，仅需要修正由式(5.8)求出的两个参数 f 和 t_z。

在式(5.7)的第二个式子中加入径向镜头畸变，方程写为

$$\tilde{v}_d=v_d+\Delta v_d=f\frac{a_2X+b_2Y+t_y}{a_3X+b_3Y+t_z}+\Delta v_d \tag{5.9}$$

式中，$\tilde{v}_d$ 为实际观测像点坐标(带有镜头畸变)；$\Delta v_d=v_d(k_1r^2+k_2r^4+\cdots+k_nr^{2n})$ 为径向镜头畸变，$r=\sqrt{u_d^2+v_d^2}$ 为理想无畸变像点到像主点的距离，$u_d=d_u(u-u_0)$，$v_d=d_v(v-v_0)$ 为理想无畸变像点坐标，可利用式(5.7)计算得到。像点坐标均以米或毫米为单位。

将 f,t_z 和镜头畸变参数 k_1,k_2,$\cdots$,k_n 看作未知参数，方程式(5.9)是一个非线性方程，利用通用的非线性优化方法迭代求解此非线性方程，其中，f 和 t_z 的初值由式(5.8)求解得到，k_1,k_2,$\cdots$,k_n 的初值均取为 0。

Tsai 方法的最大好处是它所使用的大部分方程是线性方程，从而降低了参数求解的复杂性，因此其标定过程快速、稳定。实际上，若只考虑一阶畸变参数 k_1，可以避免方程式(5.9)的非线性优化算法。例如，Zhang 等(2003)利用交比不变性求解一阶畸变参数 k_1，则式(5.9)的未知参数减为两个(f 和 t_z)，此时式(5.9)为一个线性方程。

Tsai 两步法只考虑了径向畸变，没有考虑切向畸变。Weng 等(1992)同时考虑了切向畸变，并给出了相应的算法，是对两步法的重要发展。Tsai 方法的另一个缺点是将光

轴与物理成像平面的交点坐标 u_0,v_0 简单地取为图像中心,而不包含在要标定的内参数中,也没有考虑物理成像平面坐标系的不正交的情况,因此,这种方法适用于结构精密的工业摄像机。对于民用摄像机,标定精度不高。

5.2.2 张正友方法

Zhang(2000)提出了一种基于平面模板的摄像机标定方法。这种方法不需要昂贵的实验设备和精确的操作步骤,只需要使用摄像机在几个(至少三个)不同的方位对一个平面模板成像就可以实现摄像机的几何标定。成像时,既可以通过摄像机,也可以通过平面模板的运动来实现不同方位的成像,均无需知道其运动参数。平面模板的制作也很简单,可以选择一种简单的图形模型(如棋盘方格)用激光打印机打印后粘贴在平面底板(如玻璃)上即可,如图 5.3 所示。这样制作的模板上,模型点(角点或直线交点)的物方坐标是已知的。张正友方法首先利用在不同方位拍摄的若干幅平面模板图像的单应矩阵计算摄像机内外参数初值,然后采用最大似然准则对摄像机内外参数进行优化。

图 5.3　张正友方法所用的平面模板

1. 平面构像模型

如前所述,摄像机几何投影模型可表示为式(4.22)

$$z\hat{\boldsymbol{p}} = \boldsymbol{A}[\boldsymbol{R}^{\mathrm{T}} \quad \boldsymbol{t}]\hat{\boldsymbol{P}}$$

其中,$\hat{\boldsymbol{p}} = [u,v,1]^{\mathrm{T}}$ 是图像点在物理成像平面坐标系 $C\text{-}uv$ 中的齐次坐标;$\hat{\boldsymbol{P}} = [X,Y,Z,1]^{\mathrm{T}}$ 是场景点 P 在物方空间直角坐标中的齐次坐标;z 是场景点 P 在摄像机坐标系中的深度分量,这里被看作一个比例因子;$\boldsymbol{R}^{\mathrm{T}}$ 和 $\boldsymbol{t} = [t_x,t_y,t_z]^{\mathrm{T}}$ 分别是将物方空间直角坐标系 $S\text{-}XYZ$ 变换到摄像机坐标系 $O\text{-}xyz$ 的刚体变换的旋转矩阵和平移向量,$\boldsymbol{A}$ 是摄像机内参数矩阵,写为式(4.17)

$$\boldsymbol{A} = \begin{bmatrix} \alpha & \gamma & u_0 \\ 0 & \beta' & v_0 \\ 0 & 0 & 1 \end{bmatrix}$$

其中,(u_0,v_0) 为像主点坐标,α 和 β' 可以认为是图像 u 和 v 轴上的比例因子,γ 是用来描述图像坐标轴不正交的参数。

不失一般性，假设平面模板上(场景)点的物方坐标 $Z=0$，用 $\bar{\boldsymbol{r}}_1$，$\bar{\boldsymbol{r}}_2$ 和 $\bar{\boldsymbol{r}}_3$ 表示旋转矩阵 $\boldsymbol{R}^{\mathrm{T}}$ 的三列，式(4.22)可表示为

$$z\begin{bmatrix}u\\v\\1\end{bmatrix}=\boldsymbol{A}[\bar{\boldsymbol{r}}_1\quad\bar{\boldsymbol{r}}_2\quad\bar{\boldsymbol{r}}_3\quad\boldsymbol{t}]\cdot\begin{bmatrix}X\\Y\\0\\1\end{bmatrix}=\boldsymbol{A}[\bar{\boldsymbol{r}}_1\quad\bar{\boldsymbol{r}}_2\quad\boldsymbol{t}]\cdot\begin{bmatrix}X\\Y\\1\end{bmatrix}$$

为表示问题的方便，仍用 $\hat{\boldsymbol{P}}$ 表示平面模板上的场景点，由于平面模板上 Z 始终为 0，则 $\hat{\boldsymbol{P}}=[X,Y,1]^{\mathrm{T}}$。于是，平面上一点 P 和它的像点 p 之间的关系为

$$z\hat{\boldsymbol{p}}=\boldsymbol{H}\hat{\boldsymbol{P}}\tag{5.10}$$

$$\boldsymbol{H}=\boldsymbol{A}[\bar{\boldsymbol{r}}_1\quad\bar{\boldsymbol{r}}_2\quad\boldsymbol{t}]\tag{5.11}$$

式中，3×3 矩阵 $\boldsymbol{H}$ 称为单应矩阵。

2. 估计单应矩阵

给定平面模板的一幅图像，有多种方法估计单应矩阵。Zhang(2000)给出了一种基于最大似然准则的方法。令 $\boldsymbol{P}_i$ 和 $\boldsymbol{p}_i$ 分别表示模型点及其对应的图像点，用 $\hat{\boldsymbol{P}}_i=[X_i,Y_i,1]^{\mathrm{T}}$ 和 $\hat{\boldsymbol{p}}_i=[u_i,v_i,1]^{\mathrm{T}}$ 分别表示其齐次坐标，用 $\boldsymbol{P}_i=[X_i,Y_i]^{\mathrm{T}}$ 和 $\boldsymbol{p}_i=[u_i,v_i]^{\mathrm{T}}$ 分别表示其非齐次坐标。理想情况下，它们的齐次坐标满足式(5.10)，实际上，由于从图像中提取的像点坐标含有噪声，它们并不严格满足这一关系。假设像点坐标误差服从高斯分布，其均值为 0，方差矩阵为 $\boldsymbol{C}_i$，那么 $\boldsymbol{H}$ 的最大似然估计通过最小化下式得到

$$\sum_i(\boldsymbol{p}_i-\widehat{\boldsymbol{p}}_i)^{\mathrm{T}}\boldsymbol{C}_i(\boldsymbol{p}_i-\widehat{\boldsymbol{p}}_i)\tag{5.12}$$

式中，$\widehat{\boldsymbol{p}}_i$ 为按照式(5.10)计算得到的像点坐标矢量，即

$$\widehat{\boldsymbol{p}}_i=\frac{1}{\bar{\boldsymbol{h}}_3^{\mathrm{T}}\hat{\boldsymbol{P}}_i}\begin{bmatrix}\bar{\boldsymbol{h}}_1^{\mathrm{T}}\hat{\boldsymbol{P}}_i\\\bar{\boldsymbol{h}}_2^{\mathrm{T}}\hat{\boldsymbol{P}}_i\end{bmatrix}$$

其中，$\bar{\boldsymbol{h}}_1^{\mathrm{T}}$，$\bar{\boldsymbol{h}}_2^{\mathrm{T}}$，$\bar{\boldsymbol{h}}_3^{\mathrm{T}}$ 为单应矩阵 $\boldsymbol{H}$ 的三行。

在实际操作中，可以假定所有的像点误差方差相等 $\boldsymbol{C}_i=\sigma^2\boldsymbol{I}$。如果所用的点都是利用同一程序独立地提取，这样假定是合理的。此时，式(5.12)变为一个非线性最小二乘问题，即

$$\sum_i\|\boldsymbol{p}_i-\widehat{\boldsymbol{p}}_i\|^2\rightarrow\min\tag{5.13}$$

求解式(5.13)等价于求解如下的误差方程：

$$\begin{cases}v_{u_i}=\dfrac{\bar{\boldsymbol{h}}_1^{\mathrm{T}}\hat{\boldsymbol{P}}_i}{\bar{\boldsymbol{h}}_3^{\mathrm{T}}\hat{\boldsymbol{P}}_i}-u_i\\[2ex]v_{v_i}=\dfrac{\bar{\boldsymbol{h}}_2^{\mathrm{T}}\hat{\boldsymbol{P}}_i}{\bar{\boldsymbol{h}}_3^{\mathrm{T}}\hat{\boldsymbol{P}}_i}-v_i\end{cases}\tag{5.14}$$

式(5.14)是一个非线性方程,可采用非线性优化方法求解此方程。令向量 $\boldsymbol{x}=[\bar{\boldsymbol{h}}_1,\bar{\boldsymbol{h}}_2,\bar{\boldsymbol{h}}_3]^{\mathrm{T}}$ 表示 $\boldsymbol{H}$ 的元素,线性化的结果是一个关于 $\boldsymbol{x}$ 的改正数向量 $\delta\boldsymbol{x}$ 的线性方程

$$\boldsymbol{v}=\boldsymbol{a}\delta\boldsymbol{x}+\boldsymbol{l}$$

其中,$\boldsymbol{v}$ 为误差向量,$\boldsymbol{a}$ 为 $\delta\boldsymbol{x}$ 的系数向量,$\boldsymbol{l}$ 为常数项向量。由于 $\boldsymbol{x}$ 中分量是相关的,所以采用 Levenberg-Marquardt 方法解算(Moré, 1977),即

$$(\boldsymbol{a}^{\mathrm{T}}\boldsymbol{a}+\mu\cdot\boldsymbol{I})\delta\boldsymbol{x}=-\boldsymbol{a}^{\mathrm{T}}\boldsymbol{l}$$

其中,μ 在每步迭代中可以取不同的值。

由于式(5.14)是一个非线性方程,所以需要 $\boldsymbol{H}$ 的初值(用于首次迭代时计算 $\boldsymbol{l}$),通过以下方式解算。

将式(5.10)写为

$$z\begin{bmatrix}u\\v\\1\end{bmatrix}=\begin{bmatrix}\bar{\boldsymbol{h}}_1^{\mathrm{T}}\hat{\boldsymbol{P}}\\\bar{\boldsymbol{h}}_2^{\mathrm{T}}\hat{\boldsymbol{P}}\\\bar{\boldsymbol{h}}_3^{\mathrm{T}}\hat{\boldsymbol{P}}\end{bmatrix}$$

由第三个分量的等式得 $z=\bar{\boldsymbol{h}}_3^{\mathrm{T}}\hat{\boldsymbol{P}}$,代入前两个分量的等式,进一步整理为

$$\begin{bmatrix}\hat{\boldsymbol{P}}^{\mathrm{T}} & \boldsymbol{0}^{\mathrm{T}} & -u\hat{\boldsymbol{P}}^{\mathrm{T}}\\\boldsymbol{0}^{\mathrm{T}} & \hat{\boldsymbol{P}}^{\mathrm{T}} & -v\hat{\boldsymbol{P}}^{\mathrm{T}}\end{bmatrix}\cdot\boldsymbol{x}=\boldsymbol{0} \tag{5.15}$$

给定 $m(m\geqslant 5)$ 个已知点,方程写为 $\boldsymbol{Lx}=\boldsymbol{0}$,其中,$\boldsymbol{L}$ 为 $2m\times 9$ 矩阵。求解方程即可得到 $\boldsymbol{H}$ 的一个解。实际上方程式(5.15)的解是对称矩阵 $\boldsymbol{L}^{\mathrm{T}}\boldsymbol{L}$ 的最小特征值所对应的特征向量。

需要指出的是,在矩阵 $\boldsymbol{L}$ 中,既有常数 1,也有像点坐标和物点坐标,还有像点坐标与物点坐标的乘积,所以若采用原始数据,$\boldsymbol{L}$ 中的数值量级差异较大,不利于在数值计算时获得好的结果。为此,在本节中先对像点坐标和物点坐标进行标准归一化,然后再计算。

虽然利用本节所述方法能够求出单应矩阵 $\boldsymbol{H}$ 的一个解 $\boldsymbol{x}$,但这并不是 $\boldsymbol{H}$ 的唯一解。注意到方程式(5.14)和式(5.15)均为齐次方程,若 $\boldsymbol{x}$ 是方程的一个解,则 $\lambda_1\boldsymbol{x}$ 也满足以上方程,其中,$\lambda_1(\lambda_1\neq 0)$ 是一个任意的比例因子。

3. 利用单应矩阵求解内外参数

令单应矩阵为

$$\boldsymbol{H}=[\boldsymbol{h}_1\quad\boldsymbol{h}_2\quad\boldsymbol{h}_3]\equiv\begin{bmatrix}h_1 & h_4 & h_7\\h_2 & h_5 & h_8\\h_3 & h_6 & h_9\end{bmatrix}$$

其中,$\boldsymbol{h}_1,\boldsymbol{h}_2,\boldsymbol{h}_3$ 表示单应矩阵 $\boldsymbol{H}$ 的三列,式(5.11)可写为

$$[\boldsymbol{h}_1\quad\boldsymbol{h}_2\quad\boldsymbol{h}_3]=\boldsymbol{A}[\bar{\boldsymbol{r}}_1\quad\bar{\boldsymbol{r}}_2\quad\boldsymbol{t}]$$

由于 $\bar{\boldsymbol{r}}_1$ 和 $\bar{\boldsymbol{r}}_2$ 标准正交,满足 $\bar{\boldsymbol{r}}_1^{\mathrm{T}}\bar{\boldsymbol{r}}_2=\boldsymbol{0}$ 和 $\|\bar{\boldsymbol{r}}_1\|=\|\bar{\boldsymbol{r}}_2\|=1$,得到

$$\boldsymbol{h}_1^{\mathrm{T}}\boldsymbol{A}^{-\mathrm{T}}\boldsymbol{A}^{-1}\boldsymbol{h}_2=\boldsymbol{0} \tag{5.16}$$

$$\boldsymbol{h}_1^{\mathrm{T}}\boldsymbol{A}^{-\mathrm{T}}\boldsymbol{A}^{-1}\boldsymbol{h}_1=\boldsymbol{h}_2^{\mathrm{T}}\boldsymbol{A}^{-\mathrm{T}}\boldsymbol{A}^{-1}\boldsymbol{h}_2 \tag{5.17}$$

其中，$\boldsymbol{A}^{-\mathrm{T}} = (\boldsymbol{A}^{-1})^{\mathrm{T}} = (\boldsymbol{A}^{\mathrm{T}})^{-1}$。

令

$$\boldsymbol{B} = \mathbf{A}^{-\mathrm{T}}\mathbf{A}^{-1} \equiv \begin{bmatrix} B_1 & B_2 & B_4 \\ B_2 & B_3 & B_5 \\ B_4 & B_5 & B_6 \end{bmatrix}$$

$$= \begin{bmatrix} \dfrac{1}{\alpha^2} & -\dfrac{\gamma}{\alpha^2\beta'} & \dfrac{v_0\gamma - u_0\beta'}{\alpha^2\beta'} \\ -\dfrac{\gamma}{\alpha^2\beta'} & \dfrac{\gamma^2}{\alpha^2\beta'} + \dfrac{1}{\beta'^2} & -\dfrac{\gamma(v_0\gamma - u_0\beta')}{\alpha^2\beta'^2} - \dfrac{v_0}{\beta'^2} \\ \dfrac{v_0\gamma - u_0\beta'}{\alpha^2\beta'} & -\dfrac{\gamma(v_0\gamma - u_0\beta')}{\alpha^2\beta'^2} - \dfrac{v_0}{\beta'^2} & \dfrac{(v_0\gamma - u_0\beta')^2}{\alpha^2\beta'^2} + \dfrac{v_0^2}{\beta'^2} + 1 \end{bmatrix} \tag{5.18}$$

注意到 $\boldsymbol{B}$ 是对称矩阵，故可以定义一个 6 维向量 $\boldsymbol{b}$ 来表示 $\boldsymbol{B}$：

$$\boldsymbol{b} = [B_1 \quad B_2 \quad B_3 \quad B_4 \quad B_5 \quad B_6]^{\mathrm{T}} \tag{5.19}$$

利用第 2 步求得的单应矩阵 $\boldsymbol{H}$，方程式(5.16)和式(5.17)写为

$$\begin{bmatrix} \boldsymbol{v}_1 \\ \boldsymbol{v}_2 \end{bmatrix} \cdot \boldsymbol{b} = \mathbf{0} \tag{5.20}$$

其中

$$\boldsymbol{v}_1 = [h_1h_4 \quad h_2h_4 + h_1h_5 \quad h_2h_5 \quad h_1h_6 + h_3h_4 \quad h_3h_5 + h_2h_6 \quad h_3h_6]$$

$$\boldsymbol{v}_2 = [h_1^2 - h_4^2 \quad 2(h_1h_2 - h_4h_5) \quad h_2^2 - h_5^2 \quad 2(h_1h_3 - h_4h_6) \quad 2(h_2h_3 - h_5h_6) \quad h_3^2 - h_6^2]$$

利用摄取的 $n(n \geqslant 3)$ 幅模板图像，方程式(5.20)写为 $\mathbf{V} \cdot \boldsymbol{b} = \mathbf{0}$，其中，$\mathbf{V}$ 为 $2n \times 6$ 矩阵。其解是对称矩阵 $\mathbf{V}^{\mathrm{T}}\mathbf{V}$ 的最小特征值所对应的特征向量。注意到方程式(5.20)为齐次方程，若 $\boldsymbol{b}$ 是方程的一个解，则 $\boldsymbol{b}/\lambda_2$ 也满足以上方程，其中 $\lambda_2(\lambda_2 \neq 0)$ 是一个任意的比例因子。所以，式(5.18)应写为

$$\boldsymbol{B} = \lambda_2\mathbf{A}^{-\mathrm{T}}\mathbf{A}^{-1} \tag{5.21}$$

最后，由矩阵 $\boldsymbol{B} = \lambda_2\mathbf{A}^{-\mathrm{T}}\mathbf{A}^{-1}$ 求解内参数的公式为

$$v_0 = \frac{B_2B_4 - B_1B_5}{B_1B_3 - B_2^2}$$

$$\lambda_2 = B_6 - \frac{B_4^2 + v_0(B_2B_4 - B_1B_5)}{B_1}$$

$$\alpha = \sqrt{\frac{\lambda_2}{B_1}}$$

$$\beta' = \sqrt{\frac{\lambda_2B_1}{B_1B_3 - B_2^2}}$$

$$\gamma = \frac{-B_2\alpha^2\beta'}{\lambda_2}$$

$$u_0 = \frac{\gamma v_0}{\beta'} - \frac{B_4\alpha^2}{\lambda_2}$$

杨敏和沈春林(2003)提出了另一种由矩阵 $\boldsymbol{B}$ 求解内参数矩阵 $\boldsymbol{A}$ 的方法。先对 $\boldsymbol{B}$ 求逆，由式(5.21)，得到 $\boldsymbol{B}^{-1} = \boldsymbol{A}\boldsymbol{A}^{\mathrm{T}}/\lambda_2$，或

$$
\boldsymbol{A}\boldsymbol{A}^{\mathrm{T}} = \lambda_2 \boldsymbol{B}^{-1} \equiv \lambda_2 \begin{bmatrix} b_1 & b_2 & b_4 \\ b_2 & b_3 & b_5 \\ b_4 & b_5 & b_6 \end{bmatrix}
$$

其中，$\boldsymbol{B}^{-1}$ 也是对称矩阵。

进一步，由 $\lambda_2 b_6 = 1$，得 $\lambda_2 = 1/b_6$，并令 $a_i = \lambda_2 b_i (i = 1,2,3,4,5)$，利用 Choleski 分解(吴福朝，2008)可导出内参数阵矩阵：

$$
\boldsymbol{A}\boldsymbol{A}^{\mathrm{T}} = \begin{bmatrix} a_1 & a_2 & a_4 \\ a_2 & a_3 & a_5 \\ a_4 & a_5 & 1 \end{bmatrix} \Rightarrow \boldsymbol{A} = \begin{bmatrix} \sqrt{a_1 - a_4^2 - \dfrac{(a_2 - a_4 a_5)^2}{a_3 - a_5^2}} & \dfrac{a_2 - a_4 a_5}{\sqrt{a_3 - a_5^2}} & a_4 \\ 0 & \sqrt{a_3 - a_5^2} & a_5 \\ 0 & 0 & 1 \end{bmatrix} \tag{5.22}
$$

一旦确定了内参数矩阵 $\boldsymbol{A}$，就可以求解外参数。如前所述，若 $\boldsymbol{x}$ 是单应矩阵 $\boldsymbol{H}$ 的一个解，则 $\lambda_1 \boldsymbol{x}$ 也是单应矩阵 $\boldsymbol{H}$，其中，$\lambda_1 (\lambda_1 \neq 0)$ 是一个任意的比例因子。于是，式(5.11)可写为

$$
\lambda_1 \boldsymbol{H} = \lambda_1 [\boldsymbol{h}_1 \quad \boldsymbol{h}_2 \quad \boldsymbol{h}_3] = \boldsymbol{A}[\bar{\boldsymbol{r}}_1 \quad \bar{\boldsymbol{r}}_2 \quad \boldsymbol{t}]
$$

于是，可以求解外参数的公式为

$$
\begin{aligned}
\bar{\boldsymbol{r}}_1 &= \lambda_1 \boldsymbol{A}^{-1} \boldsymbol{h}_1 \\
\bar{\boldsymbol{r}}_2 &= \lambda_1 \boldsymbol{A}^{-1} \boldsymbol{h}_2 \\
\bar{\boldsymbol{r}}_3 &= \bar{\boldsymbol{r}}_1 \times \bar{\boldsymbol{r}}_2 \\
\boldsymbol{t} &= \lambda_1 \boldsymbol{A}^{-1} \boldsymbol{h}_3
\end{aligned} \tag{5.23}
$$

式中，比例因子按 $\lambda_1 = 1/\| \boldsymbol{A}^{-1} \boldsymbol{h}_1 \| = 1/\| \boldsymbol{A}^{-1} \boldsymbol{h}_2 \|$ 确定。

4. 利用多幅图像优化内外参数

以上步骤利用平面模板的图像计算摄像机内外参数，下面对其进行优化。对在不同方位获取的 n 幅图像，分别检测出平面模板上 m 个模型点的像点。假设像点坐标包含独立的均匀分布的噪声，通过下式得到参数的最大似然估计：

$$
\sum_{i=1}^{n} \sum_{j=1}^{m} \| \boldsymbol{p}_{ij} - \hat{\boldsymbol{p}}(\boldsymbol{A}, \boldsymbol{R}_i^{\mathrm{T}}, \boldsymbol{t}_i, \boldsymbol{P}_j) \|^2 \rightarrow \min \tag{5.24}
$$

式中，$\boldsymbol{p}_{ij} = [u_{ij}, v_{ij}]^{\mathrm{T}}$ 是第 i 幅图像上第 j 个模型点 $\boldsymbol{P}_j = [X, Y]^{\mathrm{T}}$ 的像点 p_{ij} 的非齐次坐标；$\hat{\boldsymbol{p}} = [u, v]^{\mathrm{T}}$ 由内外参数计算得到的像点坐标[参见式(5.10)]；$\boldsymbol{A}$ 为摄像机的内参数矩阵；$\{\boldsymbol{R}_i^{\mathrm{T}}, \boldsymbol{t}_i \mid i = 1, \cdots, n\}$ 是第 i 幅图像的外参数。

最小化式(5.24)可以转化为求解关于参数 $(\boldsymbol{A}, \boldsymbol{R}_i^{\mathrm{T}}, \boldsymbol{t}_i)$ 的最小二乘解，是一个非线性最优化问题，类似于处理式(5.13)，可采用非线性优化方法求解此方程。同时由于参数间的相关性，要采用 Levenberg-Marquardt 方法解算。参数的初值由第 3 步计算结果提供。

5. 处理镜头畸变

截至目前，还没有考虑镜头畸变的影响。由于普通镜头的畸变值较小(这里不考虑广角镜头的畸变模型)，一种合理的做法是首先忽略镜头畸变，利用前 4 步方法计算摄像机的其他五个内参数，然后估计镜头畸变参数。

考虑径向镜头畸变模型式(4.27),取径向畸变的前两项,对每一幅图像上的每一个模型点,均可列出两个方程:

$$\begin{bmatrix}(u-u_0)r^2 & (u-u_0)r^4 \\ (v-v_0)r^2 & (v-v_0)r^4\end{bmatrix}\begin{bmatrix}k_1 \\ k_2\end{bmatrix}=\begin{bmatrix}\widetilde{u}-u \\ \widetilde{v}-v\end{bmatrix} \tag{5.25}$$

符号的含义参见式(4.27),其中,理想像点坐标 (u,v) 的值由式(5.24)解算的内外参数计算得到。

将 n 幅图像上的 m 个模型点代入式(5.25),得到 $2mn$ 个方程,利用最小二乘法求解此线性方程即可得到畸变参数 k_1,k_2 的值。

一旦得到 k_1,k_2 的值,就可以利用式(5.24)继续优化摄像机的其他五个内参数,只要对其中利用内外参数计算得到的像点坐标 $\widehat{\boldsymbol{p}}(\boldsymbol{A},\boldsymbol{R}_i^{\mathrm{T}},\boldsymbol{t}_i,\boldsymbol{P}_j)$ 加上镜头畸变即可。重复运算式(5.24)和式(5.25)直到收敛。

实验发现,迭代计算式(5.24)和式(5.25)时收敛很慢。解决这一问题的方法是对式(5.24)进行扩展,使其优化所有的内外参数(包括镜头畸变参数),即

$$\sum_{i=1}^{n}\sum_{j=1}^{m}\|\boldsymbol{p}_{ij}-\widehat{\boldsymbol{p}}(\boldsymbol{A},k_1,k_2,\boldsymbol{R}_i^{\mathrm{T}},\boldsymbol{t}_i,\boldsymbol{P}_j)\|^2\rightarrow\min$$

仍然采用 Levenberg-Marquardt 方法解算此非线性方程,参数 $(\boldsymbol{A},\boldsymbol{R}_i^{\mathrm{T}},\boldsymbol{t}_i)$ 的初值来自于式(5.24)的解算结果,k_1,k_2 的初值来自于式(5.25)的解算结果。

张正友的平面标定方法是介于传统标定方法和自标定方法之间的一种方法。既避免了传统方法设备要求高、操作繁琐等缺点,又较自标定方法精度高。实践证明是一种灵活、稳健、低成本的摄像机几何标定方法,非常适用于无人飞行器搭载的低成本摄像机的离线标定。

5.3 摄像机自标定

常规的摄像机标定方法需要使用静态的标定参照物来确定摄像机内参数。对于无人飞行器搭载的焦距可调的摄像机,如果在飞行过程中执行了调焦指令,就会导致摄像机内参数发生变化,因此需要在每次焦距变化后快速甚至实时地重新标定内参数。此时无法使用静态的标定参照物,常规方法不再适用。摄像机自标定(self calibration)方法使用非静态标定参照物或者不使用标定参照物,仅利用摄像机视场场景与图像及图像之间的对应关系进行标定(马颂德和张正友,1998),在无人飞行器搭载的摄像机动态标定中具有较大的应用潜力。

5.3.1 摄像机自标定方法概述

自从 Maybank 和 Faugeras(1992)首次提出摄像机自标定的概念以来,它已经成为目前计算机视觉领域的一个重要研究方向(Hemayed, 2003)。由于自标定方法是根据场景图像之间的对应关系来求解内参数,所以标定过程灵活、方便,应用前景广泛(Pollefeys and Gool, 1999;Hartley, 1994a)。但是,自标定方法最大的不足是稳健性较差(吴福朝和胡占义,2001)。这主要是由于自标定方法大多是基于绝对二次曲线或绝对二次曲面的

方法，需要直接或间接地求解 Kruppa 方程，这需要解一个非线性方程组或相应的非线性规划问题，除噪声影响之外，对初值的选择也十分敏感。

由于线性问题计算简单，在数值上比非线性问题稳定，因此一直是摄像机标定所追求的目标。Hartley(1994b，1997a)通过摄像机绕光心作纯旋转运动，给出线性自标定方法。由于实际操作中并不知道摄像机光心的具体位置，因此事实上人们无法控制摄像机作绕光心的纯旋转运动，从而这种方法的具体应用价值受到了限制。Ma(1996)首次利用主动视觉系统对摄像机运动的可控性，提出了自标定的线性方法。这种方法通过控制摄像机在三维空间作两组平移运动，其中，每组运动包括三次两两正交的平移运动(简称三正交平移运动)，利用核点[epipoles，在 Ma(1996)中称作 FOE(focus of expansion)]建立一个线性方程组来求解摄像机内参数。但是在三维空间控制摄像机作严格的三正交平移运动，在普通的 Pan-Tilt-Translation 主动视觉平台上是难以实现的。杨长江等(1998)就此提出了一种改进方法，要求摄像机作四组平移运动，其中，每组运动包括两次相互正交的平移运动，利用核点仍可线性求解摄像机内参数。但 Ma、杨长江等均是在四参数摄像机模型(即物理成像平面坐标轴完全垂直)下实现线性自标定的。在五参数摄像机模型下，吴福朝等(2001)利用场景的平面信息，提出控制摄像机作五组平移运动，其中，每组运动包括两次相互正交的平移运动，线性求解摄像机所有五个内参数的方法。在上述这些线性方法中，均需要借助主动视觉平台来控制摄像机作正交平移运动，这限制了这些方法在一般场合的应用。这一类方法的最新发展是尽量利用场景约束，简化对于摄像机运动的要求，使之能够更广泛地应用于不同的特定场合，但均需已知摄像机的某些运动信息(李华等，2000)。基于多像灭点的自标定方法需要在旋转摄像机的情况下获取多幅图像(谢文寒和张祖勋，2004)，也不适用于无人飞行器搭载摄像机的标定。

对于无人飞行器搭载摄像机的快速标定，由于不能精确控制摄像机的运动，因而无法使用线性摄像机自标定方法，故仍需采用基于绝对二次曲线求解 Kruppa 方程的自标定方法。

5.3.2 基于 Kruppa 方程的自标定

首先阐述摄像机成像的核线条件和基础矩阵，然后将其运用于无穷远平面上的绝对二次曲线所成的像，推导摄像机自标定的基本模型——Kruppa 方程[①](李析等，2003)，最后讨论 Kruppa 方程的简化形式及其求解。

1. 核线条件

如图 5.4 所示，场景点 P 分别在光学中心点为 O_1 和 O_2 的两个摄像机上所成的像为 p_1 和 p_2。显然，这五个点都位于两条相交光线 O_1P 和 O_2P 所形成的平面上，在摄影测量中，这个平面被称为核面(计算机视觉中被称为外极平面)。核面与两个像平面 Π_1 和 Π_2 分别交于直线 l_1 和 l_2，直线 l_1 称为与 p_2 相关联的核线(计算机视觉中的外极线)，直线 l_2 称为与 p_1 相关联的核线。两个光学中心点为 O_1 和 O_2 的连线称为基线。基线与两个像平面

① Zeller C，Faugeras O. 1996. Camera self-calibration from video sequences：The Kruppa equations revisited. INRIA Rapport de Recherche RR-2793，France

Π_1 和 Π_2 的交点为 e_1 和 e_2，称为核点(计算机视觉中的外极点)。而 e_1 必然落在核线 l_1 上(因为 e_1 既在外极平面上，又在像平面 Π_1 上)。同理，e_2 必然落在核线 l_2 上。实际上，核点 e_1 是第二个摄像机的光学中心 O_2 在第一个摄像机上所成的像，反之亦然。

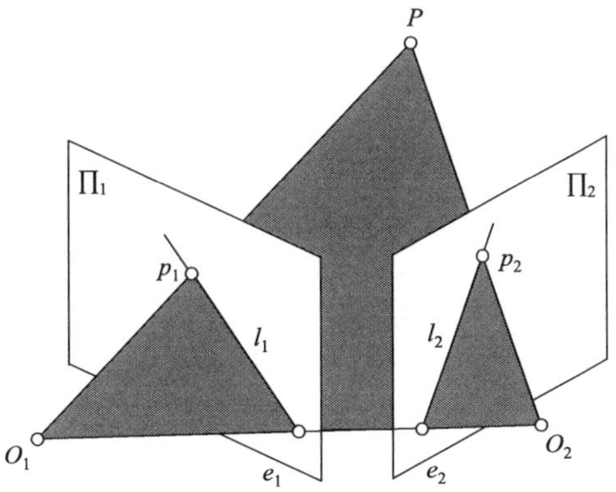

图 5.4　核线条件

场景点 P，两台摄像机的光学中心 O_1 和 O_2，点 P 的两个像点 p_1 和 p_2 都位于同一平面上；为了简化绘图，这里用针孔代表摄像机，一个虚拟成像平面置于针孔的前方；对于实际的位于针孔后方的物理成像平面，本节的论述同样成立

如上所述，如果 p_1 和 p_2 为同一场景点在不同摄像机上的对应像点，那么 p_2 一定位于与 p_1 相关联的核线上。这就是核线条件，它是摄影测量和立体视觉的基本原理之一。

2. 基础矩阵

1) 核线条件与基础矩阵

核线条件说明三个向量 $\overrightarrow{O_1p_1}$，$\overrightarrow{O_2p_2}$ 和 $\overrightarrow{O_1O_2}$ 共面，即

$$\overrightarrow{O_1p_1}\cdot[\overrightarrow{O_1O_2}\times\overrightarrow{O_2p_2}]=0 \tag{5.26}$$

下面取第一个摄像机坐标系 $O_1-x_1y_1z_1$ 为世界坐标系，在该坐标系中展开式(5.26)。令 $\boldsymbol{P}_1^c=[x_1,y_1,z_1]^{\mathrm{T}}$，$\boldsymbol{P}_2^c=[x_2,y_2,z_2]^{\mathrm{T}}$ 分别表示像点 p_1 和 p_2 在各自摄像机坐标系中的坐标，$\hat{\boldsymbol{p}}_1''=[\hat{u}_1,\hat{v}_1,1]^{\mathrm{T}}$，$\hat{\boldsymbol{p}}_2''=[\hat{u}_2,\hat{v}_2,1]^{\mathrm{T}}$ 表示像点 p_1 和 p_2 在各自理想像平面直角坐标系的齐次坐标。则在各自的摄像机坐标系中，有

$$\boldsymbol{P}_1^c=[x_1\quad y_1\quad z_1]^{\mathrm{T}}=z_1\hat{\boldsymbol{p}}_1''$$

$$\boldsymbol{P}_2^c=[x_2\quad y_2\quad z_2]^{\mathrm{T}}=z_2\hat{\boldsymbol{p}}_2''$$

令 $\hat{\boldsymbol{p}}_1=[u_1,v_1,1]^{\mathrm{T}}$，$\hat{\boldsymbol{p}}_2=[u_2,v_2,1]^{\mathrm{T}}$ 表示像点 p_1 和 p_2 在各自物理成像平面坐标系上的齐次坐标，由式(4.16) $\hat{\boldsymbol{p}}=\boldsymbol{A}\hat{\boldsymbol{p}}''$，得 $\hat{\boldsymbol{p}}''=\boldsymbol{A}^{-1}\hat{\boldsymbol{p}}$，代入上式，得

$$\boldsymbol{P}_1^c=z_1\hat{\boldsymbol{p}}_1''=z_1\boldsymbol{A}_1^{-1}\hat{\boldsymbol{p}}_1$$

$$\boldsymbol{P}_2^c=z_2\hat{\boldsymbol{p}}_2''=z_2\boldsymbol{A}_2^{-1}\hat{\boldsymbol{p}}_2$$

其中，$\boldsymbol{A}_1$，$\boldsymbol{A}_2$ 分别为两个摄像机的内参数矩阵。

令 $\boldsymbol{R}$ 表示第二个摄像机坐标系 O_2-$x_2y_2z_2$ 相对世界坐标系 O_1-$x_1y_1z_1$ 的旋转矩阵，$\boldsymbol{T}$ 表示 O_2 在 O_1-$x_1y_1z_1$ 中的坐标，则 p_2 在 O_1-$x_1y_1z_1$ 中的坐标 $\boldsymbol{p}'_2=\boldsymbol{R}\boldsymbol{P}_2^c+\boldsymbol{T}$。于是，在 O_1-$x_1y_1z_1$ 中，各向量分别为

$$\begin{aligned}
&\overrightarrow{O_1p_1} = \boldsymbol{P}_1^c = z_1\boldsymbol{A}_1^{-1}\hat{\boldsymbol{p}}_1 \\
&\overrightarrow{O_1O_2} = \boldsymbol{T} \\
&\overrightarrow{O_2p_2} = \overrightarrow{O_1p_2} - \overrightarrow{O_1O_2} = \boldsymbol{R}\boldsymbol{P}_2^c + \boldsymbol{T} - \boldsymbol{T} = z_2\boldsymbol{R}\boldsymbol{A}_2^{-1}\hat{\boldsymbol{p}}_2
\end{aligned} \tag{5.27}$$

将式(5.27)中各项向量表示代入式(5.26)，核线条件表示为

$$\begin{aligned}
&(z_1\boldsymbol{A}_1^{-1}\hat{\boldsymbol{p}}_1)^{\mathrm{T}}(\boldsymbol{T}\times z_2\boldsymbol{R}\boldsymbol{A}_2^{-1}\hat{\boldsymbol{p}}_2) - 0 \\
&\Rightarrow \hat{\boldsymbol{p}}_1^{\mathrm{T}}\boldsymbol{A}_1^{-\mathrm{T}}\boldsymbol{T}\times\boldsymbol{R}\boldsymbol{A}_2^{-1}\hat{\boldsymbol{p}}_2 = 0 \\
&\Rightarrow \hat{\boldsymbol{p}}_1^{\mathrm{T}}\boldsymbol{A}_1^{-\mathrm{T}}[\boldsymbol{T}]_\times\boldsymbol{R}\boldsymbol{A}_2^{-1}\hat{\boldsymbol{p}}_2 = 0 \\
&\Rightarrow \hat{\boldsymbol{p}}_1^{\mathrm{T}}\boldsymbol{F}\hat{\boldsymbol{p}}_2 = 0
\end{aligned} \tag{5.28}$$

式中，$[\boldsymbol{T}]_\times$ 为向量 $\boldsymbol{T}$ 的反对称矩阵。给定 3 维向量 $\boldsymbol{a} = [a_1, a_2, a_3]^{\mathrm{T}}$，其反对称矩阵定义为

$$[\boldsymbol{a}]_\times = \begin{bmatrix} 0 & -a_3 & a_2 \\ a_3 & 0 & -a_1 \\ -a_2 & a_1 & 0 \end{bmatrix}$$

对于任意 3 维向量 $\boldsymbol{b}$，有$[\boldsymbol{a}]_\times\boldsymbol{b} = \boldsymbol{a}\times\boldsymbol{b}$。

式(5.28)中矩阵 $\boldsymbol{F} = \boldsymbol{A}_1^{-\mathrm{T}}[\boldsymbol{T}]_\times\boldsymbol{R}\boldsymbol{A}_2^{-1}$ 称为基础矩阵，它可以用来定量地描述核线条件。事实上，直线 l 可以通过方程 $au+bv+c=0$ 来定义，其中，(u,v) 表示直线上一点的坐标。同时可根据直线上点的齐次坐标向量 $\hat{\boldsymbol{p}} = [u,v,1]^{\mathrm{T}}$，将直线方程写为 $\hat{\boldsymbol{l}}\cdot\hat{\boldsymbol{p}} = 0$，其中，向量 $\hat{\boldsymbol{l}} = [a,b,c]^{\mathrm{T}}$，称为直线的射影坐标(齐次坐标)。这样，就可以用向量 $\hat{\boldsymbol{l}}$ 来表示直线的方程。图 5.4 中，第一幅图像中的核线 l_1 可表示为 $\hat{\boldsymbol{l}}_1 = \boldsymbol{F}\hat{\boldsymbol{p}}_2$，第二幅图像中的核线 l_2 可表示为 $\hat{\boldsymbol{l}}_2 = \boldsymbol{F}^{\mathrm{T}}\hat{\boldsymbol{p}}_1$，由式(5.28)$\hat{\boldsymbol{p}}_1^{\mathrm{T}}\boldsymbol{F}\hat{\boldsymbol{p}}_2 = 0$，核线条件可写为

$$\begin{aligned}
&\hat{\boldsymbol{l}}_1\cdot\hat{\boldsymbol{p}}_1 = 0 \\
&\hat{\boldsymbol{l}}_2\cdot\hat{\boldsymbol{p}}_2 = 0
\end{aligned} \tag{5.29}$$

这样，方程式(5.29)描述了 p_1 位于与 p_2 相关联的核线 l_1 上。p_2 位于与 p_1 相关联的核线 l_2 上。同样地，核点 e_1 位于核线 l_1 上，e_2 位于核线 l_2 上，可写为

$$\begin{aligned}
&\hat{\boldsymbol{l}}_1\cdot\hat{\boldsymbol{e}}_1 = 0 \\
&\hat{\boldsymbol{l}}_2\cdot\hat{\boldsymbol{e}}_2 = 0
\end{aligned}$$

其中，$\hat{\boldsymbol{e}}_1 = [u_{e1}, v_{e1}, 1]^{\mathrm{T}}$，$\hat{\boldsymbol{e}}_2 = [u_{e2}, v_{e2}, 1]^{\mathrm{T}}$ 为核点 e_1 和 e_2 在各自物理成像平面坐标系上的齐次坐标。

2) 基础矩阵与核点的关系

令 $\boldsymbol{E}_1 = [x_{e1}, y_{e1}, z_{e1}]^{\mathrm{T}}$ 表示 e_1 在第一个摄像机坐标系中的坐标，$\hat{\boldsymbol{e}}_1'' = [\hat{u}_{e1}, \hat{v}_{e1}, 1]^{\mathrm{T}}$ 表示 e_1 在理想像平面直角坐标系的齐次坐标，则有 $\boldsymbol{E}_1 = z_{e1}\hat{\boldsymbol{e}}_1'' = z_{e1}\boldsymbol{A}_1^{-1}\hat{\boldsymbol{e}}_1$。在图 5.4 中，向量 $\overrightarrow{O_1e_1}$ 与向量 $\overrightarrow{O_1O_2}$ 共线，即 $\overrightarrow{O_1O_2}\times\overrightarrow{O_1e_1} = 0$，在第一个摄像机坐标系中，这一关系表示为 $\boldsymbol{T}\times\boldsymbol{E}_1 = 0 \Rightarrow [\boldsymbol{T}]_\times\boldsymbol{A}_1^{-1}\hat{\boldsymbol{e}}_1 = 0$。于是 $\boldsymbol{F}^{\mathrm{T}}\hat{\boldsymbol{e}}_1 = -\boldsymbol{A}_2^{-\mathrm{T}}\boldsymbol{R}^{\mathrm{T}}[\boldsymbol{T}]_\times\boldsymbol{A}_1^{-1}\hat{\boldsymbol{e}}_1 = \boldsymbol{0}$；由对称性，$\boldsymbol{F}\hat{\boldsymbol{e}}_2 = \boldsymbol{0}$，即

$$\boldsymbol{F}^{\mathrm{T}}\hat{\boldsymbol{e}}_1 = \mathbf{0}$$

$$\boldsymbol{F}\hat{\boldsymbol{e}}_2 = \mathbf{0}$$

这就是基础矩阵和核点的关系。

3）基础矩阵的估计

下面探讨基础矩阵 $\boldsymbol{F}$ 的估计方法。$\boldsymbol{F}$ 的秩为 2，在相差一个常数因子下是唯一确定的。$\boldsymbol{F}$ 可以通过 8 对对应图像点来确定。将式(5.28) $\hat{\boldsymbol{p}}_1^{\mathrm{T}}\boldsymbol{F}\hat{\boldsymbol{p}}_2 = 0$ 展开

$$[u_1 \quad v_1 \quad 1] \cdot \begin{bmatrix} F_{11} & F_{12} & F_{13} \\ F_{21} & F_{22} & F_{23} \\ F_{31} & F_{32} & F_{33} \end{bmatrix} \cdot \begin{bmatrix} u_2 \\ v_2 \\ 1 \end{bmatrix} \boldsymbol{F} = 0$$

由于这个线性方程对于 $\boldsymbol{F}$ 的系数是齐次的，可以设定 $\boldsymbol{F}_{33}=1$，将方程式改写为

$$[u_1^i u_2^i \quad u_1^i v_2^i \quad u_1^i \quad v_1^i u_2^i \quad v_1^i v_2^i \quad v_1^i \quad u_2^i \quad v_2^i] \cdot \begin{bmatrix} F_{11} \\ F_{12} \\ F_{13} \\ F_{21} \\ F_{22} \\ F_{23} \\ F_{31} \\ F_{32} \end{bmatrix} = - \begin{bmatrix} 1 \\ \vdots \\ 1 \end{bmatrix}_{n\times 1}$$

将 8 个对应点 $p_1^i \leftrightarrow p_2^i (i = 1,2,\cdots,8)$ 代入上式，利用此线性方程组计算基础矩阵。该 8 点算法最初由 longuet-Higgins(1981)提出。虽然这种算法在 8×8 系数矩阵奇异时就失效了，但是，这种情况只会在 8 个点和 2 个光学中心位于同一个二次曲面的情况下才发生。这种情况发生的可能性很小，因为 9 个点就可以完全确定一个二次曲面，这意味着经过任意 10 个点的二次曲面一般是不存在的。实际解算中，如果系数矩阵奇异，往往改换一组对应点就可以。

如果存在 $n>8$ 个对应点，可以通过线性最小二乘法，通过对 $\boldsymbol{F}$ 的系数最小化下式：

$$\sum_{i=1}^{n} | \hat{\boldsymbol{p}}_1^{i\mathrm{T}}\boldsymbol{F}\hat{\boldsymbol{p}}_2^i |^2 \rightarrow \min \tag{5.30}$$

来估计 $\boldsymbol{F}$。

注意到 8 点算法和最小二乘方法都忽略了基础矩阵秩为 2 的特性。通过两个核点的坐标 $\hat{\boldsymbol{e}}_1 = [u_{e1}, v_{e1}, 1]^{\mathrm{T}}$ 和 $\hat{\boldsymbol{e}}_2 = [u_{e2}, v_{e2}, 1]^{\mathrm{T}}$，可以将基础矩阵参数化为(Zhang, 1998)

$$\boldsymbol{F} = \begin{bmatrix} b & a & -av_{e1} - bu_{e1} \\ -d & -c & cv_{e1} + du_{e1} \\ dv_{e2} - bu_{e2} & cv_{e2} - au_{e2} & -cv_{e1}v_{e2} - dv_{e2}u_{e1} + av_{e1}u_{e2} + bu_{e1}u_{e2} \end{bmatrix} \tag{5.31}$$

这样参数化的基础矩阵的秩为 2。

为了利用基础矩阵秩为 2 的约束，Luong 等①提出一种两步估计过程：①利用 8 点算

① Luong Q, Deriche R, Faugeras O, Papadopoulo T. 1993. On determining the fundamental matrix: Anlysis of different methods and experimental results. Rapport de Recherche 1894, 1NRIA Sophia-Antipolis, France

法得到的 $\boldsymbol{F}$,通过线性最小二乘方法最小化 $|\boldsymbol{F}^{\mathrm{T}}\hat{\boldsymbol{e}}_1|^2$ 和 $|\boldsymbol{F}\hat{\boldsymbol{e}}_2|^2$ 得到核点坐标 $\hat{\boldsymbol{e}}_1$ 和 $\hat{\boldsymbol{e}}_2$;②利用式(5.31)构造一个秩为 2 的基础矩阵,通过线性最小二乘法最小化式(5.30)获得矩阵 $\boldsymbol{F}$ 的估计。这个方法可以得到比采用 8 点算法更好的结果。Hartley(1997b)提出规范化线性 8 点算法,改进了以上算法;通过平移和缩放使数据点集中在原点附近,并且到原点的平均距离为$\sqrt{2}$像素;实践表明,这种规范化方法很好地改进了线性最小二乘法的条件。此外,强化基础矩阵秩 2 约束的一种简便方法是利用奇异值分解方法,首先对 8 点算法得到的基础矩阵进行奇异值分解 $\boldsymbol{F}=\boldsymbol{USV}^{\mathrm{T}}$,其中,$\boldsymbol{S}=\mathrm{diag}(r,s,t)$ 是一个 3×3 的对角阵,且 $r\geqslant s\geqslant t$,$\boldsymbol{U}$,$\boldsymbol{V}$ 是两个正交的 3×3 矩阵。理论表明,最小化 $\boldsymbol{F}-\bar{\boldsymbol{F}}$ 的 Forbenius 范数获得的秩为 2 的矩阵 $\bar{\boldsymbol{F}}$ 即为 $\bar{\boldsymbol{F}}=\boldsymbol{U}\mathrm{diag}(r,s,t)\boldsymbol{V}^{\mathrm{T}}$(福赛斯和泊斯,2004)。这一方法最初由 Tsai 和 Huang(1984)提出,Hartley 在规范化线性 8 点算法中采用了这一方法。

8 点算法简单易用,但是当图像存在噪声时难以得到精确解(郭秋艳等,2008)。采用鲁棒估计方法 RANSAC 估计基础矩阵可以克服这一困难(Fischler and Bolles, 1981; Torr and Murray, 1997; Torr and Zisserman, 2000)。RANSAC 方法所采用的策略可作如下表述:①在基本数据集中进行随机采样,采样的数目以拟合模型所需的最小数据量为准,利用采样所得的子数据集拟合出数据模型的参数。②从数据集中采样相同数目的数据集代入拟合出的模型,若得出的结果满足一定的误差限度,则认为验证子集为拟合子集的一致子集;若不满足误差限度,则以验证集为拟合集拟合新的模型。按照事先给定的试验次数重复上述过程,整个方法或以找到最大数目的一致集拟合出理想模型结束,或以方法失败告终。

3. 对偶原理

如果用 $\boldsymbol{\omega}$ 表示平面上一条非退化的二次曲线,即

$$J=\hat{\boldsymbol{x}}^{\mathrm{T}}\boldsymbol{\omega}\hat{\boldsymbol{x}}=0,\quad \boldsymbol{\omega}=\boldsymbol{\omega}^{\mathrm{T}},\quad \det(\boldsymbol{\omega})\neq0 \tag{5.32}$$

式中,$\hat{\boldsymbol{x}}=[u,v,1]^{\mathrm{T}}$;$\boldsymbol{\omega}$ 为一个 3×3 的对称矩阵。过 $\hat{\boldsymbol{x}}$ 处的切线参数向量 $\boldsymbol{l}$ 可表示为

$$\hat{\boldsymbol{l}}=\frac{\partial J}{\partial\hat{\boldsymbol{x}}}=2\boldsymbol{\omega}\hat{\boldsymbol{x}}$$

其中,向量 $\hat{\boldsymbol{l}}=[a,b,c]^{\mathrm{T}}$ 为直线的射影坐标,则 $\hat{\boldsymbol{x}}=\frac{1}{2}\boldsymbol{\omega}^{-1}\hat{\boldsymbol{l}}$,代入式(5.32),得

$$\hat{\boldsymbol{l}}^{\mathrm{T}}\boldsymbol{C}\hat{\boldsymbol{l}}=\boldsymbol{0},\quad \boldsymbol{C}=\lambda\boldsymbol{\omega}^{-1} \tag{5.33}$$

式中,λ 为任意常数;$\boldsymbol{C}$ 为二次曲线 $\boldsymbol{\omega}$ 的对偶。

上述式(5.32)和式(5.33)为一组对偶。其中,式(5.32)表示二次曲线 $\boldsymbol{\omega}$ 上的点坐标曲线方程,式(5.33)表示对偶 $\boldsymbol{C}$ 的线坐标曲线方程。

4. Kruppa 方程

在三维射影空间中,把满足 $\hat{\boldsymbol{P}}=[X,Y,Z,0]^{\mathrm{T}}$ 的点称为无穷远点,所有无穷远点构成了无穷远平面。在无穷远平面上,满足方程:

$$\hat{\boldsymbol{P}}^{\mathrm{T}}\hat{\boldsymbol{P}}=X^2+Y^2+Z^2=0 \tag{5.34}$$

的点构成了绝对二次曲线 Ω。

将无穷远点 $\hat{\boldsymbol{P}}=[X,Y,Z,0]^{\mathrm{T}}$ 代入空间点与图像点之间的射影关系式(4.23)，得

$$z\hat{\boldsymbol{p}}=\boldsymbol{A}[\boldsymbol{R}^{\mathrm{T}}\quad \boldsymbol{t}]\begin{bmatrix}X\\Y\\Z\\0\end{bmatrix}=\boldsymbol{A}\boldsymbol{R}^{\mathrm{T}}\begin{bmatrix}X\\Y\\Z\end{bmatrix}$$

由于内参数矩阵 $\boldsymbol{A}$ 和旋转矩阵 $\boldsymbol{R}^{\mathrm{T}}$ 均可逆，于是

$$\begin{bmatrix}X\\Y\\Z\end{bmatrix}=z\boldsymbol{R}\boldsymbol{A}^{-1}\hat{\boldsymbol{p}}$$

代入式(5.34)，得

$$\hat{\boldsymbol{P}}^{\mathrm{T}}\hat{\boldsymbol{P}}=z^2\hat{\boldsymbol{p}}^{\mathrm{T}}\boldsymbol{A}^{-\mathrm{T}}\boldsymbol{R}^{-1}\boldsymbol{R}\boldsymbol{A}^{-1}\hat{\boldsymbol{p}}=z^2\hat{\boldsymbol{p}}^{\mathrm{T}}\boldsymbol{A}^{-\mathrm{T}}\boldsymbol{A}^{-1}\hat{\boldsymbol{p}}=0$$

亦即

$$\hat{\boldsymbol{p}}^{\mathrm{T}}\boldsymbol{A}^{-\mathrm{T}}\boldsymbol{A}^{-1}\hat{\boldsymbol{p}}=0 \tag{5.35}$$

式(5.35)说明，无穷远平面上的绝对二次曲线 Ω 所成的像 $\boldsymbol{\omega}$ 为二次曲线 $\boldsymbol{A}^{-\mathrm{T}}\boldsymbol{A}^{-1}$。可见绝对二次曲线的像包含了摄像机内参数的全部信息，如果能拟合出绝对二次曲线的像，即可求出内参数。

下面探讨绝对二次曲线 Ω 在两幅图像上投影的对极几何。如图 5.5 所示，无穷远平面 Π_∞ 上的绝对二次曲线 Ω 在光学中心点为 O_1 和 O_2 的两个摄像机成像平面 Π_1 和 Π_2 上所成的像为 ω_1 和 ω_2，如前所述，ω_1 和 ω_2 在成像平面上也是二次曲线。由于绝对二次曲线 Ω 在摄像机成像平面上的图像 ω_1 和 ω_2 与摄像机的位置无关，存在一个包含基线 $\overrightarrow{O_1O_2}$ 的平面 Π 与绝对二次曲线 Ω 切于点 P_∞，则平面 Π 在两个成像平面上的投影 l_1 和 l_2 与 Ω 的两个图像 ω_1 和 ω_2 分别相切于 p_1 和 p_2，而 p_1 和 p_2 是点 P_∞ 的两个对应像点。同时，由于平面 Π 包含两个光学中心，所以 Π 的投影 l_1 和 l_2 分别经过核点 e_1 和 e_2，也就是说，l_1 和 l_2 分别是与 p_2 和 p_1 关联的核线。

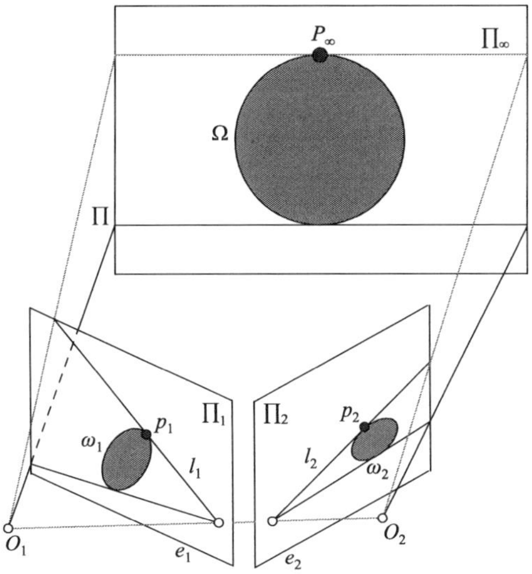

图 5.5　核线 l_1，l_2 与绝对二次曲线 Ω 的像 ω_1，ω_2 相切

对于绝对二次曲线 Ω 上点 P_∞ 的像点 p_1 和 p_2，根据式(5.35)，有

$$\begin{aligned}\hat{\boldsymbol{p}}_1^{\mathrm{T}}\boldsymbol{A}_1^{-\mathrm{T}}\boldsymbol{A}_1^{-1}\hat{\boldsymbol{p}}_1 = 0\\ \hat{\boldsymbol{p}}_2^{\mathrm{T}}\boldsymbol{A}_2^{-\mathrm{T}}\boldsymbol{A}_2^{-1}\hat{\boldsymbol{p}}_2 = 0\end{aligned} \tag{5.36}$$

根据对偶原理，有

$$\begin{aligned}\hat{\boldsymbol{l}}_1^{\mathrm{T}}\boldsymbol{A}_1\boldsymbol{A}_1^{\mathrm{T}}\hat{\boldsymbol{l}}_1 = 0\\ \hat{\boldsymbol{l}}_2^{\mathrm{T}}\boldsymbol{A}_2\boldsymbol{A}_2^{\mathrm{T}}\hat{\boldsymbol{l}}_2 = 0\end{aligned} \tag{5.37}$$

由于核点 e_1 和像点 p_1 同在核线 l_1 上，即 l_1 可由 e_1 和 p_1 唯一确定，l_1 的射影坐标 $\hat{\boldsymbol{l}}_1$ 可表示为 $\hat{\boldsymbol{l}}_1 = \hat{\boldsymbol{e}}_1 \times \hat{\boldsymbol{p}}_1 = [\hat{\boldsymbol{e}}_1]_\times \hat{\boldsymbol{p}}_1$（马颂德和张正友，1998）；另一方面，核线 l_2 可表示为 $\hat{\boldsymbol{l}}_2 = \boldsymbol{F}^{\mathrm{T}}\hat{\boldsymbol{p}}_1$。代入式(5.37)，得

$$\begin{aligned}\hat{\boldsymbol{p}}_1^{\mathrm{T}}[\hat{\boldsymbol{e}}_1]_\times^{\mathrm{T}}\boldsymbol{A}_1\boldsymbol{A}_1^{\mathrm{T}}[\hat{\boldsymbol{e}}_1]_\times\hat{\boldsymbol{p}}_1 = 0\\ \hat{\boldsymbol{p}}_1^{\mathrm{T}}\boldsymbol{F}\boldsymbol{A}_2\boldsymbol{A}_2^{\mathrm{T}}\boldsymbol{F}^{\mathrm{T}}\hat{\boldsymbol{p}}_1 = 0\end{aligned}$$

若使用同一台摄像机，在保持内参数不变 $\boldsymbol{A}_1 = \boldsymbol{A}_2$ 的情况下，在光学中心点为 O_1 和 O_2 的两个位置成像，则得到

$$[\hat{\boldsymbol{e}}_1]_\times^{\mathrm{T}}\boldsymbol{C}[\hat{\boldsymbol{e}}_1]_\times = \lambda\boldsymbol{F}\boldsymbol{C}\boldsymbol{F}^{\mathrm{T}} \tag{5.38}$$

式中，$\boldsymbol{C} = \boldsymbol{A}_1\boldsymbol{A}_1^{\mathrm{T}} = \boldsymbol{A}_2\boldsymbol{A}_2^{\mathrm{T}}$，为二次曲线 ω_1 或 ω_2 的对偶；$\lambda(\lambda \neq 0)$ 为任意常数。

式(5.38)即为 Kruppa 方程，其中，对称矩阵 $\boldsymbol{C}$ 包含五个未知内参数，所以方程为五元二次方程。消去其中的比例因子 λ，可得到如下的等比方程：

$$\frac{P_{11}}{Q_{11}} = \frac{P_{12}}{Q_{12}} = \frac{P_{13}}{Q_{13}} = \frac{P_{22}}{Q_{22}} = \frac{P_{23}}{Q_{23}} = \frac{P_{33}}{Q_{33}} \tag{5.39}$$

式中，$P_{ij} = ([\hat{\boldsymbol{e}}_1]_\times^{\mathrm{T}}\boldsymbol{C}[\hat{\boldsymbol{e}}_1]_\times)_{ij}$，$Q_{ij} = (\boldsymbol{F}\boldsymbol{C}\boldsymbol{F}^{\mathrm{T}})_{ij}$。传统的基于 Kruppa 方程的自标定方法是利用方程式(5.39)所提供的对内参数的非线性约束来标定的。方程式(5.39)组中最多仅有两个(而不是五个)相互独立的方程，因此至少需要有摄像机在不同位置上拍摄的 3 对图像对，才能求解二次曲线的对偶 $\boldsymbol{C} = \boldsymbol{A}\boldsymbol{A}^{\mathrm{T}}$，然后利用 Choleski 分解导出内参数阵矩阵 $\boldsymbol{A}$。

5. Kruppa 方程的简化形式

上述方法需要计算核点。Hartley(1997c)基于基础矩阵 $\boldsymbol{F}$ 奇异值分解(SVD)推导出的简化形式，不需要直接计算核点。基础矩阵 $\boldsymbol{F}$ 的 SVD 分解为 $\boldsymbol{F} = \boldsymbol{U}\boldsymbol{D}\boldsymbol{V}^{\mathrm{T}}$，其中，$\boldsymbol{U}$，$\boldsymbol{V}$ 均为 3×3 正交阵，由于 $\boldsymbol{F}$ 的秩为 2(福赛斯和泊斯，2004)，$\boldsymbol{D}$ 为秩 2 对角阵 $\boldsymbol{D} = \mathrm{diag}(r, s, 0)$。进一步，构造 $\boldsymbol{F}$ 为

$$\boldsymbol{F} = \boldsymbol{U}\begin{bmatrix} r & 0 & 0\\ 0 & s & 0\\ 0 & 0 & 1\end{bmatrix}\cdot\begin{bmatrix} 0 & -1 & 0\\ 1 & 0 & 0\\ 0 & 0 & 0\end{bmatrix}\cdot\begin{bmatrix} 0 & 1 & 0\\ -1 & 0 & 0\\ 0 & 0 & 1\end{bmatrix}\boldsymbol{V}^{\mathrm{T}}$$

令

$$\boldsymbol{F}_1^{\mathrm{T}} = \boldsymbol{U}\begin{bmatrix} r & 0 & 0\\ 0 & s & 0\\ 0 & 0 & 1\end{bmatrix},\quad \boldsymbol{F}_2 = \begin{bmatrix} 0 & 1 & 0\\ -1 & 0 & 0\\ 0 & 0 & 1\end{bmatrix}\boldsymbol{V}^{\mathrm{T}},\quad \boldsymbol{E} = \begin{bmatrix} 0 & -1 & 0\\ 1 & 0 & 0\\ 0 & 0 & 0\end{bmatrix}$$

则 $\boldsymbol{F}=\boldsymbol{F}_1^{\mathrm{T}}\boldsymbol{E}\boldsymbol{F}_2$，且 $\boldsymbol{F}_1^{\mathrm{T}},\boldsymbol{F}_2$ 均为非奇异阵。将 $\boldsymbol{F}=\boldsymbol{F}_1^{\mathrm{T}}\boldsymbol{E}\boldsymbol{F}_2$ 代入核线条件式(5.28)，对于一对对应点 $\tilde{\boldsymbol{p}}_1\leftrightarrow\tilde{\boldsymbol{p}}_2$，有 $\hat{\boldsymbol{p}}_1^{\mathrm{T}}\boldsymbol{F}\hat{\boldsymbol{p}}_2=0\Leftrightarrow\hat{\boldsymbol{p}}_1^{\mathrm{T}}\boldsymbol{F}_1^{\mathrm{T}}\boldsymbol{E}\boldsymbol{F}_2\hat{\boldsymbol{p}}_2=0$。

令 $\tilde{\boldsymbol{p}}_1=\boldsymbol{F}_1\hat{\boldsymbol{p}}_1,\tilde{\boldsymbol{p}}_2=\boldsymbol{F}_2\hat{\boldsymbol{p}}_2$，于是得到

$$\tilde{\boldsymbol{p}}_1^{\mathrm{T}}\boldsymbol{E}\tilde{\boldsymbol{p}}_2=0$$

上式可以看作是对两幅原始图像平面 Π_1 和 Π_2 分别做一次投影变换 $\tilde{\boldsymbol{p}}_1=\boldsymbol{F}_1\hat{\boldsymbol{p}}_1,\tilde{\boldsymbol{p}}_2=\boldsymbol{F}_2\hat{\boldsymbol{p}}_2$，得到两幅新的图像 $\tilde{\Pi}_1$ 和 $\tilde{\Pi}_2$。原始图像中的对应像点 p_1 和 p_2 在这两幅图像上的投影为 $\tilde{\boldsymbol{p}}_1$ 和 $\tilde{\boldsymbol{p}}_2$，它们仍然是对应像点，并且满足核线条件 $\tilde{\boldsymbol{p}}_1^{\mathrm{T}}\boldsymbol{E}\tilde{\boldsymbol{p}}_2=0$，$\boldsymbol{E}$ 为新图像的基础矩阵。这个基础矩阵的一个特性是两幅图像的核点(所有核线的交点)均在其物理成像平面坐标系的原点处，即 $\boldsymbol{F}_1\hat{\boldsymbol{e}}_1=[0,0,1]^{\mathrm{T}},\boldsymbol{F}_2\hat{\boldsymbol{e}}_2=[0,0,1]^{\mathrm{T}}$。于是，在两幅原始图像平面 Π_1 和 Π_2 上，有

$$\hat{\boldsymbol{e}}_1=\boldsymbol{F}_1^{-1}\begin{bmatrix}0\\0\\1\end{bmatrix}=\begin{bmatrix}1/r & & 0\\0 & 1/s & 0\\0 & 0 & 1\end{bmatrix}\cdot\boldsymbol{U}\cdot\begin{bmatrix}0\\0\\1\end{bmatrix}=\begin{bmatrix}1/r & & 0\\0 & 1/s & 0\\0 & 0 & 1\end{bmatrix}\cdot[\boldsymbol{U}_1\quad\boldsymbol{U}_2\quad\boldsymbol{U}_3]\cdot\begin{bmatrix}0\\0\\1\end{bmatrix}=\boldsymbol{U}_3$$

$$\hat{\boldsymbol{e}}_2=\boldsymbol{F}_2^{-1}\begin{bmatrix}0\\0\\1\end{bmatrix}=\boldsymbol{V}\cdot\begin{bmatrix}0 & -1 & 0\\1 & 0 & 0\\0 & 0 & 1\end{bmatrix}\cdot\begin{bmatrix}0\\0\\1\end{bmatrix}=[\boldsymbol{V}_1\quad\boldsymbol{V}_2\quad\boldsymbol{V}_3]\cdot\begin{bmatrix}0\\0\\1\end{bmatrix}=\boldsymbol{V}_3$$

其中，向量 $\boldsymbol{U}_1,\boldsymbol{U}_2,\boldsymbol{U}_3$ 是 $\boldsymbol{U}$ 的三列，向量 $\boldsymbol{V}_1,\boldsymbol{V}_2,\boldsymbol{V}_3$ 是 $\boldsymbol{V}$ 的三列。这实际上也提供了一种计算核点的方法。

考察 $\tilde{\Pi}_1$ 和 $\tilde{\Pi}_2$ 中的相应核线 $\tilde{l}_1$ 和 $\tilde{l}_2$ 的关系。按照相应核线的定义，有

$$\tilde{\boldsymbol{l}}_1=\boldsymbol{E}\tilde{\boldsymbol{p}}_2=\boldsymbol{E}\boldsymbol{F}_2\hat{\boldsymbol{p}}_2=\boldsymbol{E}\begin{bmatrix}0 & 1 & 0\\-1 & 0 & 0\\0 & 0 & 1\end{bmatrix}\boldsymbol{V}^{\mathrm{T}}\boldsymbol{M}_2\hat{\boldsymbol{P}}=\begin{bmatrix}\boldsymbol{V}_1^{\mathrm{T}}\\\boldsymbol{V}_2^{\mathrm{T}}\\0\end{bmatrix}\boldsymbol{M}_2\hat{\boldsymbol{P}}=\begin{bmatrix}\boldsymbol{V}_1^{\mathrm{T}}\boldsymbol{M}_2\hat{\boldsymbol{P}}\\\boldsymbol{V}_2^{\mathrm{T}}\boldsymbol{M}_2\hat{\boldsymbol{P}}\\0\end{bmatrix}=\begin{bmatrix}a\\b\\0\end{bmatrix}$$

$$\tilde{\boldsymbol{l}}_2=\boldsymbol{E}^{\mathrm{T}}\tilde{\boldsymbol{p}}_1=\boldsymbol{E}^{\mathrm{T}}\boldsymbol{F}_1\hat{\boldsymbol{p}}_1=\boldsymbol{E}^{\mathrm{T}}\begin{bmatrix}r & 0 & 0\\0 & s & 0\\0 & 0 & 1\end{bmatrix}\boldsymbol{U}^{\mathrm{T}}\boldsymbol{M}_1\hat{\boldsymbol{P}}=\begin{bmatrix}s\boldsymbol{U}_2^{\mathrm{T}}\\-r\boldsymbol{U}_1^{\mathrm{T}}\\0\end{bmatrix}\boldsymbol{M}_1\hat{\boldsymbol{P}}=\begin{bmatrix}s\boldsymbol{U}_2^{\mathrm{T}}\boldsymbol{M}_1\hat{\boldsymbol{P}}\\-r\boldsymbol{U}_1^{\mathrm{T}}\boldsymbol{M}_1\hat{\boldsymbol{P}}\\0\end{bmatrix}=\begin{bmatrix}c\\d\\0\end{bmatrix}$$

另一方面，

$$\hat{\boldsymbol{p}}_1^{\mathrm{T}}\boldsymbol{F}\hat{\boldsymbol{p}}_2=0\Leftrightarrow\hat{\boldsymbol{P}}^{\mathrm{T}}\boldsymbol{M}_1^{\mathrm{T}}\boldsymbol{U}\boldsymbol{D}\boldsymbol{V}^{\mathrm{T}}\boldsymbol{M}_2\hat{\boldsymbol{P}}=0\Leftrightarrow\hat{\boldsymbol{P}}^{\mathrm{T}}\boldsymbol{M}_1^{\mathrm{T}}(r\boldsymbol{U}_1\boldsymbol{V}_1^{\mathrm{T}}+s\boldsymbol{U}_2\boldsymbol{V}_2^{\mathrm{T}})\boldsymbol{M}_2\hat{\boldsymbol{P}}=0$$

即 $da-cb=0$，也就是说，核线 $\tilde{\boldsymbol{l}}_1$ 和 $\tilde{\boldsymbol{l}}_2$ 平行。同时，由于 $\tilde{\boldsymbol{l}}_1$ 和 $\tilde{\boldsymbol{l}}_2$ 分别经过各自的原点，所以，核线 $\tilde{\boldsymbol{l}}_1$ 和 $\tilde{\boldsymbol{l}}_2$ 相等。这是基础矩阵 $\boldsymbol{E}$ 的另一个特性。

若使用同一摄像机且内参数不变，绝对二次曲线 Ω 在 Π_1 和 Π_2 上的像为同一二次曲线 $\boldsymbol{\omega}=\boldsymbol{A}^{-\mathrm{T}}\boldsymbol{A}^{-1}$，其对偶为 $\boldsymbol{C}=\boldsymbol{A}\boldsymbol{A}^{\mathrm{T}}$。经过投影变换 $\tilde{\boldsymbol{p}}_1=\boldsymbol{F}_1\hat{\boldsymbol{p}}_1,\tilde{\boldsymbol{p}}_2=\boldsymbol{F}_2\hat{\boldsymbol{p}}_2$ 后，在 $\tilde{\Pi}_1$ 和 $\tilde{\Pi}_2$ 上将得到两个不同的二次曲线，记为 $\tilde{\omega}_1$ 和 $\tilde{\omega}_2$。用 $\tilde{\boldsymbol{C}}_1$ 和 $\tilde{\boldsymbol{C}}_2$ 表示它们的对偶，则根据对偶原理，有

$$\begin{aligned}\tilde{\boldsymbol{l}}_1^{\mathrm{T}}\tilde{\boldsymbol{C}}_1\tilde{\boldsymbol{l}}_1=0\\\tilde{\boldsymbol{l}}_2^{\mathrm{T}}\tilde{\boldsymbol{C}}_2\tilde{\boldsymbol{l}}_2=0\end{aligned}\tag{5.40}$$

式中，$\tilde{\boldsymbol{l}}_1,\tilde{\boldsymbol{l}}_2$ 为与 $\tilde{\omega}_1$ 和 $\tilde{\omega}_2$ 相切的相应核线。由于相应核线相等且经过原点，故可设 $\tilde{\boldsymbol{l}}_1=\tilde{\boldsymbol{l}}_2=[\lambda,\mu,0]^{\mathrm{T}}$，代入式(5.40)，并考虑 $\tilde{\boldsymbol{C}}_1$ 和 $\tilde{\boldsymbol{C}}_2$ 为对称矩阵，得

$$\lambda^2\cdot c_{11}^1+2\lambda\mu\cdot c_{12}^1+\mu^2\cdot c_{22}^1=0$$
$$\lambda^2\cdot c_{11}^2+2\lambda\mu\cdot c_{12}^2+\mu^2\cdot c_{22}^2=0$$

其中，$c_{ij}^1=(\tilde{\boldsymbol{C}}_1)_{ij},c_{ij}^2=(\tilde{\boldsymbol{C}}_2)_{ij}$。最后得到

$$\frac{c_{11}^1}{c_{11}^2}=\frac{c_{12}^1}{c_{12}^2}=\frac{c_{22}^1}{c_{22}^2}\tag{5.41}$$

考察在投影变换 $\tilde{\boldsymbol{p}}_1=\boldsymbol{F}_1\hat{\boldsymbol{p}}_1,\tilde{\boldsymbol{p}}_2=\boldsymbol{F}_2\hat{\boldsymbol{p}}_2$ 下 $\tilde{\boldsymbol{C}}_1$ 和 $\tilde{\boldsymbol{C}}_2$ 的表达。假设一点 $\hat{\boldsymbol{p}}$ 落在直线 $\hat{\boldsymbol{l}}$ 上，用射影坐标表示为 $\hat{\boldsymbol{l}}^{\mathrm{T}}\hat{\boldsymbol{p}}=0$，这一关系可写为 $\hat{\boldsymbol{l}}^{\mathrm{T}}\boldsymbol{F}_1^{-1}\boldsymbol{F}_1\hat{\boldsymbol{p}}=0$。这表明，$\boldsymbol{F}_1\hat{\boldsymbol{p}}$ 落在直线 $\boldsymbol{F}_1^{-\mathrm{T}}\hat{\boldsymbol{l}}$ 上，即投影变换 $\tilde{\boldsymbol{p}}_1=\boldsymbol{F}_1\hat{\boldsymbol{p}}_1$ 将直线 $\hat{\boldsymbol{l}}$ 变换为直线 $\boldsymbol{F}_1^{-\mathrm{T}}\hat{\boldsymbol{l}}$。现在，直线 $\hat{\boldsymbol{l}}$ 与 Π_1 上的二次曲线 ω_1 相切表示为 $\hat{\boldsymbol{l}}^{\mathrm{T}}\boldsymbol{C}\hat{\boldsymbol{l}}=0$，这一关系可写为 $(\boldsymbol{F}_1^{-\mathrm{T}}\hat{\boldsymbol{l}})^{\mathrm{T}}(\boldsymbol{F}_1\boldsymbol{C}\boldsymbol{F}_1^{\mathrm{T}})(\boldsymbol{F}_1^{-\mathrm{T}}\hat{\boldsymbol{l}})=0$，这表明，投影变换 $\tilde{\boldsymbol{p}}_1=\boldsymbol{F}_1\hat{\boldsymbol{p}}_1$ 将二次曲线的对偶 $\boldsymbol{C}$ 变换为 $\boldsymbol{F}_1\boldsymbol{C}\boldsymbol{F}_1^{\mathrm{T}}$。也就是说，$\tilde{\boldsymbol{C}}_1=\boldsymbol{F}_1\boldsymbol{C}\boldsymbol{F}_1^{\mathrm{T}}$。同理，$\tilde{\boldsymbol{C}}_2=\boldsymbol{F}_2\boldsymbol{C}\boldsymbol{F}_2^{\mathrm{T}}$。

由于

$$\boldsymbol{F}_1=\begin{bmatrix}r&0&0\\0&s&0\\0&0&1\end{bmatrix}\boldsymbol{U}^{\mathrm{T}}=\begin{bmatrix}r\boldsymbol{U}_1^{\mathrm{T}}\\s\boldsymbol{U}_2^{\mathrm{T}}\\\boldsymbol{U}_3^{\mathrm{T}}\end{bmatrix},\quad \boldsymbol{F}_2=\begin{bmatrix}0&1&0\\-1&0&0\\0&0&1\end{bmatrix}\boldsymbol{V}^{\mathrm{T}}=\begin{bmatrix}\boldsymbol{V}_2^{\mathrm{T}}\\-\boldsymbol{V}_1^{\mathrm{T}}\\\boldsymbol{V}_3^{\mathrm{T}}\end{bmatrix}\tag{5.42}$$

式中，向量 $\boldsymbol{U}_1,\boldsymbol{U}_2,\boldsymbol{U}_3$ 为 $\boldsymbol{U}$ 的三列；$\boldsymbol{V}_1,\boldsymbol{V}_2,\boldsymbol{V}_3$ 为 $\boldsymbol{V}$ 的三列。将式(5.42) 代入式 $\tilde{\boldsymbol{C}}_1=\boldsymbol{F}_1\boldsymbol{C}\boldsymbol{F}_1^{\mathrm{T}},\tilde{\boldsymbol{C}}_2=\boldsymbol{F}_2\boldsymbol{C}\boldsymbol{F}_2^{\mathrm{T}}$ 后再代入式(5.41)，最后得到简化形式的 Kruppa 方程：

$$\frac{r^2\boldsymbol{U}_1^{\mathrm{T}}\boldsymbol{C}\boldsymbol{U}_1}{\boldsymbol{V}_2^{\mathrm{T}}\boldsymbol{C}\boldsymbol{V}_2}=\frac{rs\boldsymbol{U}_1^{\mathrm{T}}\boldsymbol{C}\boldsymbol{U}_2}{-\boldsymbol{V}_2^{\mathrm{T}}\boldsymbol{C}\boldsymbol{V}_1}=\frac{s^2\boldsymbol{U}_2^{\mathrm{T}}\boldsymbol{C}\boldsymbol{U}_2}{\boldsymbol{V}_1^{\mathrm{T}}\boldsymbol{C}\boldsymbol{V}_1}\tag{5.43}$$

式(5.43)说明，任意两幅图像之间有两个独立的方程。

6. Kruppa 方程求解

围绕 Kruppa 方程的求解，文献中存在着不同的途径。Faugeras 等(1992)最早提出的算法完全基于代数几何的概念，该算法对噪声极其敏感，普通计算机的浮点运算不能满足其要求。给定对应于三个基础矩阵的 Kruppa 方程，可以得到六个二次多项式约束(Luong and Faugeras，1997)。为了求解内参数，从中每次任意取出五个方程，并利用 Hornotopy Continuation 方法进行求解，余下的一个方程则被用来验证解的正确性。由于每个方程的次数均是 2 次，所以每次所选出的五个方程最多可以有 32 个解。而所有解集组合中的公共解将被选作最终的真实解。这种直接求解 Kruppa 方程的方法的缺点是计算复杂、求解困难、稳健性较差。

另一种求解 Kruppa 方程的方法是转化为相应的数学规划问题。利用对从式(5.39)或式(5.43)中所推导出的不同的代价函数进行优化。此类方法一般均需要对摄像机内参数作一些假设，如摄像机的主点已知，物理成像平面坐标轴近似垂直等。但当图像噪声较大时，此类方法的标定精度和稳健性并不是十分理想，在实用过程中还存在着比较大的局

限性。雷成等(2001)研究发现,此类方法稳健性不足的原因主要有三个方面:①在目标函数的全局最小点处存在大范围的平坦区域,使得任何数值优化算法难以达到全局最小点;②当存在噪声时,上述平坦区域内会出现大量局部极小值,这样数值优化算法就非常容易收敛到靠近初值的局部极小值,使得算法对初始值的选取十分敏感;③当有噪声时,目标函数的全局最小值极易偏离正确值,这样,即使数值算法找到了全局最小值,该最小值也不再对应正确的摄像机内参数值。因此,若要使规划方法求解摄像机内参数成为稳健性方法,必须做到:①精确估计基础矩阵 $\boldsymbol{F}$;②使所选取 $\boldsymbol{C}$ 的初值尽可能地接近真值。

5.4 变焦摄像机在线标定

为了在自标定过程中得到尽量准确的初值,Sturm(1997)提出了一种基于预标定的自标定方法。该方法首先使用常规摄像机标定方法建立变焦摄像机内参数模型;然后利用该模型,将 Kruppa 方程转化为关于焦距 α 一个参数的一元高次方程组,求解此参数后,利用变焦摄像机内参数模型确定其他内参数的初值;最后使用优化算法精确估计所有内参数。

5.4.1 变焦摄像机内参数模型

为求解 Kruppa 方程,一般要对摄像机内参数作一些假设以减少 Kruppa 方程的未知数,如将像主点坐标 (u_0,v_0) 强制取为图像中心点。实际上,在五个内参数中,将物理成像平面 u 轴和 v 轴的夹角 θ 和像素比例因子 β/α 看作常量是合理的;像主点坐标 (u_0,v_0) 则可能随着焦距变化和镜头缩放产生漂移,这是由于摄像机制造过程中透镜系统的光学和机械误差造成的。所以,如果能够建立内参数之间的关联模型,使得一些内参数可以表示为是另外一些内参数的函数,就可以减少标定过程需要解算的未知参数个数,从而简化计算过程,改进标定精度。

根据内参数矩阵 $\mathbf{A}$ 的组成及其对应的物理意义,像素比例因子 β/α 不随着焦距变化,即 $\beta=\tau\cdot\alpha$;物理成像平面坐标轴的夹角 θ 也不随着焦距变化,即 θ 为常量;而对于摄像机的像主点坐标,大量的实践表明,它们一般是不稳定的,并且是主要随着焦距变化而变化的,所以,它们可以看作是 α(u 轴方向的焦距)的函数。于是,五个内参数中,α 看作自由变量,其他四个均可以表示为 α 的函数,内参数矩阵可以表示为

$$\mathbf{A}=\begin{bmatrix}\alpha & -\alpha\cot\theta & u_0\\ 0 & \dfrac{\beta}{\sin\theta} & v_0\\ 0 & 0 & 1\end{bmatrix}=\begin{bmatrix}\alpha & -\alpha\cot\theta & u_0(\alpha)\\ 0 & \dfrac{\tau\cdot\alpha}{\sin\theta} & v_0(\alpha)\\ 0 & 0 & 1\end{bmatrix}=\begin{bmatrix}\alpha & l_1\alpha & u_0(\alpha)\\ 0 & l_2\alpha & v_0(\alpha)\\ 0 & 0 & 1\end{bmatrix}$$

其中,$l_1=-\cot\theta$,$l_2=\tau/\sin\theta$ 为常量。然而在实践中,由于数据噪声的影响,参数之间可能不满足纯粹的线性关系,内参数矩阵修正为

$$\mathbf{A}=\begin{bmatrix}\alpha & \gamma & u_0\\ 0 & \beta' & v_0\\ 0 & 0 & 1\end{bmatrix}=\begin{bmatrix}\alpha & \gamma(\alpha) & u_0(\alpha)\\ 0 & \beta'(\alpha) & v_0(\alpha)\\ 0 & 0 & 1\end{bmatrix}\tag{5.44}$$

参数 β'、γ 与 α 的关系表示为

$$\gamma(\alpha)=l_1\alpha+\gamma_0$$
$$\beta'(\alpha)=l_2\alpha+\beta'_0 \tag{5.45}$$

像主点 (u_0,v_0) 与 α 的关系比较复杂,用多项式模型表示为

$$u_0(\alpha)=e_m\alpha^m+\cdots+e_1\alpha+e_0$$
$$v_0(\alpha)=f_n\alpha^n+\cdots+f_1\alpha+f_0 \tag{5.46}$$

式中,系数 $e_m,\cdots,e_1,e_0$ 和 $f_n,\cdots,f_1,f_0$ 均为常量。

下面考察可变焦距情况下的镜头畸变情况。由径向畸变模型式(4.27)看出,径向畸变与像主点有关,所以焦距变化时主点的漂移会引起镜头畸变系数的变化;同时,焦距变化时镜头内部透镜的运动也会造成镜头畸变系数的变化。总之,镜头畸变系数也可以看作是 α 的函数,用多项式模型表示畸变系数 k_1,k_2 与 α 的关系为

$$k_1(\alpha)=g_s\alpha^s+\cdots+g_1\alpha+g_0$$
$$k_2(\alpha)=h_t\alpha^t+\cdots+h_1\alpha+h_0 \tag{5.47}$$

式中,系数 $g_s,\cdots,g_1,g_0$ 和 $h_t,\cdots,h_1,h_0$ 均为常量。

式(5.44)~式(5.47)即为变焦摄像机内参数模型。以上模型中参数众多,但对于一台特定的摄像机,它们都是常量,并且均可在摄像机预标定阶段确定。首先将摄像机焦距从小到大依次设定在 N 个不同的位置上(仅概略的等间距设定,此时无需准确地知道所设定的焦距值),用常规方法在每个焦距上分别独立地标定摄像机,得到 N 组摄像机内参数值;然后根据不同焦距上各内参数与 α 的关系,分别独立地拟合以上模型参数。

5.4.2 变焦摄像机内参数模型下的 Kruppa 方程求解

使用变焦摄像机内参数模型,采用 Hartley 简化形式,Kruppa 方程式(5.43)可写为

$$z_1(\alpha)=(r^2\boldsymbol{U}_1^{\mathrm{T}}\boldsymbol{C}\boldsymbol{U}_1)(-\boldsymbol{V}_2^{\mathrm{T}}\boldsymbol{C}\boldsymbol{V}_1)-(rs\boldsymbol{U}_1^{\mathrm{T}}\boldsymbol{C}\boldsymbol{U}_2)(\boldsymbol{V}_2^{\mathrm{T}}\boldsymbol{C}\boldsymbol{V}_2)=0$$
$$z_2(\alpha)=(r^2\boldsymbol{U}_1^{\mathrm{T}}\boldsymbol{C}\boldsymbol{U}_1)(\boldsymbol{V}_1^{\mathrm{T}}\boldsymbol{C}\boldsymbol{V}_1)-(s^2\boldsymbol{U}_2^{\mathrm{T}}\boldsymbol{C}\boldsymbol{U}_2)(\boldsymbol{V}_2^{\mathrm{T}}\boldsymbol{C}\boldsymbol{V}_2)=0 \tag{5.48}$$
$$z_3(\alpha)=(rs\boldsymbol{U}_1^{\mathrm{T}}\boldsymbol{C}\boldsymbol{U}_2)(\boldsymbol{V}_1^{\mathrm{T}}\boldsymbol{C}\boldsymbol{V}_1)-(s^2\boldsymbol{U}_2^{\mathrm{T}}\boldsymbol{C}\boldsymbol{U}_2)(-\boldsymbol{V}_2^{\mathrm{T}}\boldsymbol{C}\boldsymbol{V}_1)=0$$

三个方程均具有如下形式(省略了系数,它们由基础矩阵 $\boldsymbol{F}$ 的 SVD 分解和变焦摄像机内参数模型的参数决定)

$$\begin{aligned}0=&\alpha^4+\\&\alpha^2(u_0^2+v_0^2+u_0v_0+u_0+v_0+1)+\\&\alpha^0(u_0^4+u_0^3v_0+u_0^2v_0^2+u_0v_0^3+v_0^4+u_0^3+u_0^2v_0+u_0v_0^2+v_0^3+u_0^2+v_0^2+u_0v_0+u_0+v_0+1)\end{aligned}$$

于是,若用多项式模型式(5.46)表示 (u_0,v_0),Kruppa 方程成为关于单个参数 α 的高次方程,其最高次项的次数为 $\max(4,4\times\max(m,n))$。

下面讨论 m,n 取不同的值时,Kruppa 方程的具体形式及其求解方法。

(1) $m=n=0$:固定像主点。此时式(5.48)形式比较特别,为三个偶次方程 $a\alpha^4+b\alpha^2+c=0$,由约束 α 为实数且 $\alpha>0$ 可以得到 α 的唯一解。此时,只需要拍摄 1 对图像对,即可利用式(5.48)中的任一方程求解参数 α。

(2) $m,n\leqslant 1$:像主点随焦距变化线性漂移。此时式(5.48)为三个一般一元四次方程,每个方程可解出四个 α 的解析解。

(3) $m,n>1$:像主点随焦距变化非线性漂移。此时式(5.48)为三个一般的一元高次

方程，其最高次项为 $4\times\max(m,n)$次，至少为八次。尽管方程没有解析解，但是由于方程是单变量高次方程，可以用数值计算的方法对每个方程求解出 $4\times\max(m,n)$个解。

与第一种情况不同，上述后两种情况下，即便使用了 α 为正实数的约束，也不一定能够唯一地确定焦距 α 的真实值。但是，反过来，焦距 α 一定满足式(5.48)中的所有三个方程（不考虑噪声和误差的影响）。也就是说，α 是三个方程中满足约束 $\alpha>0$ 的实数公共解。所以，在理论上可以采取下述方法确定 α 的值：①若三个方程中存在唯一的满足约束 $\alpha>0$ 的实数公共解，即可将此公共解取为参数 α 的值。②若三个方程中满足约束 $\alpha>0$ 的实数公共解不唯一，增加 1 对图像对，则增加三个方程，取这六个方程中满足约束 $\alpha>0$ 的实数公共解。③若还不能，继续增加图像对，直到得到唯一的正实数公共解。

然而，在实践中，由于噪声和误差的影响，Kruppa 方程式(5.48)中的三个方程实际上并不存在数值上的公共解，如图 5.6 所示。为此，采用一种稳健的估计参数 α 的通用方法，该方法适用于任意数量的图像对所组成的 Kruppa 方程。

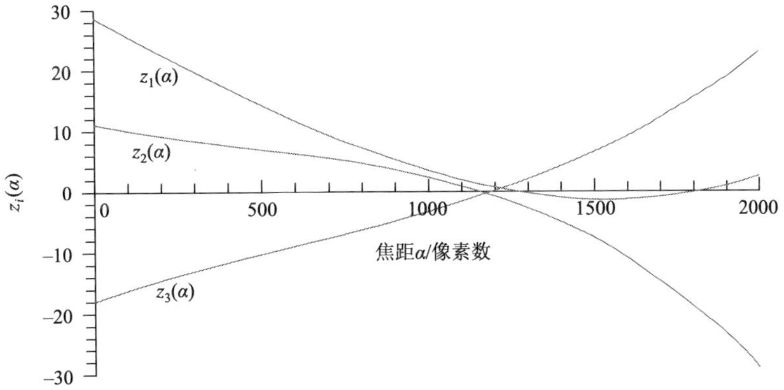

图 5.6　1 对图像对的三个 Kruppa 方程 $z_i(\alpha)(i=1,2,3)$（据 Sturm，1997）

显然，α 的解满足 $\sum_{i=1}^{3}|z_i(\alpha)|^2\rightarrow\min$，这是一个非线性最优化问题。线性化式(5.48)，得 $z_i(\alpha)=z_i(\alpha_0)+\frac{\mathrm{d}z_i(\alpha_0)}{\mathrm{d}\alpha}\Delta\alpha=0(i=1,2,3)$，其中，$\Delta\alpha=\alpha-\alpha_0$ 为参数 α 的改正数，α_0 为参数 α 的初值。每对图像对均可列出以下三个误差方程式：

$$\mathbf{V}=\begin{bmatrix}v_1\\v_2\\v_3\end{bmatrix}=\begin{bmatrix}\frac{\mathrm{d}z_1}{\mathrm{d}\alpha}(\alpha_0)\\\frac{\mathrm{d}z_2}{\mathrm{d}\alpha}(\alpha_0)\\\frac{\mathrm{d}z_3}{\mathrm{d}\alpha}(\alpha_0)\end{bmatrix}\cdot\Delta\alpha+\begin{bmatrix}z_1(\alpha_0)\\z_2(\alpha_0)\\z_3(\alpha_0)\end{bmatrix}\tag{5.49}$$

联立所有 M 对图像对所组成的 $3M$ 个误差方程式，迭代求解参数 α 的改正数 $\Delta\alpha$，然后修改初值 $\alpha_0^{j+1}=\alpha_0^j+\Delta\alpha^j$ 直到收敛，其中，j 为迭代次数的索引。

上述步骤需要提供第一次迭代时的初值 α_0。按照前面的分析，这要求寻找所有 Kruppa 方程的公共解。为此，设计以下算法。

(1) 利用式(5.48)独立地解算每一个 Kruppa 方程，并只保留满足约束 $\alpha>0$ 的实数解作为候选解。

(2) 假设共有 M 对图像对组成的 $3M$ 个 Kruppa 方程，用 α_i^k 表示第 $k(k=1,\cdots,3M)$ 个方程的第 $i(i=1,\cdots,i_k)$ 个正实数解。对第一个 Kruppa 方程的候选解 α_i^1，在第 $k(k=2,\cdots,3M)$ 个方程的候选解中，定义满足：

$$\alpha_i^k = \arg\min_{\alpha_j^k} |\alpha_i^1 - \alpha_j^k|, \quad j=1,\cdots,i_k \tag{5.50}$$

的候选解 α_i^k 为 α_i^1 的公共候选解。则对第一个方程的每一个候选解 α_i^1，均可以在其他 $3M-1$ 个方程中各找到一个公共候选解，集合在一起形成 α_i^1 的公共候选解集 $\Phi_i=\{\alpha_i^1,\alpha_i^2,\cdots,\alpha_i^{3M}\}$，该集合共有 $3M$ 个元素，分别来自 $3M$ 个 Kruppa 方程的候选解。

(3) 对第(2)步建立的公共候选解集 Φ_i(共有 i_0 个，i_0 是第一个 Kruppa 方程的候选解个数)，定义 $d(\Phi_i)=\sum_{k=2}^{3M}|\alpha_i^1-\alpha_i^k|$，则满足 $d(\Phi_d)=\min_{i=1,\cdots,i_0} d(\Phi_i)$ 的集合 Φ_d，$d\in\{1,\cdots,i_0\}$ 包含了 Kruppa 方程式(5.48)的公共解。取 Φ_d 中所有元素的均值 $\bar{\alpha}_d$ 作为式(5.49)优化算法的第一个初值 α_0。

(4) 注意到以上步骤中并没有考虑可能存在的所有 Kruppa 方程公共解不唯一的情况。若出现这种情况，那么将第(3)步得到的 $\bar{\alpha}_d$ 作为参数 α 初值的 α_0，可能会导致优化算法式(5.49)收敛到一个局部最小值而不是全局最小值。针对这种情况，有必要考察所有公共候选解集 Φ_i，认为满足 $d(\Phi_e)<k\cdot d(\Phi_d)$，$e=\{1,\cdots,i_0\}$ 的集合 Φ_e 均可能包含了 Kruppa 方程式(5.48)的公共解，其中，k 为大于1的常数。取 Φ_e 中所有元素的均值 $\bar{\alpha}_e$ 作为式(5.49)优化算法的另外几个初值 α_0。

(5) 将第(3)步和第(4)步得到的所有可能的 T 个初值分别代入式(5.49)的优化算法中，分别迭代求解未知参数 α_t 和单位权中误差 $\sigma_t=\sqrt{\mathbf{V}^{\mathrm{T}}\mathbf{V}/(3M-1)}(t=1,\cdots,T)$。此时，存在如下三种情况：①只有一个初值使算法收敛，则解得的 α 就是参数的最终估计值。②存在多个初值使算法收敛，此时需要考察中误差的分布情况，来判断是否得到了 Kruppa方程唯一的公共解。取其中最小的中误差为 $\sigma_s=\min_{t=1,\cdots,T}\sigma_t$，若有 $\sigma_t>l\cdot\sigma_s$ 对所有的 $t(t\neq s)$ 均成立，其中 l 为大于1的常数，则 σ_s 对应的参数 α_s 即为参数 α 的最终估计值；若存在 $\sigma_r<l\cdot\sigma_s$，$r=1,\cdots,T$ 且 $r\neq s$，则得到的公共解不唯一，算法失败，需要替换或增加图像对重新计算。③所有初值都不能使算法收敛，说明以上步骤没有找到 Kruppa 方程的公共解，算法失败，替换或增加图像对重新计算。

关于算法的三点说明：①由于参数 α 一定满足式(5.48)中的所有 Kruppa 方程，所以每一个 Kruppa 方程的解中一定包含一个正实数解 α'，它是参数 α 的估计值，即 $|\alpha'-\alpha|<\varepsilon$，其中，$\varepsilon$ 为小量。从任一 Kruppa 方程出发，寻找其解在其他 Kruppa 方程中的公共候选解集，都能够找到参数 α 的初值。也就是说，上述算法中第一个 Kruppa 方程的选取是任意的。②尽管如此，第一个 Kruppa 方程的选取不同，可能会得出不同的第一个初值 α_0，但是，算法的第(4)步保证了能够得出其他可能的初值 α_0。③利用式(5.50)定义的公共候选解并不能保证 α_i^k 是 α_i^1 真正对应的公共解的估计。这发生在下述情况，第 k 个Kruppa 方程另有一个正实数解 α_j^k，且 $|\alpha_j^k-\alpha_i^k|<\zeta$，其中，$\zeta$ 为一个小量；算法中“取集合中所有元素的均值作为优化算法的初值 α_0”这一策略避免了出现这种情况时可能带来的问题。

解算出参数 α 后，就可以按照式(5.44)和式(5.46)计算其他内参数的值。进而计算：

$$C = AA^{\mathrm{T}} = \begin{bmatrix} \alpha & \gamma & u_0 \\ 0 & \beta' & v_0 \\ 0 & 0 & 1 \end{bmatrix} \cdot \begin{bmatrix} \alpha & 0 & 0 \\ \gamma & \beta' & 0 \\ u_0 & v_0 & 1 \end{bmatrix} = \begin{bmatrix} \alpha^2+\gamma^2+u_0^2 & \gamma\beta'+u_0v_0 & u_0 \\ \gamma\beta'+u_0v_0 & \beta'^2+v_0^2 & v_0 \\ u_0 & v_0 & 1 \end{bmatrix} \tag{5.51}$$

式中，$\boldsymbol{C}$ 为对称矩阵。

最后，利用优化算法精确估计 $\boldsymbol{C}$。在 Kruppa 方程式(5.42)中，令

$$x_1 = \frac{r^2\boldsymbol{U}_1^{\mathrm{T}}\boldsymbol{C}\boldsymbol{U}_1}{\boldsymbol{V}_2^{\mathrm{T}}\boldsymbol{C}\boldsymbol{V}_2}, \quad x_2 = \frac{rs\boldsymbol{U}_1^{\mathrm{T}}\boldsymbol{C}\boldsymbol{U}_2}{-\boldsymbol{V}_2^{\mathrm{T}}\boldsymbol{C}\boldsymbol{V}_1}, \quad x_3 = \frac{s^2\boldsymbol{U}_2^{\mathrm{T}}\boldsymbol{C}\boldsymbol{U}_2}{\boldsymbol{V}_1^{\mathrm{T}}\boldsymbol{C}\boldsymbol{V}_1} \tag{5.52}$$

将 $\boldsymbol{C}$ 写为

$$C = AA^{\mathrm{T}} = \begin{bmatrix} a_1 & a_2 & a_4 \\ a_2 & a_3 & a_5 \\ a_4 & a_5 & 1 \end{bmatrix}$$

代入式(5.52)，由 Kruppa 方程约束 $x_1 - x_2 = 0$，$x_1 - x_3 = 0$，$x_2 - x_3 = 0$，每对图像对，都得到三个关于 $\boldsymbol{C}$ 的系数的非线性表达式(仅有两个独立)。问题转化为求解满足以下目标函数的矩阵 $\boldsymbol{C}$。

$$y_i = (x_1 - x_2)^2 + (x_1 - x_3)^2 + (x_2 - x_3)^2 \rightarrow \min$$

若有 $M(M \geqslant 3)$ 对图像对，则通过对 $\boldsymbol{C}$ 的系数最小化 $\sum_{i=1}^{M} y_i$ 来估计 $\boldsymbol{C}$。$\boldsymbol{C}$ 的初值由式(5.51)计算得到。

优化过程结束后，利用 Choleski 分解式(5.22)导出内参数阵矩阵 $\boldsymbol{A}$。

5.4.3 处理镜头畸变

注意到以上求解 Kruppa 方程的过程没有考虑镜头畸变的影响。在以往的摄像机自标定方法中往往忽略了镜头畸变的影响。实际上，径向畸变对于摄像机自标定有很大影响，Agapito 等(1997)利用仿真实验详细分析了摄像机镜头径向畸变对摄像机自标定过程的影响。下面探讨在摄像机自标定过程中改正镜头畸变的方法。

要改正镜头畸变对摄像机自标定的影响，基本的思路是使用图像对之间的理想无畸变图像坐标 (u, v) 解算两幅图像之间的基础矩阵 $\boldsymbol{F}$，而不是直接使用带有镜头畸变的原始图像坐标$(\tilde{u}, \tilde{v})$。按照已建立的变焦摄像机内参数模型式(5.47)，镜头径向畸变参数是焦距 α 的函数，所以首先要确定焦距 α，然后才能改正图像坐标$(\tilde{u}, \tilde{v})$ 中的镜头畸变。为此，设计如下迭代算法：

(1) 不考虑镜头畸变的影响，按照 5.4.2 节中所述的方法求解变焦摄像机内参数模型下的 Kruppa 方程，得到内参数阵矩阵 $\boldsymbol{A}$。

(2) 利用内参数阵矩阵 $\boldsymbol{A}$ 中的焦距 α，按照式(5.47)计算镜头径向畸变系数 k_1，k_2，并分别改正图像对中两幅图像的对应图像坐标$(\tilde{u}, \tilde{v})$ 为理想无畸变图像坐标(u, v)，重新计算基础矩阵 $\boldsymbol{F}$ 及其 SVD 分解。

(3) 再次按照 5.4.2 节中所述的方法求解 Kruppa 方程，得到内参数阵矩阵 $\boldsymbol{A}$。返回第(2)步继续执行。迭代以上步骤直到(内参数阵矩阵 $\boldsymbol{A}$)收敛。

径向畸变模型式(4.27)给出了物理成像平面坐标系中的实际观测图像坐标 $(\tilde{u},$

$\tilde{v}$)(带有镜头畸变)与理想无畸变图像坐标(u,v)之间的关系。利用这一关系式,可以方便地从(u,v)计算到($\tilde{u},\tilde{v}$),但却不能直接从($\tilde{u},\tilde{v}$)计算到(u,v)。当然,可以利用这一关系对原始畸变图像进行重采样,生成无畸变的理想图像。但是,这一过程比较复杂,下面探讨利用径向畸变模型式(4.27)对已经提取和匹配的对应图像坐标进行畸变改正的方法。

由径向畸变模型式(4.27),得

$$\begin{cases} u-u_0=\dfrac{\tilde{u}-u_0}{1+k_1r^2+k_2r^4+\cdots+k_nr^{2n}} \\ v-v_0=\dfrac{\tilde{v}-v_0}{1+k_1r^2+k_2r^4+\cdots+k_nr^{2n}} \end{cases} \tag{5.53}$$

式中

$$r=\sqrt{\left(\frac{x}{z}\right)^2+\left(\frac{y}{z}\right)^2}$$

$$\begin{cases} \dfrac{x}{z}=\dfrac{u-u_0}{\alpha} \\ \dfrac{y}{z}=\dfrac{v-v_0}{\beta} \end{cases}$$

由于 r 是无畸变图像坐标(u,v)的函数,所以由式(5.53)仍然不能直接计算(u,v)。但是,我们所使用的摄像机镜头畸变一般较小,可以用($\tilde{u},\tilde{v}$)作为(u,v)的初值来计算像点到像主点的距离 r,然后再利用式(5.53)计算(u,v),重复这一迭代过程直到(u,v)收敛。

参考文献

福赛斯 A,泊斯 J. 2004. 计算机视觉——一种现代方法. 林学闾等译. 北京:电子工业出版社

郭秋艳,安平,张兆杨. 2008. 基于多视点图像的摄像机自标定. 电子器件,31(1):290~295

雷成,吴福朝,胡占义. 2001. Kruppa方程与摄像机自标定. 自动化学报,27(5):621~603

李华,吴福朝,胡占义. 2000. 一种新的线性摄像机自标定方法. 计算机学报,23(11):1121~1129

李析,郑南宁,程洪. 2003. 一种基于Kruppa方程的摄像机线性自标定方法. 西安交通大学学报,37(8):820~823

马颂德,张正友. 1998. 计算机视觉——计算理论与算法基础. 北京:科学出版社

吴福朝. 2008. 计算机视觉中的数学方法. 北京:科学出版社

吴福朝,胡占义. 2001. 摄像机自标定的线性理论与算法. 计算机学报,24(11):1121~1134

吴福朝. 李华,胡占义. 2001. 基于主动视觉系统的摄像机自标定方法研究. 自动化学报,27(6):736~746

谢文寒,张祖勋. 2004. 基于多像灭点的相机标定. 测绘学报,33(4):336~340

徐青,吴寿虎,朱述龙,邱振戈. 2000. 近代摄影测量. 北京:解放军出版社

杨长江,汪威,胡占义. 1998. 一种基于主动视觉的摄像机内参数自标定方法. 计算机学报,21(5):428~435

杨敏,沈春林. 2003. 基于单平面模板的摄像机标定研究. 数据采集与处理,18(1):40~43

Agapito L, Hayman E, Reid A. 1997. Self-calibration of rotating and zooming cameras. Image and Vision Computing, 15(8):583~589

Faig W. 1975. Calibration of close-range photogrammetric systems: Mathematical formulation. Photogrammetric Engineering and Remote Sensing, 41(12):1479~1486

Faugeras O, Luong Q, MayBank S. 1992. Camera self-calibration: Theory and experiments. In: Proceedings of the 2nd European Conference on Computer Vision, Santa Margherita Ligure. Springer-Verlag: 321-334

Fischler M, Bolles R. 1981. Random sample consensus: A paradigm for model fitting with applications to image analysis and automated cartography. Communications of the ACM, 24(6):381~395

Hartley R. 1994a. Projective reconstruction and invariants from multiple images. IEEE Transactions on Pattern Analysis and Machine Intelligence, 16(10): 1036～1041

Hartley R. 1994b. Self-calibration from multiple views with a rotating camera. In: Third European Conference on Computer Vision, Stockholm, Proceedings 1: 471～478

Hartley R. 1997a. Self-calibration of stationary cameras. International Journal of Computer Vision, 22(1): 5～23

Hartley R. 1997b. In defence of the eight-point algorithm. IEEE Transactions on Pattern Analysis and Machine, 19(6): 580～593

Hartley R. 1997c. Kruppa's equations derived from the fundamental matrix. IEEE Transactions on Pattern Analysis and Machine Intelligence, 19(2): 133～135

Hemayed E. 2003. A survey of camera self-calibration, In: Proceedings of the IEEE Conference on Advanced Video and Signal Based Surveillance, 351～357

Longuet-Higgins H. 1981. A computer algorithm for reconstructing a scene from two projections. Nature, 293: 133～135

Luong Q, Faugeras O. 1997. Self-calibration of a moving camera from point correspondences and fundamental matrices. International Journal of Computer Vision, 22(3): 261～289

Ma S. 1996. A self-calibration technique for active vision systems. IEEE Transactiorts on Robotics and Automation, 12(1): 114～120.

Maybank S, Faugeras O. 1992. A theory of of self-calibration of a moving camera. International Journal of Computer Vision, 8(2): 123～151

Moré J. 1977. The levenberg-marquardt algorithm, implementation and theory. In: Watson G. Numerical Analysis, Lecture Notes in Mathematics. Springer-Verlag. 630: 105～116

Pollefeys M, Gool L. 1999. Stratified self-calibration with the modulus constraint. IEEE Transactions on Pattern Analysis and Machine Intelligence, 21(8): 707～724

Sturm P. 1997. Self-calibration of a moving moom-mens mamera by pre-malibration. Image and Vision Computing, 15(8): 583～589

Torr P, Murray D. 1997. The development and comparison of robust methods for estimating the fundamental matrix. International Journal of Computer Vision, 24(3): 271～300

Torr P, Zisserman A. 2000. MLESAC: A new robust estimator with application to estimating image geometry. Computer Vision and Image Understanding, 78: 138～156

Tsai R. 1987. A versatile camera calibration technique for high-accuracy 3D machine vision metrology using off-the-shelf TV cameras and lenses. IEEE Journal of Robotics and Automation, 3(4): 323～344

Tsai R, Huang T. 1984. Uniqueness and estimation of 3D motion parameters of rigid bodies with curved surfaces. IEEE Transactions on Pattern Analysis and Machine Intelligence, 6(1): 13～27.

Weng J, Cohen P, Herniou M. 1992. Camera calibration with distortion models and accuracy evaluation. IEEE Transactions on Pattern Analysis and Machine Intelligence, 14(10): 965～980

Zhang G, He J, Yang X. 2003. Calibrating camera radial distortion with cross-ratio invariability. Optics and Laser Technology, 35(6): 457～461

Zhang Z. 1998. Determining the epipolar geometry and its uncertainty: A review. International Journal of Computer Vision, 27(2): 161～198

Zhang Z. 2000. A flexible new technique for camera calibration. IEEE Transactions on Pattern Analysis and Machine Intelligence, 22(11): 1330～1334

第 6 章　地面移动目标快速定位

地面目标定位是利用传感器的几何标定参数和成像时的位置姿态参数，结合地面控制条件，确定出现在无人飞行器图像或视频中的地面目标的地理坐标。地面目标可分为固定目标和移动目标两类，二者的定位方法差别较大。固定目标可采用基于摄影测量的遥感图像定位技术，利用在不同方位获取的两幅（或多幅）图像建立三维立体模型进行高精度定位；对于移动目标，由于目标本身的运动使其在同一平台先后成像的多幅图像上的相对位置发生变化，因而无法在立体模型上进行精确的测量定位。

另一方面，移动目标的地理位置是不断变化的，定位结果就不再是一个固定的点位坐标，而是目标运动轨迹的地理坐标序列。因此，移动目标定位要求在目标运动的同时同步进行监测并持续跟踪定位。长期以来，由于缺乏有效地持续跟踪监视地面移动目标的技术手段，如何对地面移动目标进行连续地快速定位成为一个难题。无人飞行器提供的移动目标监视平台为解决上述难题开辟了新的途径。利用无人飞行平台搭载的视频摄像机，可以对地面移动目标进行持续的跟踪与监视，结合目标快速定位，能够快速获取目标运动信息。

对于视频序列图像中的目标定位，传统摄影测量方法的另一个问题是，由于视频摄像机视场较小，利用具有场景重叠的序列图像组成立体像对时，其基高比太小而无法保证光线的交会精度。然而利用 GPS/INS 组合系统可以动态快速地测量载体的运动参数，据此可以持续解算成像时传感器的位置和姿态，从而能够实现移动目标快速定位。本章介绍基于 GPS/INS 组合系统的无人飞行器序列图像移动目标快速定位方法；分析目标定位系统中的各项误差来源，并探讨不同成像条件下各误差源影响目标定位精度的规律；最后讨论适用于非量测型摄像机的移动目标定位方法。

6.1　GPS/INS 坐标系统及其转换

在基于 GPS/INS 的目标定位过程中，涉及多种不同类型的坐标系统，既包括 GPS 坐标系和与 INS 相关的坐标系，也包括摄影测量坐标系和表示最终定位结果的地图坐标系。下面分别介绍这些坐标系统，并分析它们之间的相互转换关系。

6.1.1　GPS 坐标系

GPS 测量中所使用的坐标系统称为 WGS-84 世界大地坐标系（world geodetic system）。WGS-84 是美国国防部确定的大地坐标系，是一种国际上广泛采用的地心坐标系。地心坐标系是以全球范围内与大地体最密合的地球椭球为基准建立的坐标系统。地心坐标系包括地心大地坐标和地心直角坐标两种形式，两个坐标系的定义实际上是同一坐标系的两种表达形式，空间一点 P 在其中的坐标分别表示为 (B,L,H) 和 $(X,$

Y,Z)，如图 6.1 所示。这两种形式的坐标可以互相转换(朱华统，1990；钱曾波等，1992；王之卓，2007)。

WGS-84 世界大地坐标系是以国际时间局 1984 年第一次公布的瞬时地极(BIH1984.0)作为基准建立的地球瞬时地心坐标系，它是固定在 1984.0 时刻的地心坐标系。其几何定义是，原点 O 是地球质心①，Z 轴指向 BIHl984.0 定义的协议地极(CTP)方向，X 轴指向 BIHl984.0 的零子午面和 CTP 赤道的交点，Y 轴与 Z 轴、X 轴构成右手坐标系。严格来讲，WGS-84 属准协议地球坐标系，但其坐标轴指向不随极移变化。

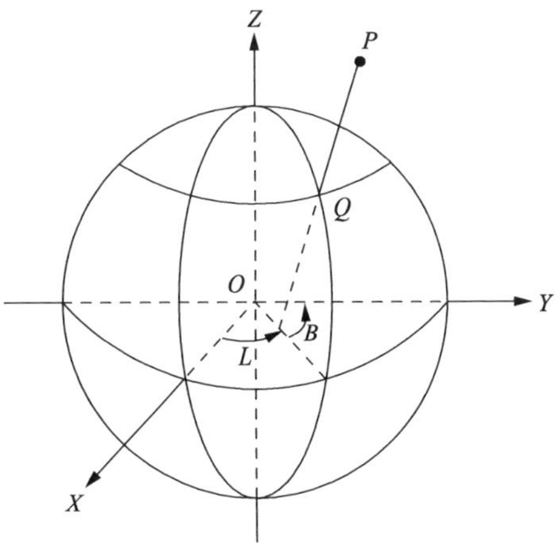

图 6.1　地心坐标系统示意图

6.1.2　与 INS 相关的坐标系

与 INS 相关的坐标系包括 INS 直角坐标系和导航坐标系。

1. INS 直角坐标系

INS 直角坐标系是与 INS 主体固联的坐标系。原点位于 INS 几何中心，坐标轴与 INS 视准轴指向保持一致。若 INS 用于飞机、舰船等巡航载体的导航，INS 坐标系应与机体、舰体坐标系一致。图 6.2 所示为机体直角坐标系 $o^b-x^by^bz^b$，原点 o^b 位于机体上一点，x^b 指向机头方向，z^b 指向机体下方，y^b 与 x^b 、z^b 成右手系。为了便于问题描述，我们将 INS 直角坐标系与机体坐标系取为一致，原点 o^b 位于 INS 几何中心。

图 6.2　INS 坐标系示意图

然而，在实际安装过程中，无法做到 INS 坐标系与机体坐标系完全一致。INS 坐标系的 3 个坐标轴与机体坐标系的 3 个坐标轴之间存在一定的夹角，但是应该尽量控制这三个夹角为小量。

2. 导航坐标系

导航坐标系是 INS 系统在求解导航参数时所采用的坐标系。对捷联式惯导系统来说，导航参数并不在载体坐标系内求解，它必须将加速度计信号分解到某个求解导航参数较为方便的坐标系内，再进行导航计算，这个坐标系就是导航坐标系。例如，将加速度计信号分解到当地水平坐标系内进行导航计算，则当地水平坐标系为此捷联惯导系统的导航坐标系。

当地水平坐标系也称为地理坐标系，是以地球参考椭球面、法线为基准面和基准线建

① 在第 4 章建立的摄像机坐标系的原点也用符号 O 表示。虽然此处用了同一个符号，但在本书的论述中并不会引起混淆

立的局部空间直角坐标系。原点 O^n 位于观察者中心，Z^n 轴指向参考椭球法线方向，X^n、Y^n 分别指向当地经线和纬线的切线方向。根据坐标轴方向的不同，当地水平坐标系的 X^n、Y^n、Z^n 的方向可选为“东北天”“北东地”“北西天”等右手直角坐标系。本书采用“北东地”系统，如图 6.3 所示。

1）INS 坐标系到导航坐标系

当地水平坐标系是瞬时坐标系，坐标原点 O^n 随着运行体不断运动。将它作为导航坐标系时，可将坐标原点取为 INS 坐标系的原点。此时，INS 坐标系和导航坐标系只存在坐标旋转关系，INS 系统测量的实际上就是这一关系。按照航空标准 ARINC 705（Airlines Electronic Engineering Committe 1982）的定义，INS 坐标系在导航坐标系中的姿态用偏航角、俯仰角和侧滚角描述。各姿态角的定义参见图 6.4，其中，Ψ 为偏航角，是在水平面内，INS 坐标系 x^b 轴与北方向之间的夹角，右偏为正；Θ 为俯仰角，即 INS 坐标系 x^b 轴与水平线的夹角，x^b 轴正向向上为正；Φ 为侧滚角，即 INS 坐标系 y^b 轴与水平线的夹角，y^b 轴正向向下为正。

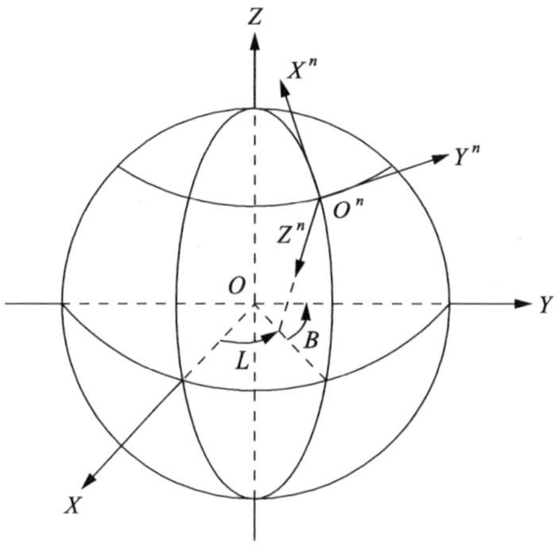

图 6.3　导航坐标系示意图

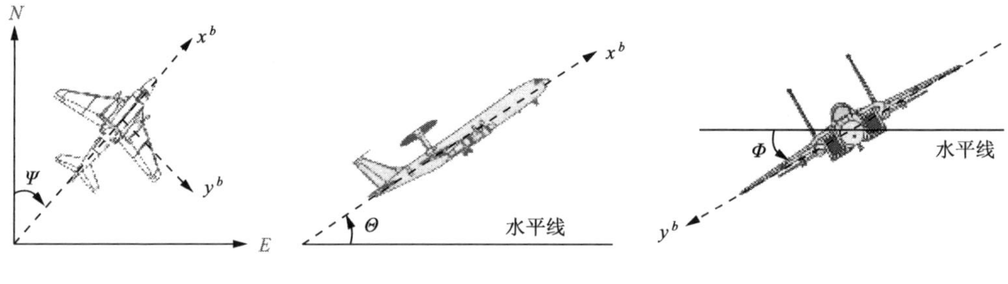

图 6.4　INS 坐标系在当地水平坐标系中的姿态角

取“北东地”方向的当地水平坐标系为导航坐标系，则将导航坐标系旋转到与 INS 坐标系重合需经三次绕固定轴的旋转（Bäumker and Heimes，2002）：① 将导航坐标系绕 X^n 轴正向旋转侧滚角 Φ；② 绕旋转前的原始 Y^n 轴负向旋转俯仰角 Θ；③ 绕旋转前的原始 Z^n 轴正向旋转偏航角 Ψ。

由此形成的旋转矩阵与绕联动轴旋转时旋转矩阵的乘积相反（Wang，1990），为

$$
\begin{aligned}
\boldsymbol{R}_b^n &= \boldsymbol{R}_Z(\Psi)\boldsymbol{R}_Y(-\Theta)\boldsymbol{R}_X(\Phi) \\
&= \begin{bmatrix} \cos\Psi & -\sin\Psi & 0 \\ \sin\Psi & \cos\Psi & 0 \\ 0 & 0 & 1 \end{bmatrix} \begin{bmatrix} \cos\Theta & 0 & \sin\Theta \\ 0 & 1 & 0 \\ -\sin\Theta & 0 & \cos\Theta \end{bmatrix} \begin{bmatrix} 1 & 0 & 0 \\ 0 & \cos\Phi & -\sin\Phi \\ 0 & \sin\Phi & \cos\Phi \end{bmatrix} \\
&= \begin{bmatrix} \cos\Theta\cos\Psi & \sin\Phi\sin\Theta\cos\Psi - \cos\Phi\sin\Psi & \cos\Phi\sin\Theta\cos\Psi + \sin\Phi\sin\Psi \\ \cos\Theta\sin\Psi & \sin\Phi\sin\Theta\sin\Psi + \cos\Phi\cos\Psi & \cos\Phi\sin\Theta\sin\Psi - \sin\Phi\cos\Psi \\ -\sin\Theta & \sin\Phi\cos\Theta & \cos\Phi\cos\Theta \end{bmatrix}
\end{aligned} \tag{6.1}
$$

旋转矩阵 $\boldsymbol{R}_b^n$ 的上标表示目标坐标系统，下标表示源坐标系统，则由旋转矩阵的性质，有 $(\boldsymbol{R}_b^n)^{-1} = (\boldsymbol{R}_b^n)^{\mathrm{T}} = \boldsymbol{R}_n^b$。本节以后均采用此约定(地心坐标为空)。

若空间一点 P 在 INS 坐标系(源坐标系统)中的坐标为 $\boldsymbol{x}^b = [x^b, y^b, z^b]^{\mathrm{T}}$，则其在导航坐标系(目标坐标系统)中的坐标 $\boldsymbol{X}^n = [X^n, Y^n, Z^n]^{\mathrm{T}}$ 表示为

$$
\boldsymbol{X}^n = \boldsymbol{R}_b^n \boldsymbol{x}^b \tag{6.2}
$$

各姿态角(欧拉角)可以直接从旋转矩阵 $\boldsymbol{R}_b^n$ 的元素反算得到

$$
\tan\Phi = \frac{R_{32}}{R_{33}} \quad \sin\Theta = -R_{31} \quad \tan\Psi = \frac{R_{21}}{R_{11}}
$$

式中，R_{ij} 为 $\boldsymbol{R}_b^n$ 的行列元素，i 为矩阵行索引，j 为矩阵列索引。

2) 导航坐标系到地心直角坐标系

设导航坐标系原点在地心大地坐标系中的坐标为 (L_n, B_n, H_n)，在地心直角坐标系中的坐标为 (X_n, Y_n, Z_n)，将地心直角坐标系变换到与导航坐标系重合(原点也重合)，需经过一次平移和两次旋转：① 将地心坐标系的原点 O 平移至导航坐标系原点 O^n；② 将地心坐标系绕平移后的 Z 轴正向旋转 L_n；③ 将地心坐标系绕平移和旋转后的 Y 轴正向旋转 $(\pi/2 + B_n)$。

于是，若空间一点 P 在导航坐标系中的坐标为 $\boldsymbol{X}^n = [X^n, Y^n, Z^n]^{\mathrm{T}}$，则其在地心直角坐标系中的坐标 $\boldsymbol{X} = [X, Y, Z]^{\mathrm{T}}$ 为

$$
\boldsymbol{X} - \boldsymbol{X}_n = \boldsymbol{R}_n \boldsymbol{X}^n \Rightarrow \boldsymbol{X} = \boldsymbol{R}_n \boldsymbol{X}^n + \boldsymbol{X}_n \tag{6.3}
$$

式中，旋转矩阵 $\boldsymbol{R}_n$ 表示为

$$
\begin{aligned}
\boldsymbol{R}_n &= \boldsymbol{R}_Z(L_n)\boldsymbol{R}_Y(\pi/2 + B_n) \\
&= \begin{bmatrix} \cos L_n & -\sin L_n & 0 \\ \sin L_n & \cos L_n & 0 \\ 0 & 0 & 1 \end{bmatrix} \cdot \begin{bmatrix} \cos(\pi/2 + B_n) & 0 & -\sin(\pi/2 + B_n) \\ 0 & 1 & 0 \\ \sin(\pi/2 + B_n) & 0 & \cos(\pi/2 + B_n) \end{bmatrix} \\
&= \begin{bmatrix} -\cos L_n \sin B_n & -\sin L_n & -\cos L_n \cos B_n \\ -\sin L_n \sin B_n & \cos L_n & -\sin L_n \cos B_n \\ \cos B_n & 0 & -\sin B_n \end{bmatrix}
\end{aligned}
$$

6.1.3 摄影测量坐标系

由于导航坐标系是随着运行体不断运动的，在无人飞行器搭载的视频摄像机上，每一帧视频图像对应一个导航坐标系，其原点位于成像时刻 INS 几何中心。对序列图像中的移动目标定位，由于仅依靠单幅图像各自独立地解算目标点的瞬时位置，可以在每帧视频

图像上解算目标点在导航坐标系中的坐标，然后转换到统一的地心坐标系。但是，对基于传感器位置和姿态参数的影像直接定向与摄影测量平差处理（刘军，2007），由于涉及多幅图像之间的联合处理，需要一个相对固定的坐标系，一般多采用椭球切面直角坐标系统（江延川，1991；钱曾波等，1992）。原点 O^m 一般位于测区中央某点上，Z^m 轴沿参考椭球法线方向指向椭球外，X^m 沿当地纬线的切线指向东，Y^m 沿当地纬线的切线方向指向北。如图 6.5 所示。

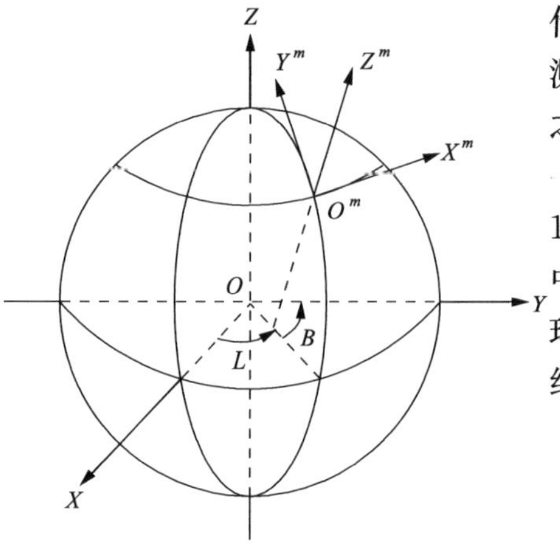

图 6.5　切面直角坐标系示意图

1. 地心直角坐标系到切面直角坐标系

设切面直角坐标系原点在地心大地坐标系中的坐标为 (L_m, B_m, H_m)，在地心直角坐标系中的坐标为 (X_m, Y_m, Z_m)，将地心直角坐标系变换到与切面直角坐标系重合（原点也重合），需经过一次平移和两次旋转：①将地心直角坐标系原点 O 平移至切面直角坐标系的原点 O^m；②将地心直角坐标系绕平移后的 Z 轴正向旋转 $(\pi/2+L_m)$；③将地心直角坐标系绕平移和旋转后的 X 轴正向旋转 $(\pi/2-B_m)$。

于是，若空间一点 P 在切面直角坐标系中的坐标为 $\boldsymbol{X}^m=[X^m, Y^m, Z^m]^{\mathrm{T}}$，则其在地心直角坐标系中的坐标 $\boldsymbol{X}=[X, Y, Z]^{\mathrm{T}}$ 为

$$\boldsymbol{X}-\boldsymbol{X}_m=\boldsymbol{R}_m\boldsymbol{X}^m \Rightarrow \boldsymbol{X}=\boldsymbol{R}_m\boldsymbol{X}^m+\boldsymbol{X}_m \tag{6.4}$$

式中，旋转矩阵 $\boldsymbol{R}_m$ 表示为

$$\begin{aligned}
\boldsymbol{R}_m &= \boldsymbol{R}_Z(\pi/2+L_m)\boldsymbol{R}_X(\pi/2-B_m)\\
&=\begin{bmatrix}\cos(\pi/2+L_m) & -\sin(\pi/2+L_m) & 0\\ \sin(\pi/2+L_m) & \cos(\pi/2+L_m) & 0\\ 0 & 0 & 1\end{bmatrix}\cdot\begin{bmatrix}1 & 0 & 0\\ 0 & \cos(\pi/2-B_m) & -\sin(\pi/2-B_m)\\ 0 & \sin(\pi/2-B_m) & \cos(\pi/2-B_m)\end{bmatrix}\\
&=\begin{bmatrix}-\sin L_m & -\cos L_m\sin B_m & \cos L_m\cos B_m\\ \cos L_m & -\sin L_m\sin B_m & \sin L_m\cos B_m\\ 0 & \cos B_m & \sin B_m\end{bmatrix}
\end{aligned}$$

2. 导航坐标系与切面直角坐标系的转换

通过这两个坐标系和地心直角坐标系之间的关系推导。由式(6.3)和式(6.4)得 $\boldsymbol{R}_n\boldsymbol{X}^n+\boldsymbol{X}_n=\boldsymbol{R}_m\boldsymbol{X}^m+\boldsymbol{X}_m$，于是，有

$$\boldsymbol{X}^n=\boldsymbol{R}_n^{\mathrm{T}}(\boldsymbol{R}_m\boldsymbol{X}^m+\boldsymbol{X}_m-\boldsymbol{X}_n) \tag{6.5}$$

和

$$\boldsymbol{X}^m=\boldsymbol{R}_m^{\mathrm{T}}(\boldsymbol{R}_n\boldsymbol{X}^n+\boldsymbol{X}_n-\boldsymbol{X}_m) \tag{6.6}$$

考虑如下特殊情况，将切面直角坐标系的原点移至导航坐标系原点，此时有 $\boldsymbol{X}_n=\boldsymbol{X}_m$，$L_n=L_m$，$B_n=B_m$，代入式(6.5)和式(6.6)，得

$$\boldsymbol{X}^n=\boldsymbol{R}_n^{\mathrm{T}}\boldsymbol{R}_m\boldsymbol{X}^m=\begin{bmatrix}0 & 1 & 0\\ 1 & 0 & 0\\ 0 & 0 & -1\end{bmatrix}\boldsymbol{X}^m$$

和

$$\boldsymbol{X}^m = \boldsymbol{R}_m^{\mathrm{T}} \boldsymbol{R}_n \boldsymbol{X}^n = \begin{bmatrix} 0 & 1 & 0 \\ 1 & 0 & 0 \\ 0 & 0 & -1 \end{bmatrix} \boldsymbol{X}^n \tag{6.7}$$

即坐标 X 和 Y 互换，坐标 Z 符号取反(比较图 6.4 和图 6.5)。

6.1.4 GPS 坐标与我国地图坐标的转换

GPS 系统采用 WGS-84 坐标系，我国地图坐标系历经三代，分别是 1954 年北京坐标系、1980 西安坐标系和 2000 国家大地坐标系。需要考虑 GPS 坐标系与地图坐标系之间的转换。

2000 国家大地坐标系是全球地心坐标系在我国的具体体现，其原点为包括海洋和大气的整个地球的质量中心，三个坐标轴指向与 WGS-84 坐标系的定义一致。研究表明，2000 国家大地坐标系和 WGS-84 坐标系是相容的，无需进行坐标转换(魏子卿，2008)。

1954 年北京坐标系是参心大地坐标系，即坐标轴原点位于参考椭球中心。它是以前苏联的克拉索夫斯基椭球为基础，并与前苏联 1942 年坐标系进行联测，经局部平差后产生的坐标系。1980 年西安坐标系(也称为 1980 年国家大地坐标系)也是参心大地坐标系。它采用的地球椭球基本参数为 1975 年国际大地测量与地球物理联合会第十六届大会推荐的数据。这两个坐标系与 WGS-84 坐标系之间需要进行坐标转换。

下面以 1980 西安坐标系为例，说明这两个参心坐标系与 WGS-84 坐标系的转换方法。在 1980 西安坐标系中，平面坐标采用高斯-克吕格投影坐标，高程采用 1985 国家高程基准，且平面和高程分别位于两个参考面上，因此并非严格意义上的空间直角坐标。所以，WGS-84 坐标与 1980 西安坐标系的转换要分别考虑平面坐标的转换和高程的转换。

1. 平面坐标转换

不同地心(参心)空间直角坐标系之间的转换一般采用 7 参数的 Bursa 模型。用 $O\text{-}XYZ$ 表示 WGS-84 参考椭球地心直角坐标系，用 $O'\text{-}X'Y'Z'$ 表示 1980 西安坐标系参考椭球的参心直角坐标系。设 $O\text{-}XYZ$ 坐标系原点在 $O'\text{-}X'Y'Z'$ 中的坐标为 $(\Delta X_0, \Delta Y_0, \Delta Z_0)$，两个坐标系之间存在着三个欧拉角旋转参数 $(\varepsilon_X, \varepsilon_Y, \varepsilon_Z)$ 和一个尺度变换参数 λ。综合平移、旋转和尺度变换因素，可将 $O\text{-}XYZ$ 和 $O'\text{-}X'Y'Z'$ 之间的关系表示为(边少锋等，2005)

$$\begin{bmatrix} X' \\ Y' \\ Z' \end{bmatrix} = \begin{bmatrix} \Delta X_0 \\ \Delta Y_0 \\ \Delta Z_0 \end{bmatrix} + \lambda \begin{bmatrix} X \\ Y \\ Z \end{bmatrix} + \begin{bmatrix} 1 & \varepsilon_Z & -\varepsilon_Y \\ -\varepsilon_Z & 1 & \varepsilon_X \\ \varepsilon_Y & -\varepsilon_X & 1 \end{bmatrix} \begin{bmatrix} X \\ Y \\ Z \end{bmatrix} \tag{6.8}$$

式中，七个转换参数 $(\Delta X_0, \Delta Y_0, \Delta Z_0)$、$(\varepsilon_X, \varepsilon_Y, \varepsilon_Z)$ 和 λ 称为 Bursa 参数，可以利用三个以上具有两套坐标的公共点解算。

得到 1980 西安坐标系参考椭球的参心直角坐标系后，换算为参心大地坐标 (L, B, H)，仅取平面坐标 (L, B)，经过高斯投影正算得到我国的地图投影平面坐标。

为了方便使用，国家基础地理信息中心利用全国高精度的 GPS 空间定位网与天文大地控制网的联测成果，推导了我国的 1980 西安坐标系与 WGS-84 世界大地坐标系的 7 参数转换关系，这些参数精度较高，可靠性好。可以利用这些已知的全国整体坐标系转换参数，直接将 WGS-84 坐标转换为 1980 西安坐标系。实验结果显示，利用已有的全国整体坐标系转换参数，将 WGS-84 坐标转换为 1980 西安坐标系，平面坐标可以获得 1m 左右的绝对精度；利用局部区域求得的坐标转换参数，平面坐标可以获得 0.2m 左右的绝对精度(李学友，2005)。

2. 高程转换

由于 WGS-84 坐标和 1980 西安坐标系的高程基准不同，两套坐标系统之间的高程转换不能直接利用式(6.8)的结果。WGS-84 坐标的大地高是相对于参考椭球面的，而 1980 西安坐标系高程系统的基准面是大地水准面或似大地水准面。两个参考面之间的关系为

$$H = H_r + \xi \tag{6.9}$$

式中，H 为 GPS 的测得的大地高；H_r 为正常高；ξ 为高程异常。

通过高分辨率高精度大地水准面数值模型，可以内插任意地面点的高程异常值 ξ，由式(6.9)即可将 GPS 大地高转换为正常高。李学友(2005)采用 CQG2000 似大地水准面模型拟合方法将 GPS 测定的大地高转换为 1985 年高程系统高程正常值。CQG2000 模型是一个 $5' \times 5'$ 格网的数值模型，覆盖了包括海域在内的我国全部领土。实验结果表明，"GPS+似大地水准面"能够获得 0.2m 左右的绝对精度。

6.2 基于 GPS/INS 的移动目标直接定位

在安装 GPS/INS 组合系统的无人飞行器上，GPS 测定的是 GPS 天线中心在 WGS-84坐标系中的坐标，INS 测量的是 INS 坐标系相对导航坐标系的姿态。而目标定位的最终结果要表示到大地坐标系统中，所以这两类参数并不是目标定位所需要的摄像机外方位元素。为了利用 GPS/INS 组合系统对摄像机获取的序列图像中的移动目标进行定位，首先要将 GPS/INS 的输出信息转换为摄像机的绝对位置和姿态参数，得到摄像机外方位元素；然后利用单像目标直接定位方法对序列图像中的移动目标进实时定位。

6.2.1 偏心角和偏心分量

若 INS 用于测量无人飞行器搭载的视频摄像机的姿态，则 INS 应与摄像机固联，并使 INS 坐标系应与摄像机坐标系各轴指向一致，然而在 6.1.2 节建立的 INS 坐标系 $o^b\text{-}x^by^bz^b$ 和摄像机坐标系 $O\text{-}xyz$ 各坐标轴指向并不一致，如图 6.6(a)、(c)所示。

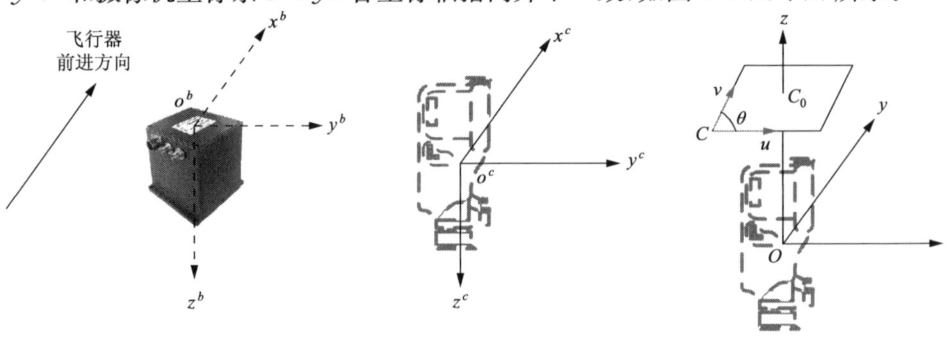

图 6.6 INS 坐标系与摄像机坐标系示意图

为此，特建立一个过渡直角坐标系 $o^c\text{-}x^cy^cz^c$，称为摄像机辅助坐标系，如图 6.6(b)所示。该坐标系原点与摄像机坐标系 $O\text{-}xyz$ 重合，与 $O\text{-}xyz$ 之间的关系为

$$\boldsymbol{x}^c=\begin{bmatrix}0&1&0\\1&0&0\\0&0&-1\end{bmatrix}\boldsymbol{x},\quad \boldsymbol{x}=\begin{bmatrix}0&1&0\\1&0&0\\0&0&-1\end{bmatrix}\boldsymbol{x}^c$$

其中，$\boldsymbol{x}^c=[x^c,y^c,z^c]^{\mathrm{T}}$ 为空间任意一点 P 在摄像机辅助坐标系中的坐标；$\boldsymbol{x}=[x,y,z]^{\mathrm{T}}$ 为该点在摄像机坐标系中的坐标。这样建立的摄像机辅助坐标系各轴指向与 INS 坐标系 $o^b\text{-}x^by^bz^b$ 一致，此时 INS 系统测得的三个姿态角（偏航、俯仰和侧滚）即为摄像机辅助坐标系在导航坐标系中的姿态。然而，在实际安装过程中，INS 坐标系与摄像机辅助坐标系各轴之间必然存在偏差，称为偏心角 e_x,e_y,e_z。各偏心角的定义如图 6.7 所示，箭头指示方向角度取正值(Bäumker and Heimes，2002)。

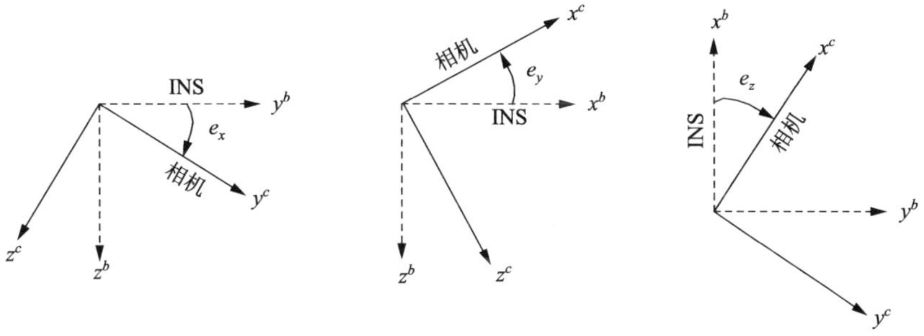

图 6.7 INS 坐标系与摄像机辅助坐标系之间的偏心角定义

由上述偏心角的定义可知，偏心角与 INS 系统测得的三个姿态角对应相加，正好是摄像机坐标系在导航坐标系中的姿态，即

$$\begin{cases}\Psi'=\Psi+e_z\\ \Theta'=\Theta+e_y\\ \Phi'=\Phi+e_x\end{cases}$$

其中，Ψ'、Θ'、Φ' 分别为摄像机坐标系在导航坐标系中的偏航、俯仰和侧滚角。

将 INS 坐标变换到与摄像机辅助坐标系重合（原点也重合）需经一次坐标平移和三次绕固定轴的旋转：①将 INS 坐标原点平移至摄像机坐标系原点；②将 INS 坐标系绕 z^b 轴正向旋转 e_z；③绕旋转前的原始 y^b 轴负向旋转 e_y；④绕旋转前的原始 x^b 轴正向旋转 e_x。

于是，若摄像机辅助坐标系原点（也是摄像机坐标系原点）在 INS 坐标系中的坐标为 (x_c^b,y_c^b,z_c^b)，则 INS 坐标系与摄像机辅助坐标系以及摄像机坐标系之间的关系为

$$\boldsymbol{x}^b-\boldsymbol{x}_c^b=\boldsymbol{R}_c^b\boldsymbol{x}^c=\boldsymbol{R}_c^b\begin{bmatrix}0&1&0\\1&0&0\\0&0&-1\end{bmatrix}\boldsymbol{x}\Rightarrow \boldsymbol{x}^b=\boldsymbol{R}_c^b\begin{bmatrix}0&1&0\\1&0&0\\0&0&-1\end{bmatrix}\boldsymbol{x}+\boldsymbol{x}_c^b \tag{6.10}$$

式中，$\boldsymbol{x}_c^b=[x_c^b,y_c^b,z_c^b]^{\mathrm{T}}$，称为偏心分量；$\boldsymbol{x}^b=[x^b,y^b,z^b]^{\mathrm{T}}$ 为 P 在 INS 坐标系中的坐标；$\boldsymbol{x}^c=[x^c,y^c,z^c]^{\mathrm{T}}$ 为 P 在摄像机辅助坐标系中的坐标；$\boldsymbol{x}=[x,y,z]^{\mathrm{T}}$ 为 P 在摄像机坐标系中的坐标，旋转矩阵 $\boldsymbol{R}_c^b$ 表示为

$$
\begin{aligned}
\boldsymbol{R}_c^b &= \boldsymbol{R}_x(e_x)\boldsymbol{R}_y(-e_y)\boldsymbol{R}_z(e_z) \\
&= \begin{bmatrix} 1 & 0 & 0 \\ 0 & \cos e_x & -\sin e_x \\ 0 & \sin e_x & \cos e_x \end{bmatrix} \begin{bmatrix} \cos e_y & 0 & \sin e_y \\ 0 & 1 & 0 \\ -\sin e_y & 0 & \cos e_y \end{bmatrix} \begin{bmatrix} \cos e_z & -\sin e_z & 0 \\ \sin e_z & \cos e_z & 0 \\ 0 & 0 & 1 \end{bmatrix} \\
&= \begin{bmatrix} \cos e_y \cos e_z & \cos e_y \sin e_z & -\sin e_y \\ \sin e_x \sin e_y \cos e_z - \cos e_x \sin e_z & \sin e_x \sin e_y \sin e_z + \cos e_x \cos e_z & \sin e_x \cos e_y \\ \cos e_x \sin e_y \cos e_z + \sin e_x \sin e_z & \cos e_x \sin e_y \sin e_z - \sin e_x \cos e_z & \cos e_x \cos e_y \end{bmatrix}
\end{aligned}
$$

由于偏心角 e_x,e_y,e_z 一般为小量($<3°$),可用以下近似形式代替上述旋转矩阵

$$
\boldsymbol{R}_c^b = \begin{bmatrix} 1 & e_z & -e_y \\ -e_z & 1 & e_x \\ e_y & -e_x & 1 \end{bmatrix}
$$

为了讨论问题方便,将 INS 坐标系和导航坐标系的原点平移至 GPS 天线中心①,如图 6.8 所示,则可在 INS 坐标系中直接测量偏心分量(摄像机坐标系原点坐标)。若在安装 INS 时,保持 INS 坐标系与机体坐标系一致,也可在机体坐标系中直接测量偏心分量。

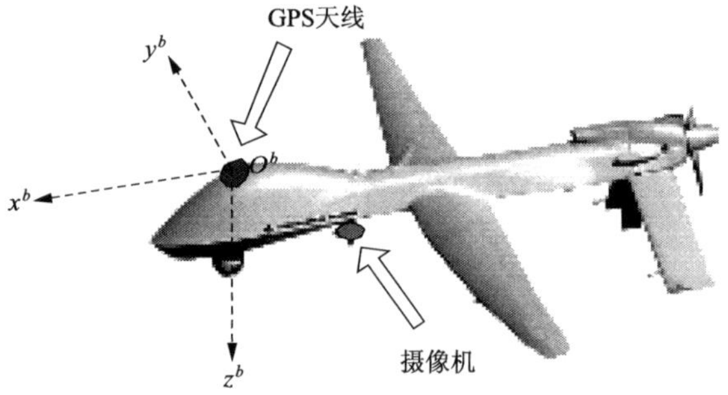

图 6.8　INS 坐标系原点平移至 GPS 天线中心,可在 INS 坐标系中直接测量偏心分量

6.2.2　摄影测量外方位元素

至此,可以利用以上推导的坐标系之间的关系,由任意成像时刻 GPS 的输出坐标(GPS 天线在 WGS-84 坐标系中的直角坐标 $\boldsymbol{X}_n$)和 INS 系统输出的姿态数据(INS 坐标系相对导航坐标系的姿态),求出摄像机的摄影测量外方位元素。

摄影测量中外方位线元素定义为摄像机坐标系原点 O[图 6.6(c)]在物方空间直角坐标系中的坐标,外方位角元素定义为摄像机坐标系在物方空间直角坐标系中的旋转角。设 $\boldsymbol{x}=[x,y,z]^{\mathrm{T}}$ 为空间任意一点 P 在摄像机坐标系中的坐标,根据选取的不同的物方空间直角坐标系,分别计算 P 在不同物方空间直角坐标系中的坐标关系式,并据此分析外方位线元素和旋转矩阵,然后求出外方位角元素。

1. 物方空间直角坐标系取为导航坐标系

将式(6.10)代入式(6.2),得摄像机坐标系与导航坐标系中的关系为

① 虽然此前曾将 INS 坐标系和导航坐标系的原点定为 INS 几何中心,但是平移这两个坐标系的原点并不会改变所有坐标轴之间的角度关系。6.1 节得到的关于坐标系之间关系的结论仍然成立

$$\boldsymbol{X}^n = \boldsymbol{R}_b^n \left(\boldsymbol{R}_c^b \begin{bmatrix} 0 & 1 & 0 \\ 1 & 0 & 0 \\ 0 & 0 & -1 \end{bmatrix} \boldsymbol{x} + \boldsymbol{x}_c^b \right) \tag{6.11}$$

则外方位线元素(摄像机坐标系原点 O 在导航坐标系中的坐标)为

$$\boldsymbol{X}_S^n = \boldsymbol{R}_b^n \boldsymbol{x}_c^b \tag{6.12}$$

旋转矩阵为

$$\boldsymbol{R}^n = \boldsymbol{R}_b^n \boldsymbol{R}_c^b \begin{bmatrix} 0 & 1 & 0 \\ 1 & 0 & 0 \\ 0 & 0 & -1 \end{bmatrix} \tag{6.13}$$

2. 物方空间直角坐标系取为地心直角坐标系

将式(6.11)代入式(6.3),得

$$\boldsymbol{X} = \boldsymbol{R}_n \boldsymbol{R}_b^n \left(\boldsymbol{R}_c^b \begin{bmatrix} 0 & 1 & 0 \\ 1 & 0 & 0 \\ 0 & 0 & -1 \end{bmatrix} \boldsymbol{x} + \boldsymbol{x}_c^b \right) + \boldsymbol{X}_n$$

则外方位线元素为

$$\boldsymbol{X}_S = \boldsymbol{R}_n \boldsymbol{R}_b^n \boldsymbol{x}_c^b + \boldsymbol{X}_n$$

旋转矩阵为

$$\boldsymbol{R} = \boldsymbol{R}_n \boldsymbol{R}_b^n \boldsymbol{R}_c^b \begin{bmatrix} 0 & 1 & 0 \\ 1 & 0 & 0 \\ 0 & 0 & -1 \end{bmatrix}$$

3. 物方空间直角坐标系取为切面直角坐标系

将式(6.11)代入式(6.6),得

$$\boldsymbol{X}^m = \boldsymbol{R}_m^{\mathrm{T}} \left[\boldsymbol{R}_n \boldsymbol{R}_b^n \left(\boldsymbol{R}_c^b \begin{bmatrix} 0 & 1 & 0 \\ 1 & 0 & 0 \\ 0 & 0 & -1 \end{bmatrix} \boldsymbol{x} + \boldsymbol{x}_c^b \right) + \boldsymbol{X}_n - \boldsymbol{X}_m \right]$$

则外方位线元素为

$$\boldsymbol{X}_S^m = \boldsymbol{R}_m^{\mathrm{T}} (\boldsymbol{R}_n \boldsymbol{R}_b^n \boldsymbol{x}_c^b + \boldsymbol{X}_n - \boldsymbol{X}_m) \tag{6.14}$$

旋转矩阵为

$$\boldsymbol{R}^m = \boldsymbol{R}_m^{\mathrm{T}} \boldsymbol{R}_n \boldsymbol{R}_b^n \boldsymbol{R}_c^b \begin{bmatrix} 0 & 1 & 0 \\ 1 & 0 & 0 \\ 0 & 0 & -1 \end{bmatrix} \tag{6.15}$$

最后假设旋转矩阵是采用 φ-ω-κ 系统组成的,具体形式参见式(4.5)。则由以上旋转矩阵求解外方位角元素的公式为

$$\sin\omega = -b_3, \quad \tan\kappa = \frac{b_1}{b_2}, \quad \sin\varphi = -\frac{a_3}{\cos\omega} \tag{6.16}$$

式中,a_i,b_i 的含义参见式(4.5)。

6.2.3 单像目标定位解算

考虑规则摄影机的情况,物理成像平面与光轴垂直,像点为正方形,物理成像平面坐

标轴正交，但是允许存在镜头畸变。若摄像机输出正像，建立像平面坐标系，如图 6.9 所示。则物方空间直角坐标系中一点 $P(X,Y,Z)$ 与其对应像点坐标 (x,y) 之间的关系可表示为(Wang，1990)

$$\begin{cases} X-X_S=(Z-Z_S)\dfrac{a_1(x-x_0)+a_2(y-y_0)-a_3 f}{c_1(x-x_0)+c_2(y-y_0)-c_3 f} \\ Y-Y_S=(Z-Z_S)\dfrac{b_1(x-x_0)+b_2(y-y_0)-b_3 f}{c_1(x-x_0)+c_2(y-y_0)-c_3 f} \end{cases} \tag{6.17}$$

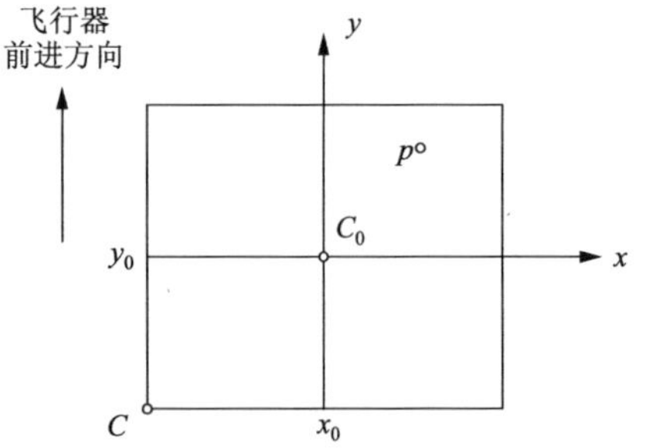

图 6.9　像平面坐标系示意图

式中，(x,y) 为像点 p 在像平面坐标系中的理想无畸变坐标；(X,Y,Z) 为空间点 P 在物方空间直角坐标系中的坐标；f,x_0,y_0 为摄像机内参数，分别表示成像焦距和像主点坐标；(X_S,Y_S,Z_S) 和 a_i,b_i 为摄像机外参数(外方位元素)，由本章 6.2.2 节给出。其中，(X_S,Y_S,Z_S) 为摄像机光心(摄像机坐标系原点)在物方空间直角坐标系中的坐标，a_i,b_i 为旋转矩阵元素，各元素的含义参见式(4.5)。内参数由摄像机标定结果给出，外参数由 GPS/INS 组合系统输出信息计算。

由式(6.17)可知，若已知空间点 P 在物方空间坐标系中的 Z 坐标，就可利用已知的摄像机内外方位元素，唯一地确定 P 在物方空间坐标系中的 X 和 Y 坐标。对地面移动目标来说，Z 值可由地面点的高程计算得到，计算方法取决于所采用的物方空间直角坐标系。对于平坦地区，地面点的高程 H 可以看作一个常量，计算得到地面点的 Z 坐标后，可由式(6.17)直接解算地面点的 X 和 Y 坐标。但是当地形起伏时，地面点的高程是随着平面点位变化的，此时可以取目标区的平均高程 H_0 作为该点的概略高程，在数字高程模型(DEM)的支持下，通过一个迭代过程确定地面点的三维坐标。下面以切面直角坐标系作为物方空间直角坐标系为例，具体阐述单像目标定位的迭代算法过程。

(1) 设成像时刻 GPS 天线中心的 WGS-84 坐标为 (L_a,B_a,H_a)，以 $(L_a,B_a,0)$ 为原点建立切面直角坐标系 $O^m-X^mY^mZ^m$。

(2) 取目标区平均高程 H_0 作为目标点的概略高程，由于 DEM 高程一般采用 1985 年国家高程基准的正常高，按照式(6.9)将此正常高转换为 WGS-84 大地高，并将此大地高取为切面直角 Z 坐标中的初值 Z_0^m。这里忽略了大地高与切面直角坐标系真实的 Z 坐标之间的差异，在局部范围内，这一差异很小。

(3) 由初值 Z_0^m 按照式(6.17)计算像点 (x,y) 对应的地面点的 X^m 和 Y^m 坐标，并将切面直角坐标 (X^m,Y^m,Z_0^m) 转换为 DEM 所使用的坐标系统。由于 DEM 平面坐标一般使用 1980 西安坐标系的高斯投影，所以这里的转换过程既包括 WGS-84 地心直角坐标到 1980 年国家大地直角坐标的转换，也包括 1980 西安坐标系的高斯投影变换。目标点在 DEM 坐标系统中的平面坐标可表示为 $(X^{\text{Gauss}},Y^{\text{Gauss}})$。

(4) 在 DEM 中内插 $(X^{\text{Gauss}},Y^{\text{Gauss}})$ 的高程 H，并按照式(6.9)将此正常高转换为 WGS-84 大地高 Z^m，令 $Z_0^m=Z^m$，返回到第(3)步。

迭代执行第(3)步和第(4)步，直到收敛 $|Z_0^m-Z^m|<\delta$，δ 为给定的阈值。输出地面目标点的坐标 (X^m,Y^m,Z^m) 或 $(X^{\text{Gauss}},Y^{\text{Gauss}},H)$。

关于算法的三点说明：

(1) 以上算法在 WGS-84 椭球中求解式(6.17)，需要将 DEM 正常高转换为 WGS-84

大地高。实际上,对于单像目标定位来说,也可以将 GPS 天线中心的 WGS-84 坐标转换为地图投影坐标,然后求解式(6.17),这样就可以直接利用 DEM 正常高来计算物方空间直角坐标的 Z 值了。

(2) 对于单像目标定位解算,物方空间直角坐标系的选择既可以是以上算法中的切面直角坐标系,也可以是 6.1 节建立的导航坐标系、地心直角坐标系等其他空间直角坐标系。但是不同的物方直角坐标系对应不同的外方位元素。同时,采用不同的物方空间直角坐标系,由 DEM 高程计算物方坐标 Z 值的方法也不同,不再赘述。

(3) 式(6.17)表示的是理想像点坐标(不含镜头畸变)与对应空间点的物方直角坐标之间的关系。实际上,在序列图像上观测到的像点是带有镜头畸变的。可以使用以下公式,迭代求解以改正镜头畸变:

$$\begin{cases} x-x_0=\dfrac{\widetilde{x}-x_0}{1+k_1r^2+k_2r^4+\cdots} \\ y-y_0=\dfrac{\widetilde{y}-y_0}{1+k_1r^2+k_2r^4+\cdots} \end{cases} \tag{6.18}$$

式中,(x,y) 为理想无畸变像点坐标;$(\widetilde{x},\widetilde{y})$ 为带有镜头畸变的观测像点坐标;$r=\sqrt{x^2+y^2}$ 为理想无畸变像点到像主点的距离。首先用 $(\widetilde{x},\widetilde{y})$ 作为 (x,y) 的初值来计算像点到像主点的距离 r,然后再利用式(6.18)计算 (x,y),迭代进行直到 (x,y) 收敛。

6.3 误差分析

在工程设计中,需要分析目标定位系统中的各项误差来源,以及不同成像条件下各误差源影响目标定位精度的规律,以作为 GPS/INS 组合系统的精度指标设计的理论依据。本节分析移动目标定位的各项误差因子,并推导各因子的误差传递公式。

1. 误差因子

为简化公式推导过程,取成像时刻的导航坐标系为物方空间直角坐标系,分析地面移动目标定位的精度。由式(6.17),在导航坐标系中,地面点的 X,Y 坐标是像点坐标 x,y,内参数 f,x_0,y_0,外方位线元素 X_S,Y_S,Z_S,外方位角元素 $a_1,a_2,a_3,b_1,b_2,b_3,c_1,c_2,c_3$,以及 Z 坐标的函数。此时,摄像机的外方位线元素和旋转矩阵分别由式(6.12)和式(6.13)给出。

考虑旋转矩阵。由偏心角的定义,偏心角与 INS 系统测得的三个姿态角对应相加,正好是摄像机坐标系在导航坐标系中的姿态。所以在分析误差时,可以认为摄像机的姿态角分别为:偏航 $\Psi'=\Psi+e_z$;俯仰 $\Theta'=\Theta+e_y$;侧滚 $\Phi'=\Phi+e_x$。而偏心角为零,于是 $\boldsymbol{R}_c^b$ 为单位矩阵,旋转矩阵变为

$$\boldsymbol{R}_c^n=\boldsymbol{R}_Z(\Psi')\boldsymbol{R}_Y(-\Theta')\boldsymbol{R}_X(\Phi')\begin{bmatrix}0 & 1 & 0\\ 1 & 0 & 0\\ 0 & 0 & -1\end{bmatrix} \tag{6.19}$$

即 $a_1,a_2,a_3,b_1,b_2,b_3,c_1,c_2,c_3$ 是 INS 系统姿态角和偏心角 $\Psi,\Theta,\Phi,e_x,e_y,e_z$ 的函数。于是,在导航坐标系中,地面点的 X,Y 坐标是 x,y,x_0,y_0,f, X_S,Y_S,Z_S, $\Psi,\Theta,\Phi,e_x,e_y,e_z$, Z 的函数。显然,X,Y 的精度由以上 15 个参数的精度共同决定。

2. 误差传递公式

将式(6.17)写为

$$\begin{cases} X=(Z-Z_S)\dfrac{\bar{x}}{\bar{z}}+X_S \\ Y=(Z-Z_S)\dfrac{\bar{y}}{\bar{z}}+Y_S \end{cases} \tag{6.20}$$

式中

$$\begin{bmatrix}\bar{x}\\ \bar{y}\\ \bar{z}\end{bmatrix}=\begin{bmatrix}a_1 & a_2 & a_3\\ b_1 & b_2 & b_3\\ c_1 & c_2 & c_3\end{bmatrix}\begin{bmatrix}x-x_0\\ y-y_0\\ -f\end{bmatrix}=\boldsymbol{R}_c^n\begin{bmatrix}x-x_0\\ y-y_0\\ -f\end{bmatrix} \tag{6.21}$$

由式(6.19),旋转矩阵表示为

$$\begin{bmatrix}a_1 & a_2 & a_3\\ b_1 & b_2 & b_3\\ c_1 & c_2 & c_3\end{bmatrix}=\boldsymbol{R}_c^n=\boldsymbol{R}_b^n\begin{bmatrix}0 & 1 & 0\\ 1 & 0 & 0\\ 0 & 0 & -1\end{bmatrix}=\boldsymbol{R}_Z(\Psi')\,\boldsymbol{R}_Y(-\Theta')\,\boldsymbol{R}_X(\Phi')\begin{bmatrix}0 & 1 & 0\\ 1 & 0 & 0\\ 0 & 0 & -1\end{bmatrix} \tag{6.22}$$

对式(6.20)求全微分,得

$$\begin{cases} \mathrm{d}X=\dfrac{\partial X}{\partial Z}\mathrm{d}Z+\dfrac{\partial X}{\partial X_S}\mathrm{d}X_S+\dfrac{\partial X}{\partial Z_S}\mathrm{d}Z_S+\dfrac{\partial X}{\partial \Psi}\mathrm{d}\Psi+\dfrac{\partial X}{\partial \Theta}\mathrm{d}\Theta+\dfrac{\partial X}{\partial \Phi}\mathrm{d}\Phi \\ \qquad +\dfrac{\partial X}{\partial e_z}\mathrm{d}e_z+\dfrac{\partial X}{\partial e_y}\mathrm{d}e_y+\dfrac{\partial X}{\partial e_x}\mathrm{d}e_x+\dfrac{\partial X}{\partial x_0}\mathrm{d}x_0+\dfrac{\partial X}{\partial y_0}\mathrm{d}y_0+\dfrac{\partial X}{\partial x}\mathrm{d}x+\dfrac{\partial X}{\partial y}\mathrm{d}y+\dfrac{\partial X}{\partial f}\mathrm{d}f \\ \mathrm{d}Y=\dfrac{\partial Y}{\partial Z}\mathrm{d}Z+\dfrac{\partial Y}{\partial Y_S}\mathrm{d}Y_S+\dfrac{\partial Y}{\partial Z_S}\mathrm{d}Z_S+\dfrac{\partial Y}{\partial \Psi}\mathrm{d}\Psi+\dfrac{\partial Y}{\partial \Theta}\mathrm{d}\Theta+\dfrac{\partial Y}{\partial \Phi}\mathrm{d}\Phi \\ \qquad +\dfrac{\partial Y}{\partial e_z}\mathrm{d}e_z+\dfrac{\partial Y}{\partial e_y}\mathrm{d}e_y+\dfrac{\partial Y}{\partial e_x}\mathrm{d}e_x+\dfrac{\partial Y}{\partial x_0}\mathrm{d}x_0+\dfrac{\partial Y}{\partial y_0}\mathrm{d}y_0+\dfrac{\partial Y}{\partial x}\mathrm{d}x+\dfrac{\partial Y}{\partial y}\mathrm{d}y+\dfrac{\partial Y}{\partial f}\mathrm{d}f \end{cases} \tag{6.23}$$

通常情况下式(6.23)中的参数误差都很小,将其中的微分代之以相应的增量——即真误差,同时认为各个参数误差对定位结果的影响相互独立,则由误差传播定律(黄维彬,1992),X,Y 的中误差形式为

$$\begin{cases} m_X^2=\sum\limits_{i=1}^{15}\left(\dfrac{\partial X}{\partial t_i}\right)^2 m_i^2 \\ m_Y^2=\sum\limits_{i=1}^{15}\left(\dfrac{\partial Y}{\partial t_i}\right)^2 m_i^2 \end{cases} \tag{6.24}$$

式中,t_i 为影响定位精度的参数;m_i 分别为它们的中误差。对于目标定位的迭代算法,若迭代收敛,只需考虑最后一次迭代计算时各个参数的误差,由误差传播定律即可得到最终的 X,Y 定位误差。若将目标定位结果转换为地图投影坐标系,则点的坐标表示为 (X, Y, H),其中 X,Y 的中误差由式(6.24)计算得到,由于高程 H 是从 DEM 内插得到的,所以 H 的误差即为 DEM 误差。

3. 偏导数表达式

下面利用式(6.20)~式(6.22)求式(6.23)中各偏导数的表达式,具体分析各误差因

子对基于GPS/INS组合系统的序列图像定位的精度的影响。

由式(6.21)和式(6.22)可知，$\bar{x},\bar{y},\bar{z}$ 是变量 x_0,y_0,f，$\Psi,\Theta,\Phi,e_x,e_y,e_z$ 的函数。于是,按照式(6.20)得到的各偏微分为

$$
\begin{cases}
\dfrac{\partial X}{\partial Z}=\dfrac{\bar{x}}{\bar{z}} \\
\dfrac{\partial X}{\partial X_S}=1 \\
\dfrac{\partial X}{\partial Z_S}=-\dfrac{\bar{x}}{\bar{z}} \\
\dfrac{\partial X}{\partial \Psi}=\dfrac{\partial X}{\partial e_z}=\dfrac{(Z-Z_S)}{\bar{z}^2}\left(\bar{z}\dfrac{\partial \bar{x}}{\partial \Psi}-\bar{x}\dfrac{\partial \bar{z}}{\partial \Psi}\right) \\
\dfrac{\partial X}{\partial \Theta}=\dfrac{\partial X}{\partial e_y}=\dfrac{(Z-Z_S)}{\bar{z}^2}\left(\bar{z}\dfrac{\partial \bar{x}}{\partial \Theta}-\bar{x}\dfrac{\partial \bar{z}}{\partial \Theta}\right) \\
\dfrac{\partial X}{\partial \Phi}=\dfrac{\partial X}{\partial e_x}=\dfrac{(Z-Z_S)}{\bar{z}^2}\left(\bar{z}\dfrac{\partial \bar{x}}{\partial \Phi}-\bar{x}\dfrac{\partial \bar{z}}{\partial \Phi}\right) \\
\dfrac{\partial X}{\partial x_0}=-\dfrac{\partial X}{\partial x}=\dfrac{(Z-Z_S)}{\bar{z}^2}\left(\bar{z}\dfrac{\partial \bar{x}}{\partial x_0}-\bar{x}\dfrac{\partial \bar{z}}{\partial x_0}\right) \\
\dfrac{\partial X}{\partial y_0}=-\dfrac{\partial X}{\partial y}=\dfrac{(Z-Z_S)}{\bar{z}^2}\left(\bar{z}\dfrac{\partial \bar{x}}{\partial y_0}-\bar{x}\dfrac{\partial \bar{z}}{\partial y_0}\right) \\
\dfrac{\partial X}{\partial f}=\dfrac{(Z-Z_S)}{\bar{z}^2}\left(\bar{z}\dfrac{\partial \bar{x}}{\partial f}-\bar{x}\dfrac{\partial \bar{z}}{\partial f}\right)
\end{cases}
\qquad
\begin{cases}
\dfrac{\partial Y}{\partial Z}=\dfrac{\bar{y}}{\bar{z}} \\
\dfrac{\partial Y}{\partial Y_S}=1 \\
\dfrac{\partial Y}{\partial Z_S}=-\dfrac{\bar{y}}{\bar{z}} \\
\dfrac{\partial Y}{\partial \Psi}=\dfrac{\partial Y}{\partial e_z}=\dfrac{(Z-Z_S)}{\bar{z}^2}\left(\bar{z}\dfrac{\partial \bar{y}}{\partial \Psi}-\bar{y}\dfrac{\partial \bar{z}}{\partial \Psi}\right) \\
\dfrac{\partial Y}{\partial \Theta}=\dfrac{\partial Y}{\partial e_y}=\dfrac{(Z-Z_S)}{\bar{z}^2}\left(\bar{z}\dfrac{\partial \bar{y}}{\partial \Theta}-\bar{y}\dfrac{\partial \bar{z}}{\partial \Theta}\right) \\
\dfrac{\partial Y}{\partial \Phi}=\dfrac{\partial Y}{\partial e_x}=\dfrac{(Z-Z_S)}{\bar{z}^2}\left(\bar{z}\dfrac{\partial \bar{y}}{\partial \Phi}-\bar{y}\dfrac{\partial \bar{z}}{\partial \Phi}\right) \\
\dfrac{\partial Y}{\partial x_0}=-\dfrac{\partial Y}{\partial x}=\dfrac{(Z-Z_S)}{\bar{z}^2}\left(\bar{z}\dfrac{\partial \bar{y}}{\partial x_0}-\bar{y}\dfrac{\partial \bar{z}}{\partial x_0}\right) \\
\dfrac{\partial Y}{\partial y_0}=-\dfrac{\partial Y}{\partial y}=\dfrac{(Z-Z_S)}{\bar{z}^2}\left(\bar{z}\dfrac{\partial \bar{y}}{\partial y_0}-\bar{y}\dfrac{\partial \bar{z}}{\partial y_0}\right) \\
\dfrac{\partial Y}{\partial f}=\dfrac{(Z-Z_S)}{\bar{z}^2}\left(\bar{z}\dfrac{\partial \bar{y}}{\partial f}-\bar{y}\dfrac{\partial \bar{z}}{\partial f}\right)
\end{cases}
\tag{6.25}
$$

下面由式(6.21)求 $\bar{x},\bar{y},\bar{z}$ 关于变量 x_0,y_0,f，Ψ,Θ,Φ 的偏微分,关于变量 x_0,y_0,f 的偏微分形式比较简单,为

$$
\begin{aligned}
&\frac{\partial \bar{x}}{\partial x_0}=-a_1 \quad \frac{\partial \bar{y}}{\partial x_0}=-b_1 \quad \frac{\partial \bar{z}}{\partial x_0}=-c_1 \\
&\frac{\partial \bar{x}}{\partial y_0}=-a_2 \quad \frac{\partial \bar{y}}{\partial y_0}=-b_2 \quad \frac{\partial \bar{z}}{\partial y_0}=-c_2 \\
&\frac{\partial \bar{x}}{\partial f}=-a_3 \quad \frac{\partial \bar{y}}{\partial f}=-b_3 \quad \frac{\partial \bar{z}}{\partial f}=-c_3
\end{aligned}
\tag{6.26}
$$

而 $\bar{x},\bar{y},\bar{z}$ 关于变量 Ψ,Θ,Φ 的偏微分形式则较为复杂,由旋转矩阵的性质和矩阵求导理论(Wang, 1990),有

$$
\begin{aligned}
\frac{\partial \begin{bmatrix}\bar{x}\\ \bar{y}\\ \bar{z}\end{bmatrix}}{\partial \Psi}
&=\frac{\partial \boldsymbol{R}_Z(\Psi')}{\partial \Psi}\boldsymbol{R}_Y(-\Theta')\,\boldsymbol{R}_X(\Phi')\begin{bmatrix}0&1&0\\1&0&0\\0&0&-1\end{bmatrix}\begin{bmatrix}x-x_0\\y-y_0\\-f\end{bmatrix} \\
&=\frac{\partial \boldsymbol{R}_Z(\Psi')}{\partial \Psi}\boldsymbol{R}_Z^{-1}(\Psi')\,\boldsymbol{R}_c^n\begin{bmatrix}x-x_0\\y-y_0\\-f\end{bmatrix} \\
&=\begin{bmatrix}0&-1&0\\1&0&0\\0&0&0\end{bmatrix}\boldsymbol{R}_c^n\begin{bmatrix}x-x_0\\y-y_0\\-f\end{bmatrix}=\begin{bmatrix}-\bar{y}\\ \bar{x}\\ 0\end{bmatrix}
\end{aligned}
\tag{6.27}
$$

式中

$$\frac{\partial \boldsymbol{R}_Z(\Psi')}{\partial \Psi}\boldsymbol{R}_Z^{-1}(\Psi') = \begin{bmatrix} -\sin\Psi' & -\cos\Psi' & 0 \\ \cos\Psi' & -\sin\Psi' & 0 \\ 0 & 0 & 0 \end{bmatrix} \cdot \begin{bmatrix} \cos\Psi' & \sin\Psi' & 0 \\ -\sin\Psi' & \cos\Psi' & 0 \\ 0 & 0 & 1 \end{bmatrix} = \begin{bmatrix} 0 & -1 & 0 \\ 1 & 0 & 0 \\ 0 & 0 & 0 \end{bmatrix}$$

同理，有

$$\begin{aligned}
\frac{\partial \begin{bmatrix} \bar{x} \\ \bar{y} \\ \bar{z} \end{bmatrix}}{\partial \Theta} &= \boldsymbol{R}_Z(\Psi')\frac{\partial \boldsymbol{R}_Y(-\Theta')}{\partial \Theta}\boldsymbol{R}_X(\Phi')\begin{bmatrix} 0 & 1 & 0 \\ 1 & 0 & 0 \\ 0 & 0 & -1 \end{bmatrix}\begin{bmatrix} x-x_0 \\ y-y_0 \\ -f \end{bmatrix} \\
&= \boldsymbol{R}_Z(\Psi')\frac{\partial \boldsymbol{R}_Y(-\Theta')}{\partial \Theta}\boldsymbol{R}_Y^{-1}(-\Theta')\boldsymbol{R}_Y(-\Theta')\boldsymbol{R}_X(\Phi')\begin{bmatrix} 0 & 1 & 0 \\ 1 & 0 & 0 \\ 0 & 0 & -1 \end{bmatrix}\begin{bmatrix} x-x_0 \\ y-y_0 \\ -f \end{bmatrix} \\
&= \boldsymbol{R}_Z(\Psi')\frac{\partial \boldsymbol{R}_Y(-\Theta')}{\partial \Theta}\boldsymbol{R}_Y^{-1}(-\Theta')\boldsymbol{R}_Z^{-1}(\Psi')\boldsymbol{R}_Z(\Psi')\boldsymbol{R}_Y(-\Theta')\boldsymbol{R}_X(\Phi') \\
&\quad \begin{bmatrix} 0 & 1 & 0 \\ 1 & 0 & 0 \\ 0 & 0 & -1 \end{bmatrix}\begin{bmatrix} x-x_0 \\ y-y_0 \\ -f \end{bmatrix} \\
&= \boldsymbol{R}_Z(\Psi')\begin{bmatrix} 0 & 0 & 1 \\ 0 & 0 & 0 \\ -1 & 0 & 0 \end{bmatrix}\boldsymbol{R}_Z^{-1}(\Psi')\boldsymbol{R}_c^n\begin{bmatrix} x-x_0 \\ y-y_0 \\ -f \end{bmatrix} = \begin{bmatrix} \bar{z}\cos\Psi' \\ \bar{z}\sin\Psi' \\ -\bar{x}\cos\Psi' - \bar{y}\sin\Psi' \end{bmatrix}
\end{aligned} \tag{6.28}$$

和

$$\begin{aligned}
\frac{\partial \begin{bmatrix} \bar{x} \\ \bar{y} \\ \bar{z} \end{bmatrix}}{\partial \Phi} &= \boldsymbol{R}_Z(\Psi')\boldsymbol{R}_Y(-\Theta')\frac{\partial \boldsymbol{R}_X(\Phi')}{\partial \Phi}\begin{bmatrix} 0 & 1 & 0 \\ 1 & 0 & 0 \\ 0 & 0 & -1 \end{bmatrix}\begin{bmatrix} x-x_0 \\ y-y_0 \\ -f \end{bmatrix} \\
&= \boldsymbol{R}_Z(\Psi')\boldsymbol{R}_Y(-\Theta')\boldsymbol{R}_X(\Phi')\boldsymbol{R}_X^{-1}(\Phi')\frac{\partial \boldsymbol{R}_X(\Phi')}{\partial \Phi}\begin{bmatrix} 0 & 1 & 0 \\ 1 & 0 & 0 \\ 0 & 0 & -1 \end{bmatrix}\begin{bmatrix} x-x_0 \\ y-y_0 \\ -f \end{bmatrix} \\
&= \boldsymbol{R}_c^n\begin{bmatrix} 0 & 1 & 0 \\ 1 & 0 & 0 \\ 0 & 0 & -1 \end{bmatrix}\boldsymbol{R}_X^{-1}(\Phi')\frac{\partial \boldsymbol{R}_X(\Phi')}{\partial \Phi}\begin{bmatrix} 0 & 1 & 0 \\ 1 & 0 & 0 \\ 0 & 0 & -1 \end{bmatrix}\begin{bmatrix} x-x_0 \\ y-y_0 \\ -f \end{bmatrix} \\
&= \boldsymbol{R}_c^n\begin{bmatrix} 0 & 1 & 0 \\ 1 & 0 & 0 \\ 0 & 0 & -1 \end{bmatrix}\begin{bmatrix} 0 & 0 & 0 \\ 0 & 0 & -1 \\ 0 & 1 & 0 \end{bmatrix}\begin{bmatrix} 0 & 1 & 0 \\ 1 & 0 & 0 \\ 0 & 0 & -1 \end{bmatrix} \cdot \begin{bmatrix} x-x_0 \\ y-y_0 \\ -f \end{bmatrix} = \begin{bmatrix} -a_3(x-x_0)-a_1 f \\ -b_3(x-x_0)-b_1 f \\ -c_3(x-x_0)-c_1 f \end{bmatrix}
\end{aligned} \tag{6.29}$$

将式(6.26)～式(6.29)代入式(6.25)，同时考虑到在导航坐标系中 $Z-Z_S=-h$，h 为航高，最后得到

$$
\begin{cases}
\dfrac{\partial X}{\partial Z} = \dfrac{\bar{x}}{\bar{z}} \\
\dfrac{\partial X}{\partial X_S} = 1 \\
\dfrac{\partial X}{\partial Z_S} = -\dfrac{\bar{x}}{\bar{z}} \\
\dfrac{\partial X}{\partial \Psi} = \dfrac{\partial X}{\partial e_z} = -h\,\dfrac{\bar{y}}{\bar{z}} \\
\dfrac{\partial X}{\partial \Theta} = \dfrac{\partial X}{\partial e_y} = h\,\dfrac{\bar{z}^2\cos\Psi' + \bar{x}^2\cos\Psi' + \overline{xy}\sin\Psi'}{\bar{z}^2} \\
\dfrac{\partial X}{\partial \Phi} = \dfrac{\partial X}{\partial e_x} = h\,\dfrac{(c_3\bar{x} - a_3\bar{z})(x - x_0) + (c_1\bar{x} - a_1\bar{z})f}{\bar{z}^2} \\
\dfrac{\partial X}{\partial x_0} = -\dfrac{\partial X}{\partial x} = h\left(\dfrac{c_1\bar{x}}{\bar{z}^2} - \dfrac{a_1}{\bar{z}}\right) \\
\dfrac{\partial X}{\partial y_0} = -\dfrac{\partial X}{\partial y} = h\left(\dfrac{c_2\bar{x}}{\bar{z}^2} - \dfrac{a_2}{\bar{z}}\right) \\
\dfrac{\partial X}{\partial f} = h\left(\dfrac{c_3\bar{x}}{\bar{z}^2} - \dfrac{a_3}{\bar{z}}\right)
\end{cases}
\tag{6.30}
$$

和

$$
\begin{cases}
\dfrac{\partial Y}{\partial Z} = \dfrac{\bar{y}}{\bar{z}} \\
\dfrac{\partial Y}{\partial Y_S} = 1 \\
\dfrac{\partial Y}{\partial Z_S} = -\dfrac{\bar{y}}{\bar{z}} \\
\dfrac{\partial Y}{\partial \Psi} = \dfrac{\partial Y}{\partial e_z} = h\,\dfrac{\bar{x}}{\bar{z}} \\
\dfrac{\partial Y}{\partial \Theta} = \dfrac{\partial Y}{\partial e_y} = h\,\dfrac{\bar{z}^2\sin\Psi' + \overline{xy}\cos\Psi' + \bar{y}^2\sin\Psi'}{\bar{z}^2} \\
\dfrac{\partial Y}{\partial \Phi} = \dfrac{\partial Y}{\partial e_x} = h\,\dfrac{(c_3\bar{y} - b_3\bar{z})(x - x_0) + (c_1\bar{y} - b_1\bar{z})f}{\bar{z}^2} \\
\dfrac{\partial Y}{\partial x_0} = -\dfrac{\partial Y}{\partial x} = h\left(\dfrac{c_1\bar{y}}{\bar{z}^2} - \dfrac{b_1}{\bar{z}}\right) \\
\dfrac{\partial Y}{\partial y_0} = -\dfrac{\partial Y}{\partial y} = h\left(\dfrac{c_2\bar{y}}{\bar{z}^2} - \dfrac{b_2}{\bar{z}}\right) \\
\dfrac{\partial Y}{\partial f} = h\left(\dfrac{c_3\bar{y}}{\bar{z}^2} - \dfrac{b_3}{\bar{z}}\right)
\end{cases}
\tag{6.31}
$$

4. 偏导数简化形式

上述式(6.30)、式(6.31)是误差传递公式的严密形式，实际使用很不方便。实践中多采用近似垂直摄影，此时 $\Psi,\Theta,\Phi,e_x,e_y,e_z$ 均为小值(不失一般性，假设航向方向为正北，

则偏航角 Ψ 也是小值)，则由式(6.22)，旋转矩阵为

$$\begin{bmatrix} a_1 & a_2 & a_3 \\ b_1 & b_2 & b_3 \\ c_1 & c_2 & c_3 \end{bmatrix} = \boldsymbol{R}_Z(\Psi')\boldsymbol{R}_Y(-\Theta')\boldsymbol{R}_X(\Phi')\begin{bmatrix} 0 & 1 & 0 \\ 1 & 0 & 0 \\ 0 & 0 & -1 \end{bmatrix} = \begin{bmatrix} 0 & 1 & 0 \\ 1 & 0 & 0 \\ 0 & 0 & -1 \end{bmatrix}$$

考虑相机的内方位元素 x_0, y_0 远小于像点坐标 x, y 的情形(物理成像平面坐标系原点在图像中心)，式(6.21)简化为

$$\begin{bmatrix} \bar{x} \\ \bar{y} \\ \bar{z} \end{bmatrix} = \begin{bmatrix} a_1 & a_2 & a_3 \\ b_1 & b_2 & b_3 \\ c_1 & c_2 & c_3 \end{bmatrix}\begin{bmatrix} x-x_0 \\ y-y_0 \\ -f \end{bmatrix} \approx \begin{bmatrix} 0 & 1 & 0 \\ 1 & 0 & 0 \\ 0 & 0 & -1 \end{bmatrix}\begin{bmatrix} x \\ y \\ -f \end{bmatrix} = \begin{bmatrix} y \\ x \\ f \end{bmatrix}$$

代入式(6.30)、式(6.31)，各偏导数简化为

$$\begin{cases} \dfrac{\partial X}{\partial Z} = \dfrac{y}{f} \\ \dfrac{\partial X}{\partial X_S} = 1 \\ \dfrac{\partial X}{\partial Z_S} = -\dfrac{y}{f} \\ \dfrac{\partial X}{\partial \Psi} = \dfrac{\partial X}{\partial e_z} = -h\dfrac{x}{f} \\ \dfrac{\partial X}{\partial \Theta} = \dfrac{\partial X}{\partial e_y} = h\dfrac{f^2+y^2}{f^2} \\ \dfrac{\partial X}{\partial \Phi} = \dfrac{\partial X}{\partial e_x} = -h\dfrac{xy}{f^2} \\ \dfrac{\partial X}{\partial x_0} = -\dfrac{\partial X}{\partial x} = 0 \\ \dfrac{\partial X}{\partial y_0} = -\dfrac{\partial X}{\partial y} = -\dfrac{h}{f} \\ \dfrac{\partial X}{\partial f} = -h\dfrac{y}{f^2} \end{cases} \qquad \begin{cases} \dfrac{\partial Y}{\partial Z} = \dfrac{x}{f} \\ \dfrac{\partial Y}{\partial Y_S} = 1 \\ \dfrac{\partial Y}{\partial Z_S} = -\dfrac{x}{f} \\ \dfrac{\partial Y}{\partial \Psi} = \dfrac{\partial Y}{\partial e_z} = h\dfrac{y}{f} \\ \dfrac{\partial Y}{\partial \Theta} = \dfrac{\partial Y}{\partial e_y} = h\dfrac{xy}{f^2} \\ \dfrac{\partial Y}{\partial \Phi} = \dfrac{\partial Y}{\partial e_x} = -h\dfrac{f^2+x^2}{f^2} \\ \dfrac{\partial Y}{\partial x_0} = -\dfrac{\partial Y}{\partial x} = -\dfrac{h}{f} \\ \dfrac{\partial Y}{\partial y_0} = -\dfrac{\partial Y}{\partial y} = 0 \\ \dfrac{\partial Y}{\partial f} = -h\dfrac{x}{f^2} \end{cases} \tag{6.32}$$

6.4 非量测型摄像机移动目标定位

严格来说，上述移动目标实时定位方法适用于几何结构精密稳定的量测型相机，要求相机物理成像平面与光轴垂直，像点感光单元为正方形，物理成像平面坐标轴正交。但是，对于无人飞行器搭载的非量测型摄像机，其内部结构不规则，一般并不满足上述条件。针对这种情况，本节给出一种更适用于这类非量测型传感器的移动目标定位方法。

6.4.1 基本原理

从第 4 章的分析可以看出，摄影测量构像方程实质上是摄像机几何投影模型应用于内部几何结构规则的量测型相机时的退化形式，要求相机内参数矩阵为三个物理参数描述的形式

$$A=\begin{bmatrix} f & 0 & u_0 \\ 0 & f & v_0 \\ 0 & 0 & 1 \end{bmatrix}$$

对于无人飞行器搭载的非量测型摄像机,内参数矩阵为五个物理参数描述的形式

$$A=\begin{bmatrix} \alpha & -\alpha\cot\theta & u_0 \\ 0 & \dfrac{\beta}{\sin\theta} & v_0 \\ 0 & 0 & 1 \end{bmatrix}$$

所以这类摄像机并不满足传统摄影测量单像目标定位方法的条件。考虑如下极端情况,所使用的摄像机的像点感光单元为长方形,即 $\alpha \neq \beta$,并且物理成像平面上的像素尺寸 d_u 和 d_v 未知,此时是无法利用传统摄影测量方法进行目标定位的。

实际上在第 4 章已经指出,对于无人飞行器搭载的非量测型摄像机的目标定位,需要使用摄像机几何投影模型。此时,物理成像平面坐标系中的像点坐标 (u,v) 与其对应的物方空间直角坐标系中场景点的齐次坐标矢量 $\hat{\boldsymbol{P}}=(X,Y,Z,1)^{\mathrm{T}}$ 的严密关系可表示为

$$\begin{cases} u=\dfrac{\boldsymbol{m}_1^{\mathrm{T}}\hat{\boldsymbol{P}}}{\boldsymbol{m}_3^{\mathrm{T}}\hat{\boldsymbol{P}}} \\ v=\dfrac{\boldsymbol{m}_2^{\mathrm{T}}\hat{\boldsymbol{P}}}{\boldsymbol{m}_3^{\mathrm{T}}\hat{\boldsymbol{P}}} \end{cases} \tag{6.33}$$

式中,$\boldsymbol{m}_1^{\mathrm{T}}$,$\boldsymbol{m}_2^{\mathrm{T}}$ 和 $\boldsymbol{m}_3^{\mathrm{T}}$ 分别为投影矩阵 $\boldsymbol{M}_{3\times4}$ 的三行,而投影矩阵 $\boldsymbol{M}$ 可以由五个内参数 $(\alpha,\beta,u_0,v_0,\theta)$ 和六个外参数(三个表示旋转矩阵 $\boldsymbol{R}$ 的三个角度,三个表示平移 t_x,t_y,t_z)显式表达为

$$\boldsymbol{M}=\begin{bmatrix} \alpha\cdot\boldsymbol{r}_1^{\mathrm{T}}-\alpha\cot\theta\cdot\boldsymbol{r}_2^{\mathrm{T}}+u_0\boldsymbol{r}_3^{\mathrm{T}} & \alpha\cdot t_x-\alpha\cot\theta\cdot t_y+u_0t_z \\ \dfrac{\beta}{\sin\theta}\boldsymbol{r}_2^{\mathrm{T}}+v_0\boldsymbol{r}_3^{\mathrm{T}} & \dfrac{\beta}{\sin\theta}t_y+v_0t_z \\ \boldsymbol{r}_3^{\mathrm{T}} & t_z \end{bmatrix} \tag{6.34}$$

式中,$\boldsymbol{r}_1^{\mathrm{T}}$,$\boldsymbol{r}_2^{\mathrm{T}}$ 和 $\boldsymbol{r}_3^{\mathrm{T}}$ 分别为旋转矩阵 $\boldsymbol{R}^{\mathrm{T}}$ 的三行。

若已知摄像机内参数,则式(6.33)和式(6.34)可改写为

$$\begin{cases} u-u_0=\dfrac{\boldsymbol{m}_1^{\mathrm{T}}\hat{\boldsymbol{P}}}{\boldsymbol{m}_3^{\mathrm{T}}\hat{\boldsymbol{P}}} \\ v-v_0=\dfrac{\boldsymbol{m}_2^{\mathrm{T}}\hat{\boldsymbol{P}}}{\boldsymbol{m}_3^{\mathrm{T}}\hat{\boldsymbol{P}}} \end{cases} \tag{6.35}$$

和

$$\boldsymbol{M}=\begin{bmatrix} \alpha\cdot\boldsymbol{r}_1^{\mathrm{T}}-\alpha\cot\theta\cdot\boldsymbol{r}_2^{\mathrm{T}} & \alpha\cdot t_x-\alpha\cot\theta\cdot t_y \\ \dfrac{\beta}{\sin\theta}\boldsymbol{r}_2^{\mathrm{T}} & \dfrac{\beta}{\sin\theta}t_y \\ \boldsymbol{r}_3^{\mathrm{T}} & t_z \end{bmatrix}$$

以上几何模型是在针孔模型(倒像平面坐标系)中建立的。按照第 4 章中的分析，式(6.35)同样适用于摄像机输出正像的情形，只要将以像主点为原点的像点坐标符号取反即可。则摄像机输出正像时成像几何模型为

$$\begin{cases} u - u_0 = -\dfrac{\boldsymbol{m}_1^{\mathrm{T}}\hat{\boldsymbol{P}}}{\boldsymbol{m}_3^{\mathrm{T}}\hat{\boldsymbol{P}}} \\ v - v_0 = -\dfrac{\boldsymbol{m}_2^{\mathrm{T}}\hat{\boldsymbol{P}}}{\boldsymbol{m}_3^{\mathrm{T}}\hat{\boldsymbol{P}}} \end{cases}$$

下面按照式(6.35)推导单像目标定位方法。将式(6.35)展开为

$$\begin{cases} u - u_0 = \dfrac{m_{11}X + m_{12}Y + m_{13}Z + m_{14}}{m_{31}X + m_{32}Y + m_{33}Z + m_{34}} \\ v - v_0 = \dfrac{m_{21}X + m_{22}Y + m_{23}Z + m_{24}}{m_{31}X + m_{32}Y + m_{33}Z + m_{34}} \end{cases} \tag{6.36}$$

式中，$m_{ij}\ (i = 1,2,3; j = 1,2,3,4)$ 为投影矩阵 $\boldsymbol{M}_{3\times4}$ 的行列元素。

若已知摄像机的内外参数，即参数 m_{ij} 已知，式(6.36)可写为

$$\begin{cases} n_1X + n_2Y + n_3Z + n_4 = 0 \\ n_5X + n_6Y + n_7Z + n_8 = 0 \end{cases} \tag{6.37}$$

式中

$$\begin{aligned} n_1 &= m_{11} - (u - u_0)m_{31} \\ n_2 &= m_{12} - (u - u_0)m_{32} \\ n_3 &= m_{13} - (u - u_0)m_{33} \\ n_4 &= m_{14} - (u - u_0)m_{34} \\ n_5 &= m_{21} - (v - v_0)m_{31} \\ n_6 &= m_{22} - (v - v_0)m_{32} \\ n_7 &= m_{23} - (v - v_0)m_{33} \\ n_8 &= m_{24} - (v - v_0)m_{34} \end{aligned} \tag{6.38}$$

若已知摄像机内外参数和空间点 P 在物方空间坐标系中的 Z 坐标，式(6.37)就成为一个关于 X,Y 的二元一次方程组，解此方程组即可唯一地确定 P 在物方空间坐标系中的 X，Y 坐标。对于无人飞行器搭载的摄像机地面移动目标定位，在平坦地区，可利用式(6.37)直接解算地面点的 X,Y 坐标；当地形起伏时，通过类似于本章 6.2.3 节中设计的单像目标定位迭代算法求解地面点的 X,Y 坐标，此处不再赘述。

若摄像机输出为正像，则将式(6.38)中以像主点为原点的像点坐标 $(u - u_0)$，$(v - v_0)$ 符号取反即可。

注意到式(6.36)与直接线性变换形式相同，只是其中的参数 m_{ij} 可由摄像机内外参数直接计算得到。实际上，若采用几何结构精密稳定的量测型相机，则摄像机内参数矩阵可取为

$$\boldsymbol{A} = \begin{bmatrix} f & 0 & u_0 \\ 0 & f & v_0 \\ 0 & 0 & 1 \end{bmatrix}$$

其中，三个参数 f, u_0, v_0 分别与相机内方位元素对应，同时考虑到式(4.9)，可得到摄影测量中的共线条件方程。也就是说，当摄像机几何结构精密稳定、满足摄影测量要求时，这种基于摄像机几何投影模型的目标定位方法退化为传统摄影测量方法。所以本节给出的新方法实际上是对传统摄影测量目标定位方法应用条件的一种扩展，使之能够适应物理成像感光单元为长方形结构、物理成像平面坐标轴不正交的非量测型面阵摄像机。

6.4.2 确定投影矩阵

由第 4 章的分析，投影矩阵 $\boldsymbol{M}$ 由摄像机内外参数组成。组成投影矩阵 $\boldsymbol{M}$ 的摄像机内外参数与摄像测量外方位元素是否相同？

考察式(4.4)，其中，$\boldsymbol{P}=[X,Y,Z]^{\mathrm{T}}$ 为点 P 在物方空间坐标系 $S\text{-}XYZ$ 中的坐标；$\boldsymbol{P}^c=[x,y,z]^{\mathrm{T}}$ 为点 P 在摄像机坐标系 $O\text{-}xyz$ 中的坐标；$\boldsymbol{R}$ 为 3×3 旋转矩阵；$\boldsymbol{T}=[X_S,Y_S,Z_S]^{\mathrm{T}}$ 为 $O\text{-}xyz$ 的原点 O 在 $S\text{-}XYZ$ 中的坐标。根据摄影测量外方位元素的几何定义(Wang，1990)，这里的 $\boldsymbol{R}$ 即为摄影测量外方位角元素组成的旋转矩阵，$\boldsymbol{T}$ 为摄影测量外方位线元素。

而由式(4.23) $\boldsymbol{M}=\boldsymbol{A}[\boldsymbol{R}^{\mathrm{T}}\quad \boldsymbol{t}]$ 看出，投影矩阵使用的摄像机外参数为 $\boldsymbol{R}^{\mathrm{T}}$ 和 $\boldsymbol{t}$。其中，$\boldsymbol{R}^{\mathrm{T}}$ 即为摄影测量外方位角元素组成的旋转矩阵 $\boldsymbol{R}$ 的逆阵，这也是本书第 4 章中使用符号 $\boldsymbol{R}^{\mathrm{T}}$ 而非 $\boldsymbol{R}$ 的原因。摄像机外参数中的 $\boldsymbol{t}=[t_x,t_y,t_z]^{\mathrm{T}}$ 为 $S\text{-}XYZ$ 的原点 S 在 $O\text{-}xyz$ 中的坐标，$\boldsymbol{t}$ 与摄影测量外方位线元素 $\boldsymbol{T}$ 之间的关系由式(4.9)给出。

于是，对基于 GPS/INS 组合系统的机载序列图像目标定位来说，就可以利用本章 6.2.2 节中得到的摄影测量外方位元素，直接计算摄像机外参数。例如，若摄像机输出正像，仍然建立如图 6.9 所示的像平面坐标系，同时将切面直角坐标系作为几何投影模型中的物方空间坐标系，则摄像机外参数表示为

$$\boldsymbol{R}^{\mathrm{T}}=(\boldsymbol{R}^m)^{\mathrm{T}}$$

和

$$\boldsymbol{t}=-\boldsymbol{R}^{\mathrm{T}}\boldsymbol{T}=-(\boldsymbol{R}^m)^{\mathrm{T}}\boldsymbol{X}_S^m$$

其中，$\boldsymbol{R}^m$ 和 $\boldsymbol{X}_S^m$ 分别由式(6.15)和式(6.14)给出。

取导航坐标系、地心直角坐标系等其他坐标系为物方空间坐标系时，摄像机外参数也参照上述做法给出。

参 考 文 献

边少锋，柴洪洲，金际航．2005．大地坐标系与坐标基准．北京：国防工业出版社

董绪荣，张守信，华仲春．1998．GPS/INS组合导航定位及其应用．长沙：国防科技大学出版社

黄维彬．1992．近代平差理论及其应用．北京：解放军出版社

江延川．1991．解析摄影测量学．郑州：解放军测绘学院

李学友．2005．INS/DGPS辅助航空摄影测量原理、方法与实践．郑州：解放军信息工程大学博士学位论文

刘军．2007．GPS/INS辅助机载线阵CCD影像定位技术研究．郑州：解放军信息工程大学博士学位论文

钱曾波，刘静宇，肖国超．1992．航天摄影测量学．北京：解放军出版社

王之卓．2007．摄影测量原理．武汉：武汉大学出版社

魏子卿．2008．2000中国大地坐标系及其与WGS84的比较．大地测量与地球动力学，28(5)：2～5

朱华统．1990．常用大地坐标及其变换．北京：解放军出版社

Bäumker M，Heimes F. 2002. New calibration and computing method for direct georeferencing of image and scanner data using the position and angular data of an hybrid inertial navigation system. In：Integrated sensor orientation test report and workshop proceedings，OEEPE（European Organization for Experimental Photogrammetric Research）official publications，43：197～211

Wang Z. 1990. Principles of Photogrammetry. Wuhan：Press of Wuhan Technical University of Surveying and Mapping

第 7 章　序列图像配准与镶嵌

无人飞行器用于地理环境监测的一个突出优势就是能够客观地反映地理环境的实时状态。但是，由于其飞行高度低、传感器视场范围小，获取的序列图像本身并不能满足大范围动态地理环境监测的需求。为此，需要利用图像配准镶嵌技术拼接出所需的大区域场景图像。序列图像镶嵌技术的核心是图像间的配准。基本的图像配准方法分为基于特征的方法和基于区域的方法，后者亦可称为基于光流的方法。特征方法利用从图像中提取的目标特征作为控制基础，通过求解待配准图像和参考图象相应特征之间的几何关系来建立图像间的几何变换模型，具有更广泛的适应性和更高的稳定性。本章介绍利用特征提取和匹配技术对序列图像进行配准与镶嵌的方法；重点分析角点特征的提取与匹配算法和序列图像配准模型，并介绍一个实用的序列图像自动镶嵌系统。

7.1　角点特征提取与匹配

特征提取与匹配是指从序列图像中提取特征，并在相邻图像之间进行特征匹配的技术过程(Barbara and Jan，2003；Alan，2005)。实践表明，角点特征是一种稳定性好且易于处理的影像特征。角点特征的优势在于其以相接的边缘信息作为辅助，反映匹配窗口内特征的几何特性，从而能够更好地实现特征的匹配。本节首先介绍 Harris 算子角点特征提取和 KLT 角点特征提取，然后提出一种从粗到精的角点特征匹配算法。

7.1.1　角点特征提取

1. Harris 算子

在视频处理和计算机视觉中，Harris 算子是较为流行的角点检测算子。其主要原理是通过移动搜索窗口时，窗口内图像灰度的变化来判断其所包含的特征：如果在任何方向上移动搜索窗口图像灰度均无变化，则搜索区域内不包含线特征和点特征；如果沿某一方向移动窗口灰度没有变化，而沿其他方向移动窗口时图像灰度出现变化，则表明搜索范围内存在线特征；如果沿任意方向移动搜索窗口图像灰度均出现明显的变化，则搜索区域内的特征是角点特征(Harris and Stephens，1988)。

图 7.1 给出了 Harris 算子搜索窗口检测特征的示意。图 7.1(a)中无论沿哪个方向运动，搜索窗口内的灰度都没有发生变化，所以认为窗口搜索的区域为面状(flat)特征；图 7.1(b)中窗口若沿纵向运动，灰度不发生变化，但如果沿横向移动则窗口内的灰度分布就会有所改变，故而判断窗口经过的区域有沿纵向的边缘(edge)特征；图 7.1(c)中搜索窗口沿任意方向运动，窗口内的灰度都会有显著的变化，则可认为窗口移动的范围内包含角点(corner)特征。

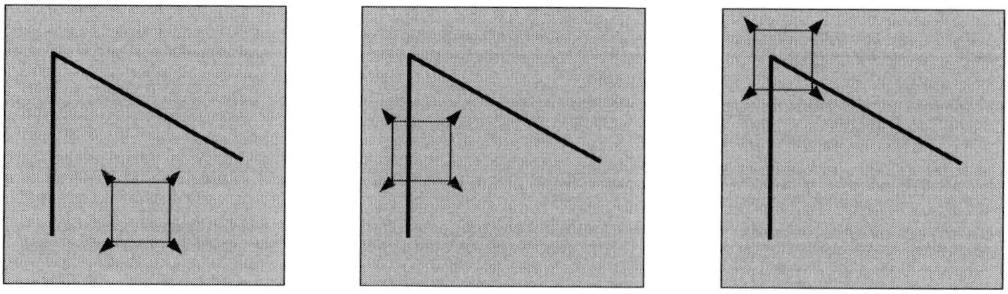

(a) (b) (c)

图 7.1　Harris 算子的检测原理示意图

窗口中的图像灰度变化可以用基本模型——自相关函数表示为

$$E(\Delta u,\Delta v)=\sum_{u,v\in S(p)}(I(u+\Delta u,v+\Delta v)-I(u,v))^2$$

其中，$E(\Delta u,\Delta v)$ 表示搜索窗口移动 $(\Delta u,\Delta v)$ 后图像灰度的变化，I 为图像灰度，而 $S(p)$ 为 $n\times n$ 邻域。

如果偏移量 $(\Delta u,\Delta v)$ 比较小，则 $E(\Delta u,\Delta v)$ 可近似表示为

$$E(\Delta u,\Delta v)\cong[\Delta u\quad \Delta v]\boldsymbol{M}\begin{bmatrix}\Delta u\\ \Delta v\end{bmatrix}$$

其中，$\boldsymbol{M}$ 是由窗口内图像求导数得到的 2×2 矩阵

$$\boldsymbol{M}=\begin{bmatrix}\sum\limits_{u,v\in S(p)} I_u^2 & \sum\limits_{u,v\in S(p)} I_u I_v\\ \sum\limits_{u,v\in S(p)} I_u I_v & \sum\limits_{u,v\in S(p)} I_v^2\end{bmatrix}$$

其中，I_u，I_v 分别为窗口内图像灰度在 u 和 v 方向上的导数。

通过对 $\boldsymbol{M}$ 矩阵特征值的分析，可以对窗口内的特征形式进行判断，从而实现特征点的检测提取。令 λ_1，λ_2 表示 $\boldsymbol{M}$ 矩阵的两个特征值，则：

(1) 如果 λ_1，λ_2 均很小，则 $E(\Delta u,\Delta v)$ 沿任意方向均不会有较大变化，即为灰度平面。

(2) 如果有 $\lambda_1\gg\lambda_2$ 或者 $\lambda_2\gg\lambda_1$，则 $E(\Delta u,\Delta v)$ 沿某一方向会有大的变化，即为灰度边缘。

(3) 如果 λ_1，λ_2 均很大，且 $\lambda_1\sim\lambda_2$，则 $E(u,v)$ 在所有方向都有显著变化，即为灰度角点。

根据矩阵的性质，2×2 矩阵 $\boldsymbol{M}$ 的特征值与矩阵的行列式和矩阵的迹有如下关系

$$\det\boldsymbol{M}=\lambda_1\lambda_2,\ \mathrm{tr}\boldsymbol{M}=\lambda_1+\lambda_2$$

于是，Harris 和 Stephens(1988)提出的判决式为

$$R=\det\boldsymbol{M}-k\,(\mathrm{tr}\boldsymbol{M})^2$$

其中，k 为一经验常量，通常取为 0.04 ~ 0.06。则角点判决条件为：

(1) 如果 $|R|$ 非常小，则为灰度平坦区域。

(2) 如果 $R<0$，则对应特征的是灰度边缘。

(3) 如果 $R>0$，则搜索窗口内对应的特征是灰度角点。

Harris 算子计算图像中每个像素 R 值，并提取 R 具有局部最大值的像素作为角点特

征。图 7.2 给出了利用 Harris 算子对相邻的两幅序列图像的角点检测结果。

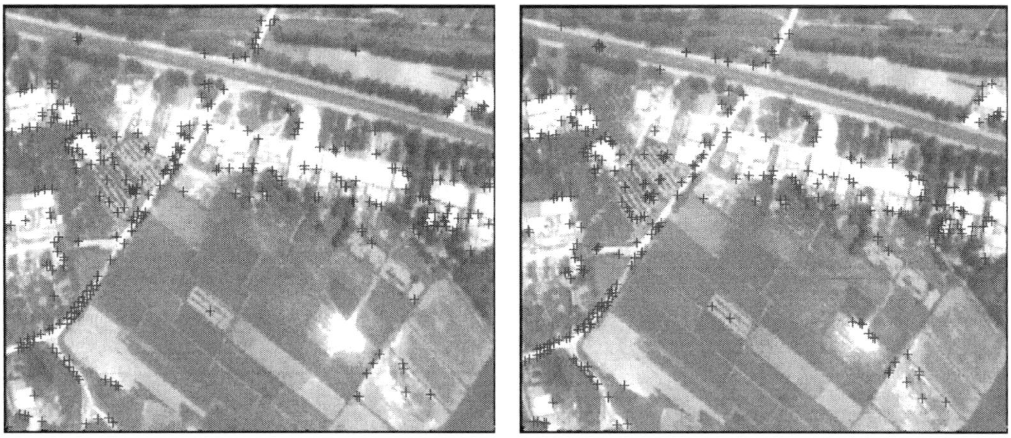

图 7.2　Harris 算子角点检测结果

2. KLT 特征提取方法

虽然 Harris 算子能够较好地提取图像中的角点特征，但是观察图 7.2 中角点特征的分布可以看出，Harris 算子提取的角点特征分布很不均匀，在图像灰度变化急剧的区域角点特征较为密集，在图像灰度变化平缓的区域，角点特征则较为稀疏，这既不利于角点特征的匹配，也不利于其后的序列图像配准。为此，本节采用 KLT 特征跟踪方法来提取序列图像中的角点特征。

KLT 特征提取(Shi and Tomasi, 1994)的方式与 Harris 角点检测方式相似，也是通过分析 $\boldsymbol{M}$ 矩阵特征值实现角点特征的检测提取，不同的是考虑了提取角点特征的均匀分布。KLT 方法首先计算图像中每个像素对应的 $\boldsymbol{M}$ 矩阵的特征值，并取 $\lambda=\min(\lambda_1,\lambda_2)$，然后通过以下措施实现角点特征的均匀分布：

(1) 抑制局部非最大。在 $m\times m$ 邻域内仅保留一个 λ 的最大值作为候选特征，邻域尺寸一般取为 3×3。

(2) 去除非显著特征。剔除 $\lambda<q\cdot\lambda_{\max}$ 的候选特征，$\lambda_{\max}$ 表示图像中所有像素 λ 的最大值，q 为显著性水平参数。

(3) 限制特征间的距离。取 $\lambda=\lambda_{\max}$ 的像素作为第一个提取的角点特征，按照 λ 值从大到小的顺序依次考察每一个候选特征；若其与所有已确定为角点的特征的距离 S_i 均大于 S_{allow}，则将该像素取为角点特征；否则，则舍弃此候选特征。S_{allow} 为预先设定的角点特征间的最小允许距离。

KLT 方法通过以上步骤去除了距离显著特征较近的候选特征，从而实现了角点特征在图像上的均匀分布。图 7.3 所示为利用 KLT 算法对无人飞行器序列图像进行角点检测的结果，在每幅图像上各提取了 100 个角点特征。可以看出，KLT 方法在序列图像中提取的角点特征分布比较均匀，且在两幅图像上提取的角点基本一致，可以认为，KLT 方法的检测结果是用于特征匹配的可靠的基础数据。

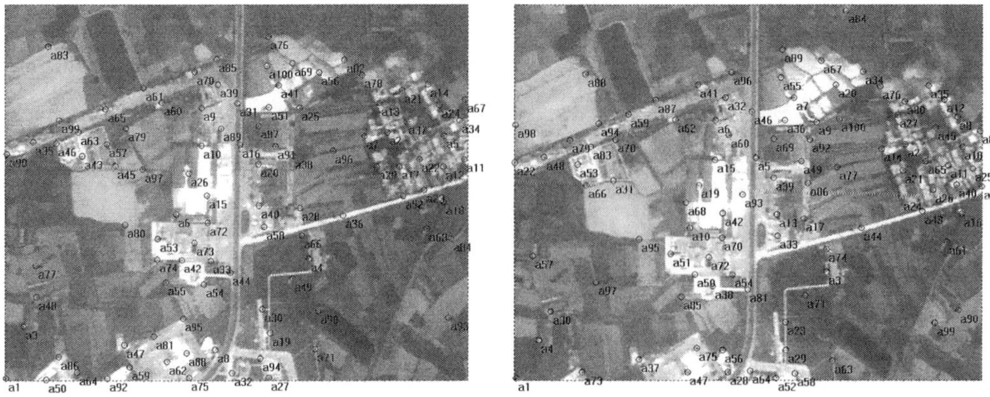

图 7.3 KLT 算法角点检测结果(彩图附后)

7.1.2 角点特征匹配

本节给出一种由粗到精的角点特征匹配算法。首先利用相似性测度对本章 7.1.1 节方法提取的特征进行粗匹配,然后利用匹配特征的两个一致性判据剔除粗匹配结果中的错误匹配(于文率等,2007)。

1. 基于相似性测度的特征粗匹配

基于相似性测度的角点特征匹配实际上归结为以角点特征为中心的图像邻域窗口的灰度模板匹配。特征模板匹配的基本方法通常是在左图像中以特征点 $p(u,v)$ 为中心开辟 $w\times h$ 的模板窗口 $T(p)$,相应地在右图像中以特征点 $p'(u',v')$ 为中心开辟同样大小的搜索窗口 $S(p')$,在 $W\times H$ 的搜索区域 $R(p')$(搜索区域也以特征点 $p'(u',v')$ 为中心开辟)内移动搜索窗口,以模板窗口 $T(p)$ 与搜索窗口 $S(p')$ 之间的灰度相似度作为测度判断特征点是否匹配的依据。

用来匹配的相似性测度有很多种,较为常用的有差平方和(sum of squared difference, SSD)和互相关(cross correlation, CC)测度。令 $I(s,t)$ 表示模板窗口 $T(p)$ 所形成的子图像的灰度值,其中,$s=0,1,\cdots,w-1;t=0,1,\cdots,h-1$。令 $I'(\Delta u'+s,\Delta v'+t)$ 表示搜索窗口 $S(p')$ 内的图像灰度值,其中,$\Delta u',\Delta v'$ 为搜索窗口 $S(p')$ 左上角在右图像中的像素坐标,则 SSD 测度为

$$S(\Delta u',\Delta v')=\sum_{s=0}^{w-1}\sum_{t=0}^{h-1}(I(s,t)-I'(\Delta u'+s,\Delta v'+t))^2 \tag{7.1}$$

取 $S_{\min}=\min\{S(\Delta u',\Delta v')\}$ 为搜索区域 $R(p')$ 中 SSD 测度的最小值,若 $S_{\min}<\delta_1$,其中,δ_1 为预先设定的阈值,则认为角点特征 $p'(u',v')$ 与 $p(u,v)$ 匹配。这样,对于左图像中的每一个角点特征,在右图像中可能得到最多一个匹配特征。另外,此时还可以根据 SSD 测度对匹配特征进行细化处理,将右图像中与 $p(u,v)$ 匹配的角点特征坐标改正到 SSD 测度最小处,即认为 $u'=\Delta u'+w/2,v'=\Delta v'+h/2$ 为新的与 $p(u,v)$ 匹配的角点坐标,这提高了特征匹配的精确性。

直接使用 SSD 测度的局限在于阈值 δ_1 难以确定,为此,采用归一化的 SSD 测度,表

示为

$$S'(\Delta u',\Delta v')=\frac{\sum_{s=0}^{w-1}\sum_{t=0}^{h-1}(I(s,t)-I'(\Delta u'+s,\Delta v'+t))^2}{\sqrt{\sum_{s=0}^{w-1}\sum_{t=0}^{h-1}(I(s,t))^2\cdot\sum_{s=0}^{w-1}\sum_{t=0}^{h-1}(I'(\Delta u'+s,\Delta v'+t))^2}}$$

进一步，将式(7.1)展开为

$$\begin{aligned}S(\Delta u',\Delta v')&=\sum_{s=0}^{w-1}\sum_{t=0}^{h-1}(I(s,t)-I'(\Delta u'+s,\Delta v'+t))^2\\&=\sum_{s=0}^{w-1}\sum_{t=0}^{h-1}(I(s,t))^2-2\sum_{s=0}^{w-1}\sum_{t=0}^{h-1}(I(s,t)\cdot I'(\Delta u'+s,\Delta v'+t))\\&\quad+\sum_{s=0}^{w-1}\sum_{t=0}^{h-1}(I'(\Delta u'+s,\Delta v'+t))^2\end{aligned}$$

其中，$\sum_{s=0}^{w-1}\sum_{t=0}^{h-1}(I(s,t))^2$ 是一常量，当搜索区域 $R(p')$ 较小时，搜索窗口 $S(p')$ 移动范围比较小，$\sum_{s=0}^{w-1}\sum_{t=0}^{h-1}(I'(\Delta u'+s,\Delta v'+t))^2$ 也可近似为常量。而 $S(\Delta u',\Delta v')$ 必然是正值，所以当 $2\sum_{s=0}^{w-1}\sum_{t=0}^{h-1}(I(s,t)\cdot I'(\Delta u'+s,\Delta v'+t))$ 最大时，$S(\Delta u',\Delta v')$ 为最小。由此，得到 CC 测度为

$$C(\Delta u',\Delta v')=\sum_{s=0}^{w-1}\sum_{t=0}^{h-1}(I(s,t)\cdot I'(\Delta u'+s,\Delta v'+t))$$

相应地，归一化的 CC 测度表示为

$$C'(\Delta u',\Delta v')=\frac{\sum_{s=0}^{w-1}\sum_{t=0}^{h-1}(I(s,t)\cdot I'(\Delta u'+s,\Delta v'+t))}{\sqrt{\sum_{s=0}^{w-1}\sum_{t=0}^{h-1}(I(s,t))^2\cdot\sum_{s=0}^{w-1}\sum_{t=0}^{h-1}(I'(\Delta u'+s,\Delta v'+t))^2}}$$

取 $C_{max}=\max\{C(\Delta u',\Delta v')\}$ 为搜索区域 $R(p')$ 中 CC 测度的最大值，若 $S_{max}>\delta_2$，其中，δ_2 为预先设定的阈值，则认为角点特征 $p(u,v)$ 和 $p'(u',v')$ 匹配。与 SSD 测度类似，此处也可以根据 CC 测度对匹配特征进行细化处理。

实践表明，选择相似性测度 S_{min} 最小或 C_{max} 最大的前 n 对匹配特征点会出现在图像中一些区域内的控制点过于稠密，而在另外一些区域控制点又过于稀疏的情况。为了使配准点在图像中分布均匀，将左图像分为 $M\times N$ 个网格，并在每个网格中遴选一个相似性测度 S_{min} 最小或 C_{max} 最大的匹配特征。

图 7.4 显示了依据归一化互相关测度对图像进行区域划分并遴选匹配特征后得到的粗匹配结果，图中左右图像上编号相同的特征点为匹配特征。图 7.5 中每条线段的两个端点分别表示匹配特征左右图像点的连线，所以每条线段表示一个匹配特征。利用图 7.5 可以清楚地看出粗匹配结果中包含了很多错误的匹配。

通过相似性测度建立特征匹配关系后，可以通过对称性测试(张广军，2005)剔除错误匹配。所谓对称性测试实际上是前述方法的逆向操作，即对于右图像特征点的邻域窗口，移动左图像中的搜索窗口，利用相似性测度搜索对应点。如果左图像特征点与右图像对

应点的匹配和右图像特征点与左图像对应点的匹配一致，则认为该匹配为有效匹配，并据此初步剔除不确定的匹配。但是对称性测试并不能剔除所有的错误匹配，并且考虑到运算效率的因素，这里未进行对称性测试，而是利用下面提出的基于一致性判据的特征精匹配算法来剔除粗匹配结果中的错误匹配。

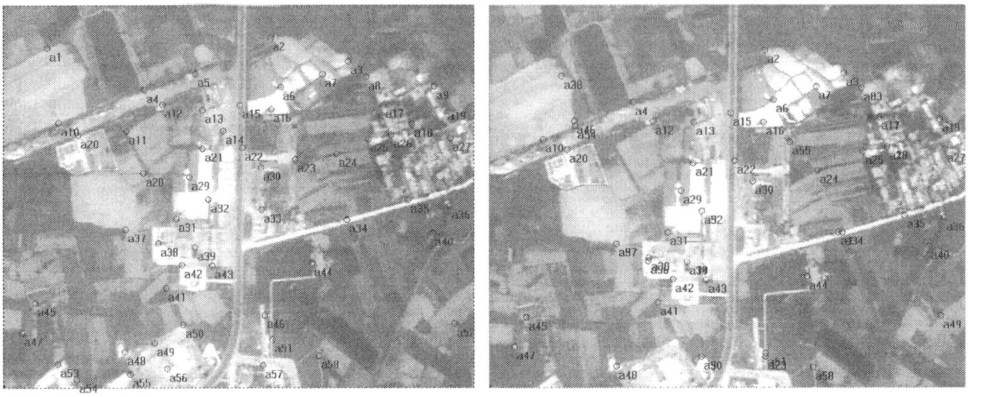

图 7.4　基于互相关测度的特征粗匹配结果(彩图附后)

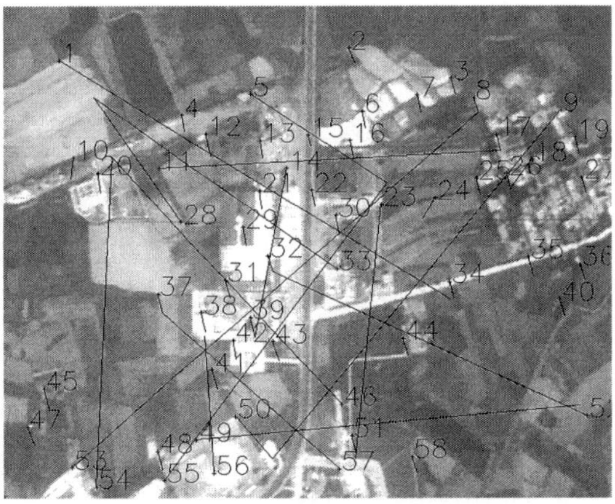

图 7.5　匹配特征左右图像点连线

2. 基于一致性判据的特征精匹配算法

本节提出基于两个匹配特征一致性判据的特征精匹配算法:特征偏移一致性准则和核线条件约束。

1) 特征偏移一致性准则

观察图 7.5 中特征粗匹配结果发现，对于无人飞行器序列图像，正确匹配的特征左右像点连线的方向和长度基本一致，而错误匹配的特征点连线呈现明显的离群特点。这就是序列图像匹配特征的第一个一致性准则——特征偏移一致性准则，可以利用这一准则剔除错误的匹配特征。探测离群点的基本方法是考察样本的某种统计量，这里采用匹配特征连线方向和长度的均值。设 $\bar{\theta}$,$\bar{l}$ 分别为匹配特征连线方向和长度的均值，通过下式

估计

$$\begin{cases}\bar{\theta}=\dfrac{1}{n}\sum\limits_{i=0}^{n}\theta_i\\ \bar{l}=\dfrac{1}{n}\sum\limits_{i=0}^{n}l_i\end{cases}$$

其中，θ_i，l_i 为第 i 个匹配特征连线的方向和长度。则探测离群点的判据为 $|\theta_i-\bar{\theta}|>\delta_\theta$ 或 $|l_i-\bar{l}|>\delta_l$，满足以上两个条件之一的匹配特征，均为错误匹配。

考虑到运算的效率，这里采用一种简易而高效的判据。由于

$$\begin{cases}\bar{u}=\bar{l}\cos\bar{\theta}\\ \bar{v}=\bar{l}\sin\bar{\theta}\end{cases}$$

其中，$\bar{u}$，$\bar{v}$ 为匹配特征连线矢量在 u，v 方向上的坐标均值，通过下式估计：

$$\begin{cases}\bar{u}=\dfrac{1}{n}\sum\limits_{i=0}^{n}u_i\\ \bar{v}=\dfrac{1}{n}\sum\limits_{i=0}^{n}v_i\end{cases}\tag{7.2}$$

式中，$u_i=u_{\text{right}}-u_{\text{left}}$，$v_i=v_{\text{right}}-v_{\text{left}}$ 为第 i 个匹配特征连线矢量在 u，v 方向上的坐标，$(u_{\text{left}},v_{\text{left}})$，$(u_{\text{right}},v_{\text{right}})$ 为匹配特征左右图像点坐标。于是，探测离群点的判据转化为

$$\max\left\{|u_i-\bar{u}|,|v_i-\bar{v}|\right\}>\delta$$

其中，δ 为预先设置的阈值。

根据上面所述的特征偏移一致性判据准则，我们设计的基于偏移一致性准则的特征精匹配算法描述如下：

(1) 将基于相似性测度的特征粗匹配结果作为候选匹配特征集，并剔除其中明显的粗差。粗差判据为 $|u_i|>\eta_u$ 或 $|v_i|>\eta_v$，其中，η_u 和 η_v 为阈值。

(2) 依据式(7.2)计算所有候选匹配特征连线矢量在 u，v 方向上的坐标均值 $\bar{u}$，$\bar{v}$。

(3) 从候选匹配特征集中剔除一个错误匹配，其左右特征连线矢量在 u，v 方向上的坐标与 $\bar{u}$，$\bar{v}$ 的差值最大，且 $\max\left\{|u_i-\bar{u}|,|v_i-\bar{v}|\right\}>\delta$。

(4) 重复第(2)步和第(3)步，直到所有候选匹配特征均满足 $\max\left\{|u_i-\bar{u}|,|v_i-\bar{v}|\right\}\leqslant\delta$。

(5) 设 m 为经过以上步骤后仍然保留的候选特征个数，n 为算法开始前特征粗匹配得到的候选特征个数，若 $m/n\times100\%>d\%$，则算法成功；否则，算法失败。

需要说明的是，以上特征精匹配算法建立在两个假设基础之上：①匹配特征偏移一致性准则，即匹配特征左右图像点连线的方向和长度近似相等，这意味着两幅图像是概略对准的，而无人飞行器获取的地面序列图像能够满足这一要求；②粗匹配结果中仅包含少量错误匹配，这取决于前期的基于相似性测度的特征粗匹配过程。大量实验表明，若以上第一个条件满足，则特征粗匹配结果中包含的错误匹配能够被特征精匹配过程剔除。

2）核线条件约束

由第 3 章中核线条件的知识，如果 p 和 p' 为同一场景点在两幅图像中的匹配特征，那么 p 一定位于与 p' 相关联的核线 l' 上，同时 p' 也一定位于与 p 相关联的核线 l 上，如图 7.6 所示。这是序列图像匹配特征的第二个一致性准则——核线条件约束。左图像上的核线 l' 可表示为 $\hat{\boldsymbol{l}}' = \boldsymbol{F}\hat{\boldsymbol{p}}'$，右图像上的核线 l 可表示为 $\hat{\boldsymbol{l}} = \boldsymbol{F}^{\mathrm{T}}\hat{\boldsymbol{p}}$，由第 5 章中式(5.28) $\hat{\boldsymbol{p}}^{\mathrm{T}}\boldsymbol{F}\hat{\boldsymbol{p}}' = 0$，核线条件方程可写为

$$\begin{cases}\hat{\boldsymbol{l}}' \cdot \hat{\boldsymbol{p}} = 0 \\ \hat{\boldsymbol{l}} \cdot \hat{\boldsymbol{p}}' = 0\end{cases}$$

其中，$\hat{\boldsymbol{p}} = [u, v, 1]^{\mathrm{T}}$ 和 $\hat{\boldsymbol{p}}' = [u', v', 1]^{\mathrm{T}}$ 分别为匹配特征左右图像点齐次坐标；$\hat{\boldsymbol{l}}' = [a', b', c']^{\mathrm{T}}$ 和 $\hat{\boldsymbol{l}} = [a, b, c]^{\mathrm{T}}$ 分别为左右图像上与 p' 和 p 相关联的核线齐次坐标；$\boldsymbol{F}$ 为基础矩阵。

图 7.7 所示候选匹配特征左图像点与相应的核线，图中的十字符号为候选匹配特征的左像点 p，短线段为(与候选匹配特征右像点 p' 相关联的)核线 l'。若匹配特征正确，像点肯定落在核线上，然而像点落在核线的匹配未必就是正确的匹配，即像点落在核线上是

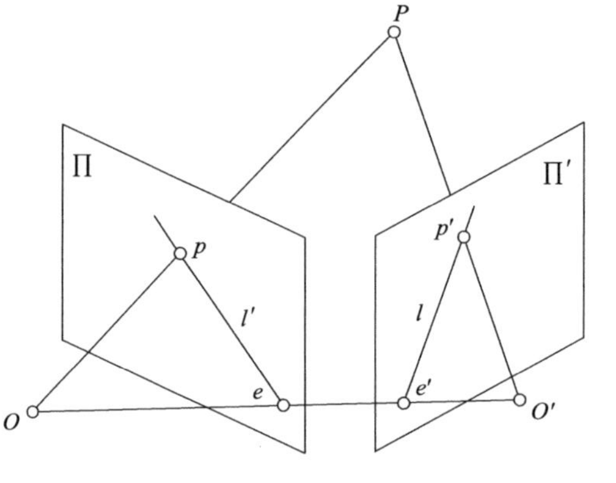

图 7.6　核线条件约束

图 7.7　候选匹配特征左像点与相应的核线

匹配特征正确的必要条件而不是充分条件。但是另一方面，若像点偏离核线，则必然为错误匹配。所以核线条件约束可以作为剔除错误匹配的判据，但是不能作为验证正确匹配的依据。

利用核线条件约束探测离群点的判据为

$$\max\{d_i, d'_i\} > \delta_d$$

其中，δ_d 为预先设置的阈值，d_i 为第 i 个匹配特征左图像点 p 到(与右图像点 p' 相关联的)核线 l' 的距离，d'_i 为右图像点 p' 到(与左图像点 p 相关联的)核线 l 的距离，通过下式计算

$$\begin{cases} d_i = |\hat{\boldsymbol{l}}' \cdot \hat{\boldsymbol{p}}| \\ d'_i = |\hat{\boldsymbol{l}} \cdot \hat{\boldsymbol{p}}'| \end{cases}$$

而 $\hat{\boldsymbol{l}}' = \boldsymbol{F}\hat{\boldsymbol{p}}'$，$\hat{\boldsymbol{l}} = \boldsymbol{F}^{\mathrm{T}}\hat{\boldsymbol{p}}$ 通过基础矩阵 $\boldsymbol{F}$ 计算。由于利用 RANSAC 方法拟合数据模型可以最大限度地抑制离群点对拟合结果的干扰，并在一定程度上减小了数据的计算量，所以本节采用 RANSAC 方法估计基础矩阵 $\boldsymbol{F}$（Fischler and Bolles，1981；Torr and Murray，1997；Torr and Zisserman，2000）。

图 7.8 显示了基于一致性判据的特征精匹配结果，图中左右图像上编号相同的特征点为匹配特征。从图 7.9 和图 7.10 中可以清楚地看出，匹配结果中不再包含错误匹配。

图 7.8　基于一致性判据的特征精匹配结果(彩图附后)

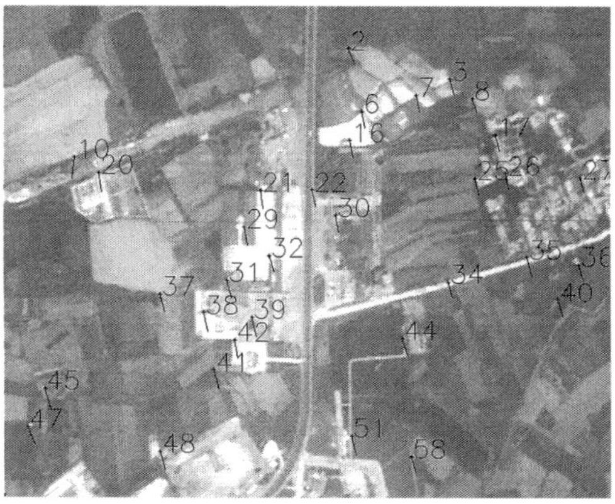

图 7.9　匹配特征左右图像点连线

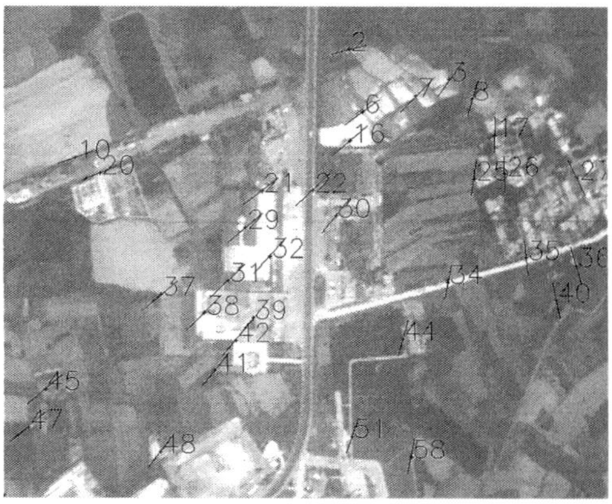

图 7.10　匹配特征左图像点与相应的核线

7.2 基于三视图的角点特征提取

为了获取更多的匹配角点特征用于序列图像配准，本节给出一种新的角点特征提取算法——基于三视图的角点特征提取。该算法通过借助第三幅视图，在两幅待配准图像之间间接地获取匹配角点特征(Zhang et al, 2013)。

7.2.1 基本原理

考察同一场景的三个视图的几何约束。如图 7.11 所示，三个透视摄像机同时观察一个场景点 P，它的像点分别为 p_1，p_2 和 p_3。摄像机镜头光学中心 O_1，O_2 和 O_3 确定了一个三焦平面，并与它们的视平面(物理成像平面)相交于三条三焦直线 t_1，t_2 和 t_3。每一条直线都经过相应的核点(例如，第一个视平面上的直线 t_1，经过另外两个摄像机的投影点 e_{21} 和 e_{31})。

每对摄像机可以确定一个核线条件方程，即

$$\begin{cases}\hat{\boldsymbol{p}}_1^{\mathrm{T}}\boldsymbol{F}_{12}\hat{\boldsymbol{p}}_2=0\\ \hat{\boldsymbol{p}}_2^{\mathrm{T}}\boldsymbol{F}_{23}\hat{\boldsymbol{p}}_3=0\\ \hat{\boldsymbol{p}}_3^{\mathrm{T}}\boldsymbol{F}_{31}\hat{\boldsymbol{p}}_1=0\end{cases} \tag{7.3}$$

式中，$\hat{\boldsymbol{p}}_1$，$\hat{\boldsymbol{p}}_2$，$\hat{\boldsymbol{p}}_3$ 分别为像点 p_1，p_2，p_3 的齐次坐标；$\boldsymbol{F}_{ij}$ 是与图像对 $i\leftrightarrow j$ 对应的基础矩阵。

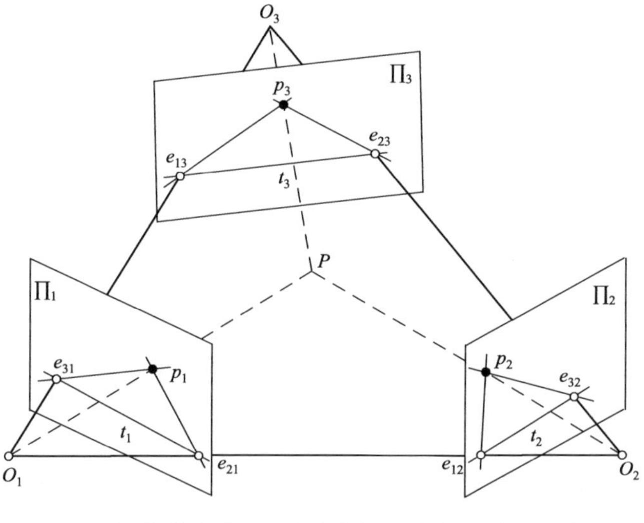

图 7.11　三目视觉，像点位于两条核线的交点(据福赛斯和泊斯，2004)

式(7.3)中任意两个方程都是独立的。若已知基础矩阵，可以通过另外两个像点 p_2 和 p_3 的坐标预测出像点 p_1 的坐标。这可以从式(7.3)的第一和第三个约束构成的两个线性方程得出，其中，p_1 的两个坐标未知。从几何上来说，p_1 是与 p_2 和 p_3 关联的核线的交点。

7.2.2 基于三视图的匹配角点提取算法

对于无人飞行器获取的序列图像，利用三视图提取的对应角点特征，可以提供更多的匹配特征。鉴于此，本节给出一种基于三视图的匹配角点提取算法，描述如下：

(1) 利用 7.1 节所述的方法在待配准图像 I_1 和 I_2 之间提取匹配角点特征集 Ω_{12}，并采用 RANSAC 方法估计 I_1 和 I_2 之间的基础矩阵 $\boldsymbol{F}_{12}$。

(2) 选取用于辅助 I_1 和 I_2 配准的第三幅图像 I_3，采用与第一步相同的方法，在 I_1 和 I_3 之间提取匹配角点特征集 Ω_{13}，估计 I_1 和 I_3 之间的基础矩阵 $\boldsymbol{F}_{13}$。

(3) 在 I_2 和 I_3 之间提取匹配角点特征集 Ω_{23}。

(4) 对 Ω_{23} 中的每一个匹配角点特征，首先采用下式计算其在 I_1 上与左右图像点 p_2^i 和 p_3^i 相关联的核线

$$\begin{cases} \hat{\boldsymbol{l}}_2^i = \boldsymbol{F}_{12}\hat{\boldsymbol{p}}_2^i \\ \hat{\boldsymbol{l}}_3^i = \boldsymbol{F}_{13}\hat{\boldsymbol{p}}_3^i \end{cases}$$

其中，$\hat{\boldsymbol{p}}_2^i, \hat{\boldsymbol{p}}_3^i$ 为 Ω_{23} 中第 i 个匹配特征在 I_2, I_3 上的齐次坐标；$\hat{\boldsymbol{l}}_2^i, \hat{\boldsymbol{l}}_3^i$ 为 I_1 上与 p_2^i, p_3^i 关联的核线 l_2^i, l_3^i 的齐次坐标。然后计算核线 l_2^i, l_3^i 的交点，记为 p_1^i，那么特征对 $p_1^i \leftrightarrow p_2^i$ 则构成图像 I_1 和 I_2 之间的一个匹配角点特征。所有特征对 $p_1^i \leftrightarrow p_2^i$ 组成了 I_1 和 I_2 之间的匹配角点特征集 Ω'_{12}。

(5) 剔除 Ω'_{12} 中距离 Ω_{12} 元素太近的匹配特征后，取 $\Omega = \Omega_{12} \cup \Omega'_{12}$ 为最终的 I_1 和 I_2 之间的匹配特征集。

图 7.12 为运用以上算法进行三视图匹配角点特征提取结果。其中用 a 编号的角点是在待配准图像 I_1 和 I_2 之间直接提取的匹配特征，用 m 编号的角点是利用基于三视图的匹配算法得到的匹配特征。与图 7.8 相比，可以看出，基于三视图匹配算法得到了更多的匹配特征。

图 7.12 基于三视图的匹配角点特征提取结果(彩图附后)

需要说明的是，在理论上，对于 Ω'_{12} 中的每一个元素 (I_2, I_3 上的特征对 $p_2^i \leftrightarrow p_3^i$)，均可以在 I_1 上计算得到一个匹配点 p_1^i。但事实上，并不是 Ω'_{12} 中所有的元素都可用于解算 I_1 上的匹配点，这取决于式(7.3)的第一和第三个约束构成的两个线性方程的相关程度。

从几何上能够更形象地说明一点,如图 7.13(a)所示,若在 I_1 上核线夹角 α^i 太小,则无法精确定位匹配点 p_1^i。为克服这一不利影响,在实践中,若 $\alpha^i < \delta_\alpha$,则舍弃此特征对 $p_2^i \leftrightarrow p_3^i$。图 7.13(b)所示为实际选用的特征点及经过特征点的核线。

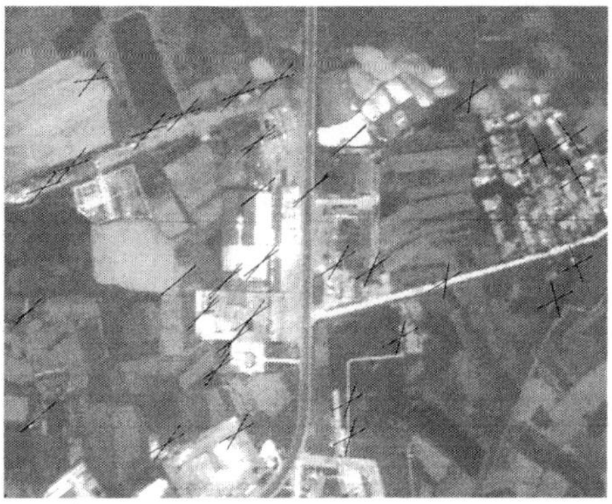

(a)

(b)

图 7.13　在 I_1 上核线夹角随点位变化

7.3　序列图像配准模型

首先将摄像机平面构像模型引入平坦地面的序列图像配准,分析地表起伏情况下该模型的适应性;然后阐述在 DEM 支持下对序列图像进行快速纠正以后再配准的一般策略;最后介绍序列图像配准的通用多项式模型。

7.3.1　平面构像配准模型

由 5.1.2 节中的分析,当对平面成像时,可以通过物方空间坐标系的适当选取使得平面上(场景)点的物方坐标 $Z=0$,则摄像机几何投影模型式(4.22) $z\hat{\boldsymbol{p}} = \boldsymbol{A}[\boldsymbol{R}^{\mathrm{T}} \quad \boldsymbol{t}]\hat{\boldsymbol{P}}$ 退化为

$$z\hat{\boldsymbol{p}} = \boldsymbol{H}\hat{\boldsymbol{P}}$$

$$\boldsymbol{H} = \boldsymbol{A}[\bar{\boldsymbol{r}}_1 \quad \bar{\boldsymbol{r}}_2 \quad \boldsymbol{t}]$$

其中,3×3 矩阵 $\boldsymbol{H}$ 称为单应矩阵,它表示两个平面之间的可逆齐次变换。$\hat{\boldsymbol{p}} = [u, v, 1]^{\mathrm{T}}$ 是像点的齐次坐标;$\hat{\boldsymbol{P}} = [X, Y, Z, 1]^{\mathrm{T}}$ 是景点 P 在物方空间直角坐标中的齐次坐标;$\bar{\boldsymbol{r}}_1$,$\bar{\boldsymbol{r}}_2$ 和 $\bar{\boldsymbol{r}}_3$ 表示旋转矩阵 $\boldsymbol{R}^{\mathrm{T}}$ 的三列;$\boldsymbol{t} = [t_x, t_y, t_z]^{\mathrm{T}}$ 为物方空间坐标系原点在摄像机坐标系中的坐标向量;$\boldsymbol{A}$ 是摄像机内参数矩阵;z 为比例因子。

若使用两台摄像机对同一平面目标成像,用单应矩阵 $\boldsymbol{H}$ 表示的投影模型分别为

$$z_1\hat{\boldsymbol{p}}_1 = \boldsymbol{H}_1\hat{\boldsymbol{P}}$$

和

$$z_2\hat{\boldsymbol{p}}_2 = \boldsymbol{H}_2\hat{\boldsymbol{P}}$$

由于摄像机坐标系原点不可能落在目标平面上,并且 $\boldsymbol{t}$ 不为 $\boldsymbol{0}$,所以单应矩阵 $\boldsymbol{H}$ 可逆(吴福朝和胡占义,2002),可得两幅图像对应像点之间的关系为

$$s\hat{\boldsymbol{p}}_2 = \boldsymbol{H}\hat{\boldsymbol{p}}_1 \tag{7.4}$$

式中，$\boldsymbol{H} = \boldsymbol{H}_2\boldsymbol{H}_1^{-1}$，仍然为两个平面之间的单应矩阵；$s = z_2/z_1$ 为比例因子。

由于单应矩阵 $\boldsymbol{H}$ 表示相差一个比例因子 s 下的像点坐标关系，所以可将 $\boldsymbol{H}$ 写为规范化形式：

$$\boldsymbol{H} = \begin{bmatrix} h_1 & h_4 & h_7 \\ h_2 & h_5 & h_8 \\ h_3 & h_6 & 1 \end{bmatrix} \tag{7.5}$$

将式(7.5)代入式(7.4)并展开，消去未知比例因子，得到

$$\begin{cases} u_2 = \dfrac{h_1 u_1 + h_4 v_1 + h_7}{h_3 u_1 + h_6 v_1 + 1} \\ v_2 = \dfrac{h_2 u_1 + h_5 v_1 + h_8}{h_3 u_1 + h_6 v_1 + 1} \end{cases} \tag{7.6}$$

式(7.6)给出了平面目标在不同图像上对应像点坐标之间的关系。可以看出，只要能够得到单应矩阵 $\boldsymbol{H}$，即可实现平面图像的配准。若已知两台摄像机的内外参数，就可以按照式(5.11)计算每台摄像机与目标平面的单应矩阵；然后计算两幅图像之间的单应矩阵 $\boldsymbol{H} = \boldsymbol{H}_2\boldsymbol{H}_1^{-1}$。但是在实践中，可以通过更简单的方法来求解单应矩阵。常用的方法之一是利用两幅图像上的对应特征点，通过优化下式

$$\sum_i \| \boldsymbol{p}_{2i} - \hat{\boldsymbol{p}}_{2i} \|^2 \rightarrow \min$$

来估计单应矩阵 $\boldsymbol{H}$ (Zhang, 2000)。其中，$\boldsymbol{p}_{2i} = [u_{2i}, v_{2i}]^{\mathrm{T}}$ 为第二幅图像上的像点坐标，$\hat{\boldsymbol{p}}_{2i} = [\hat{\boldsymbol{u}}_{2i}, \hat{\boldsymbol{v}}_{2i}]^{\mathrm{T}}$，为按照式(7.6)计算得到的像点坐标。估计单应矩阵的方法参见5.2.2节。此外，曾慧等(2007)还提出了一种基于线对应的归一化单应矩阵的估计方法。

由以上分析可以看出，对于无人飞行器获取的序列图像，只要目标区域地表平坦(满足平面成像的要求)，就可以利用图像上的对应特征估计单应矩阵，按照式(7.6)进行相邻图像的配准或镶嵌，而无需知道摄像机内外参数的任何信息。这也意味着无需对摄像机的内外参数作任何特别的规定，即摄像机的位置和姿态是任意的，但是要保证相邻图像之间有足够的重叠。

需要说明的是，虽然无需知道摄像机的内参数，但是注意到式(7.4)表示的是未畸变图像像点坐标之间的关系，所以在配准前需要改正图像中镜头畸变的影响，因此对摄像机进行几何标定还是必要的。

7.3.2 起伏地表配准模型

当地表起伏时，相邻图像之间的关系 $s\hat{\boldsymbol{p}}_2 = \boldsymbol{H}\hat{\boldsymbol{p}}_1$ 不复存在，这对于序列图像的镶嵌来说相当不利。但是，若能对像点坐标进行适当的改正，使之仍然满足第5章中平面模板成像的关系式(5.10)，则无人飞行器获取的序列图像之间仍然存在 $s\hat{\boldsymbol{p}}_2 = \boldsymbol{H}\hat{\boldsymbol{p}}_1$ 的关系。

下面推导当目标区域地表存在起伏时，满足式(5.10)的像点坐标改正数。为此，首先将式(5.10)展开为

$$z'\begin{bmatrix} u' \\ v' \\ 1 \end{bmatrix} = \begin{bmatrix} z'u' \\ z'v' \\ z' \end{bmatrix} = \begin{bmatrix} \alpha & \gamma & u_0 \\ 0 & \beta' & v_0 \\ 0 & 0 & 1 \end{bmatrix} \begin{bmatrix} a_1 & b_1 & t_x \\ a_2 & b_2 & t_y \\ a_3 & b_3 & t_z \end{bmatrix} \begin{bmatrix} X \\ Y \\ 1 \end{bmatrix}$$

$$
= \begin{bmatrix} (\alpha a_1 + \gamma a_2 + u_0 a_3)X + (\alpha b_1 + \gamma b_2 + u_0 b_3)Y + (\alpha t_x + \gamma t_y + u_0 t_z) \\ (\beta' a_2 + v_0 a_3)X + (\beta' b_2 + v_0 b_3)Y + (\beta' t_y + v_0 t_z) \\ a_3 X + b_3 Y + t_z \end{bmatrix} \tag{7.7}
$$

式中，$z' = a_3X + b_3Y + t_z$ 为比例因子；$\hat{\boldsymbol{p}}' = [u', v', 1]^{\mathrm{T}}$ 为平面目标的像点坐标矢量。采用符号 u',v' 和 z' 是为了和下面地表起伏时摄像机几何投影的一般模型相区别。

然后，将第 4 章中摄像机几何投影的一般模型式(4.23)也展开为

$$
z\begin{bmatrix} u \\ v \\ 1 \end{bmatrix} = \begin{bmatrix} zu \\ zv \\ z \end{bmatrix} = \begin{bmatrix} \alpha & \gamma & u_0 \\ 0 & \beta' & v_0 \\ 0 & 0 & 1 \end{bmatrix} \begin{bmatrix} a_1 & b_1 & c_1 & t_x \\ a_2 & b_2 & c_2 & t_y \\ a_3 & b_3 & c_3 & t_z \end{bmatrix} \begin{bmatrix} X \\ Y \\ Z \\ 1 \end{bmatrix}
$$

$$
= \begin{bmatrix} (\alpha a_1 + \gamma a_2 + u_0 a_3)X + (\alpha b_1 + \gamma b_2 + u_0 b_3)Y + (\alpha c_1 + \gamma c_2 + u_0 c_3)Z + (\alpha t_x + \gamma t_y + u_0 t_z) \\ (\beta' a_2 + v_0 a_3)X + (\beta' b_2 + v_0 b_3)Y + (\beta' c_2 + v_0 c_3)Z + (\beta' t_y + v_0 t_z) \\ a_3 X + b_3 Y + c_3 Z + t_z \end{bmatrix}
$$

其中，$z = a_3X + b_3Y + c_3Z + t_z$。与式(7.7)相比较，有

$$
\begin{bmatrix} zu - (\alpha c_1 + \gamma c_2 + u_0 c_3)Z \\ zv - (\beta' c_2 + v_0 c_3)Z \\ z - c_3 Z \end{bmatrix}
$$

$$
= \begin{bmatrix} (\alpha a_1 + \gamma a_2 + u_0 a_3)X + (\alpha b_1 + \gamma b_2 + u_0 b_3)Y + (\alpha t_x + \gamma t_y + u_0 t_z) \\ (\beta' a_2 + v_0 a_3)X + (\beta' b_2 + v_0 b_3)Y + (\beta' t_y + v_0 t_z) \\ a_3 X + b_3 Y + t_z \end{bmatrix}
$$

$$
= \begin{bmatrix} z'u' \\ z'v' \\ z' \end{bmatrix} = \boldsymbol{H}\hat{\boldsymbol{P}}
$$

上式左边进一步改化为

$$
\begin{bmatrix} zu - (\alpha c_1 + \gamma c_2 + u_0 c_3)Z \\ zv - (\beta' c_2 + v_0 c_3)Z \\ z - c_3 Z \end{bmatrix} = \begin{bmatrix} z'u + uc_3 Z - (\alpha c_1 + \gamma c_2 + u_0 c_3)Z \\ z'v + vc_3 Z - (\beta' c_2 + v_0 c_3)Z \\ z' \end{bmatrix}
$$

$$
= z' \begin{bmatrix} u + \dfrac{(u - u_0)c_3 Z - (\alpha c_1 + \gamma c_2)Z}{z'} \\ v + \dfrac{(v - v_0)c_3 Z - \beta' c_2 Z}{z'} \\ 1 \end{bmatrix} \tag{7.8}
$$

$$
= z' \begin{bmatrix} u + \Delta u \\ v + \Delta v \\ 1 \end{bmatrix} = z' \begin{bmatrix} u' \\ v' \\ 1 \end{bmatrix} = \boldsymbol{H}\hat{\boldsymbol{P}}
$$

由式(7.8)，当地表起伏时，若对像点坐标加上改正数：

$$
\begin{cases}
\Delta u = \dfrac{(u-u_0)c_3 Z - (\alpha c_1 + \gamma c_2)Z}{a_3 X + b_3 Y + t_z} \\
\Delta v = \dfrac{(v-v_0)c_3 Z - \beta' c_2 Z}{a_3 X + b_3 Y + t_z}
\end{cases}
\tag{7.9}
$$

则相邻图像之间仍然存在 $s\hat{\boldsymbol{p}}_2 = \boldsymbol{H}\hat{\boldsymbol{p}}_1$ 的关系。

在实践中，由于难以确定地面点在物方坐标系中的坐标 (X,Y,Z) 以及摄像机的内外参数，式(7.9)实际上难以运用。但是可以将它作为评判地表是否平坦的依据，从而判断是否可以按照式(7.4)对无人飞行器序列图像进行配准和镶嵌。

设目标区域地表高程最小值和最大值分别为 $H_{\min}$ 和 $H_{\max}$，最大高差为 $\Delta H = H_{\max} - H_{\min}$。将物方空间坐标系 $O\text{-}XYZ$ 的 XOY 平面取为水平面，Z 轴竖直向上，原点取在高程 $(H_{\max} - H_{\min})/2$ 处，则目标区物方空间 Z 坐标的最小值和最大值分别为 $Z_{\min} = -\Delta H/2$ 和 $Z_{\max} = \Delta H/2$。为了评估像点坐标的改正数，设定摄像机垂直对地成像，即旋转矩阵 $\boldsymbol{R}^{\mathrm{T}}$ 为单位阵 $\boldsymbol{I}$（不失一般性，设定合适的飞行方向，使摄像机坐标系与物方空间坐标系各坐标轴指向完全一致）。由外参数 $\boldsymbol{t}$ 的定义可知，$t_z = -h$，h 为无人飞行器相对 XOY 平面[高程为 $(H_{\max} - H_{\min})/2$]的飞行高度。将 $Z_{\min} = -\Delta H/2$ 和 $Z_{\max} = \Delta H/2$ 代入式(7.9)，则得到像点坐标改正数最大值为

$$
\begin{cases}
\Delta u_{\max} = \pm \dfrac{\Delta H}{2h}(u-u_0) \\
\Delta v_{\max} = \pm \dfrac{\Delta H}{2h}(v-v_0)
\end{cases}
$$

若 $|\Delta u_{\max}| < \delta$ 且 $|\Delta v_{\max}| < \delta$，$\delta$ 为设定的阈值，则可以按照式(7.4)的关系对无人飞行器获取的序列图像进行配准和镶嵌；否则，必须寻找更严密的对应关系。

7.3.3 序列图像快速纠正

在地表起伏区域，无人飞行器获取的序列图像本身并不存在严密的整体对应关系。但是若可以在 DEM/DSM 的支持下，利用基于 GPS/INS 组合系统的目标定位技术，快速地将序列图像纠正为正射影像，则纠正后的正射图像之间存在简单的整体对应关系，并且可以用平移缩放关系表示。

序列图像正射纠正的基本任务是将原始中心投影的序列图像变换为与地图坐标相一致的二维正射投影图像，其实质是两个二维图像之间的几何变换，关键在于确定原始图像与纠正图像之间的几何关系。设任意对应像元在原始图像和纠正后图像中的坐标分别为 (u,v) 和 (u',v')，它们之间存在着如下几何映射关系

$$
\begin{cases}
u = f_u(u',v') \\
v = f_v(u',v')
\end{cases}
\quad 和 \quad
\begin{cases}
u' = g_{u'}(u,v) \\
v' = g_{v'}(u,v)
\end{cases}
$$

上式中的前两个等式是由纠正后的像点 p' 的坐标 (u',v') 出发反求在原始图像上的像点 p 的坐标 (u,v)，这种方法称为反解法（或间接解法）；而后两个等式是由原始图像上的像点 p 的坐标 (u,v) 解求纠正后的像点 p' 的坐标 (u',v')，这种方法称为正解法（或直接解法）。

对于数字正射纠正，纠正后图像（正射图像）建立了像点与地面点坐标的正比关系：

$$\begin{cases} X = X_0 + M \cdot u' \\ Y = Y_0 + M \cdot v' \end{cases} \tag{7.10}$$

式中，(u',v') 为像点 p' 的图像坐标；(X,Y) 为对应的地面点坐标；(X_0,Y_0) 为正射图像左下角像点的地面坐标；M 为正射图像比例尺分母。利用式(7.10)可以方便地进行正射图像像点坐标和地面坐标的转换。而在原始序列图像上，像点坐标与地面坐标之间的几何关系由构像方程式(4.24)或式(4.34)给出。地面物方空间点在序列图像上的像点坐标可以利用构像方程直接计算，序列图像上的像点对应的地面物方空间点的坐标则要按照第 4 章和第 6 章所阐述的单像目标定位方法迭代计算。所以，采用反解法(间接解法)数字正射纠正方法纠正序列图像。具体算法描述如下：

(1) 按照第 4 章和第 6 章所阐述的单像目标定位方法，解算序列图像四个角点像素所对应的地面空间点的物方坐标，并据此确定所要生成的正射图像的地面范围。

(2) 设定正射图像比例尺分母 M，计算正射图像的尺寸，并建立空白正射图像。M 值的选取应使生成的正射图像与原始序列图像的地面分辨率尽量保持一致。

(3) 对空白正射图像中的每个像点 (u',v')，按照式(7.10)计算其对应的地面平面坐标，在 DEM 中内插高程后得到对应地面点的三维坐标，将该地面三维坐标代入构像方程，直接计算得到对应的原始图像坐标 (u,v)。这样以来，就建立了纠正后的正射图像与纠正前的原始序列图像像点之间的几何映射关系。

(4) 将原始图像像点 (u,v) 处的灰度值赋给对应的正射图像像点坐标 (u',v')。注意到在反解法数字正射纠正过程中，正射图像像点坐标 (u',v') 是整数，但是其对应的原始图像像点坐标 (u,v) 不一定落在像元中心，为此必须进行灰度内插，求得像点 (u,v) 的灰度值。

对于序列图像的几何纠正，逐个像元的解算方案会耗费大量的机时，处理效率较低。为克服这一问题，结合序列图像对应的地面范围较小的特点，可采用锚点校正法。首先在空白正射图像上建立 $m \times n$ 的锚点格网，格网的间距可按实际情况确定；然后仅仅在这些格网点上做几何纠正，得到每一个格网点上的坐标矢量

$$c(i,j) = \{u'_{ij}, v'_{ij}, u_{ij}, v_{ij}\}$$

式中，u'_{ij}, v'_{ij} 是纠正图像上的格网点坐标；u_{ij}, v_{ij} 是对应的原始图像坐标；i,j 表示锚点格网中的第 i 行和第 j 列。最后，由于每一格网的四个角点的坐标矢量已知，用它们作为控制，对格网内的点只要按一次多项式内插既可实现图像的几何纠正。实践表明，这一方案利用牺牲少量几何精度的代价换取了处理效率的大幅提高。

7.3.4 序列图像配准的多项式模型

在镶嵌前对序列图像进行正射纠正，能够建立序列图像之间的整体严密关系，但是需要有 DEM/DSM 数据以及 GPS/INS 组合系统数据支持，这对无人飞行系统和地面数据支持提出了很高的要求。在某些情况下，缺乏以上数据支持，且对图像镶嵌的几何精度要求不高时，可以使用多项式模型拟合相邻序列图像之间的几何关系

$$\begin{cases} u_2 = a_m^0 u_1^m + a_{m-1}^1 u_1^{m-1} v_1 + \cdots + a_0^m u_1 v_1^{m-1} + \cdots + a_1^0 u_1 + a_0^1 v_1 + a_0^0 \\ v_2 = b_m^0 u_1^m + b_{m-1}^1 u_1^{m-1} v_1 + \cdots + b_0^m u_1 v_1^{m-1} + \cdots + b_1^0 u_1 + b_0^1 v_1 + b_0^0 \end{cases}$$

其中，(u_1, v_1) 为第一幅图像上的图像坐标；(u_2, v_2) 为对应的第二幅图像上的图像坐标；a_i^j, b_i^j 为多项式系数，可利用两幅图像之间的对应特征解算。

实践中，多项式的次数不宜太高，原因有两个：①高次多项式会产生振荡现象；②需要的对应特征数量太多。例如，二次多项式需要至少 6 对相应特征点解算 12 个系数，三次多项式需要至少 10 对相应特征点解算 20 个系数。

7.3.5 旋转摄像机构像模型

事实上，对于旋转摄像机（摄像机投影中心位置固定）拍摄的序列图像，对应像点坐标之间的关系也符合式(7.6)的关系(Szeliski，1996；Szeliski and Shum，1997)。将物方空间坐标系的原点取为摄像机坐标系的原点，即 $\boldsymbol{t}=\boldsymbol{0}$，摄像机几何投影模型式(4.23) $z\hat{\boldsymbol{p}}=\boldsymbol{A}[\boldsymbol{R}^{\mathrm{T}} \quad \boldsymbol{t}]\hat{\boldsymbol{P}}$ 表示为

$$z\begin{bmatrix}u\\v\\1\end{bmatrix}=\boldsymbol{A}[\boldsymbol{R}^{\mathrm{T}} \quad \boldsymbol{0}]\cdot\begin{bmatrix}X\\Y\\Z\\1\end{bmatrix}=\boldsymbol{A}\boldsymbol{R}^{\mathrm{T}}\begin{bmatrix}X\\Y\\Z\end{bmatrix}$$

因此，空间一点 P 和它的像点 p 之间的关系同样可以表示为

$$z\hat{\boldsymbol{p}}=\boldsymbol{H}\hat{\boldsymbol{P}}$$

与式(5.10)不同的是，此时

$$\boldsymbol{H}=\boldsymbol{A}\boldsymbol{R}^{\mathrm{T}}$$

显然，3×3 矩阵 $\boldsymbol{H}$ 可逆。

于是，对于旋转摄像机获取的两幅图像对应像点之间的关系与式(7.4)和式(7.6)形式完全相同。图 7.14 所示为航天飞机驾驶舱的 360°全景镶嵌图，共使用了 14 幅图像。

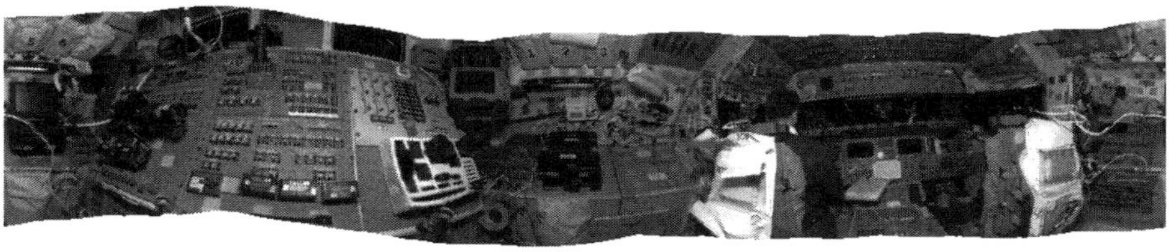

图 7.14 航天飞机驾驶舱的 360°全景镶嵌图(据 Szeliski and Shum，1997)

7.4 序列图像自动镶嵌系统

由于到地面场景的复杂性和无人飞行器姿态的不稳定性等因素，角点特征自动提取和匹配算法可能失败，或者在某些情况下，自动提取的匹配角点特征中可能仍然含有极少量的错误匹配。为了克服此类现象对序列图像镶嵌造成的不利影响，本节建立一个基于人工监督的序列图像自动镶嵌系统，包括双视图角点特征匹配和三视图角点特征匹配两个版本。图 7.15 所示为利用三视图进行角点特征匹配的版本主界面。

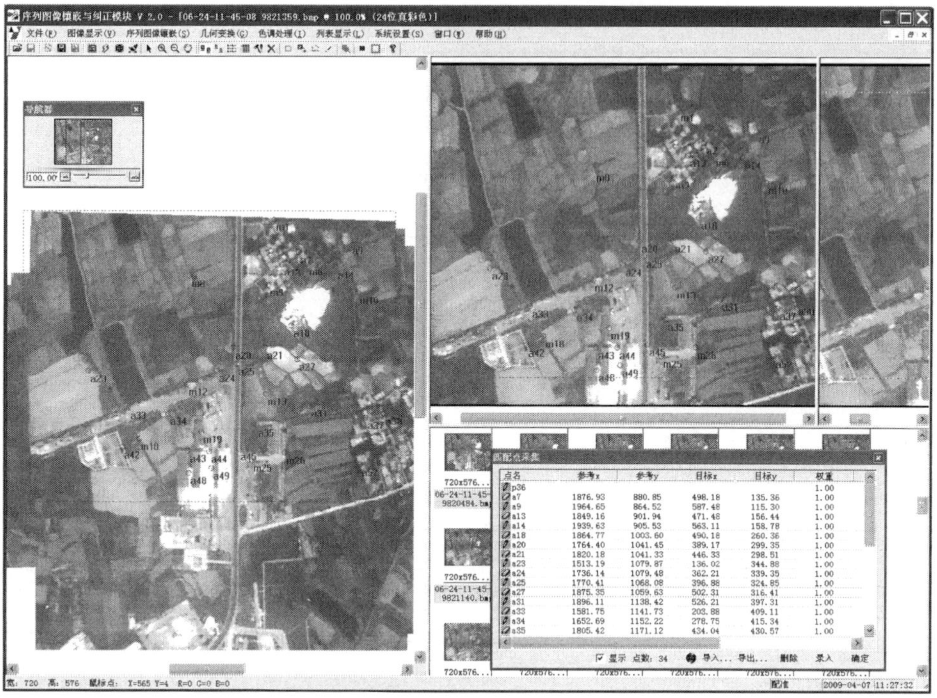

图 7.15　基于人工监督的序列图像自动镶嵌系统主界面(彩图附后)

图 7.15 中左视图为镶嵌图像窗口，用于显示镶嵌图像；右上视图为序列图像窗口，被分割成了两个窗口，分别显示待镶嵌的序列图像和第三幅序列图像；右下视图为序列图像列表窗口，用于选取待镶嵌序列图像。当需要人工检查、编辑、采集匹配特征点时，可以调出“匹配点采集”对话框，同时在镶嵌图像和待镶嵌序列图像上显示得到的匹配特征点。

系统实现的主要功能包括：

(1) 在镶嵌图像与待镶嵌序列图像之间自动提取和匹配角点特征。

(2) 在镶嵌图像与待镶嵌序列图像之间人工采集和编辑对应特征点。

(3) 基于多种几何模型的序列图像自动配准与镶嵌。

(4) 自动镶嵌过程中的人工监督功能。

系统通过精心设计的操作流程来控制人工监督下的序列图像自动镶嵌过程。对于每一幅待镶嵌的序列图像，操作流程设计如下，为保证选定的图像与已镶嵌到镶嵌图像窗口中的图像具有足够的场景重叠，在序列图像列表窗口人工选择待镶嵌的序列图像，系统会自动选取另一幅图像作为三视图匹配的第三幅序列图像，并利用这两幅序列图像与镶嵌图像窗口的图像进行匹配，自动提取镶嵌图像与待镶嵌序列图像之间的匹配特征点。存在三种可能：

(1) 自动匹配过程成功，系统自动将该图像配准到镶嵌图像窗口中，经检查配准结果无误，说明角点特征匹配结果正确。此时接受系统自动镶嵌结果，并开始镶嵌下一幅图像。

(2) 自动匹配过程虽然成功完成，但是在系统自动将该图像配准到镶嵌图像窗口时配准误差较大，说明自动提取的匹配角点特征中含有错误匹配。此时，可采取人工干预的方式修正自动镶嵌结果。利用系统提供的撤销功能，撤销已经自动完成的图像镶嵌操作，系统将保留自动匹配得到的对应特征点，并调出匹配点采集对话框，同时在镶嵌图像和待镶嵌序列图像上显示对应特征点。这些对应特征点可以作为下一步人工干预下的图像镶嵌的候选特征，但是需要注意的是，其中必然存在错误的匹配，需要参照图像中的点号，在匹配点采集对话框中删除错误的对应特征点。若自动匹配的对应特征点数量不够，或者不能得到满意的镶嵌结果，还可以在镶嵌图像与待镶嵌序列图像之间人工采集对应特征点。

(3) 自动匹配过程失败，系统无法将序列图像窗口中的图像镶嵌到镶嵌图像窗口中。此时，也转入人工干预程序来修正自动镶匹配结果。处理方法同(2)。

需要说明的是，系统提供了撤销已完成的图像镶嵌操作的功能，这为镶嵌过程中的人工监督提供了便利的途径，对每一幅待镶嵌的序列图像，无需逐一检查自动获取的大量匹配点是否正确，而只需在计算机自动完成该序列图像镶嵌后，再检查镶嵌结果即可。若镶嵌结果正确，说明特征点匹配正确；若配准误差较大，则说明自动提取的匹配角点特征中含有错误匹配。此时，可以撤销计算机自动完成的镶嵌操作，然后再检查自动获取的匹配点对。

图 7.16 所示为系统完成的无人飞行器序列图像自动镶嵌结果。

图 7.16　无人飞行器序列图像自动镶嵌结果(彩图附后)

参 考 文 献

福赛斯 A，泊斯 J. 2004. 计算机视觉——一种现代方法. 林学訚等译. 北京：电子工业出版社

吴福朝，胡占义. 2002. 多平面多视点单应矩阵间的约束. 自动化学报，28(5)：690～699

于文率，余旭初，张鹏强，周俊. 2007. 一种改进的 UAV 视频序列影像镶嵌方法. 测绘科学技术学报，24 (6)：415～418

曾慧，邓小明，赵训坡，胡占义. 2007. 基于线对应的单应矩阵估计及其在视觉测量中的应用. 自动化学报，33(5)：449～455

张广军. 2005. 机器视觉. 北京：科学出版社

Alan B. 2005. Handbook of Image and Video Processing (Second edition). Singapore：Elsevier

Barbara Z, Jan F. 2003. Image registration methods：A surve. Image and Vision Computing, 21：977～1000

Fischler M, Bolles R. 1981. Random sample consensus：A paradigm for model fitting with applications to image analysis and automated cartography. Communications of the ACM, 24(6)：381～395

Harris C, Stephens M. 1988. A combined corner and edge detector. In：Fourth Alvey Vision Conference, Manchester UK：147～151

Shi J, Tomasi C. 1994. Good features to track. In：Proceedings of IEEE Conference on Computer Vision and Pattern Recognition：593～600

Szeliski R. 1996. Video mosaics for virtual environments. IEEE Computer Graphics and Applications, 16(2)：22～30

Szeliski R, Shum H. 1997. Creating full view panoramic image mosaics and environment maps. In：Computer Graphics Proceedings, of ACM SIGGRAPH. Los Angeles, California, Annual Conference Series：251～258

Torr P, Murray D. 1997. The development and comparison of robust methods for estimating the fundamental matrix. International Journal of Computer Vision, 24(3)：271～300

Torr P, Zisserman A. 2000. MLESAC：A new robust estimator with application to estimating image geometry. Computer Vision and Image Understanding, 78(1)：138～156

Zhang P, Yu X, Fu Q, Qin J, Yang M. 2013. Corner feature extraction and matching for image sequence using trinocular geometry approach. In：Sixth International Symposium on Computational Intelligence and Design：331～334

Zhang Z. 2000. A flexible new technique for camera calibration. IEEE Transactions on Pattern Analysis and Machine Intelligence, 22(11)：1330～1334

第8章　序列影像运动估计

传感器移动引起的影像变化称为背景运动，序列影像运动估计的主要目的是计算其中的背景位移，从而使后续的运动目标检测和跟踪成为可能。无人飞行器序列影像是由搭载于空中运动平台的传感器所获取的，并且面向地面多变的场景和多样的目标，影像中包含的信息内容也相对复杂，因此运动估计变得较为困难。

光流方法是实现运动估计的有效手段(李志勇等，1999)。光流技术涵盖了由灰度级到特征级、局部到全域、空间域到频率域的多种处理方法，不同方法之间的区别和联系、交叉及结合使其形成较为完整的技术方法体系。在运动矢量估计中，背景运动常表现为全局性，但是与背景运动不一致的目标运动极有可能成为估计运算过程中的离群值，并对最终处理结果的准确性和精度造成影响。此外，重复的纹理区域和投影成像模型导致的混淆及变形等情况也会干扰位移矢量的计算。因此，需要多尺度框架下的多约束条件结合分析，以期克服各种干扰影响，从而获得精确的解算结果。基于光流方法的运动估计也可转换到频率域中进行。空间域中的位移矢量反映为频率域中的相位变化，可以通过频域特征推导运动信息，同时频域方法也能够较好应对影像中的对比度变化及噪声影响等问题，所以更为适用于具有类似特点的影像数据，如红外序列影像等。

8.1　传感器运动投影关系

影像信息面向的是视觉感知，而视觉感知获取信息的基础是光的变化。运动的发生通常会引起场景中光的变化而为传感器(或观察者)所探测或感知。观察者的感知或传感器的成像常用投影关系模型来表述。

8.1.1　运动投影变换

假设有实际空间中的物点 P 由 t 时刻的位置运动 $P(t)$ 到 $t+\mathrm{d}t$ 时刻的 $P(t+\mathrm{d}t)$ 位置，如图 8.1 所示，物点的位移矢量 $\mathbf{V}_P$ 在实际空间坐标中有三个分量 (V_x, V_y, V_z)，相应的 P 点在影像平面的投影像点 I 由 $I(t)$ 运动到 $I(t+\mathrm{d}t)$，并像素矢量(视速度)为 $\mathbf{V}_I$，其在像平面坐标系下的两个分量分别 (u,v)，同时设像空间焦距为 f，P 到像主点 O 的距离为 Z，则根据投影关系可以得到如下关系：

$$u=\frac{f\mathbf{V}_x-\mathbf{V}_z x}{Z},\quad v=\frac{f\mathbf{V}_y-\mathbf{V}_z y}{Z} \tag{8.1}$$

式中，(x,y) 是像点 I 的坐标。由于是从三维空间到二维平面的投影，所以像素矢量 $\mathbf{V}_I$ 不仅由物点的位移矢量所 $\mathbf{V}_P$ 决定，同时也与物方的景深值 Z 有关。

考虑到无人飞行器序列影像的运动估计，其全局背景运动的产生是缘于飞行器搭载相机的移动，而关于相机的运动可以分解为平移和旋转两种基本组成。设相机的空间平

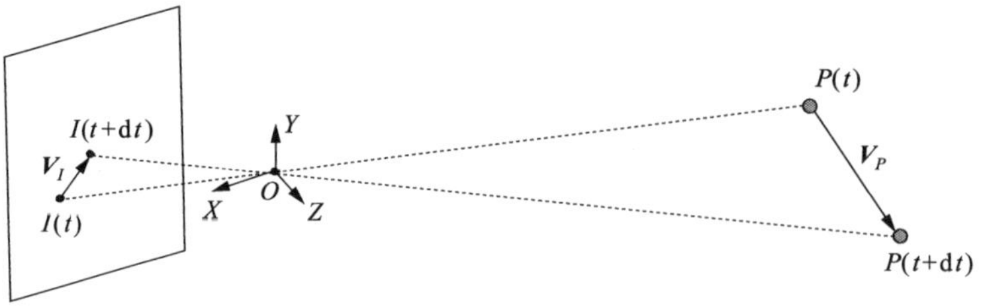

图 8.1　三维运动在二维影像中的投影

移为 $\boldsymbol{T}=(T_x,T_y,T_z)^{\mathrm{T}}$，其瞬时旋转轴为 $\boldsymbol{\Psi}=(\Psi_x,\Psi_y,\Psi_z)^{\mathrm{T}}$，则以相机投影中心为原点，空间点 $\boldsymbol{X}=(X,Y,Z)^{\mathrm{T}}$ 的速度为

$$\boldsymbol{V}=-(\boldsymbol{\Psi}\times\boldsymbol{X}+\boldsymbol{T}) \tag{8.2}$$

式中，负号为空间点沿相机相对反方向运动。那么投影后的影像点 $\boldsymbol{x}=(x,y)$ 位移矢量 $\boldsymbol{v}=(u,v)^{\mathrm{T}}$ 为

$$\boldsymbol{v}=\frac{1}{Z_{\mathrm{d}}}\boldsymbol{AT}+\boldsymbol{B\Psi} \tag{8.3}$$

式中，$\boldsymbol{A}=\begin{bmatrix}-f & 0 & x\\ 0 & -f & y\end{bmatrix}$；$\boldsymbol{B}=\begin{bmatrix}xy/f & f+x^2/f & y\\ f+y^2/f & -xy/f & -x\end{bmatrix}$，两矩阵由像点坐标 $\boldsymbol{x}$ 和相机焦距 f 决定，Z_{d} 为像点对应物点的景深。式(8.3)右端第一项为位移矢量中取决于空间平移和物方景深的平移成分，第二项为与空间旋转相关的旋转成分。

若相机仅发生直线移动，那么相应的影像特征将朝向或远离影像中的灭点做运动，位移流场将消失于灭点处。对于式(8.3)，该情况下 $\boldsymbol{\Psi}$ 为 $\boldsymbol{0}$，则有

$$\boldsymbol{v}=\frac{1}{Z_{\mathrm{d}}}\boldsymbol{AT} \tag{8.4}$$

平移条件下，矢量 $\boldsymbol{T}$ 与式(8.1) 中 $\boldsymbol{V}_P$ 相同，上式为式(8.1)的另一种表示。点 $\boldsymbol{x}_0=\left(f\dfrac{T_x}{T_z},f\dfrac{T_y}{T_z}\right)$ 即为灭点坐标。

如果相机的运动只是单纯的旋转，则旋转的轴向和速度将决定矢量流场的最终结果，与场景结构或者景深无关。图 8.2 展示了位移矢量的叠加合成。图 8.2(a)为相机在平坦表面上方平移获得的矢量场；图 8.2(b)是因相机旋转生成的位移场；若同时发生平移和旋转则有图 8.2(c)中的位移矢量表现，其等同于图 8.2(a)、(b)叠加合成后的结果。

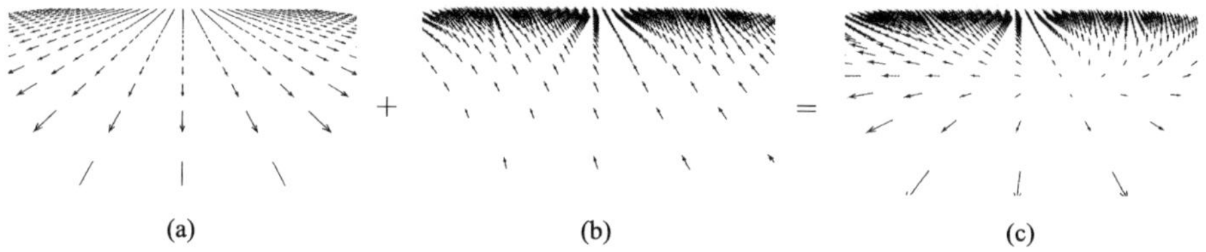

图 8.2　位移矢量流场的叠加合成

旋转和平移同步地生成矢量流场会比较复杂，流场中的各个矢量不再具有统一的移动方向。物方空间点位于平坦表面的假设能够在一定程度上简化这一问题。设空间点位于同一平面上，该平面是

$$Z = aX + bY + Z_0 \tag{8.5}$$

则影像中像点 $\boldsymbol{x} = (x, y)^{\mathrm{T}}$ 所对应空间点的景深为

$$Z_{\mathrm{d}} = \frac{fZ_0}{f - ax - by} \tag{8.6}$$

代入式(8.3)有

$$\boldsymbol{v} = \left(\frac{f - ax - by}{fZ_0}\right)\begin{bmatrix} -f & 0 & x \\ 0 & -f & y \end{bmatrix}\boldsymbol{T} + \begin{bmatrix} xy/f & f + x^2/f & y \\ f + y^2/f & -xy/f & -x \end{bmatrix}\boldsymbol{\Psi} \tag{8.7}$$

可以看出，无论是式(8.7)中的平移项还是旋转项，像点位移矢量是关于像点坐标位置的二次方程。而对于空间中的曲面，平移项将转化为三次或更高阶的方程，但旋转项将始终为二次表达式(Heeger，1996)。传感器运动投影关系给出了因相机运动生成光流矢量场的几何模型要素，其最终会在影像中以影像灰度时空变化的形式得到体现。

8.1.2 光流场的生成

式(8.1)所表示的投影主要是对空间运动质点与平面投影像点之间映射关系的描述。一般情况下，现实世界中的物体无须也无法被视为一个质点，如果将质点运动扩展到包含多个质点的物体或场景刚性运动，即多点同时运动，从而形成“场”的概念。

在影像分辨率等得到满足的条件下，光流场近似于运动场在二维影像中的投影，如果用式(8.1)来说明就是实际空间中多个物点 $\{P_i, i = 1, 2, \cdots, n\}$ 的位移矢量 $\mathbf{V}_{P_i}$ 所组成的运动场，通过投影变换在影像平面上生成了光流场，而光流场的组成元素就是对应像点 I_i 的像素矢量 $\mathbf{V}_{I_i}$。

对于光流场的形成，物点的运动不是绝对的，而是相对的，即成像平面与物点有相对运动便可生成，相机焦距的改变同样会产生光流。但是在某些特例中，光流场并不总是能够真实地反映运动场，如著名的巴伯滚筒。

抛开空间投影关系，对于光流更为一般的定义是，影像中亮度模式的视运动分布(Lucas and Kanade，1981)。而至于计算光流，一个基本的约束条件是亮度一致假设，即像素在影像空间的移动过程中，其亮度(灰度)不发生改变。

该种假设可用光流基本约束方程来进行表示。在序列影像中，由于增加了时间维度，影像的像素亮度 I 是关于(x, y, t)的变量，表示为$I(x, y, t)$。设某像素$I(x, y, t)$在Δt时间后运动到$(x + \Delta x, y + \Delta y, t + \Delta t)$，在三个坐标方向的增量为$(\Delta x, \Delta y, \Delta t)$，根据亮度一致假设便有如下等式：

$$I(x, y, t) = I(x + \Delta x, y + \Delta y, t + \Delta t) \tag{8.8}$$

对等式右项在 (x, y, t) 进行 Taylor 展开，且仅保留一阶项则有

$$I(x, y, t) \approx I(x, y, t) + \frac{\partial I}{\partial x}\Delta x + \frac{\partial I}{\partial y}\Delta y + \frac{\partial I}{\partial t}\Delta t \tag{8.9}$$

整理后得到光流基本约束方程：

$$I_x\boldsymbol{u} + I_y\boldsymbol{v} + I_t = 0 \tag{8.10}$$

式中包含了像素灰度在空间和时间三个方向上的梯度，即 $I_x = \dfrac{\partial I}{\partial x}, I_y = \dfrac{\partial I}{\partial y}, I_t = \dfrac{\partial I}{\partial t}$；而像素矢量(影像速度)可用 $\boldsymbol{u} = \dfrac{\Delta x}{\Delta t}$ 和 $\boldsymbol{v} = \dfrac{\Delta y}{\Delta t}$ 加以指代。式(8.10)也可表示为

$$(I_x, I_y) \cdot (\boldsymbol{u}, \boldsymbol{v}) = -I_t \tag{8.11}$$

该方程同时包括一些隐含的条件，首先是要求像素的偏移量 $(\boldsymbol{u},\boldsymbol{v})$ 很小，则由式(8.10)到式(8.11)的转化才能成立。由于式(8.11)的方程中含有两个未知量 $\boldsymbol{u}$ 和 $\boldsymbol{v}$，因此单个方程无法获得唯一解值。这些因素也进一步引出了光流方法中的孔径效应问题。

造成光流孔径效应的原因是观察窗口的狭小所带来的局部信息缺失，对于运动矢量的反映只能依赖于窗口内有限的特征信息。关于孔径效应问题可用图 8.3 的示例进行说明。8.3(a)中透过矩形的窗口观察到物体对象的一条边缘由左向右以矢量 $\boldsymbol{v}_o$ 发生了移动，并据此认定 $\boldsymbol{v}_o$ 即为物体的运动矢量；图 8.3(b)为去掉窗口的遮挡后，物体实际的运动情况；图 8.3(c)标识了物体运动的各向矢量，$\boldsymbol{v}_r$ 为物体的真实位移矢量；$\boldsymbol{v}_o$ 为物体观测运动矢量，实际为纵向边缘位移；$\boldsymbol{v}_l$ 是丢失了的横向边缘位移矢量。

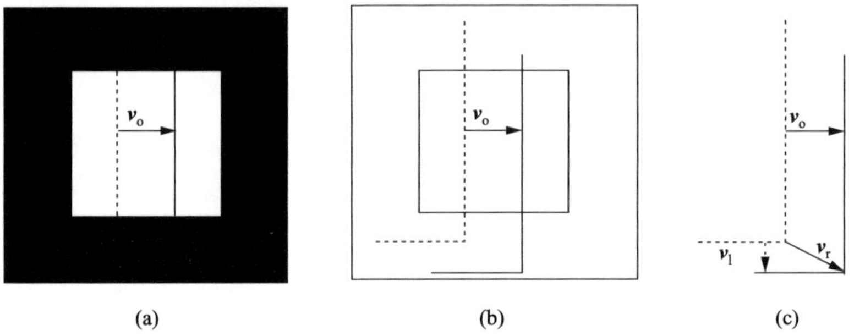

图 8.3　孔径效应示例

利用光流约束方程可以对孔径效应进行原理分析。假设存在由像素矢量 $\boldsymbol{u}$ 和 $\boldsymbol{v}$ 确立的二维坐标系，如果灰度时空梯度 I_x，I_y 和 I_t 已知，则约束方程式(8.10)在 $\boldsymbol{u}$、$\boldsymbol{v}$ 坐标系中定义了一条直线，如图 8.4 所示。直线上任一点对应的坐标值 $(\boldsymbol{u},\boldsymbol{v})$ 均满足光流方程的约束条件。利用约束直线只可以确定一个解值，即直线上有着最小幅值的一点，该点为过原点的垂线与约束直线的交点（点到直线的最短距离是垂线段，即有最小幅值），而这条垂线的指向是灰度的空间梯度向量 (I_x, I_y)。

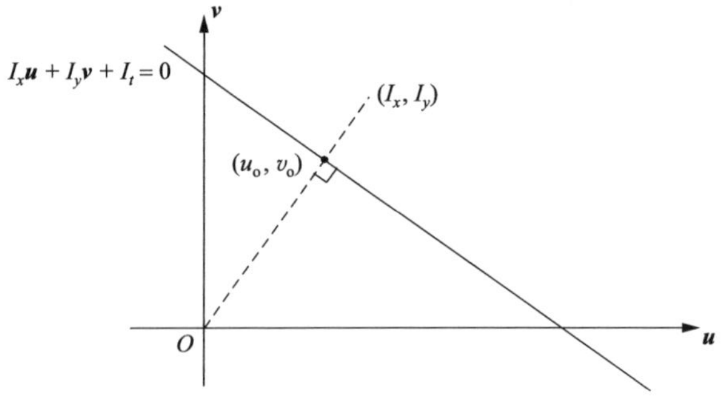

图 8.4　矢量坐标约束方程直线

解析求解可得该点的坐标为

$$u_o = -\frac{I_x I_t}{(\sqrt{I_x^2 + I_y^2})^2} \qquad v_o = -\frac{I_y I_t}{(\sqrt{I_x^2 + I_y^2})^2} \tag{8.12}$$

式中，u_o、v_o 合并成为对应的像素矢量 $\boldsymbol{v}_o$，而 $\boldsymbol{v}_o$ 则可分解成矢量值 s 和矢量方向 $\boldsymbol{n}$，表示为

$$\begin{aligned}\boldsymbol{v}_o = (u_o, v_o) &= \left(-\frac{I_x I_t}{(\sqrt{I_x^2+I_y^2})^2}, -\frac{I_y I_t}{(\sqrt{I_x^2+I_y^2})^2}\right) \\ &= -\frac{I_t}{\sqrt{I_x^2+I_y^2}}\left(\frac{I_x}{\sqrt{I_x^2+I_y^2}}, \frac{I_y}{\sqrt{I_x^2+I_y^2}}\right) = s\boldsymbol{n}\end{aligned} \tag{8.13}$$

式中，$s = -\frac{I_t}{\sqrt{I_x^2+I_y^2}}$；$\boldsymbol{n} = \left(\frac{I_x}{\sqrt{I_x^2+I_y^2}}, \frac{I_y}{\sqrt{I_x^2+I_y^2}}\right)$。从式(8.13)中对 $\boldsymbol{v}_o$ 的分解可以看出，$\boldsymbol{v}_o$ 是真实像素矢量 $\boldsymbol{v}$ 在方向 $\boldsymbol{n}$ 的投影分量，而 $\boldsymbol{n}$ 是空间梯度的方向。结合光流原理对图 8.3 的解释是，空间梯度方向 $\boldsymbol{n}$ 垂直于图像中的边缘，因此窗口能够检测到的只是像素矢量在垂直于轮廓特征方向上的投影分量，同时丢失了轮廓切线方向上的分量，所以产生了孔径问题。

对于光流技术方法的相关研究，孔径效应是无法回避的问题，因为亮度一致是光流计算的基本假设。为了解决该问题，需要根据其他的假设情况，增加约束条件，进而形成各种类型的光流计算方法。

8.2 光流运动分析的基本方法

光流技术包含多种计算方法，相互之间在切入角度、约束条件、处理方式等方面有所分别，但是归纳分析，不同方法的实现都要经过三个基本阶段的处理：

(1) 利用低通或带通滤波器进行预滤波或平滑处理，以凸显兴趣区域的影像结构或提高信噪比。

(2) 使用具体的处理方法提取时空亮度梯度、相位信息等基础测度信息。

(3) 综合提取出的测度信息生成影像光流场。

按处理方式的不同，光流计算方法可以大致划分为三个类型(Barron et al.，1994)：微分梯度方法、关联匹配方法和频率能量方法。微分梯度方法使用亮度的时空梯度计算像素矢量；关联匹配方法通过匹配影像区域或特征估计像素位移；频率能量方法则利用了速度调制滤波器输出的能量或相位信息。这三类方法之间具有一定的内在联系，但执行方式上的差异也带来了性能表现上的区别。

8.2.1 微分梯度方法

微分梯度方法是光流计算处理的典型算法，也是由光流基本方程拓展推导出的途径方法，方法的实现主要基于序列影像中像素的时空梯度。微分梯度方法主要分为两类：一类是生成密集光流的全局算法；另一类则是基于特征提取的局部方法。Horn-Schunck 和 Lucas-Kanade 是两种具有代表性的全局和局域光流算法。

1) Horn-Schunck 全局方法

一般情况下，有限尺寸物体是做刚性运动的，所以物体上邻接的点具有相同的速度，反映到影像上是其中的光流场在各处均是平滑过渡的，因此，Horn-Schunck 全局方法(Horn and Schunck，1981)是在式(8.8)亮度一致假设的基础上增加平滑约束条件的。

Horn-Schunck 全局方法对于平滑约束条件的表示采用像素矢量导数，具体的约束条件既可以选取一阶矢量梯度幅值的平方，如下式

$$|\nabla \boldsymbol{u}|^2 = \left(\frac{\partial \boldsymbol{u}}{\partial x}\right)^2 + \left(\frac{\partial \boldsymbol{u}}{\partial y}\right)^2, \quad |\nabla \boldsymbol{v}|^2 = \left(\frac{\partial \boldsymbol{v}}{\partial x}\right)^2 + \left(\frac{\partial \boldsymbol{v}}{\partial y}\right)^2 \tag{8.14}$$

也可以选择二阶 Laplacian 算子：

$$\nabla^2 \boldsymbol{u} = \frac{\partial^2 \boldsymbol{u}}{\partial x^2} + \frac{\partial^2 \boldsymbol{u}}{\partial y^2}, \quad \nabla^2 \boldsymbol{v} = \frac{\partial^2 \boldsymbol{v}}{\partial x^2} + \frac{\partial^2 \boldsymbol{v}}{\partial y^2} \tag{8.15}$$

如果假设序列影像在时间和空间上是连续函数，那么可以将式(8.10)的基本约束条件与式(8.14)的平滑约束条件相结合，给出

$$\varepsilon^2 = \iint_W [(I_x \boldsymbol{u} + I_y \boldsymbol{v} + I_t)^2 + \alpha^2(|\nabla \boldsymbol{u}|^2 + |\nabla \boldsymbol{v}|^2)] \mathrm{d}x\mathrm{d}y \tag{8.16}$$

以此为基础，光流计算的矢量估计转化为针对式(8.16)的最小化过程，式中的 W 限定了处理观测的窗口区域，α^2 是权重因子，从而调节确定窗口内光流场的平滑程度。关于式(8.16)的求解则通过 Euler-Lagrange 微分方程求解式中积分极值的对应变量值，整理之后可以得到

$$I_x^2 \boldsymbol{u} + I_x I_y \boldsymbol{v} + I_x I_t = \alpha^2 \nabla^2 \boldsymbol{u}, \quad I_y^2 \boldsymbol{v} + I_x I_y \boldsymbol{u} + I_y I_t = \alpha^2 \nabla^2 \boldsymbol{v} \tag{8.17}$$

而对于式(8.15)的二阶 Laplacian 算子的实现，基于离散空间假设条件，可以使用空间位置所对应的矢量值与以其为中心的邻域内的矢量均值之间差分作近似替代，并且将这个近似代入式(8.17)，从而有

$$(I_x^2 + \alpha^2)\boldsymbol{u} + I_x I_y \boldsymbol{v} + I_x I_t = \alpha^2 \bar{\boldsymbol{u}}, \quad (I_y^2 + \alpha^2)\boldsymbol{v} + I_x I_y \boldsymbol{u} + I_y I_t = \alpha^2 \bar{\boldsymbol{v}} \tag{8.18}$$

式中，$\bar{\boldsymbol{u}}$ 和 $\bar{\boldsymbol{v}}$ 为矢量分量值对应的邻域均值。尽管式(8.18)是关于矢量 $\boldsymbol{u}$、$\boldsymbol{v}$ 的线性组合，但是由于包含均值项 $\bar{\boldsymbol{u}}$、$\bar{\boldsymbol{v}}$，所以无法直接对该式进行求解。同样考虑影像空间的离散假设，在实际的矢量值解算过程中通常采用迭代方式，相应的矢量迭代方程表示为

$$\begin{cases} \boldsymbol{u}^{n+1} = \bar{\boldsymbol{u}}^n - \dfrac{I_x(I_x \bar{\boldsymbol{u}}^n + I_y \bar{\boldsymbol{v}}^n + I_t)}{\alpha^2 + I_x^2 + I_y^2} \\ \boldsymbol{v}^{n+1} = \bar{\boldsymbol{v}}^n - \dfrac{I_y(I_x \bar{\boldsymbol{u}}^n + I_y \bar{\boldsymbol{v}}^n + I_t)}{\alpha^2 + I_x^2 + I_y^2} \end{cases} \tag{8.19}$$

方程中的矢量上标 n 标记了迭代次数，对该方程的分析表明，每一次迭代中对矢量的估计不是直接由上一次的估值所决定的，主要取决于对应的邻域均值。也正是通过这样处理方式，算法对以边缘包裹的具有相同亮度影像区域内的所有像素赋予相同的矢量信息，形成了一种平滑效应。

作为一种全局光流方法，利用 Horn-Schunck 全局方法可以生成密集光流场，这是该方法的优势；但是由于方法中引入了二阶微分平滑约束假设等，使其无法处理重叠物体间遮挡边缘的矢量信息判定等问题，并且该方法对于噪声也比较敏感。

2) Lucas-Kanade 局域方法

Lucas-Kanade 局域方法(Lucas and Kanade，1981)是另一种具有代表性的光流计算方法；其主要特点是采用了局部区域光流矢量一致的假设，对应的约束条件为，在小范围的空间局域窗口内像素矢量是相同的。假设影像空间中像素 $\boldsymbol{I}(x,y,t)$ 的像素矢量为$(\boldsymbol{u},\boldsymbol{v})$，那么在以$(x,y)$ 为中心 $m \times m$ 大小的窗口内所有像素的位移矢量都是$(\boldsymbol{u},\boldsymbol{v})$；则在基本约束有多余观测的条件下，可以将多个包含有一阶微分梯度的式(8.10)结合成方程组，

并利用最小二乘方法求解矢量值，给出下面的联合方程组：

$$\begin{cases} I_x(1)\boldsymbol{u} + I_y(1)\boldsymbol{v} + I_t(1) = 0 \\ I_x(2)\boldsymbol{u} + I_y(2)\boldsymbol{v} + I_t(2) = 0 \\ \vdots \\ I_x(N)\boldsymbol{u} + I_y(N)\boldsymbol{v} + I_t(N) = 0 \end{cases} \tag{8.20}$$

各方程的内标对应于观测窗口内像素的序号，而 $N = m \times m$ 为窗口内的像素个数。为了便于说明，式(8.20)的方程组也可以采用矩阵向量的形式表示为

$$\begin{bmatrix} I_x(1) & I_y(1) \\ I_x(2) & I_y(2) \\ \vdots & \vdots \\ I_x(N) & I_y(N) \end{bmatrix} \begin{bmatrix} \boldsymbol{u} \\ \boldsymbol{v} \end{bmatrix} + \begin{bmatrix} I_t(1) \\ I_t(2) \\ \vdots \\ I_t(N) \end{bmatrix} = 0 \tag{8.21}$$

根据式(8.21)，通过最小二乘的解算方法可以求解得出光流估计的位移矢量（$\boldsymbol{u}$，$\boldsymbol{v}$）为

$$\begin{bmatrix} \boldsymbol{u} \\ \boldsymbol{v} \end{bmatrix} = \begin{bmatrix} \sum_{i=1}^{N} I_x^2(i) & \sum_{i=1}^{N} I_x(i)I_y(i) \\ \sum_{i=1}^{N} I_x(i)I_y(i) & \sum_{i=1}^{N} I_y^2(i) \end{bmatrix}^{-1} \begin{bmatrix} -\sum_{i=1}^{N} I_x(i)I_t(i) \\ -\sum_{i=1}^{N} I_y(i)I_t(i) \end{bmatrix} \tag{8.22}$$

式中所给出的结果隐含了窗口内所有像素对矢量估计的贡献相同的假设，而在实际处理中应配赋权重以体现像素间的矢量差异，特别是需要突出中心像素的效用，因此可在计算中增加窗口权重函数。另外，考虑到窗口内影像区域可能会出现的变形或者受到噪声的影响，以式(8.22)为基础，可进一步添加几何模型或使用概率统计方法。与全局方法相比，局域方法在抑制噪声方面具有更好的稳健性。

关于光流算法的性能有很多评价指标，技术上常用的指标主要有平均角误差(AAE)和标准偏差(STD)等，而且对于计算出的矢量结果还常采用置信测度等去除其中的错误估计。算法绝对性能的评估需要采用含有精确光流信息的虚拟影像，将计算结果与真实结果做对比，对算法进行评价；相对性能的评估则主要是对同一序列影像应用多种方法，根据具体的指标量值在方法之间进行比较。而至于置信测度则要依据对算法的具体分析使用适宜形式的评价标准。无人飞行器序列影像不能提供真实的矢量信息，因此无法进行绝对性能评价，而且传统的技术指标也不能够完全体现算法的实际性能，不同方法在实际应用中的表现更要视具体的环境条件而定，单纯的比较并不具有实用意义。此外，对于由解算模型引出的置信测度也难以衡量各种复杂的现实情况。类似于稀疏光流方法，计算机视觉技术中另一种常用的视差计算方式是进行特征提取匹配及其后的配准纠正，而该种方法也经常为无人飞行器序列影像处理所采用。

8.2.2 关联匹配方法

关联匹配处理中的多数算法通常是由影像对之间同名区域或同名特征匹配的有关方法转化而来，而类似的技术方法是多视立体观测处理中关键环节。方法建立的前提假设是，如果影像序列帧间的同名区域或同名特征能够通过匹配方法进行确定，那么当转换到

同一坐标系下并连接区域内或特征周围的同名像素则可形成局部的光流场。

关联匹配方法一般需要通过最小或最大化相似测度在影像间寻找对应区域。常用的相似测度有差平方和、差绝对值和,以及互相关等。在区域匹配 Anandan 方法(Anandan, 1989)中,像素矢量 $(\boldsymbol{u},\boldsymbol{v})$ 被等同于影像区域在影像帧间的偏移 $\boldsymbol{d}=(d_x,d_y)$,且在离散的影像空间内 (d_x,d_y) 取整数值,建立关于 $\boldsymbol{d}$ 的相似测度,可采用差平方和测度公式:

$$\begin{aligned}&\mathrm{SSD}((x,y);(d_x,d_y))\\&=\sum_{i=-n}^{n}\sum_{j=-m}^{m}W(i,j)\,(I_s(x+i,y+j)-I_{s+1}(x+i+d_x,y+j+d_y))^2\\&=W(x,y)*(I_s(x,y)-I_{s+1}(x+d_x,y+d_y))^2\end{aligned} \tag{8.23}$$

式中,(x,y) 为区域中心坐标;$W(\cdot)$ 是窗口函数,n 和 m 限定了窗口的尺寸;s 为影像时序下标。遍历搜索,当 SSD 达到最小值时实现最佳匹配同时得到偏移值 $\boldsymbol{d}$。为避免受到影像区域灰度变化的影响还经常进行归一化处理。由于多同名像素的共同估计,匹配处理所使用的相似测度,如式(8.23)中的差平方和测度,可以表示为相关矩阵,通过矩阵分析的相关方法计算影像块的移动量值。

进一步增加对影像区域内特征发生变形的假设,这种变形可能是线性的或者较为简单的仿射变换,将这种变形代入相似测度对偏移值的估计运算,由于参数的增加以及它们之间的相关性则需要采用迭代处理的方式进行求解。区域匹配方法另一个关注的重点,匹配窗口的尺寸大小。在一定程度上,窗口尺寸决定了影像帧间的视差不确定性。从匹配的角度,窗口内需要包含有视差变量信息,同时也要遵循区域内矢量一致的光流约束条件。但是很多情况下视差变量与矢量一致是相互矛盾的,窗口最佳尺寸的选择是在两者间取得平衡;既保证窗口包括的影像区域具有空间结构特点,也能够符合区域匹配的基本假设。

区域匹配方法相当于在影像空间划分的基础上分别进行矢量估计,这种方式与特征匹配方法是很相似的,特征匹配的实施也是基于寻找相互对应的含有特征的窗口区域,因此特征匹配的策略模式同样可以结合或者导入光流计算。特别是当序列影像帧间的位移尺度较大时,特征匹配是一种更为稳健的稀疏光流方法。影像特征匹配常用的特征无外乎点、线、面。点特征(如角点)属于稀疏特征,并且由于点特征的孤立往往难以形成场效应,所以光流方法对于点特征的利用需要结合其他如空间结构等条件或者先验信息。而至于线特征,虽然相对密集,但是变形、遮挡等常会导致匹配错误。解决影像特征的正确匹配问题是其在光流计算中有效实现的关键。

实际应用中的特征匹配通常还是以点特征为主,在执行特征匹配之前需要提取特征,而能否提取合适的特征将直接影响到匹配处理的正确性。稳健的点特征应具备重复性和不变性等特点,以确保序列影像帧间有充足的待匹配特征并且在匹配过程中不受平移、旋转及尺度等变化的影响。Harris、SIFT 等算子(Harris and Stephens, 1988; Lowe, 1999)能够对稳健特征的提取提供支持。如果将光流估计和特征匹配两种类型的方法进行对比,不能简单地给出优劣判定,因为方法各有其良好的特性及适用的条件,并且相互之间还具有一定的共通性和互补性。

在场效应的作用下,连续性是光流的基本属性,光流方法中的各类约束条件也是围绕着光流的这一属性而产生和设定的。对于序列影像,在空间上能够影响光流连续性的主要是噪声、遮挡等因素或情况，而时间上是影像帧的采样间隔。如果说噪声或遮挡等空间干扰可以通过后期的处理来弥补或削弱，那么由于时间分辨率过小引起的光流连续性中断就非常难于恢复，相应的光流方法的各项约束条件会被打破，从而导致处理分析的失败，给出错误结果。具体到无人飞行器序列影像，问题会更复杂一些，因为飞行器的空中移动及姿态变换会对序列影像帧的采样速率提出更为严苛的要求。无人飞行器在探测成像中所使用的惯导系统等姿态稳定装置以及各种运动补偿处理软硬件，并未对影像的空间分辨率、去除影像噪声等产生作用，但却可以在时间维度上维系离散影像帧间的连贯性，提高影像的时间分辨率，保证影像平滑过渡。

特征匹配方法不受时间约束，而仅要求多视影像在空间上具有覆盖重叠，同时特征的提取或形成需要局部信息的支持。特征匹配所使用的可以是间隔时间长、由不同传感器获取及类型等不一致的影像数据，并且一些特征（如 SIFT 关键点描述符）还具有旋转不变、尺度不变等优良的特性。所以相对而言，似乎特征匹配方法比光流估计的限制条件更少，性能更为可靠。

光流估计与特征匹配的另一区别是全局性和局部性。光流场具有整体性。光流特别是密集光流是以像素为对象进行运动估计的，通过填充等方式方法形成并给出全局的位移矢量。而特征匹配则有局部性。视提取算子的特性和相应支持信息在影像中的分布情况，所提取出的特征往往集中于影像的局部区域，以局部特征通过变换代替纠正描述整体的位移运动，这难免出现误差。

此外，光流计算处理往往只针对于影像空间或待生成的光流矢量空间；而特征匹配则经常需要脱离影像空间，在实物构像空间或特征空间等进行操作。在这一点上同样是采用特征信息的 Lucas-Kanade 光流方法与基于 Harris 角点特征提取结合 RANSAC 配准纠正之间的区别就是很好的证明。

8.2.3 频率能量方法

类比于静态影像处理在空间域与频率域之间的变换，动态视频影像的相关处理也可以转化到频率域中进行。多分辨率架构同样也能够在频率域中给出相应的表达，频率由低到高反映了空间域由粗到精的影像分辨率。以傅里叶变换为转换手段，光流方法的约束条件能够在频域中对应表示。类似于 Gabor 滤波器的处理工具，通过对不同时-空频率的响应实现对频率信息的分解，形成层次处理的结构。另外，由频率相关处理细化提取的相位信息等，较影像的原始亮度信息具有更好的稳健性，体现了频率处理的优势。而针对光流矢量估计，频率能量方法对光流矢量的估计所根据的是傅里叶空间中的时空定向能量，更为具体的是通过调制滤波的方式加以实现。

利用傅里叶变换，式(8.8)的光流一致假设可转化到频率域表示为

$$\hat{I}(\boldsymbol{k},\omega)=\hat{I}_0(\boldsymbol{k})\delta(\boldsymbol{v}^{\mathrm{T}}\boldsymbol{k}+\omega) \tag{8.24}$$

式中，$\boldsymbol{k}=(k_x,k_y)$ 为影像像素的空间频率；ω 为时间频率；$\hat{I}_0(\boldsymbol{k})$ 设为时变前原像素 $I(x,y,0)$ 的傅里叶变换；$\delta(\cdot)$ 为 Dirac Delta 函数，像素矢量 $\boldsymbol{v}=(u,v)$。由此推导出频率域的光流基本约束条件为

$$k_xu+k_yv+\omega=0 \tag{8.25}$$

式(8.25)与式(8.10)的实际含义相同,同时还表明除时空梯度外,位移矢量 $\boldsymbol{v}$ 同样是关于时空频率的函数,并且位于傅里叶频域空间中过原点的平面上。

Gabor 滤波器是一种获得时空频谱能量的有效方法,而且可以在多个维度组合分解。作为一项示例,三维 Gabor 滤波器的表示形式是

$$G(x,y,t)=\frac{1}{(2\pi)^{3/2}\sigma_x\sigma_y\sigma_t}\mathrm{e}^{-\frac{1}{2}\left(\frac{x^2}{\sigma_x^2}+\frac{y^2}{\sigma_y^2}+\frac{t^2}{\sigma_t^2}\right)}\mathrm{e}^{j(k_xx+k_yy+\omega t)} \tag{8.26}$$

据此,Gabor 滤波器是由起截取作用的高斯包络和相关频率分析的载波所组成,复指数项中的 (k_x,k_y,ω) 为最大幅值的中央响应频率。进一步根据式中所包含的复数项,滤波器可以进一步分解成为不同相位的奇(正弦)滤波函数:

$$G_{\mathrm{o}}(x,y,t)=\frac{1}{(2\pi)^{3/2}\sigma_x\sigma_y\sigma_t}\mathrm{e}^{-\frac{1}{2}\left(\frac{x^2}{\sigma_x^2}+\frac{y^2}{\sigma_y^2}+\frac{t^2}{\sigma_t^2}\right)}\sin(2\pi(k_xx+k_yy+\omega t)) \tag{8.27}$$

和偶(余弦)滤波函数:

$$G_{\mathrm{e}}(x,y,t)=\frac{1}{(2\pi)^{3/2}\sigma_x\sigma_y\sigma_t}\mathrm{e}^{-\frac{1}{2}\left(\frac{x^2}{\sigma_x^2}+\frac{y^2}{\sigma_y^2}+\frac{t^2}{\sigma_t^2}\right)}\cos(2\pi(k_xx+k_yy+\omega t)) \tag{8.28}$$

式(8.27)、式(8.28)分别对应于式(8.26)复数项的虚部和实部。在频域方法中,滤波处理输出的是相位信息,实际处理中使用滤波器对序列影像帧进行卷积能够得到

$$R(x,y,t)=I(x,y,t)*G(x,y,t)=\rho(x,y,t)\mathrm{e}^{j\varphi(x,y,t)} \tag{8.29}$$

式中,$\rho(x,y,t)$ 和 $\varphi(x,y,t)$ 分别为输出信号的幅值和相位组成,其中,$\rho(x,y,t)$ 为

$$\rho(x,y,t)=|R(x,y,t)|=\sqrt{\mathrm{Re}\,(R(x,y,t))^2+\mathrm{Im}\,(R(x,y,t))^2} \tag{8.30}$$

而 $\varphi(x,y,t)$ 则等于

$$\varphi(x,y,t)=\arg(R(x,y,t))=\mathrm{Im}(\ln^{R(x,y,t)}) \tag{8.31}$$

式中,Re 和 Im 为复数的实部及虚部项;arg 为复数相角。与光流场亮度一致约束条件相对应是频域相位恒常假设(Fleet and Jepson, 1993),即光流场内位移矢量相同的像素同样为相位恒常曲面所约束,表示为

$$\varphi(x,y,t)=C,\quad C\in\mathbf{R} \tag{8.32}$$

对等式两边推求关于时间变量 t 的导数有

$$\nabla\varphi(x,y,t)\cdot(u\quad v\quad 1)=0 \tag{8.33}$$

式中,$\nabla\varphi(x,y,t)=(\varphi_x,\varphi_y,\varphi_t)$ 包含有相位的时空梯度,式(8.33)可以改写为

$$(\varphi_x,\varphi_y)\cdot(u,v)=-\varphi_t \tag{8.34}$$

时间相位梯度 φ_t 可以通过帧间相位差分获得,进而利用式(8.29)的滤波输出,空间相位梯度 φ_x 和 φ_y 通过计算得出是

$$\begin{aligned}\varphi_x(x,y,t)&=\frac{\mathrm{Im}(R^*(x,y,t)R_x(x,y,t))}{|R(x,y,t)|^2}\\\varphi_y(x,y,t)&=\frac{\mathrm{Im}(R^*(x,y,t)R_y(x,y,t))}{|R(x,y,t)|^2}\end{aligned} \tag{8.35}$$

式中,R^* 为滤波输出的共轭;R_x 和 R_y 为输出在 x、y 方向的梯度值。将频域矢量的求解与式(8.13)中像素矢量在空间梯度方向上投影分量的计算加以对比,那么类似地经由式(8.34)可以推导相位梯度方向上的光流矢量分量,表示为

$$\boldsymbol{v}_{\mathrm{c}}=s_\rho\boldsymbol{n}_\rho=-\frac{\varphi_t\cdot(\varphi_x,\varphi_y)}{\|(\varphi_x,\varphi_y)\|^2} \tag{8.36}$$

式中，$s_p=-\frac{\varphi_t}{\|(\varphi_x,\varphi_y)\|}$；$\boldsymbol{n}_p=\left(\frac{\varphi_x}{\|(\varphi_x,\varphi_y)\|},\frac{\varphi_y}{\|(\varphi_x,\varphi_y)\|}\right)$；$\boldsymbol{v}_c$ 为矢量调制滤波器最终获得的成分矢量。

综合分析各种光流处理方法以及序列影像数据的特性，如果序列影像的时间-空间分辨率、影像中目标对象的运动尺度以及观测支持窗口区域的尺寸之间是互相匹配的，那么利用光流方法就能够获得良好的处理分析结果。但实际情况是由于决定因素的不同，三项问题常常无法在各自的适用条件上同时得到满足或者协调；而影像分辨率、运动尺度及窗口尺寸之间的矛盾作用是光流计算中许多问题产生的根本原因。序列影像的时空分辨率是由传感器及其相关组成的功效性能所决定的；影像中目标对象的运动尺度主要取决于实际物体与传感器间的相隔距离、相对运动速度以及传感器的镜头焦距和采样间隔速率等；而支持窗口区域的尺寸则要根据具体的处理方法和其附加的约束条件等。三者中，运动尺度是起主导作用的关键因素。

8.3 多约束条件光流运动估计

不同形式的运动一般都会有不同的尺度，作为一种特征属性，运动尺度不仅是对运动自身的描述或标定，同时也是区分不同运动物体对象的主要依据之一。无论是全局还是局部，密集抑或稀疏，于空间域或是在频率域，理论上，绝大多数的光流技术方法都可以利用多尺度分析对其进行改化。

在光流计算中，可以采用分层处理模式，从而解决大尺度运动的问题。以场效应的连续性或者局部支持窗口等为依据的各种约束条件，使得光流算法难于估计较大尺度的位移矢量。金字塔等分析结构的基本作用是，通过影像分辨率的改变将精细分辨率中的大尺度运动转化为对应的粗糙分辨率中的小尺度运动；这既满足了光流方法约束条件的限制，层级间的逐步细化还可以为迭代式的处理提供初值，从而提高执行运算的效率。

离散化的处理计算，尤其是多尺度的处理分析，不能只考虑以离散空间单位为基准的量化度量，位移光流作为矢量必然有方向性；因此结合方向因素的矢量估计更为符合实际运动模型、投影成像关系等客观实际情况的影响或作用，从而得到可靠准确的处理结果。

无人飞行器序列影像的相关处理分析具有获取平台、信息内容以及目标对象等几方面的特点，也正是这几方面的特点决定了采用多尺度框架对其进行运动估计的有效性和可靠性。光流计算方法能够对影像中的运动矢量进行估计，获得运动相关的信息。在光流基本约束方程的基础上，光流方法的实现需要进一步附加约束条件，调整所要求解的位移矢量，才能够解决因孔径效应只能生成空间梯度法向矢量的问题；而经常采用的模型是能量最小化模型，最终转化为偏微分方程进行求解，这种处理方式即为光流计算中的变分方法。通过无人飞行器序列影像中光流矢量的计算，实现对传感器平台及动态目标的运动估计。

8.3.1 无人飞行器序列影像的多尺度结合

由于基本约束方程等的限制，光流计算方法使用多尺度框架主要是为了解求大尺度的位移矢量。而对于无人飞行器序列影像的具体应用，分层处理的方式还有更为现实的意义。

在一些特定任务中，经常需要通过提升无人飞行器的航高或者将相机的镜头焦距设定在广角焦段进行工作，以增大探测范围及确保一定的地面覆盖。这种状态下获取的影像含有大面积的地面场景和固定目标区域，由传感器运动引起的场景和地物变化是该类影像的主体运动信息，因此背景位移的计算成为了运动估计的主要内容。但是各种具有多样纹理特征的地物错落叠置，导致了场景的复杂性，使得序列影像在进行帧间匹配对应时容易因混淆现象等产生错误匹配。另外，与背景位移不一致的动态目标运动矢量也很有可能作为离群的解值影响处理运算结果。

若不考虑时间维度，序列影像多尺度表达首先是生成每一帧影像的金字塔结构。在金字塔的上层，影像的分辨率较小，纹理特征模糊，能够减少搜索匹配的时间，同时适当地避免混淆问题。如果影像中运动目标的比例尺比较小，那么影像分辨率的降低能够使目标融入背景中，以省略对于动态目标的矢量估计。图 8.5 为由无人飞行器序列影像中抽取出单一影像帧，所生成并以相同尺寸显示的四级高斯影像金字塔。图 8.5(a)是原始影像帧，影像场景中含有房屋、农田、河流、道路等地物，这些地物具有较大的面状纹理特征，并且在影像右下方的公路上有车辆等较为明显的运动目标；由图 8.5(b)～(d)为依金字塔结构逐次采样后得到的影像；图 8.5(d)是质量退化最严重的顶层影像，地物特征尚可分辨，但其中的纹理已不显著，动态目标基本无法辨认。

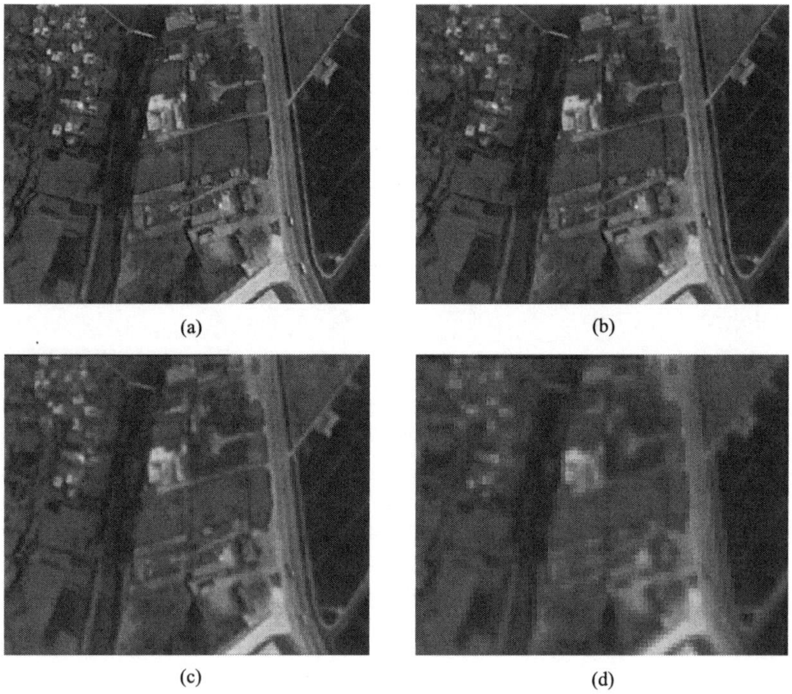

图 8.5　无人飞行器序列影像金字塔(彩图附后)

多尺度分级表达实现了对影像的分解，去除高频信息后，影像中的背景被逐渐剥离出来。基于这种方法，在低分辨率条件下能够较好地完成对背景运动的估计或者获得较为可靠的初值，并通过金字塔重采样等引入局部信息还原影像及背景运动的原始分辨率，增加对目标等前景影像的位移矢量计算。序列影像的多尺度表达可以不参考时频信息，因为时间频率是以空间频率的变化来反映，所以序列影像中的运动特征必然表现为高频信号，从而为这种时序离散化的表达方式提供了理论依据。

8.3.2 变分光流方法及其平滑作用

变分方法是偏微分方程求解的常用方法，而微分光流方法的主体部分涉及很多偏微分运算。亮度(灰度)一致假设，即光流基本约束方程不足以确定光流估计的唯一解，因此在矢量求解中需要添加其他约束条件。变分光流方法给出的约束条件主要是，假设计算得出的光流场全局平滑或者分段平滑。该约束条件的优点是具有填充效果，当局部区域的光流矢量难于估计时，根据光流场平滑过渡的假设，可以参照其周围邻域的量值，填入适当的矢量，由此生成密集光流场。变分光流方法的平滑约束条件可以分为三类基本规则(Weickert and Schnorr，2001a)：

(1) 均匀规则，全面的平滑。

(2) 影像驱动平滑，考虑影像数据不连续性的分段平滑。

(3) 光流驱动平滑，考虑光流不连续性的分段平滑。

序列影像进行微分求导之前经常以低通平滑作为预处理，滤除影像中的噪声或者不稳定的高频信息。但是，若影像被过度平滑，也很有可能改变其中重要的空间特征结构，使得矢量估计的准确度下降。

如果设有二维高斯卷积核 $K_2(x,y;\sigma)$，那么使用高斯函数与原影像序列 $I(x,y,t)$ 逐帧卷积便有表示

$$\tilde{I}(x,y,t)=K_2(x,y;\sigma)*I(x,y,t) \tag{8.37}$$

式中，$K_2(x,y;\sigma)$ 的标准方差 σ 确定了平滑处理的范围。对于平滑后的序列影像，相应的光流基本约束方程式(8.10)以及梯度法线方向的光流矢量 $\boldsymbol{v}_{\circ}$ 可以改写为

$$\tilde{I}_x u+\tilde{I}_y v+\tilde{I}_t=0 \tag{8.38}$$

和

$$\boldsymbol{v}_{\circ}=-\frac{\tilde{I}_t\cdot\nabla\tilde{I}}{|\nabla\tilde{I}|^2} \tag{8.39}$$

式中，$\nabla\tilde{I}=(\tilde{I}_x,\tilde{I}_y)^{\mathrm{T}}$ 是平滑后的空间梯度；$\tilde{I}_t$ 为时间梯度。

局域微分 Lucas-Kanade 方法给出了局部光流矢量一致的约束条件，根据该假设，位移矢量可以通过式(8.22)的最小二乘方法加以解算；如果继续使用高斯函数，那么相当于对最小二乘运算做出加权处理，即有

$$\begin{bmatrix}\sum K_2(\eta)*\tilde{I}_x^2 & \sum K_2(\eta)*\tilde{I}_x\tilde{I}_y\\ \sum K_2(\eta)*\tilde{I}_x\tilde{I}_y & \sum K_2(\eta)*\tilde{I}_y^2\end{bmatrix}\begin{bmatrix}u\\ v\end{bmatrix}=\begin{bmatrix}-\sum K_2(\eta)*\tilde{I}_x\tilde{I}_t\\ -\sum K_2(\eta)*\tilde{I}_y\tilde{I}_t\end{bmatrix} \tag{8.40}$$

式中，$K_2(\eta)$ 为标准方差是 η 的高斯权重函数；$\boldsymbol{M}=\begin{bmatrix}\sum K_2(\eta)*\tilde{I}_x^2 & \sum K_2(\eta)*\tilde{I}_x\tilde{I}_y\\ \sum K_2(\eta)*\tilde{I}_x\tilde{I}_y & \sum K_2(\eta)*\tilde{I}_y^2\end{bmatrix}$ 为互相关线性系统矩阵，根据 3.4.2 节中的分析，矩阵的两个特征值要大于预设的阈值。对于受噪声影响较为严重的影像，平滑梯度能够进一步提高局域方法的稳健性。序列影

像微分前后的滤波卷积处理仅限于影像的原始灰度及其时空梯度，是对于影像的平滑并且有助于排除信号噪声对光流计算的干扰。

全局微分 Horn-Schunck 方法是一种采用了针对光流矢量平滑约束条件的变分方法特例，其平滑条件以矢量的一阶导数式(8.14)或二阶导数式(8.15)加以表示。这一约束条件起到了填充的作用。但是由于约束条件直接作用于未知待解的光流矢量，全局微分方法不能给出更好的置信测度以确定计算结果的可靠性。

式(8.16)中的 α^2 作为权重因子控制光流场的平滑程度，并且 α 是一个恒定值；对于影像中的噪声部分，由于其具有较高的梯度值，相应的在该时空位置平滑约束条件的权重就会降低，这也是全局微分方法对噪声敏感的原因。所以全局微分方法需要针对影像的平滑处理。

变分光流方法的通用模型可以用能量泛函表示为

$$E(\boldsymbol{v}) = \int_{\Omega} (D(\boldsymbol{v}, \nabla_3 \tilde{I}) + \beta S(\nabla_3 \boldsymbol{v}, \nabla_3 \tilde{I})) \mathrm{d}\boldsymbol{x} \tag{8.41}$$

该模型以关于矢量 $\boldsymbol{v} = (u, v)$ 能量泛函 $E(\boldsymbol{v})$ 的形式给出。式中，$D(\cdot)$ 为数据项，经常对应的是亮度一致假设；而平滑项 $S(\cdot)$ 又称为规则化算子，对生成光流场的平滑程度进行约束，作为控制权重的参数 β 越大，则光流场越简化；时空梯度算子 $\nabla_3 = (\partial_x, \partial_y, \partial_t)^{\mathrm{T}}$ 用来分别求取影像数据和光流矢量的梯度。需要说明的是，数据项 $D(\cdot)$ 中的梯度算子 ∇_3 可以为二次以上的高阶项。

能量泛函式(8.41)中的平滑项根据不同的约束条件设置对应于三类规则，而且对于分段平滑约束条件还可以分为各向同性平滑项和各向异性平滑项。各向同性平滑项对于影像或光流中的不连续部分不作任何平滑处理，而各向异性平滑项则允许沿间断部分(通常表现为区域间的边缘)平滑。具体的平滑项包括(Bruhn and Weickert，2006)以下五项。

1. 均匀规则全局平滑项

典型的全局平滑项(Schnorr，1999)是 Horn-Schunck 方法采用的矢量梯度，即

$$S(\nabla_3 \boldsymbol{v}, \nabla_3 \tilde{I}) = |\nabla u|^2 + |\nabla v|^2 \tag{8.42}$$

且要求参数 $\beta = \alpha^2$ 为非负数。

2. 影像驱动各向同性平滑项

这种平滑项的主要功能是在影像空间梯度幅值较大的位置(Weickert and Schnorr，2001b)，降低平滑项的权重，可表示为

$$S(\nabla_3 \boldsymbol{v}, \nabla_3 \tilde{I}) = \omega(|\nabla \tilde{I}|^2)(|\nabla u|^2 + |\nabla v|^2) \tag{8.43}$$

式中，$\omega(\cdot)$ 为实数域的正递减函数，该函数可以用 $\omega(r^2) = \dfrac{1}{\sqrt{1 + \dfrac{r^2}{\varepsilon_r^2}}}$ 的形式给出，ε_r 为平滑控制参数。

3. 影像驱动各向异性平滑项

该平滑项只是在某一特定方向实行平滑，且平滑处理不跨越影像数据中的间断部分。

有代表性的方法是沿光流梯度的投影方向平滑，即局部影像梯度法向平滑（Nagel and Enkelmann，1986），则平滑项是

$$S(\nabla_3 \boldsymbol{v},\nabla_3 \tilde{I}) = \nabla \boldsymbol{u}^{\mathrm{T}} \boldsymbol{M}_{\mathrm{NE}}(\nabla \tilde{I}) \nabla \boldsymbol{u} + \nabla \boldsymbol{v}^{\mathrm{T}} \boldsymbol{M}_{\mathrm{NE}}(\nabla \tilde{I}) \nabla \boldsymbol{v} \tag{8.44}$$

式中，$\boldsymbol{M}_{\mathrm{NE}}(\nabla \tilde{I})$ 为正交于 $\nabla \tilde{I}$ 的投影矩阵，定义为 $\boldsymbol{M}_{\mathrm{NE}}(\nabla \tilde{I}) = \dfrac{1}{|\nabla \tilde{I}|^2 + 2\varepsilon_I^2}\begin{pmatrix} \tilde{I}_y^2 + \varepsilon_I^2 & -\tilde{I}_x \tilde{I}_y \\ -\tilde{I}_x \tilde{I}_y & \tilde{I}_x^2 + \varepsilon_I^2 \end{pmatrix}$，$\varepsilon_I$ 作为调节参数避免 $\boldsymbol{M}_{\mathrm{NE}}(\nabla \tilde{I})$ 成为奇异矩阵。

4. 光流驱动各向同性平滑项

光流驱动各向同性平滑项的作用是减少对于光流场中边缘的平滑，光流驱动各向同性平滑项可采用统计误差稳健范数替代原矢量梯度二范数，表示为

$$S(\nabla_3 \boldsymbol{v},\nabla_3 \tilde{I}) = \psi(|\nabla u|^2 + |\nabla v|^2) \tag{8.45}$$

式中，$\psi(\cdot)$ 为实数域的正递增函数，其递增幅度较二次函数趋缓，可以定义为非线性全变差函数（Rudin et al.，1992）$\psi(r^2) = \sqrt{r^2 + \varepsilon_r^2}$，$\varepsilon_r$ 为调节参数。

5. 光流驱动各向异性平滑项

区别于各向同性平滑项，光流驱动各向异性平滑项不是作用于矢量梯度幅值，而是针对包含有方向信息的局部矢量张量，可以通过特征值分解的形式表示为

$$S(\nabla_3 \boldsymbol{v},\nabla_3 \tilde{I}) = \mathrm{tr}(\psi(\nabla \boldsymbol{u}\, \nabla \boldsymbol{u}^{\mathrm{T}} + \nabla \boldsymbol{v}\, \nabla \boldsymbol{v}^{\mathrm{T}})) \tag{8.46}$$

式中，$\mathrm{tr}(\cdot)$ 为局部矢量张量的迹，从而代表特征值，显示局部光流的特征结构。

以光流基本约束为前提，在变分模型框架的基础上，针对不同的条件要求并利用各类平滑项的约束作用，可生成密集且精度较高的光流矢量场。

8.3.3 变分光流计算方法

在 3.4.3 节中关于光流估计影像稳定的技术内容中介绍了局部全局结合光流计算方法。该方法采用了变分模型，综合了局部和全局的约束条件，方法的优点是能够在局部上克服噪声，同时在全局生成较为密集的光流矢量场。

类似于局部全局结合光流方法，基于变分模型的光流矢量估计可以附加多种的约束条件。光流计算中的灰度一致假设是最基本的约束条件，而在现实场景中，由于亮度变化这种假设经常会被打破。更为稳健的光流估计应该能够允许影像中灰度值的微小变化，同时有助于给出比较可靠的估计结果。因此，在基本约束条件的基础上，另行设置灰度局部空间梯度一致假设，该假设尤其适用于平移运动。此外，式(8.45)等的平滑项作为对生成光流矢量的约束同样也是不可缺少的。

多约束条件方法以变分光流方法通用模型为框架，将灰度一致、灰度空间梯度一致以及矢量场平滑等约束条件结合在一起(Bruhn and Weickert，2005；Brox et al.，2004)。首先，针对影像数据的两种约束条件可以得到数据项能量泛函，表示为

$$E_{\mathrm{ID}}(\boldsymbol{v}) = \int_{\Omega} (|\tilde{I}(\boldsymbol{x}+\boldsymbol{v}_3) - \tilde{I}(\boldsymbol{x})|^2 + \gamma |\nabla \tilde{I}(\boldsymbol{x}+\boldsymbol{v}_3) - \nabla \tilde{I}(\boldsymbol{x})|^2)\mathrm{d}\boldsymbol{x} \tag{8.47}$$

式中，$\boldsymbol{v}_3=(\boldsymbol{v},1)^{\mathrm{T}}$ 为三维矢量；γ 为两项条件间的权重参数。与式(8.45)相似，为避免二次函数中离群值影响过大的问题，采用函数 $\psi(r^2)=\sqrt{r^2+\varepsilon_r^2}$ 改化该式有

$$E_{\mathrm{ID}}(\boldsymbol{v})=\int_\Omega \psi(|\tilde{I}(\boldsymbol{x}+\boldsymbol{v}_3)-\tilde{I}(\boldsymbol{x})|^2+\gamma|\nabla\tilde{I}(\boldsymbol{x}+\boldsymbol{v}_3)-\nabla\tilde{I}(\boldsymbol{x})|^2)\mathrm{d}\boldsymbol{x} \quad (8.48)$$

而函数 $\psi(r^2)$ 中的调节参数 ε_r 可以设定为经验常数。进一步的矢量场约束可以选择光流驱动各向同性平滑项，可得泛函为

$$E_{\mathrm{FS}}(\boldsymbol{v})=\int_\Omega \psi(|\nabla_3 \boldsymbol{u}|^2+|\nabla_3 v)|^2)\mathrm{d}\boldsymbol{x} \quad (8.49)$$

结合上述式(8.48)和式(8.49)得到综合能量泛函：

$$E(\boldsymbol{v})=E_{\mathrm{ID}}(\boldsymbol{v})+\alpha E_{\mathrm{FS}}(\boldsymbol{v}) \quad (8.50)$$

参数 α 控制平滑项在约束中所占的权重。考虑到数据项中全变差函数的作用很有可能是仅对于两者同时出现离群值的情况，所以更为稳健的做法是将式(8.48)的数据项分解为(Bruhn and Weickert，2005)

$$E_{\mathrm{ID1}}(\boldsymbol{v})=\int_\Omega \psi(|\tilde{I}(\boldsymbol{x}+\boldsymbol{v}_3)-\tilde{I}(\boldsymbol{x})|^2)\mathrm{d}\boldsymbol{x} \quad (8.51)$$

和

$$E_{\mathrm{ID2}}(\boldsymbol{v})=\int_\Omega \psi(|\nabla\tilde{I}(\boldsymbol{x}+\boldsymbol{v}_3)-\nabla\tilde{I}(\boldsymbol{x})|^2)\mathrm{d}\boldsymbol{x} \quad (8.52)$$

因此相应的模型式(8.50)转化为

$$E(\boldsymbol{v})=E_{\mathrm{ID1}}(\boldsymbol{v})+\gamma E_{\mathrm{ID2}}(\boldsymbol{v})+\alpha E_{\mathrm{FS}}(\boldsymbol{v}) \quad (8.53)$$

式中包含了 γ 和 α 两个权重参数。而该模型的求解同样需要转化为对应的等效Euler-Lagrange方程；由于使用了影像数据的空间梯度作为约束条件，所以在运算中含有二阶导数项，转化后有

$$\begin{cases}\psi'_{\mathrm{ID1}}(\tilde{I}_z^2)\cdot\tilde{I}_x\tilde{I}_z+\gamma\psi'_{\mathrm{ID2}}(\tilde{I}_{xz}^2+\tilde{I}_{yz}^2)\cdot(\tilde{I}_{xx}\tilde{I}_{xz}+\tilde{I}_{xy}\tilde{I}_{yz})\\ \qquad -\alpha\mathrm{div}(\psi'_{\mathrm{FS}}(|\nabla_3\boldsymbol{u}|^2+|\nabla_3 v)|^2)\nabla_3\boldsymbol{u})=0\\ \psi'_{\mathrm{ID1}}(\tilde{I}_z^2)\cdot\tilde{I}_y\tilde{I}_z+\gamma\psi'_{\mathrm{ID2}}(\tilde{I}_{xz}^2+\tilde{I}_{yz}^2)\cdot(\tilde{I}_{yy}\tilde{I}_{yz}+\tilde{I}_{xy}\tilde{I}_{xz})\\ \qquad -\alpha\mathrm{div}(\psi'_{\mathrm{FS}}(|\nabla_3\boldsymbol{u}|^2+|\nabla_3 v)|^2)\nabla_3 v)=0\end{cases} \quad (8.54)$$

式中，$\tilde{I}_z=\tilde{I}(\boldsymbol{x}+\boldsymbol{v}_3)-\tilde{I}(\boldsymbol{x})$ 代替时间梯度 $\tilde{I}_t$ 表示需要最小化的差分值；$\tilde{I}_{xx}$、$\tilde{I}_{yy}$、$\tilde{I}_{xy}$、$\tilde{I}_{xz}$ 和 $\tilde{I}_{yz}$ 是空间二阶梯度或者对应的时序差分，并且 $\tilde{I}_{xz}=\tilde{I}_x(\boldsymbol{x}+\boldsymbol{v}_3)-\tilde{I}_x(\boldsymbol{x})$ 及 $\tilde{I}_{yz}=\tilde{I}_y(\boldsymbol{x}+\boldsymbol{v}_3)-\tilde{I}_y(\boldsymbol{x})$。式(8.54)是关于矢量 $\boldsymbol{v}_3$ 的非线性方程组，而对于矢量的求解可采用迭代的方式，表示为

$$\begin{cases}\psi'_{\mathrm{ID1}}((\tilde{I}_z^{n+1})^2)\cdot\tilde{I}_x^n\tilde{I}_z^{n+1}+\gamma\psi'_{\mathrm{ID2}}((\tilde{I}_{xz}^{n+1})^2+(\tilde{I}_{yz}^{n+1})^2)\cdot(\tilde{I}_{xx}^n\tilde{I}_{xz}^{n+1}+\tilde{I}_{xy}^n\tilde{I}_{yz}^{n+1})\\ \qquad -\alpha\mathrm{div}(\psi'_{\mathrm{FS}}(|\nabla_3\boldsymbol{u}^{n+1}|^2+|\nabla_3 v^{n+1})|^2)\nabla_3\boldsymbol{u}^{n+1})=0\\ \psi'_{\mathrm{ID1}}((\tilde{I}_z^{n+1})^2)\cdot\tilde{I}_y^n\tilde{I}_z^{n+1}+\gamma\psi'_{\mathrm{ID2}}((\tilde{I}_{xz}^{n+1})^2+(\tilde{I}_{yz}^{n+1})^2)\cdot(\tilde{I}_{yy}^n\tilde{I}_{yz}^{n+1}+\tilde{I}_{xy}^n\tilde{I}_{xz}^{n+1})\\ \qquad -\alpha\mathrm{div}(\psi'_{\mathrm{FS}}(|\nabla_3\boldsymbol{u}^{n+1}|^2+|\nabla_3 v^{n+1})|^2)\nabla_3 v^{n+1})=0\end{cases} \quad (8.55)$$

式中的各项上标 n 为迭代次数。对于每一次迭代待求的矢量 $\boldsymbol{v}_3^{n+1}$，可分解为前次迭代得出作为已知量的 $\boldsymbol{v}_3^n$ 和未知增量 $\delta\boldsymbol{v}_3^n=(\delta u^n,\delta v^n,0)$，那么对于每次迭代均需要重新计算时序差分，并且以 Taylor 级数展开有：$\tilde{I}_z^{n+1}\approx\tilde{I}_z^n+\tilde{I}_x^n\delta u^n+\tilde{I}_y^n\delta v^n$，$\tilde{I}_{xz}^{n+1}\approx\tilde{I}_{xz}^n+\tilde{I}_{xx}^n\delta u^n+$

$\widetilde{I}^n_{xy}\delta v^n, \widetilde{I}^{n+1}_{yz} \approx \widetilde{I}^n_{yz} + \widetilde{I}^n_{xy}\delta u^n + \widetilde{I}^n_{yy}\delta v^n$，并设 $\widetilde{\boldsymbol{I}}_x = (\widetilde{I}_x, \widetilde{I}_y, \widetilde{I}_z)^{\mathrm{T}}, \widetilde{\boldsymbol{I}}_{xx} = (\widetilde{I}_{xx}, \widetilde{I}_{xy}, \widetilde{I}_{xz})^{\mathrm{T}}$ 及 $\widetilde{\boldsymbol{I}}_{xy} = (\widetilde{I}_{xy}, \widetilde{I}_{yy}, \widetilde{I}_{yz})^{\mathrm{T}}$，能够推导得出对称张量 $\boldsymbol{D} = \widetilde{\boldsymbol{I}}_x \widetilde{\boldsymbol{I}}_x^{\mathrm{T}}$ 和 $\boldsymbol{S} = \widetilde{\boldsymbol{I}}_{xx}\widetilde{\boldsymbol{I}}_{xx}^{\mathrm{T}} + \widetilde{\boldsymbol{I}}_{xy}\widetilde{\boldsymbol{I}}_{xy}^{\mathrm{T}}$，将其代入式(8.55)，整理简化方程后有

$$\begin{cases} \psi'^{n}_{\mathrm{ID1}} \cdot (D^n_{11}\delta u^n + D^n_{12}\delta v^n + D^n_{13}) + \gamma\psi'^{n}_{\mathrm{ID2}} \cdot (S^n_{11}\delta u^n + S^n_{12}\delta v^n + S^n_{13}) \\ \qquad - \alpha \mathrm{div}(\psi'^{n}_{\mathrm{FS}} \nabla_3 (u^n + \delta u^n)) = 0 \\ \psi'^{n}_{\mathrm{ID1}} \cdot (D^n_{21}\delta u^n + D^n_{22}\delta v^n + D^n_{23}) + \gamma\psi'^{n}_{\mathrm{ID2}} \cdot (S^n_{21}\delta u^n + S^n_{22}\delta v^n + S^n_{23}) \\ \qquad - \alpha \mathrm{div}(\psi'^{n}_{\mathrm{FS}} \nabla_3 (v^n + \delta v^n)) = 0 \end{cases} \tag{8.56}$$

式中，$\psi'^{n}_{\mathrm{ID1}} = \psi'_{\mathrm{ID1}}((\delta u^n, \delta v^n, 1)^{\mathrm{T}} \boldsymbol{D}^n (\delta u^n, \delta v^n, 1))$；$\psi'^{n}_{\mathrm{ID2}} = \psi'_{\mathrm{ID2}}((\delta u^n, \delta v^n, 1)^{\mathrm{T}} \boldsymbol{S}^n (\delta u^n, \delta v^n, 1))$；$\psi'^{n}_{\mathrm{FS}} = \psi'_{\mathrm{FS}}(|\nabla_3 (u^n + \delta u^n)|^2 + |\nabla_3 (v^n + \delta v^n)|^2)$。该简化后的联立方程组入了矢量增量 $\delta \boldsymbol{v}^n_3$，并未消解方程组的非线性；但是这种做法更适用于由粗到精的逐次纠正处理，并且还可以避免迭代收敛于局部最小值，则迭代次数的上标 n 可以代表尺度或分辨率层级。联立方程组的求解常采用松弛算法，而迭代式的处理运算在提高精度的同时也牺牲了执行效率(Brox et al.，2004)。针对具体的序列影像处理，关于偏微分方程组的数值计算方案要求在离散化的基础上分步进行。多网格方法采用了分层离散化的方式解决微分方程组问题，与传统的 Jacobi、Gauss-Seidel 等算法(王大凯等，2008)比较，结合多网格方法的处理算法能够更为快速的收敛，在变分方法运动估计中可以提高 2 到 4 个数量级的运算速度(Bruhn and Weickert，2006)。多约束条件变分运动估计的非线性双网格算法流程可以通过如下的步骤循环实现。

(1) 序列影像中每一帧建立多层级影像，层级序号以 n 标识，在每一层级划分矩形像素精细网格，尺寸为 $h^n_x \times h^n_y$。

(2) 对于第 n 层每一网格内的任意像素 i 求其所对应的矢量增量 $\delta \boldsymbol{u}^n_i$ 和 $\delta \boldsymbol{v}^n_i$。在 x 和 y 两个方向定义邻域范围 $N_x(i)$ 和 $N_y(i)$，差分近似求出像素 i 的时空梯度，则由式(8.56)推导出的第 n 层关于矢量增量的离散化有限近似方程组有

$$\begin{cases} \psi'^{n}_{\mathrm{ID1}i} \cdot (D^n_{11i}\delta \boldsymbol{u}^n_i + D^n_{12i}\delta \boldsymbol{v}^n_i + D^n_{13i}) + \gamma\psi'^{n}_{\mathrm{ID2}i} \cdot (S^n_{11i}\delta \boldsymbol{u}^n_i + S^n_{12i}\delta \boldsymbol{v}^n_i + S^n_{13i}) \\ \qquad - \alpha \sum\limits_{k=x,y} \sum\limits_{j \in N_k(i)} \dfrac{\psi'^{n}_{\mathrm{FS}i} + \psi'^{n}_{\mathrm{FS}j}}{2} \dfrac{\boldsymbol{u}^n_j + \delta \boldsymbol{u}^n_j - \boldsymbol{u}^n_i - \delta \boldsymbol{u}^n_i}{(h^n_k)^2} = 0 \\ \psi'^{n}_{\mathrm{ID1}i} \cdot (D^n_{21i}\delta \boldsymbol{u}^n_i + D^n_{22i}\delta \boldsymbol{v}^n_i + D^n_{23i}) + \gamma\psi'^{n}_{\mathrm{ID2}i} \cdot (S^n_{21i}\delta \boldsymbol{u}^n_i + S^n_{22i}\delta \boldsymbol{v}^n_i + S^n_{23i}) \\ \qquad - \alpha \sum\limits_{k=x,y} \sum\limits_{j \in N_k(i)} \dfrac{\psi'^{n}_{\mathrm{FS}i} + \psi'^{n}_{\mathrm{FS}j}}{2} \dfrac{\boldsymbol{v}^n_j + \delta \boldsymbol{v}^n_j - \boldsymbol{v}^n_i - \delta \boldsymbol{v}^n_i}{(h^n_k)^2} = 0 \end{cases} \tag{8.57}$$

(3) 按 $\boldsymbol{A}^h(\boldsymbol{v}^h) = \boldsymbol{f}^h$ 对原方程进行整理，$\boldsymbol{h} = (h^n_x, h^n_y)^{\mathrm{T}}$ 为网格尺寸，$\boldsymbol{v}^h = ((\delta \boldsymbol{u}^h)^{\mathrm{T}}, (\delta \boldsymbol{v}^h)^{\mathrm{T}})^{\mathrm{T}}$ 为串联待解矢量增量，$\boldsymbol{A}^h(\cdot)$ 为关于 $\boldsymbol{v}^h$ 的非线性算子，将式(8.57)中的其他项移至右端作为 $\boldsymbol{f}^h = ((\boldsymbol{f}^h_1)^{\mathrm{T}}, (\boldsymbol{f}^h_2)^{\mathrm{T}})^{\mathrm{T}}$。

(4) 利用多网格算法求解非线性方程组，分为平滑、约束和延伸三个基本部分。平滑处理是使用基本的松弛迭代方法减少误差中可能存在的高频成分。约束是由精到粗的处理过程。由平滑给出 $\boldsymbol{v}^h$ 的近似估值 $\hat{\boldsymbol{v}}^h$，则有两者间的误差 $\boldsymbol{e}^h = \boldsymbol{v}^h - \hat{\boldsymbol{v}}^h$，并且有残差方程组 $\boldsymbol{A}^h(\hat{\boldsymbol{v}}^h + \boldsymbol{e}^h) - \boldsymbol{A}^h(\hat{\boldsymbol{v}}^h) = \boldsymbol{r}^h$；进而转换到粗糙网格方程组有 $\boldsymbol{A}^H(\hat{\boldsymbol{v}}^H + \boldsymbol{e}^H) - \boldsymbol{A}^H(\hat{\boldsymbol{v}}^H) = \boldsymbol{r}^H$，其中，$\boldsymbol{H} = (H^n_x, H^n_y)^{\mathrm{T}}$ 为粗糙网格尺寸，$\boldsymbol{v}^H = ((\delta \boldsymbol{u}^H)^{\mathrm{T}}, (\delta \boldsymbol{v}^H)^{\mathrm{T}})^{\mathrm{T}}$ 以及 $\boldsymbol{f}^H = ((\boldsymbol{f}^H_1)^{\mathrm{T}}, (\boldsymbol{f}^H_2)^{\mathrm{T}})^{\mathrm{T}}$。误差中的高频噪点已在平滑处理中去除，而低频信息和剩余的高频信

息在粗糙网格中被转化成高频信息，因此更易于消减。延伸则是由粗到精的处理过程。利用迭代算法在粗糙网格解算非线性残差方程组，由 $\boldsymbol{e}^H = \boldsymbol{v}^H - \hat{\boldsymbol{v}}^H$ 得到粗尺度误差，随后插值转换到精细网格，利用得到的误差纠正待解矢量增量。最后再次执行平滑处理，移除延伸处理中因插值引入的高频信息。

这种方法的实现采用多尺度模式，影像分层逐级进行处理，在每一层级使用双网格算法加速处理。相比于具体的迭代算法，多网格算法更接近一种处理策略，可以与各种偏微分方程结合使用，降低处理运行的计算代价，并且满足高性能实时处理的要求。

图 8.6(a)、(b)是无人飞行器序列影像的相邻影像帧。图 8.6(c)是采用 Horn-Schunck 全局光流方法生成的光流矢量场，方法中对平滑参数、矢量初始值及迭代次数等进行了设置，反映了所生成的密集光流场覆盖了影像全局，图 8.6(d)显示了图 8.6(c)中光流场的局部细节，光流场的密集程度较高，但是以箭头标识的位移矢量场在量值和方向上并不统一，且较为杂乱。图 8.6(e)是多约束条件变分光流估计后的结果，在方

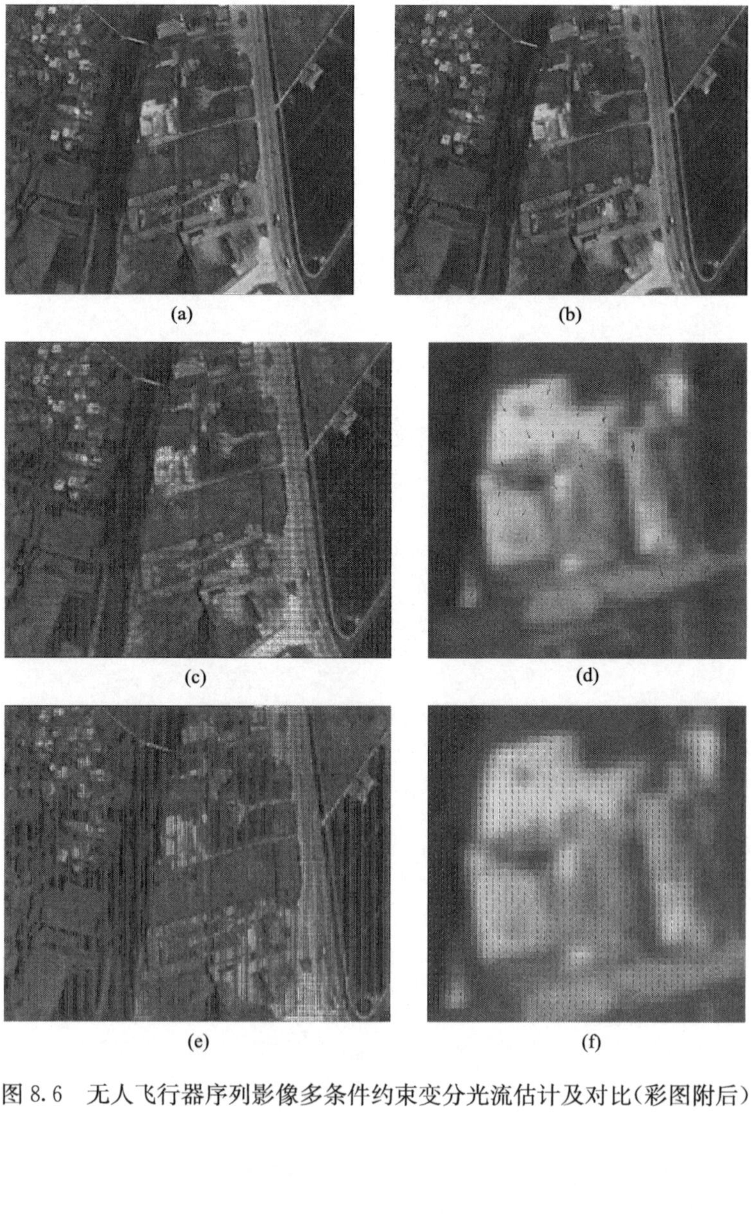

图 8.6　无人飞行器序列影像多条件约束变分光流估计及对比(彩图附后)

法的实现方面，其参数设置包括数据项中梯度一致权重、平滑项权重、尺度层级，而且对于非线性方程的解算分为两层循环迭代。图 8.6(f)是图 8.6(e)中光流场的细节呈现，与图 8.6(d)中细节相对比，多约束方法生成的光流更为密集，且均匀性和一致性更好，从技术原理上是梯度一致假设及调节函数的实际体现。

多约束条件变分光流方法在精度等各项指标上都具有优势，但是这种方法的时间代价也较大，因此，基于影像的多尺度表达，可以考虑利用粗糙尺度下影像的光流矢量，经内插后代替原始影像的运动估计输出，以提高处理运行的实时性并节省计算成本。另外，针对无人飞行器的运动估计、目标检测等具体应用，根据飞行器平台的移动速度、机动动作、场景内容等可对光流计算处理做出适当的调整设定，在确保结果精度的同时提高执行效率。

8.4 红外序列影像相位信息运动估计

为应对夜间以及其他特殊的任务需求，无人飞行器一般会搭载热红外视频传感器。不同于可见光传感器接收场景中物体对象反射的可见光波段的信息，热红外传感器捕捉和记录的主要是物体自身的热辐射信息，这种特性赋予了红外传感器在光照不足或可视条件较差等情况下进行探测成像的能力。

关于红外序列影像的运动分析既有便于处理的方面，也有不利于操作的限制。人或车辆等运动目标通常具有区别地物场景的热辐射特征属性，所以利用该种特性就可以初步分辨出各种运动目标，这对于运动目标检测处理是十分有益的；另外，目标的热属性特征也可以为目标跟踪、目标识别等操作所采用，从而提高跟踪的连续性或增加识别的正确率。红外影像中的不利因素主要是没有丰富的纹理、外形轮廓等特征，当出现动目标的热属性接近背景、目标伪装、环境条件影响以及传感器的探测精度不足等情况时，则有可能难以检测出动态目标或难以进行其他相关的运动分析。

上述红外序列影像运动分析的限制因素，并不能够单纯通过针对影像数据的处理得到完整的消解或清除，其中的一些问题还受限于硬件的性能和具体的条件情况。而对于影像处理自身的干扰将主要来自于，热属性响应无特定轮廓导致的影像变形、各种随机的信号噪声，以及因环境或目标属性变化引起的影像对比度改变等。相对于可见光影像，这些问题在红外影像中表现得更为明显，因此，一些适用于可见光序列影像处理的方法很有可能无法在红外影像处理中发挥良好作用。比较而言，频域运动估计方法，特别是相位信息相关方法是一种十分有效的解决途径。

8.4.1 相位特征信息红外序列影像应用

相对于梯度等影像空间信息，影像的频域特征信息更能体现其所具有的信号属性。影像的频域特征主要有相位和幅值两种。与幅值信息相比，相位信息包含有更丰富的内容，可以在各种类型的影像处理中被更好地利用。

类似 Harris、Canny 等特征提取算子的功能，由相位信息也可获得影像的特征。影像中的边缘、突出点等高频信息通常会表现为较大的局部能量，在频率域中还会反映为其傅里叶各谐波的相位重叠一致，所以基于相位一致可实现对点、线等突出特征的检测定位。不同于局部能量过分依赖对比度，无法进行等级量化进而标定显著特征，相位一致的对应量值只在 0 和 1 之间变化，因此可以预先设定阈值(Kovesi，2008)。以一维信号为例，其相位的一致测度函数可定义为

$$\mathrm{PC}(x)=\frac{|R(x)|}{\sum_n \rho_n(x)} \tag{8.58}$$

式中，$|R(x)|$ 为信号能量幅值；$\rho_n(x)$ 为第 n 次谐波的幅值。若各谐波相位一致，即 $|R(x)|$ 与 $\rho_n(x)$ 共线，其测度 PC(x)等于 1；反之，若相位没有任何一致性则为 0。根据谐波幅值与信号幅值之间的关系，改化上式有

$$\mathrm{PC}(x)=\frac{\sum_n \rho_n(x)\cos(\varphi_n(x)-\bar{\varphi}(x))}{\sum_n \rho_n(x)} \tag{8.59}$$

其含义是 $|R(x)|$ 可表示为各谐波幅值 $\rho_n(x)$ 以其相位 $\varphi_n(x)$ 与加权相位均值 $\bar{\varphi}(x)$ 间的差值为夹角在投影向上的累积。由于该测度的定位性较差，对噪声较为敏感，一种改进的测度形式是(Morrone et al. ,1986；Kovesi，1996)

$$\mathrm{PC}_r(x)=\frac{\sum_n w(x)\lfloor \rho_n(x)(\cos(\varphi_n(x)-\bar{\varphi}(x))-|\sin(\varphi_n(x)-\bar{\varphi}(x))|)-\mathrm{Th}\rfloor}{\sum_n \rho_n(x)+\kappa} \tag{8.60}$$

式中，$w(x)$ 为信号频域分布的权重；设 κ 为微小常量，避免该式分母为零，使用相位偏移的余弦减去正弦幅值可以产生更强烈的局部响应；而只有当谐波投影能量大于阈值 Th 时，可忽略噪声影响，其为正时才会被统计，否则为零。

实际处理中的局域频率信息可以是由调制为不同空间频率的 Gabor 滤波器族处理输出后获得的。将一维信号拓展为二维影像首先要结合方向信息。应用 Gabor 滤波器所具有的定向功能，将频域信息划分为几个方向，在每个方向上使用相位一致测度，得到相位一致矩并分析矩随定向的变化情况：最小矩对应的轴向即为主轴向，由其对特征进行定向；最大矩的轴向正交于主轴向，其幅值表明了特征的显著程度。该方法可提取出影像中的边缘轮廓，若最小矩也很大，即可将对应位置的特征标明为角点特征。根据矩分析方程，影像中的每一个像素点在方向 θ 上进行相位一致计算，累加所有定向得到下列矩参量为

$$\begin{cases}\mathrm{pm}_1=\sum(\mathrm{PC}_r(\theta)\cos\theta)^2\\ \mathrm{pm}_2=2\sum(\mathrm{PC}_r(\theta)\cos\theta)\cdot(\mathrm{PC}_r(\theta)\cos\theta)\\ \mathrm{pm}_3=\sum(\mathrm{PC}_r(\theta)\sin\theta)^2\end{cases} \tag{8.61}$$

进而有其主轴向的角度为

$$\Phi=\frac{1}{2}\mathrm{atg2}\left(\frac{\mathrm{pm}_2}{\sqrt{\mathrm{pm}_2^2+(\mathrm{pm}_1-\mathrm{pm}_3)^2}},\quad \frac{\mathrm{pm}_1-\mathrm{pm}_3}{\sqrt{\mathrm{pm}_2^2+(\mathrm{pm}_1-\mathrm{pm}_3)^2}}\right) \tag{8.62}$$

以及最大矩、最小矩分别是

$$M_{\max}=\frac{1}{2}(\mathrm{pm}_3+\mathrm{pm}_1+\sqrt{\mathrm{pm}_2^2+(\mathrm{pm}_1-\mathrm{pm}_3)^2}) \tag{8.63}$$

$$M_{\min} = \frac{1}{2}(\mathrm{pm}_3 + \mathrm{pm}_1 - \sqrt{\mathrm{pm}_2^2 + (\mathrm{pm}_1 - \mathrm{pm}_3)^2}) \tag{8.64}$$

图 8.7 中是使用相位一致方法对两帧相邻红外影像提取角点特征的结果。方法中采用了 6 向、4 尺度的 Gabor 滤波器获取频率信息。将图 8.7(a)、(b)的检测特征加以比对,同名特征的对应较为一致。

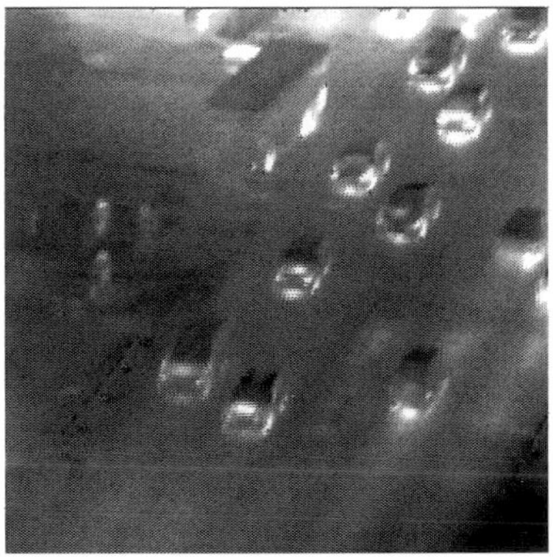

(a)

(b)

图 8.7　红外序列影像相位一致测度点特征提取

针对红外影像处理的特殊需要,相位一致特征提取方法的优势在于能够稳健地适应影像的对比度变化和各种噪声的干扰;可根据应用的环境条件、传感器的性能情况以及影像质量等,预先设定去噪及检测提取阈值,以便于实际的工作或应用。

对于影像间的特征匹配处理,通常采用的是式(8.23)的差平方和测度,而联系到区域匹配可以使用互相关测度:

$$\mathrm{CC}(\boldsymbol{x};\boldsymbol{d}) = \sum_{i=-n}^{n}\sum_{j=-m}^{m} I_s(\boldsymbol{x};i,j) I_{s+1}(\boldsymbol{x}+\boldsymbol{d};i,j) \tag{8.65}$$

式中,$\boldsymbol{x} = (x,y)$;其他各项的表示与式(8.23)相同。对该式进行傅里叶变换有

$$F(\mathrm{CC}(\boldsymbol{x};\boldsymbol{d})) = F\left(\sum I_s(\boldsymbol{x}) I_{s+1}(\boldsymbol{x}+\boldsymbol{d})\right) = \hat{I}_s(\boldsymbol{k})\hat{I}_{s+1}^*(\boldsymbol{k}) \tag{8.66}$$

式中,$\hat{I}_s(\boldsymbol{k})$ 为 $I_s(\boldsymbol{x})$ 的傅里叶变换;$\hat{I}_{s+1}^*(\boldsymbol{k})$ 是 $\hat{I}_{s+1}(\boldsymbol{k})$ 的复共轭;$\boldsymbol{k}$ 为空间频率。该式给出了互相关测度的频率域表达,即互功率谱,对其归一化处理并做傅里叶逆变换得到相位相关测度为

$$\psi_{s,s+1}(\boldsymbol{x}) = F^{-1}\left(\frac{\hat{I}_s(\boldsymbol{k})\hat{I}_{s+1}^*(\boldsymbol{k})}{|\hat{I}_s(\boldsymbol{k})\hat{I}_{s+1}^*(\boldsymbol{k})|}\right) = \delta(\boldsymbol{x}-\boldsymbol{d}) \tag{8.67}$$

其图形化表示是关于空间坐标 $\boldsymbol{x}$ 并且有多个峰值的相关曲面(数组矩阵),这些峰值对应于影像(帧/区域)之间的主要偏移 $\boldsymbol{d}$,可作为区域匹配处理等的初始值。通过搜索测度峰值,可以估计影像间的平移量,这种方法可作为运动估计、目标跟踪以及模板匹配等处理操作所采用的有效方法;但是旋转扰动对相位变化的影响使得其只能够计算在两个坐标方向上的位移,无法结合旋转角度。如果单纯针对两帧相邻影像或者立体像对,其运动估计类似于视差计算,利用相位差分方法可以对影像间的视差进行测度。常用的视差计算方法是 3.4.2 节的特征匹配,而相位差分方法所使用的是滤波输出的相位信息。相位差

分与视差之间的基本关系可以表示为(Fleet et al.，1991)

$$\boldsymbol{d}(\boldsymbol{x}) = \frac{(\varphi_{\mathrm{l}}(\boldsymbol{x}) - \varphi_{\mathrm{r}}(\boldsymbol{x}))_{2\pi}}{\boldsymbol{k}(\boldsymbol{x})} \tag{8.68}$$

式中，$\boldsymbol{x}$ 为影像空间位置；该式的含义是，$\boldsymbol{x}$ 处的视差 $\boldsymbol{d}(\boldsymbol{x})$ 为左右相位差在 $(-\pi,\pi]$ 内的主成分 $(\varphi_{\mathrm{l}}(\boldsymbol{x}) - \varphi_{\mathrm{r}}(\boldsymbol{x}))_{2\pi}$ 除以 $\boldsymbol{x}$ 的局域频率 $\boldsymbol{k}(\boldsymbol{x})$。对于 $\boldsymbol{k}(\boldsymbol{x})$ 可选择滤波器的中央响应频率 $\boldsymbol{k}$；由于局部频率亦可定义为相位信号的空间梯度，也可以采用左右影像的空间相位梯度的均值 $\boldsymbol{k}(\boldsymbol{x}) = \frac{1}{2}(\nabla\varphi_{\mathrm{l}}(\boldsymbol{x}) + \nabla\varphi_{\mathrm{r}}(\boldsymbol{x}))$ 近似。关于视差的计算需要良好的初值，如果相较于信号局部波长视差过大，就会产生错误的视差估计，因此可以考虑引入由粗到精的控制策略。

此外，式(8.68)与式(8.32)～式(8.34)有着内在联系。式(8.32)给出了相位恒常假设，以对应于亮度移不变的基本光流约束条件，对时间求导后得到式(8.33)的相位梯度约束条件。对于序列影像中的相邻帧，可设 $\boldsymbol{x}$ 处的位移矢量 $\boldsymbol{v}(\boldsymbol{x})$ 等于视差值 $\boldsymbol{d}(\boldsymbol{x})$，左右视的相位差可近似为相位的时间梯度 $\varphi_{\mathrm{l}}(\boldsymbol{x}) - \varphi_{\mathrm{r}}(\boldsymbol{x}) \approx -\varphi_t$；而且由于相位的恒常假设，在位移(视差较小)的情况下有 $\nabla\varphi_{\mathrm{l}}(\boldsymbol{x}) \approx \nabla\varphi_{\mathrm{l}}(\boldsymbol{x}) = (\varphi_x, \varphi_y)$；将这些近似关系代入后便有式(8.68)等效于式(8.34)。需要说明的是，等效成立的关键仍是光流的连续性，即位移或者视差很小。

8.4.2 基于相位信息的红外影像光流估计

相位信息的良好特性在于一般情况下其与空间位置的近似线性关系，以及对于尺度变化的稳定性等。而至于相位信息的输出，通常所采用的是 Gabor 滤波器。由于其实部中含有直流分量，Gabor 滤波器只是一种小带宽下的近似正交对滤波器，滤波器正交与否直接关系到输出相位的奇偶对称性。

基于相位信息的光流矢量估计具有保持矢量分辨率、子像素级精度结果，以及对于平缓对比度变化及仿射变形稳健等优点(Fleet and Jepson，1990)。该种方法的处理流程通常是使用一组 Gabor 滤波器族，对影像滤波处理后得到多个频率尺度的相位，进一步计算出相位的时空梯度，并利用式(8.36)求取相位梯度法向矢量分量。对于影像的每个空间坐标位置，可获取多个对应于各滤波器输出相位梯度的矢量，组合后生成全向矢量。如果采用式(8.26)的三维 Gabor 滤波器，那么可直接计算相位信息在时空三个维度方向上的梯度；而若对离散后的序列影像使用二维滤波器进行输出，则只能够获得空间梯度，时间梯度需要通过类似于式(8.68)的相位差分计算得出，同样取其在$(-\pi,\pi]$内的主要成分。

相位随空间位移及尺度变化的稳定性会在一些特定的空间位置和波长尺度发生异常变化，与稳定相对将其标注为奇异邻域。例如，滤波器输出的相位信息位于该邻域内，将导致相位随时间变化的非线性，则所计算得到的位移矢量分量是不可靠的，可以被舍弃。离散化处理可以通过拟合等操作剔除时序上的奇异相位。

如同在光流基本约束条件下，可能由于孔径问题难以确定正确的位移矢量，依据相位恒常假设也只能获得相位梯度法向的矢量分量，因此需要相应的附加约束条件。对于影像空间中的任一点，由滤波器族生成一组法向矢量构成了对全向矢量的约束条件。设全向矢量为 $\boldsymbol{v}$，则法向矢量分量 $\boldsymbol{v}_c$ 对其的约束条件为(Fennema and Thompson，1979)

$$\boldsymbol{v} \cdot \boldsymbol{v}_c(i) = |\boldsymbol{v}_c(i)|^2 \tag{8.69}$$

式中，$i=1,2,\cdots,n$ 表明共有 n 个矢量分量，每一个分量 $\boldsymbol{v}_c(i)$ 定义了一条约束直线，而全向矢量位于该直线上，多个分量定义了多条直线，则直线的交点即为全向矢量。由于噪声的存在，直线可能会有多个交点。解决的方法可以通过聚类分析或者将其转化为优化问题，可采用的一种选择是全局规划网络(GPN)(Gautama and Van Hulle，2002)。当网络的状态迭代收敛后，即得到最终的全向矢量 $\boldsymbol{v}$，对应的迭代公式为

$$\boldsymbol{v}^{k+1} = \boldsymbol{v}^k - \Delta\mathrm{st} \cdot \sum_{i=1}^{n} \boldsymbol{v}_c(i)\left(\frac{\boldsymbol{v}^k \cdot \boldsymbol{v}_c(i)}{|\boldsymbol{v}_c(i)|} - |\boldsymbol{v}_c(i)|\right) \tag{8.70}$$

式中，上标 k 标识了迭代次数；Δst 为设定状态步进间隔，视优化目标的变化，可通过自适应地调节步进间隔以加快收敛。

图 8.8 给出了由 12 帧影像组成的红外序列影像示例，其中的部分影像人为改变了对比度或添加白噪声，以实现影像质量的退化，类似情况能够验证处理方法的稳健性。图 8.9 是基于相位信息的红外序列影像估计结果；图 8.9(a)显示了生成的光流场，图 8.9(b)、(c)为光流场的细节表征；从全局和局部的分析上，光流估计能够较好地描述运动矢量。

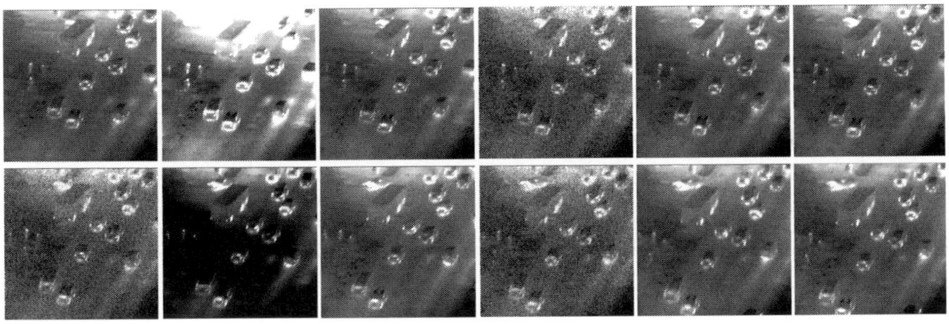

图 8.8 红外序列影像示例

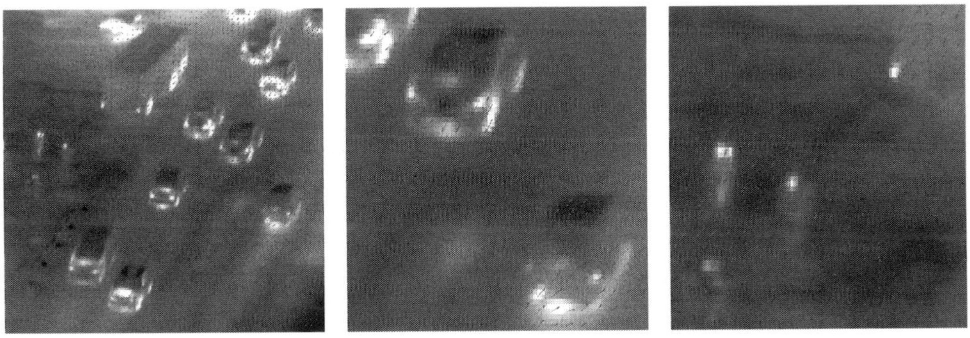

(a) (b) (c)

图 8.9 基于相位信息的红外序列影像光流估计(彩图附后)

光流矢量和特征匹配方法皆能实现无人飞行器序列影像的有效运动估计，而且无论是在实际应用中还是在理论方法上，光流估计与特征匹配都有很大的结合空间。实践中，无人飞行器序列影像处理可以同步使用这两种方法，所获得的综合技术能够更好地适应应用中的复杂情况或条件，为检测等处理操作提供更好的准备。除稀疏光流算法外，基于变分方法可以通过进一步添加约束条件，使用密集光流拟合基础矩阵，将光流方法与立体视觉空间结构相结合，从而使光流方法突破影像空间的处理，向立体成像或空间结构恢复等应用进行拓展。

参考文献

李志勇，沈振康，杨卫平，谌海新. 1999. 动态图像分析. 北京：国防工业出版社

王大凯，侯榆青，彭进业. 2008. 图像处理的偏微分方程方法. 北京：科学出版社

Anandan P. 1989. A computational framework and an algorithm for the measurement of visual motion. Int Journal Computer Vision，2:283～310

Barron J，Beauchemin S，Fleet D. 1994. On optical flow. AIICSR，3～14

Brox T，Bruhn A，Papenberg N，Weickert J. 2004. High accuracy optic flow estimation based on a theory for warping. In ECCV，3024：25～36

Bruhn A，Weickert J. 2005. Towards ultimate motion estimation：Combining highest accuracy with real-time performance. In：Proceedings of the Tenth International Conference on Computer Vision，1：749～755

Bruhn A，Weickert J. 2006. A multigrid platform for real-Time motion computation with discontinuity-preserving variational methods. Int Journal of Computer Vision，70(3)：257～277

Fennema C，Thompson W. 1979. Velocity determination in scenes containing several moving images. CGIP，9：301～315

Fleet D，Jepson A. 1990. Computation of component image velocity from local phase information. Int Journal of Computer Vision，5(1)：77～104

Fleet D，Jepson A. 1993. Stability of phase information. IEEE Trans Pattern Analysis and Machine Intelligence，15(12)：1253～1268

Fleet D，Jepson A，Jenkin M. 1991. Phase-based disparity measurement. CVGIP：Image Understanding，53：198～210

Gautama T，Van Hulle M. 2002. A phase-based approach to the estimation of the optical flow field using spatial filtering. IEEE Trans Neural Networks，13(5)：1127～1136

Harris C，Stephens M. 1988. A combined corner and edge detector. In：Fourth Alvey Vision Conference，147～151

Heeger D. 1996. Notes on motion estimation. Psych 267/CS 348D/EE 365，MIT

Horn B，Schunck B. 1981. Determining optical flow. Artificial Intelligence，17：185～203

Kovesi P. 1996. Invariant measures of image features from phase information. PhD thesis，The University of Western Australia

Kovesi P. 2008. Phase congruency detects corners and edges. CLEAR 2007 and RT 2007，LNCS 4625：203～214

Lowe D. 1999. Object recognition from local scale-invariant features. In ICCV：1150～1157

Lucas B，Kanade T. 1981. An iterative image-registration technique with an application to stereo vision. DARPA Image Understanding Workshop，121～130

Morrone M，Ross J，Burr D，Owens R. 1986. Mach bands are phase dependent. Nature，324：250～253

Nagel H，Enkelmann W. 1986. An investigation of smoothness constraints for the estimation of displacement vector fields from image sequences. IEEE Transactions on Pattern Analysis and Machine Intelligence，8：565～593

Rudin L，Osher S，Fatemi E. 1992. Nonlinear total variation based noise removal algorithms. Physica D，60：

259～268

Schnorr C. 1999. Variational methods for adaptive image smoothing and segmentation. Handbook on Computer Vision and Applications: Signal Processing and Pattern Recognition, 2: 451～484

Weickert J, Schnorr C. 2001a. A theoretical framework for convex regularizers in PDE-based computation of image motion. Int Journal of Computer Vision, 45(3): 245～264

Weickert J, Schnorr C. 2001b. Variational optic flow computation with a spatio-temporal smoothness constraint. Journal of Mathematical Imaging and Vision, 14(3): 245～255

第 9 章　序列影像运动检测

运动估计为运动分析提供了基本的处理操作信息数据，即位移矢量。位移矢量在像素层或特征层对运动属性进行了描述，而更深入的操作则是期望将这些运动属性对应于特定的物体对象。

序列影像运动分析处理的关注重心是运动目标，具体到无人飞行器序列影像，运动目标主要是指地面的车辆或人员。运动检测处理的目的是根据获得运动属性及其他特征信息从影像中提取或分离出运动目标。在无人飞行器序列影像应用中，检测的难点主要来自于背景的运动。背景是指地面的静止地物组成的静态场景，其运动属性由飞行器的自身运动所定义，也是由运动估计得到的主体信息，其所对应的影像区域构成了背景层。如果背景层被移除，则保留下的前景层即为含有运动目标的影像区域。

9.1　静态场景运动检测

静态场景运动检测是一种典型且简单的类型方式。序列影像处理中的静止背景是在摄像机连续成像过程中，传感器视场与所摄场景之间不发生相对运动而形成的。影像中的背景部分不发生明显的变化，近似于静止。与运动背景相比，静止背景条件下的运动检测虽然更易于实现，但其理论方法可作为运动背景条件下检测的基础。

9.1.1　影像帧间差分方法

在照度完全一致且不受噪声影响的理想情况下，如果两帧邻接序列影像中的背景完全相同，那么可以通过简单的帧差法获取运动目标的区域，其基本原理就是通过计算两帧影像的灰度差值，从而得到值不为零的区域，该区域就是运动目标的位置形状区域。用公式可以表示为

$$\begin{cases} D_n(x,y) = I_{n+1}(x,y) - I_n(x,y) \\ \mathrm{DP}_n(x,y) = \begin{cases} 1 & |D_n(x,y)| > T \\ 0 & \text{others} \end{cases} \end{cases} \tag{9.1}$$

式中，$I_{n+1}(x,y)$，$I_n(x,y)$ 为相邻的两帧影像；T 为阈值，可以根据实际情况选择不同的阈值。该式的含义是求取相邻影像中的对应像素间的差分值：如果其绝对差值大于阈值 T，表明像素为运动目标像素，并将其值设为 1；若小于阈值则表明为背景像素，设为 0。从而得到标识运动产生区域的二值图像 $\mathrm{DP}_n(x,y)$。

帧间差分方法的优点是计算简单，易于实时运行，且对光照等因素的影响不大，可用于背景运动等情况。但是这种方法的缺点是当影像中的目标位移较大时，检测出的目标将出现空洞或者多余部分，不能实际地表达运动目标的真实形状。为了弥补帧间差分方

法的缺点，提出一种改进方式是连续三帧图像差分法；其基本思想是，通过计算连续三帧影像中相邻两帧影像之间的差分，得到的差分影像之间再进行逻辑“与”运算，进而得到最终的结果。但是这仍然受光照变化的影响，也会出现空洞的现象。

9.1.2 静止背景建模方法

对于静止背景的目标检测，较为成熟的技术方法是背景建模法。背景建模方法同样要使用差分方式提取运动信息，而至于背景模型的构建可采用 Bayes 模型或混合高斯模型等（陈祖爵等，2007）。

利用混合高斯模型进行背景建模的原理是，将影像中逐个像素点的颜色用 k 个状态来表示。k 值越大则处理能力越强，相应地处理时间也更长，k 中每一个状态用一个高斯函数来表示，这些状态中一部分表示背景像素，另外一部分则表示前景像素。在检测进程中，判断影像中的像素点是否符合背景混合高斯模型：如果符合该模型，则像素点是背景像素；否则视为前景像素点。通过类似的匹配操作来更新背景的模型。设影像像素的颜色取值用 x_i 来表示，其概率密度函数可用 k 个 3 维高斯函数来表示

$$f(\boldsymbol{x}_i = x) = \sum_{i=1}^{k} \omega_{i,t} \cdot \eta(x, \mu_{i,t}, \boldsymbol{\sigma}) \tag{9.2}$$

式中，$\eta(x, \mu_{i,t}, \boldsymbol{\sigma})$、$\omega_{i,t}$ 分别为 t 时刻第 i 个高斯分布及其权重，$\mu_{i,t}$、$\boldsymbol{\sigma}$ 为高斯函数的均值和协方差矩阵。将当前影像像素值与已建立的高斯模型加以匹配，用如下的准则来判断其是否服从高斯分布：

$$|\boldsymbol{x}_i - \mu_{i,t}| \leqslant D\boldsymbol{\sigma} \tag{9.3}$$

式中，D 为置信参数。若没有与像素值相匹配的高斯模型，则将高斯模型中最低权值的高斯分布去掉，并根据新的像素值建立新的高斯分布，将当前的像素值作为均值，赋予较大的方差 $\boldsymbol{\sigma}$ 和较小的权值 ω。如果在 t 时刻，$\boldsymbol{x}_i$ 与第 n 个高斯分布相匹配，则在 $t+1$ 时刻的 k 个高斯分布的权值更新公式如下

$$\omega_{i,t+1} = \begin{cases} (1-\alpha)\omega_{i,t} + \alpha, & i = n \\ (1-\alpha)\omega_{i,t}, & \text{other} \end{cases} \tag{9.4}$$

式中，α 为控制权值更新快慢的参数，并且在更新权值后对其进行归一化处理。相应的均值及方差更新公式是

$$\begin{cases} \mu_{t+1} = (1-\rho)\mu_t + \rho \boldsymbol{x}_t \\ \sigma_{t+1}^2 = (1-\rho)\sigma_t^2 + \rho(\boldsymbol{x}_t - \mu_{t+1})^{\mathrm{T}}(\boldsymbol{x}_t - \mu_{t+1}) \end{cases} \tag{9.5}$$

式中，ρ 为调节均值和方差更新步进的参数。通常的判定是具有较大权值和较小方差的像素为背景像素。这种背景建模方法的优点是对于照度以及场景内容等的微小变化具有较好的稳健性；缺点在于背景模型的持续更新需要较大的时间成本，实时性较差。

9.2 无人飞行器运动目标检测分析

目标（物体）检测是计算机视觉技术中的一个重要命题，也是序列影像运动分析相关应用的核心内容之一，因此关于其处理方法的研究和讨论也开展得十分广泛。相对于其他类型动态影像的目标检测处理，无人飞行器序列影像的运动检测要复杂许多，主要体现

在运动背景、复杂场景纹理、多目标等方面。

高效的运动检测处理应是软件与硬件交互协调、有机结合的产物。尽管所牵涉的因素繁多且相互交错，综合分析无人飞行器序列影像的运动检测，始终需要围绕着目标的空间属性和运动特征加以展开。而影像所包含属性特征是否有助于目标的检测提取，既取决于内嵌入系统的数据处理算法，也要求获取平台能够提供良好数据所需的前提保障。因此，对应的可以从数据获取和数据处理两个阶段对无人飞行器运动目标检测加以分析。

表 9.1 从数据获取和数据处理两个阶段提出了一些空间属性与运动特征相关的要素，并对其所产生的影响或作用进行了定性的分析。其中，所包含的目标尺寸、背景反差、运动方向以及移动速率等是能够为运动检测处理所利用的属性特征，通过建立与其相适应的量化指标，并期望通过对相关要素的调整控制实现特征属性的优化，使得检测提取操作拥有较好的数据或信息输入。

表 9.1　无人飞行器序列影像运动检测要点分析

		空间属性		运动特征	
		目标尺寸	背景反差	运动方向	移动速率
数据获取阶段（硬件）	飞行高度	√	√	√	√
	飞行速度	△	—	△	√
	飞行方向	—	△	√	△
	镜头焦距	√	△	√	√
	姿态校正	△	—	√	√
数据处理阶段（软件）	空间插值	√	√	△	△
	时序插帧	—	—	√	√
	超分辨率重建	√	△	—	—
	影像纠正	△	—	√	√
	对比度增强	—	√	△	△

注：√表示产生较大作用或影响；△表示有一定作用或特定条件下产生影响；—表示基本无影响

9.2.1　运动检测空间属性要素

相对于各种算法的处理能力，运动目标能否有效检测提取是多种因素综合作用的结果。首先，影像中运动目标的尺寸大小是关键要素之一。面对复杂的背景，如果目标过小，其很有可能会作为噪声而被忽略或滤除掉；如果目标过大，则场景覆盖范围必然很小，由于获取平台和探测目标的运动特性，稍有偏差即会丢失目标。对于航空影像，通常是以分辨率或比例尺对影像数据的分辨能力进行描述的。实际应用中，传感器的分辨率是预置固定的，因此对于影像中目标尺寸的把握主要是通过对飞行高度和镜头焦距的控制，确保影像中的目标处于适中的比例尺。

图 9.1 演示了多级影像分辨率下的运动目标。图 9.1(a)中的目标仅位于 1 个像素内，分辨率最低；图 9.1(b)中使用了 9 个像素表示目标，分辨率适中；图 9.1(c)中的目标占有 81 个像素，分辨率较高。分辨率低将使得目标难于分辨，无法处理；而如果分辨率过高，则有可能破坏部分目标的(近)刚性运动方式，并且会增加运算负担。影像的多尺度表

达能够提供在多级分辨率下显示目标的条件，序列影像的优势还在于通过多帧影像的使用可以进行超分辨率重建。此外，关于目标的空间分辨能力的影响因素还包括目标在色彩、纹理等方面与环境背景的反差（这也是目标进行伪装处理的主要原理依据）。最后，目标的阴影等也可作为辅助信息提高辨识效率。

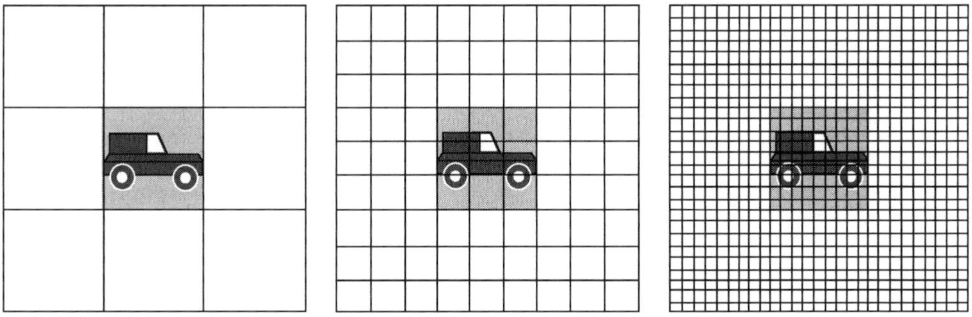

图 9.1　多级影像空间分辨率下的运动目标

作为目标能够被检测提取的基础条件，影像中目标的尺寸确定了对于目标的空间分辨能力，而其能否被定性为运动目标则要依赖于序列影像本身及处理算法的运动分辨能力。无人飞行器序列影像中目标的运动有两个诱因：平台运动和自身运动，并且是两者综合作用的结果。运动的基本属性是方向与速率，而将飞行器运动属性与目标运动属性相互联系，构成了运动分辨所需要解决的问题，更精确的分析还需结合影像的时间采样率、空间运动投影关系等。在数学关系上，运动目标投影成像后的速度矢量应是式(8.1)与式(8.3)的组合。若将问题集中于影像平面空间，则运动分辨可归结为对目标运动与背景运动的区分能力，而是否能有效分辨需要从方向和速率等两个属性指标进行考察。

9.2.2　目标检测运动特征要素

影像中背景的运动方向通常是与传感器的运动方向相反的，因此方向属性（以角度指标衡量）可作为初始的辨别根据。如果影像中目标的运动方向与背景运动方向有很大差异且可辨，那么便能够对运动目标做出初步的判定；若目标的移动方向与背景相近，则需要比较两者的速率属性。

图 9.2 给出了运动传感器平台动态目标检测的三个基本示例，同时假设该组示例不考虑投影、采样频率等其他因素。图 9.2(a)中传感器运动方向与目标运动方向相同，则背景向其反方向移动，影像中目标表现为沿原方向做加速运动（矢量被压缩），在运动方向属性上，目标与背景反差最大，易于检测；图 9.2(b)中传感器运动方向与目标运动方向正交，综合后目标的运动矢量在原方向基础上沿背景移动方向发生偏移，目标与背景同样具有较大的方向差异，较易于检测；图 9.2(c)中传感器成角度与目标相对逆向运动，角度较小，目标综合矢量发生微偏，目标运动方向与背景运动方向基本相近，依运动方向属性较难实现检测。

背景运动方向并完全由传感器运动所决定，投影变形、焦距改变同样会使背景发生相应的动态变化，正是诸如此类的原因导致背景运动表现为不一致的结构特征。即使在运

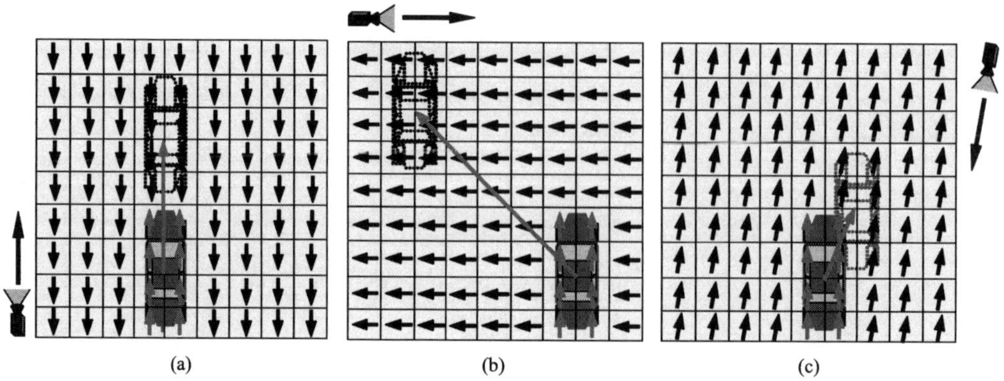

图 9.2　移动传感器平台运动目标检测示意(彩图附后)

动方向上目标与背景之间完全可以区分,对于动态目标的检测也不是确定的;因为如果传感器平台运动的速度、序列影像时间采样频率及目标移动速度之间不匹配,同名目标不会重复出现于序列影像中,即目标发生丢失,在无时序参照情况下无从检测运动目标。而对于目标及背景的移动速率,需要在时间和空间分辨率下进行量化,若影像的时空分辨率不足以辨识两者在速率上的差别,则依靠速率属性也无法检测运动目标。此类问题在数据处理中所能够采取的补救方法将十分有限,却可以在数据获取阶段采取有效的措施进行控制。

9.3　动态平台条件下运动检测

无人飞行器运动目标检测是动态平台序列影像分析的应用实例之一。动态平台检测中干扰因素主要在于背景移动所带来的影响,所以大量的工作集中于先期的背景位移补偿,并在背景补偿后利用差分等方法提取运动目标,这也是动态平台条件下目标检测的基本思路。而以运动特征属性为前提,通过分类分割等方法也可以准确地实现运动目标检测。

9.3.1　基于背景纠正差分的运动检测

针对运动检测处理应用,在动态平台条件下,对于背景移动的补偿也称为背景纠正。通过影像配准纠正处理对影像帧进行转换,实现同名像素点之间的对应,从而在相同的影像坐标空间内将非运动区域较好地抵消掉。背景移除一般可通过自运动补偿或背景稳定等来实现,这种方式可以归纳为背景抑制运动目标检测方法。消减背景后的前景影像区域便有可能对应于运动目标。背景运动补偿是背景运动估计的反向同命题,既可以利用提取出并经过匹配的同名特征作为控制点拟合全局运动模型,也可以由全局光流逆向纠正加以完成。影像纠正中需要注意的是变换后的插值,因为在离散化的影像空间中,即使有正确的匹配和贴近实际情况的拟合模型,如果没有高精度的插值计算,依然不能得到准确的纠正结果。对于二维影像的处理,双线性或者双样条插值基本可以满足常用的仿射或投影变换的精度要求。此外,彩色影像还需要分通道分别纠正。

在背景纠正的基础上，类似于静止背景检测方法，通过简易的帧间差分可以达到目标检测的目的；同样的利用形态学操作对差分生成的二值图像进行后处理，来填补区域内出现的“空洞”以及消除由噪声引起的其他斑点。这种方法的缺陷是计算精度往往不够，不能有效地抽取完整的运动目标。而由背景运动估计的两类主要途径，并且考虑到特征匹配和光流估计方法在纠正处理方式上的不同，因此可以结合两者的差分结果，通过计算二阶残余差分对处理进行优化，以降低运动误差及图示变化等的影响(Xiao et al.，2008)。

若设前帧影像为 $I_o(\boldsymbol{x})$，并有次帧影像通过特征匹配和光流估计进行纠正后的结果分别为 $I_m(\boldsymbol{x})$ 和 $I_f(\boldsymbol{x})$，则两种方式各自获得的差分 $d_m(\boldsymbol{x})$ 和 $d_f(\boldsymbol{x})$ 表示为

$$d_m(\boldsymbol{x}) = |I_o(\boldsymbol{x}) - I_m(\boldsymbol{x})|, \quad d_f(\boldsymbol{x}) = |I_o(\boldsymbol{x}) - I_f(\boldsymbol{x})| \tag{9.6}$$

由两种方法的差分，进一步计算二阶残差 $\mathrm{srd}(\boldsymbol{x})$ 表示为

$$\mathrm{srd}(\boldsymbol{x}) = \max(d_m(\boldsymbol{x}) - d_f(\boldsymbol{x}), 0) \tag{9.7}$$

由于光流方法的平滑效应，运动目标估计在全局约束下被最小化，因此经差分后的 $d_m(\boldsymbol{x})$ 一般会小于由特征匹配纠正输出的 $d_f(\boldsymbol{x})$，目标相应的影像区域会给出较强的响应；而且对于被目标遮挡的区域部分，因为没有准确的对应，所以在两种方法中均得不到消减，需要通过二次差分将其去除。这种处理方式的另一个优点表现为对影像中的亮度变化较好的适应能力，可以对处理后的影像采用常规的图像分割方法将前景目标影像从背景中分离出来。

差分纠正是无人飞行器运动检测处理采用率较高的一种传统模式方法，或基于特征匹配，或通过光流估计，实现简单快速的运动检测。特征与光流方法在检测方面的结合，不仅包括式(9.7)的二阶残差计算，也可以在特征配准纠正基础上进行精确光流估计，并通过光流矢量的细分提取出运动目标。图 9.3 显示了背景纠正差分运动检测的处理效果。其中，图 9.3(a)、(b)是两帧连续的无人飞行器序列影像，影像中包含了运动目标，以及道路、障碍物等特征信息。由于动态平台的获取特性，所以将图 9.3(a)、(b)的两帧影像直接差分得到影像图 9.3(c)，与图 9.3(d)所表示的经过背景纠正差分后检测结果进行对比。两相比较可以看到，对于影像中的显著特征，如边缘、突出的纹理等，直接差分后会进一步凸显这些空间高频特征，所以无法确定其中的运动目标对象。而通过背景纠正处理的差分，背景包含的各种特征由于精确的空间对准，所以能够很好地被抵消掉，运动目标由于空间位移所以被保留了下来。

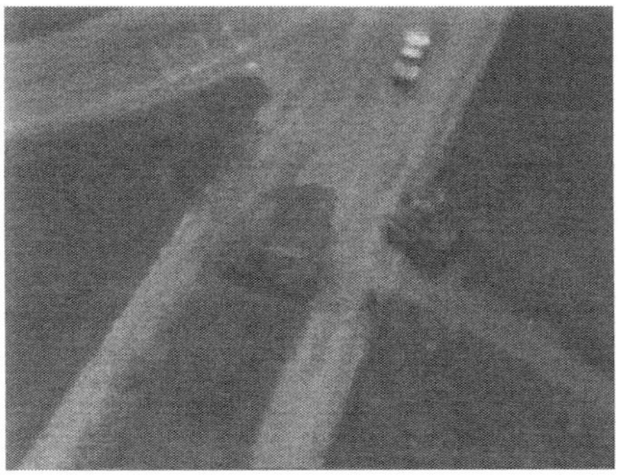
(a)

(b)

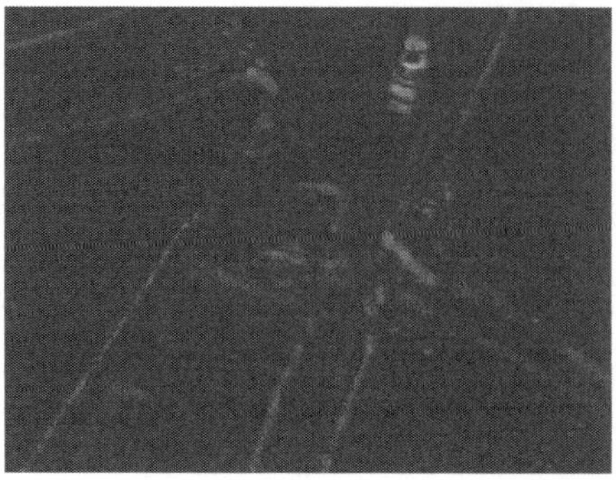

(c)

(d)

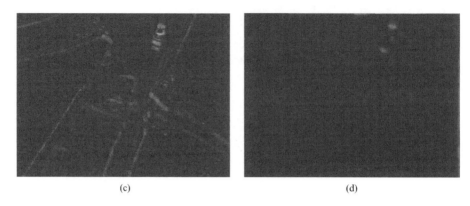

图 9.3 动态背景纠正差分运动目标检测(彩图附后)

9.3.2 活动轮廓运动分割方法

从技术原理上,运动目标检测相当于一种影像分割,与静态影像分割之间的区别主要在于不仅要使用纹理、色彩等特征信息,更为重要的是要根据运动属性对不同的影像区域进行划分。分割的表现形式一般是建立影像区域之间的边界或者将具有相同属性的像素标识为同种类型。在运动估计中所采用的光流和特征方法,前者能够提供较为精细的属性信息,后者则包含了显著的影像特征;这些均可作为运动分割的处理操作依据,完成对兴趣影像区域的准确检测提取。

1. 水平集方法

水平集(level set)方法(Brox and Weickert, 2004)是一种界面及形态追踪的数值技术方法,能够较好地适应形态的拓扑结构变化。水平集方法的主要功能是对曲线或曲面的演化过程进行描述,其优点体现在相应的数值计算无需曲线或曲面的参数信息。水平集方法的提出最早是用于分析遵循热力学方程下火苗外形的变化过程。数学上,对于含有多个变量的实函数,相应的有水平集表示为

$$LS = \{(x_1, x_2, \cdots, x_n) \mid f(x_1, x_2, \cdots, x_n) = c\} \tag{9.8}$$

其含义是,满足条件 $f(x_1, x_2, \cdots, x_n) = c$ 的多维空间点集称为水平集。若常数 c 等于 0,称为零水平集。对于二维变量的特例,水平集定义了闭合"水平曲线",其公式是

$$LC = \{(x, y) \mid f(x, y) = c\} \tag{9.9}$$

水平曲线 LC 是由函数 $f(x,y) = c$ 的实数解组成的点集,式中所给出的是一种隐式表达,所以 LC 也称为隐式曲线, $f(x,y)$ 则称为曲线 LC 的嵌入函数。由水平集的定义可推导水平集与其内嵌函数之间的对应性质,即函数上任一点的梯度正交于该点处的水平集。这一性质的结论是如果水平集自相交,则所有交点处的梯度矢量为零,且交点是其内嵌函数的临界点。

水平集常用来描述平面曲线的演变,所以可在嵌入函数中添加时间变量,则曲线的时序演变表示为

$$LC(t) = \{(x, y) \mid f(x, y, t) = c\} \tag{9.10}$$

对于曲线 LC(t)的处理操作是通过函数 $f(x,y,t)$ 来实现, $f(x,y,t)$ 随时间的变化主要

是由关于时间变量 t 的偏导数 f_t 进行表示，对方程 $f(x,y,t)=c$ 两边求导并转化得到

$$f_t = -\nabla f \cdot \left(\frac{\mathrm{d}x}{\mathrm{d}t}, \frac{\mathrm{d}y}{\mathrm{d}t}\right) \tag{9.11}$$

式中，$\boldsymbol{x}_t = \left(\frac{\mathrm{d}x}{\mathrm{d}t}, \frac{\mathrm{d}y}{\mathrm{d}t}\right)$ 反映为曲线 LC(t)的变化矢量；曲线上每一点的演化仅存在于沿法向方向的分量，即几何演化仅与法向矢量有关，函数的梯度 ∇f 平行于水平集的法向，并且指向函数 $f(x,y)$增大的方向，则归一化后的单位法向矢量是

$$\boldsymbol{n} = \frac{\nabla f}{|\nabla f|} \tag{9.12}$$

假设曲线演化的法向速率为 v，且函数演化定向为负，那么变化矢量 $\boldsymbol{x}_t$ 表示为

$$\boldsymbol{x}_t = -v\boldsymbol{n} = -v\frac{\nabla f}{|\nabla f|} \tag{9.13}$$

将式(9.13)代入式(9.11)，则有

$$f_t = -\nabla f \cdot \boldsymbol{x}_t = -\nabla f \cdot (-v\boldsymbol{n}) = v\frac{\nabla f \cdot \nabla f}{|\nabla f|} = v|\nabla f| \tag{9.14}$$

该式也被称为水平集曲线演化的基本方程(OSher and Sethian, 1988)。

2. *活动轮廓方法*

活动轮廓(active contour)方法(Kass et al., 1988)是影像分割技术中一个十分重要的类型分支，核心思想可归纳为最小化封闭曲线的能量泛函。而利用水平集方法求解曲线演化也可以采用相同的方式，因此水平集方法作为一种活动轮廓方法用于影像分割处理。计算上，测地线活动轮廓模型(GAC)所需最小化的能量泛函可表示为

$$E(\mathrm{LC}) = \int_{\mathrm{LC}} g(\mathrm{LC})\mathrm{d}s \tag{9.15}$$

该能量函数是关于曲线轮廓弧长的积分。进一步结合阶跃 Heaviside 函数：

$$H(z) = \begin{cases} 1, & z \geqslant 0 \\ 0, & z < 0 \end{cases} \tag{9.16}$$

并通过该函数将嵌入函数引入能量泛函式(9.15)中，得到

$$E(\mathrm{LC}) = \int_{\mathrm{LC}} g(\mathrm{LC})\mathrm{d}s = \iint_{\Omega} g(x,y)\,|\nabla H(f)|\,\mathrm{d}x\mathrm{d}y \tag{9.17}$$

式中，Ω 为水平集中点(x,y)，在该范围内，并且这些点确定了共同构成的空间范围；$\nabla H(f)$ 可以用关于嵌入函数的 Delta 函数与其梯度重新表示为

$$\nabla H(f) = \delta(f)\,\nabla f \tag{9.18}$$

实际处理中，对于函数 $H(z)$ 需要采用正则化的 $H_\varepsilon(z)$ 加以近似，以确保相应的 Delta 函数 $\delta_\varepsilon(z)$ 具有更好的紧支性和局域性，其附加参数 ε 被用以控制阶跃的幅度。结合使用正则化 $H_\varepsilon(z)$ 后，将式(9.18)并代入式(9.17)，则有

$$E(f) = \iint_{\Omega} g(x,y)\,|\nabla H_\varepsilon(f)|\,\mathrm{d}x\mathrm{d}y = \iint_{\Omega} g(x,y)\delta_\varepsilon(f)\,|\nabla f|\,\mathrm{d}x\mathrm{d}y \tag{9.19}$$

并且，关于嵌入函数能量泛函的偏微分方程表示为

$$f_t = \delta_\varepsilon(f)\mathrm{div}\left(g\frac{\nabla f}{|\nabla f|}\right) \tag{9.20}$$

3. 变分光流方法

类似于这样通过变分方法求解水平集问题的模式也称为变分水平集方法。根据第 8 章对运动估计相关内容的介绍说明，利用变分方法可以生成高精度的密集光流，但是其中的平滑项并未包含对边界轮廓定位的支持，所以需要集成灰度、颜色以及纹理等提示信息辅助对不同运动区域所进行的区分；而所采用的能量泛函可以增加区域数量参数，作为对水平集嵌入函数的近似，由单个区域起始，在分化函数能量的同时迭代分裂序列影像区域，并生成区域所对应的光流矢量(Davies，2005)。

在第 8 章的变分光流估计中给出了如式(8.50)的综合能量泛函，而采用变分方法的运动分割能量模型是在综合能量泛函的基础上做出相应的改化。引入水平集嵌入函数，并将各分割对应区域的边界轮廓以函数零水平集曲线加以描述，所划分的区域数也作为模型待解的参数，则计算模型表示为

$$
\begin{aligned}
& E_{\mathrm{MS}}(\boldsymbol{v},R,N) \\
&= \sum_{i=1}^{N}\int_{\Omega} H_{\varepsilon}(R_i)\left(\psi(|\,\tilde{I}(\boldsymbol{x}+\boldsymbol{v}_i)-\tilde{I}(\boldsymbol{x})\,|^2)+\gamma\psi(|\,\nabla\tilde{I}(\boldsymbol{x}+\boldsymbol{v}_i)-\nabla\tilde{I}(\boldsymbol{x})\,|^2)\right)\mathrm{d}\boldsymbol{x} \\
&\quad + \sum_{i=1}^{N}\int_{\Omega}\left(\alpha\psi(|\,\nabla_3 u_i\,|^2+|\,\nabla_3 v_i)\,|^2)+\tau\,|\,\nabla_3 H_{\varepsilon}(R_i)\,|+\iota\right)\mathrm{d}\boldsymbol{x}
\end{aligned}
\tag{9.21}
$$

式中所包含的各项的含义与光流估计能量泛函基本相同。N 为分割区域数；$R=\{R_i(x,y,t),i=1,\cdots N\}$ 为由各区域嵌入函数 R_i 组成的集合；每一区域对应的光流矢量以下标 i 标识为 $\boldsymbol{v}_i$；正则化嵌入函数 $H(\cdot)$ 求微分后得到的 Delta 函数 $\delta_\varepsilon(\cdot)$ 是方差为 1 的高斯函数。另外，与原能量泛函相比，运动分割模型增加的项是 $\tau\,|\,\nabla_3 H_\varepsilon(R_i)\,|$ 和 ι：前者是以边缘长度为表示的轮廓边界驱动项，参数 τ 定义了该项的所占权重；后者为固定权重 ι，添加于每一分割区域，以保证所分割的区域数量相对较少。对于彩色影像，为了能将颜色信息代入分割模型，可对模型中的数据项进行改化，即使用包含三个通道的亮度和梯度一致约束条件，另外附加本书第 3 章 CLG 模型所采用的高斯平滑卷积核，确定处理操作邻域，相应的模型改化为

$$
\begin{aligned}
& E_{\mathrm{MS}}(\boldsymbol{v},R,N) \\
&= \sum_{i=1}^{N}\int_{\Omega} H_{\varepsilon}(R_i)\Big(\psi(\sum_{c=1}^{3}K(\eta)*|\,\tilde{I}_c(\boldsymbol{x}+\boldsymbol{v}_i)-\tilde{I}_c(x)\,|^2\Big) \\
&\quad + \gamma\psi\Big(\sum_{c=1}^{3}|\,\nabla\tilde{I}_c(\boldsymbol{x}+\boldsymbol{v}_i)-\nabla\tilde{I}_c(\boldsymbol{x})\,|^2)\Big)\mathrm{d}\boldsymbol{x} \\
&\quad + \sum_{i=1}^{N}\int_{\Omega}\left(\alpha\psi(|\,\nabla_3 u_i\,|^2+|\,\nabla_3 v_i)\,|^2)+\tau\,|\,\nabla_3 H_{\varepsilon}(R_i)\,|+\iota\right)\mathrm{d}\boldsymbol{x}
\end{aligned}
\tag{9.22}
$$

式中，$K(\eta)$ 为高斯卷积核；下标 c 标识了颜色通道。

4. 基于变分光流的运动影像分割

关于式(9.22)模型的求解，其中，待解变量 N 无法在变分方法中得到优化，因此需要

预先估计光流矢量，根据估计出的位移矢量进行分割。以影像全域作为分割起始，嵌入函数被初始化为多个条带，影像区域先被划分两个部分，则分割水平集能量模型为

$$E(R)=\int_{\Omega}(-H_{\varepsilon}(R)\log p_1-(1-H_{\varepsilon}(R))\log p_2+\tau\mid\nabla_3 H_{\varepsilon}(R)\mid)\mathrm{d}\boldsymbol{x} \tag{9.23}$$

与其相对应的偏微分方程是

$$R_o=\delta_{\varepsilon}(R)\left(\log\frac{p_1}{p_2}+\tau\mathrm{div}(\frac{\nabla_3 R}{|\nabla_3 R|})\right) \tag{9.24}$$

式中，嵌入函数下标 o 为轮廓演化时序变量(以区别于序列影像的时间变量 t)；p_1 和 p_2 为分割两区域的概率密度，并且定义为

$$p_j(\boldsymbol{v})\propto\frac{1}{2\pi(\sigma_u)_j\cdot(\sigma_v)_j}\mathrm{e}^{-\left(\frac{(u-(\mu_u)_j)^2}{2(\sigma_u)_j^2}+\frac{(v-(\mu_v)_j)^2}{2(\sigma_v)_j^2}\right)},\quad j=1,2 \tag{9.25}$$

式中，$(\sigma_u)_j$，$(\sigma_v)_j$ 和 $(\mu_u)_j$，$(\mu_v)_j$ 分别为两个区域内光流矢量分量 u，v 的标准差和均值，在轮廓演化进程中，几个参量被迭代更新。实际中，区域内的光流矢量很有可能不完全一致，所以式(9.25)中的期望和方差经常是通过一阶或二阶线性近似模型结合最小二乘拟合获得。根据式(9.23)的模型对影像进行分割，当区域能量下降值超过 $\iota|\Omega|$ 时，区域即被分裂为两个部分，并可重复执行继续裂变，直至能量不再降低，则函数收敛，即可确定区域数量参数 N，并同时得到各区域嵌入函数 R_i 的初始值。由式(9.21)的模型推导出 Euler-Lagrange方程组表示为

$$\begin{cases}H_{\varepsilon}(R_i)(\psi'_{\mathrm{ID1}}((\tilde{I}_z)_i^2)\cdot(\tilde{I}_x)_i(\tilde{I}_z)_i+\gamma\psi'_{\mathrm{ID2}}((\tilde{I}_{xz})_i^2+(\tilde{I}_{yz})_i^2)\cdot((\tilde{I}_{xx})_i(\tilde{I}_{xz})_i\\ \qquad+(\tilde{I}_{xy})_i(\tilde{I}_{yz})_i)-\alpha\mathrm{div}(\psi'_{\mathrm{FS}}(|\nabla_3 u_i|^2+|\nabla_3 v_i)|^2)\nabla_3 u_i)=0\\ H_{\varepsilon}(R_i)(\psi'_{\mathrm{ID1}}((\tilde{I}_z)_i^2)\cdot(\tilde{I}_y)_i(\tilde{I}_z)_i+\gamma\psi'_{\mathrm{ID2}}((\tilde{I}_{xz})_i^2+(\tilde{I}_{yz})_i^2)\cdot((\tilde{I}_{yy})_i(\tilde{I}_{yz})_i\\ \qquad+(\tilde{I}_{xy})_i(\tilde{I}_{xz})_i)-\alpha\mathrm{div}(\psi'_{\mathrm{FS}}(|\nabla_3 u_i|^2+|\nabla_3 v_i)|^2)\nabla_3 v_i)=0\\ \delta_{\varepsilon}(R_i)\left(\psi_{\mathrm{ID1}}((\tilde{I}_z)_i^2)+\gamma\psi_{\mathrm{ID2}}((\tilde{I}_{xz})_i^2+(\tilde{I}_{yz})_i^2)+\tau\mathrm{div}(\frac{\nabla_3 R_i}{|\nabla_3 R_i|})\right)=0\end{cases} \tag{9.26}$$

该方程组的前两个方程限定了对光流矢量的估计仅限于对应区域内部，轮廓的演化是由光流的拟合能量驱动的；而对于分割约束条件即区域边界的确定则是通过邻域竞争实现的(Bruhn and Weickert, 2006)，由方程组的第三个方程，并将水平集梯度下降偏微分方程式(9.24)相应地改为

$$\begin{aligned}(R_o)_i&=\delta_{\varepsilon}(R_i)(r_i-\max_{\substack{\delta_{\varepsilon}(R_j)>0.3\\ j\neq i}}(r_j,r_i-1))\\ r_i&=\psi_{\mathrm{ID1}}((\tilde{I}_z)_i^2)+\gamma\psi_{\mathrm{ID2}}((\tilde{I}_{xz})_i^2+(\tilde{I}_{yz})_i^2)+\tau\mathrm{div}(\frac{\nabla_3 R_i}{|\nabla_3 R_i|})\end{aligned} \tag{9.27}$$

邻域竞争可以使每个像素，尤其是邻域边界像素归入其所属的最佳分割区域。对于式(9.22)的改化模型参照式(9.23)基础上相同分析。某些条件运动信息无法驱动轮廓演化，因此其他的提示信息也可以添加到分割模型中作为补充，可添加的分割驱动项为

$$E_s(R)=-\sum_{i=1}^{N}\int_{\Omega}(H_{\varepsilon}(R_i)\log p_i)\mathrm{d}\boldsymbol{x} \tag{9.28}$$

该项为基于概率密度的嵌入函数统计区域能量模型，而对于彩色影像的三个通道，相应的

概率密度定义为

$$p_i(\widetilde{I}) \propto \prod_{c=1}^{3} \frac{1}{\sqrt{2\pi}\,(\sigma_i)_c} \mathrm{e}^{-\frac{(\widetilde{I}_c-(\mu_i)_c)^2}{2(\sigma_i)_c^2}} \tag{9.29}$$

式中，$(\mu_i)_c$ 和 $(\sigma_i)_c$ 为 c 影像通道 i 区域的均值和标准差。由于光流矢量和颜色信息对于分割的作用会有所不同，所以需要权重参数平衡两者的关系。式(9.29)中的标准差可使模型独立于特征通道的尺度变化，因此对于运动通道可通过平均整个影像区域误差归一化式(9.27)中拟合误差有

$$r_i = \frac{\psi_{\mathrm{ID1}}((\widetilde{I}_z)_i^2) + \gamma\psi_{\mathrm{ID2}}((\widetilde{I}_{xz})_i^2 + (\widetilde{I}_{yz})_i^2)}{\frac{1}{|\Omega|}\int_{\Omega}(\psi_{\mathrm{ID1}}(\widetilde{I}_z^2) + \gamma\psi_{\mathrm{ID2}}(\widetilde{I}_{xz}^2 + \widetilde{I}_{yz}^2))\mathrm{d}\boldsymbol{x}} + \log p_i + \tau \mathrm{div}(\frac{\nabla_3 R_i}{|\nabla_3 R_i|}) \tag{9.30}$$

归一化后的因子可作为运动项的自适应权重参数。对于变分模型及其相应 Euler-Lagrange 方程组的求解通常采用迭代方案。分割模型的相应迭代内嵌三个循环，水平集内嵌函数组 R 和初始光流矢量 $\boldsymbol{v}$ 的外层循环由最粗糙尺度起始，逐级实现；参数 τ 在迭代过程中根据影像的尺寸作相应的更新，更新规则可根据经验设定，内层循环的其中一层仅计算矢量 $\boldsymbol{v}$ 的增量 $\mathrm{d}\boldsymbol{v}$，而另一层则主要关注水平集的演化。图 9.4(a)～(c)中给出了利用水平集对影像中图标进行分割的变化演示。

(a) (b) (c)

图 9.4　运动背景条件下的水平集图像分割

5. 多相水平集概率模型

活动轮廓分割方法也可以从其他方面进行推导，方式之一是采用多相水平集概率模型(Cremers, 2003)。在式(8.10)的光流基本方程中定义了影像时空梯度对光流矢量的约束，由该方程仅能够得到光流矢量在空间梯度方向上的投影分量，可以用条件概率密度模型重新构造光流基本约束条件，其公式是

$$p(\boldsymbol{v} \mid \nabla_3 \boldsymbol{I}) = \frac{p(\nabla_3 \boldsymbol{I} \mid \boldsymbol{v})\, p(\boldsymbol{v})}{p(\nabla_3 \boldsymbol{I})} \tag{9.31}$$

根据式(9.31)模型进一步给出两点假设：其一是关于影像时空梯度的条件概率密度正比于以角度衡量的正交性，表示为

$$p(\nabla_3 \boldsymbol{I} \mid \boldsymbol{v}) \propto \mathrm{e}^{-\frac{(\boldsymbol{v}^{\mathrm{T}}\nabla_3 \boldsymbol{I})^2}{|\boldsymbol{v}|^2 |\nabla_3 \boldsymbol{I}|^2}} \tag{9.32}$$

该概率密度与矢量长度无关，且随矢量正交性提高单调递增。其二是将位移矢量场配置于不同分割区域，位移矢量场的先验概率密度仅与区域分割边界轮廓的长度有关，从而有

$$p(\boldsymbol{v}) \propto \mathrm{e}^{-\tau|C|} \tag{9.33}$$

式中，C 为分割边界；τ 为权重调节参数。进而由时空梯度的条件概率密度附加多区域矢量则有

$$p(\nabla_3 \boldsymbol{I} \mid \boldsymbol{v}) = \prod_{\boldsymbol{x}\in\Omega} p\,(\nabla_3 \boldsymbol{I}(\boldsymbol{x}) \mid \boldsymbol{v}(\boldsymbol{x}))^h = \prod_{i=1}^{N} \prod_{\boldsymbol{x}\in R_i} p\,(\nabla_3 \boldsymbol{I}(\boldsymbol{x}) \mid \boldsymbol{v}_i)^h \tag{9.34}$$

式中考虑了对影像空间的离散化，每个空间格网尺寸为 h；分割区域矢量定义为 $\boldsymbol{v}_i = \{\boldsymbol{v}(\boldsymbol{x}),\boldsymbol{x} \in R_i\}$；该概率密度表明时空梯度仅受局域矢量影响。最大化式(9.31)的模型相当于最小化其负对数，得出与其对应的能量模型，表示为

$$E(C,\boldsymbol{v}) = \sum_{i=1}^{N}\int_{R_i} \frac{(\boldsymbol{v}_i^{\mathrm{T}}\ \nabla_3 \boldsymbol{I})^2}{|\boldsymbol{v}_i|^2\ |\nabla_3 \boldsymbol{I}|^2}\mathrm{d}\boldsymbol{x} + \tau|C| \tag{9.35}$$

式中，调节参数确定了边界约束的相对权重，由该权重对运动分割的尺度进行控制。而对于分割边界的近似表示采用了多相水平集模型。每一相即每一分割区域由相应的嵌入函数代表，在处理中需要注意避免出现分割“空洞”或区域重叠。使用与式(9.21)相同的嵌入函数集 R 和对应 Heaviside 函数集 $H(R)$，若函数集 R 包含 N 个嵌入函数R，则可表示 $M=2^N$个相，若有两个内嵌函数可以确定两条相交轮廓曲线，内嵌函数的取向组合可建立四个分割区域即

$$\begin{aligned} &\Omega_1 = \{\boldsymbol{x} \in \Omega \mid R_1 \geqslant 0, R_2 \geqslant 0\}, \quad \Omega_2 = \{\boldsymbol{x} \in \Omega \mid R_1 \geqslant 0, R_2 < 0\} \\ &\Omega_3 = \{\boldsymbol{x} \in \Omega \mid R_1 < 0, R_2 \geqslant 0\}, \quad \Omega_4 = \{\boldsymbol{x} \in \Omega \mid R_1 < 0, R_2 < 0\} \end{aligned} \tag{9.36}$$

最基本的双相模型仅含有一个嵌入函数，对应于两个分割区域 Ω_1 和 Ω_2，每一区域有统一的矢量 $\boldsymbol{v}_1$ 和 $\boldsymbol{v}_2$，由时空梯度形成的归一化张量矩阵为 $\boldsymbol{D} = \dfrac{\nabla_3 \boldsymbol{I}^{\mathrm{T}}\ \nabla_3 \boldsymbol{I}}{|\nabla_3 \boldsymbol{I}|^2}$，则双相运动分割水平集能量模型为

$$E(\boldsymbol{v}_1,\boldsymbol{v}_2,R) = \int_{\Omega} \frac{\boldsymbol{v}_1^{\mathrm{T}}\boldsymbol{D}\boldsymbol{v}_1}{|\boldsymbol{v}_1|^2} H(R)\mathrm{d}\boldsymbol{x} + \int_{\Omega} \frac{\boldsymbol{v}_2^{\mathrm{T}}\boldsymbol{D}\boldsymbol{v}_2}{|\boldsymbol{v}_2|^2}(1-H(R))\mathrm{d}\boldsymbol{x} + \tau\int_{\Omega} |\nabla H(R)|\,\mathrm{d}\boldsymbol{x} \tag{9.37}$$

对于固定的嵌入函数，式(9.37)可转化为矩阵特征值和特征向量求解形式，得出两个矩阵：

$$\mathbf{MT}_1 = \int_{\Omega} \boldsymbol{D} H(R)\mathrm{d}\boldsymbol{x}, \quad \mathbf{MT}_2 = \int_{\Omega} \boldsymbol{D}(1-H(R))\mathrm{d}\boldsymbol{x} \tag{9.38}$$

而对应的矢量解算则有

$$\boldsymbol{v}_1 = \arg\min_{\boldsymbol{v}} \frac{\boldsymbol{v}^{\mathrm{T}}\mathbf{MT}_1\boldsymbol{v}}{\boldsymbol{v}^{\mathrm{T}}\boldsymbol{v}}, \quad \boldsymbol{v}_2 = \arg\min_{\boldsymbol{v}} \frac{\boldsymbol{v}^{\mathrm{T}}\mathbf{MT}_2\boldsymbol{v}}{\boldsymbol{v}^{\mathrm{T}}\boldsymbol{v}} \tag{9.39}$$

其解值是矩阵最小特征值对应的特征向量。若反向推导，固定位移矢量，则嵌入函数的梯度下降偏微分方程为

$$R_o = \delta(R)\left(\tau \mathrm{div}\left(\frac{\nabla R}{|\nabla R|}\right) + r_2 - r_1\right) \tag{9.40}$$

式中，矢量约束相关的能量密度 r_1 和 r_2 定义为

$$r_1 = \frac{\boldsymbol{v}_1^{\mathrm{T}}\boldsymbol{D}\boldsymbol{v}_1}{\boldsymbol{v}_1^{\mathrm{T}}\boldsymbol{v}_1}, \quad r_2 = \frac{\boldsymbol{v}_2^{\mathrm{T}}\boldsymbol{D}\boldsymbol{v}_2}{\boldsymbol{v}_2^{\mathrm{T}}\boldsymbol{v}_2} \tag{9.41}$$

如果将式(9.37)扩展为四相运动分割模型则有

$$
\begin{aligned}
&E(\boldsymbol{v}_1,\boldsymbol{v}_2,\boldsymbol{v}_3,\boldsymbol{v}_4,R_1,R_2)\\
=&\int_\Omega \frac{\boldsymbol{v}_1^{\mathrm{T}}\boldsymbol{D}\boldsymbol{v}_1}{|\boldsymbol{v}_1|^2}H(R_1)H(R_2)\mathrm{d}\boldsymbol{x}+\int_\Omega \frac{\boldsymbol{v}_2^{\mathrm{T}}\boldsymbol{D}\boldsymbol{v}_2}{|\boldsymbol{v}_2|^2}H(R_1)(1-H(R_2))\mathrm{d}\boldsymbol{x}\\
&+\int_\Omega \frac{\boldsymbol{v}_3^{\mathrm{T}}\boldsymbol{D}\boldsymbol{v}_3}{|\boldsymbol{v}_3|^2}(1-H(R_1))H(R_2)\mathrm{d}\boldsymbol{x}+\int_\Omega \frac{\boldsymbol{v}_4^{\mathrm{T}}\boldsymbol{D}\boldsymbol{v}_4}{|\boldsymbol{v}_4|^2}(1-H(R_1))(1-H(R_2))\mathrm{d}\boldsymbol{x}\\
&+\tau\left(\int_\Omega |\nabla H(R_1)|\,\mathrm{d}\boldsymbol{x}+\int_\Omega |\nabla H(R_2)|\,\mathrm{d}\boldsymbol{x}\right)
\end{aligned}
\tag{9.42}
$$

对比双相模型，类似式(9.38)和式(9.39)可以得到矩阵 $\mathbf{MT}_1$、$\mathbf{MT}_2$、$\mathbf{MT}_3$ 和 $\mathbf{MT}_4$，并估计对应区域的矢量 $\boldsymbol{v}_1$，$\boldsymbol{v}_2$，$\boldsymbol{v}_3$，$\boldsymbol{v}_4$。而由固定矢量可导出嵌入函数的演化偏微分方程 R_{1o} 和 R_{2o} 有

$$
\begin{cases}
R_{1o}=\delta(R_1)\left(\tau\mathrm{div}\left(\dfrac{\nabla R_1}{|\nabla R_1|}\right)+(r_3-r_1)H(R_2)+(r_4-r_2)(1-H(R_2))\right)\\
R_{2o}=\delta(R_2)\left(\tau\mathrm{div}\left(\dfrac{\nabla R_1}{|\nabla R_1|}\right)+(r_2-r_1)H(R_1)+(r_4-r_3)(1-H(R_1))\right)
\end{cases}
\tag{9.43}
$$

由双相和四相能量模型概括出多相水平集运动分割能量模型表示为

$$
E(\boldsymbol{v},R)=\sum_{i=1}^{M}\int_\Omega \frac{\boldsymbol{v}_i^{\mathrm{T}}\boldsymbol{D}\boldsymbol{v}_i}{|\boldsymbol{v}_i|^2}\xi_i(R)\mathrm{d}\boldsymbol{x}+\tau\sum_{j=1}^{N}\int_\Omega |\nabla H(R_j)|\,\mathrm{d}\boldsymbol{x}
\tag{9.44}
$$

式中，$\xi_i(R)$ 为指示函数，由 Heaviside 函数集 $H(R)$ 随分割区域对应嵌入函数 R 性质组合而成；N 为嵌入函数个数；M 为形成相(分割区域)数。

多相水平集方法的优点在于利用了嵌入函数的本质特性，以少量函数表述多个区域，而且可以解决多区域重叠相交的情况。与式(9.21)的模型相比较，式(9.37)的模型较为简明，仅以光流矢量与时空梯度正交性的概率模型对光流的生成进行了约束，相应的方案执行在矢量估计与水平集轮廓演化之间交迭实现，直至矢量和轮廓边界均达到收敛。

将活动轮廓(如蛇形、水平集等)方法应用于运动分割是典型的静止影像向运动影像处理方法的扩展；而且基于方法的良好性能，以及能够与光流计算方法适当结合的特点，在无人飞行器运动估计处理的基础上，可以利用该类方法进行较为精确可靠的运动分割，从而实现检测运动目标的目的。

9.3.3 混合概率模型分割检测

在水平集运动分割方法中以不同的方式采用了概率密度函数，因为位移矢量、色彩信息等特征属性对于分割的支持是以概率函数所体现的估计模型。运动检测可归结为分类问题，即将影像中的像素根据运动特征、空间结构等划分为不同的类别，而概率统计模型无疑是一种解决类似问题的有效方法。

在动态影像中，特定的运动物体对象结合其运动特征定义了一种运动模式。影像的背景和多个运动目标各自遵循其所对应的运动模式，在不考虑噪声等因素的条件下，序列影像的亮度变化是多种运动模式综合作用的结果。若将每一种运动模式以层作为表示，则影像相当于是多个层的叠加。对于序列影像的任意像素，可以看作是由运动模式加权混合后生成的，而用以描述的数学基础是混合概率模型。

1. 混合概率模型

混合概率模型主要是通过使用含有部分未知参数的变量，来重新推理或描述待解问题，这类问题也称为数据丢失问题(Forsyth and Ponce，2003)。设随机变量空间为 X，由 N 个区域部分组成，即 $X = X_1 \cup X_2 \cup \cdots \cup X_N$，其中的任意部分被抽取采样的权重概率为 ω_i，区域对应的概率密度函数为 $p(\boldsymbol{x} \mid \theta_i)$，从而有随机变量 $\boldsymbol{x}$ 的混合概率密度函数表示为

$$p(\boldsymbol{x} \mid \boldsymbol{\omega},\boldsymbol{\theta}) = \sum_{i=1}^{N} \omega_i p(\boldsymbol{x} \mid \theta_i) \tag{9.45}$$

式中，$\boldsymbol{\omega} = (\omega_1,\omega_2,\cdots,\omega_N)$ 和 $\boldsymbol{\theta} = (\theta_1,\theta_2,\cdots,\theta_N)$ 为未知向量；根据 Bayesian 后验估计模型，条件概率密度 $p(\boldsymbol{x} \mid \theta_i)$ 一般为高斯函数；该式即为混合概率基本模型。已知随机变量的一组观测样本 $\boldsymbol{X}_\text{o} = (\boldsymbol{x}_1,\boldsymbol{x}_2,\cdots,\boldsymbol{x}_M)$，需要由该模型对向量 $\boldsymbol{\omega}$ 及 $\boldsymbol{\theta}$ 进行估计，而当得到相应的未知向量，便可进一步推测出任意观测向量 $\boldsymbol{x}_j$ 的所属区域。对于给定的观测样本 $\boldsymbol{X}_\text{o}$，混合概率模型对应的似然函数是

$$L(\boldsymbol{X} \mid \boldsymbol{\omega},\boldsymbol{\theta}) = \prod_{j=1}^{M} p(\boldsymbol{x}_j \mid \boldsymbol{\omega},\boldsymbol{\theta}) = \prod_{j=1}^{M} \Big(\sum_{i=1}^{N} \omega_i p(\boldsymbol{x} \mid \theta_i) \Big) \tag{9.46}$$

进而还可以得到混合概率模型的对数似然函数有

$$\log L(\boldsymbol{X} \mid \boldsymbol{\omega},\boldsymbol{\theta}) = \log\Big(\prod_{j=1}^{M} p(\boldsymbol{x}_j \mid \boldsymbol{\omega},\boldsymbol{\theta}) \Big) = \prod_{j=1}^{M} \log p(\boldsymbol{x}_j \mid \boldsymbol{\omega},\boldsymbol{\theta}) \tag{9.47}$$

式(9.46)和式(9.47)给出了利用混合概率模型解算未知向量估计值的数学函数，但是两个函数都具有较高的非线性，因此需要采取适当的求解方法。

2. 多层光流约束混合概率密度模型

根据不同的未知向量设置，将混合概率模型应用于运动目标检测可以有多种方案。结合光流估计方法，可利用混合概率模型对序列影像中的多层光流进行计算。与式(9.31)相似，按光流基本约束方程，以时空梯度 $\nabla_3 \boldsymbol{I}$ 构成的约束矢量 $\boldsymbol{c}_j$ 作为观测值，并将位移矢量 $\boldsymbol{v}$ 拆解成为关于影像空间坐标 $\boldsymbol{x}_j$ 和每一层的运动模型(如平移、仿射或投影等二维变换模型)参数矢量 $\boldsymbol{a}_i$ 的函数 $\boldsymbol{v}(\boldsymbol{x}_j, \boldsymbol{a}_i)$，则对应第 i 层有其概率密度为 $p_i(\boldsymbol{c}_j \mid \boldsymbol{x}_j,\boldsymbol{a}_i)$；如果考虑噪声的情况还可添加相应的密度函数 $p_0(\boldsymbol{c}_j)$。若有 N 个运动层，在混合概率框架下，每一层的权重概率为 ω_i，得到多层光流约束混合概率密度模型为(Jepson and Black，1993)

$$p(\boldsymbol{c}_j \mid \boldsymbol{x}_j,\boldsymbol{\omega},\boldsymbol{a}_1,\cdots,\boldsymbol{a}_N) = \sum_{i=1}^{N} \omega_i p_i(\boldsymbol{c}_j \mid \boldsymbol{x}_j,\boldsymbol{a}_i) \tag{9.48}$$

式中的权重概率经过归一化处理，如果已知 t 时刻的时空梯度约束矢量观测集合为 $\{\boldsymbol{c}_j(\boldsymbol{x}_j,t), j = 1,\cdots,M\}$，$M$ 为影像像素数或观测采样单元区域数，求解层运动参数集 $\{\boldsymbol{a}_i, i = 0,\cdots,N\}$ 和概率集 $\{\omega_i, i = 0,\cdots,N\}$，相应的对数似然函数表示为

$$\log L(\boldsymbol{c}_j \mid \boldsymbol{\omega},\boldsymbol{a}_1,\cdots,\boldsymbol{a}_N) = \sum_{j=1}^{M} \log p(\boldsymbol{c}_j \mid \boldsymbol{x}_j,\boldsymbol{\omega},\boldsymbol{a}_1,\cdots,\boldsymbol{a}_N) \tag{9.49}$$

进而以所有权概率 q_{ij} 表示第 j 个观测约束矢量隶属于第 i 层，并定义为

$$q_{ij}=\frac{\omega_i p_i(\boldsymbol{c}_j \mid \boldsymbol{x}_j,\boldsymbol{a}_i)}{\sum_{k=0}^{N}\omega_k p_k(\boldsymbol{c}_j \mid \boldsymbol{x}_j,\boldsymbol{a}_k)} \tag{9.50}$$

则在式(9.49)函数局部极值处，待解参数向量 $\boldsymbol{a}_i$ 和 $\boldsymbol{\omega}$ 必须满足两个条件：

$$\sum_{j=1}^{M} q_{ij}=\kappa\omega_i,\quad \sum_{j=1}^{M} q_{ij}\frac{\partial}{\partial \boldsymbol{a}_i}\log p_i(\boldsymbol{c}_j \mid \boldsymbol{x}_j,\boldsymbol{a}_i)=0 \tag{9.51}$$

关于该两项条件的解释是：①似然对数关于权重概率 ω_i 的偏导数必然等于 Lagrange 乘数 κ，在乘数作用下，权重概率和为 1；②似然对数关于运动参数 $\boldsymbol{a}_i$ 的偏导数必须为 0。

式(9.48)的混合模型是以计算处理后得到时空梯度作为观测值的，而对于影像数据，最基本的观测信息是影像的像素灰度(亮度)。在序列影像中，以运动模型为基础建立了影像帧间的映射关系；如果以 t 时刻的影像 $I(t)$作为参考帧，并根据运动模型参数集 $\{\boldsymbol{a}_i, i=0,\cdots,N\}$ 构建了 $N+1$ 种映射关系(包含错误映射或噪声影响)，则 $t+1$ 时刻的影像帧 $I(t)$ 应是映射后不同影像层的集合，表示为 $\hat{I}(t+1)=\{\hat{I}_i, i=0,\cdots,N\}$，从而分层亮度一致关系：

$$\hat{I}_i(\boldsymbol{x},t+1)=I(\boldsymbol{x}+\boldsymbol{v}(\boldsymbol{x},\boldsymbol{a}_i),t) \tag{9.52}$$

基于该关系可建立高斯混合概率密度模型，其公式为

$$p(I(\boldsymbol{x},t) \mid I(\boldsymbol{x},t+1),\boldsymbol{\omega},\boldsymbol{a}_1,\cdots,\boldsymbol{a}_N,\boldsymbol{\sigma})=\sum_{i=0}^{N}\omega_i p_i(I(\boldsymbol{x},t) \mid \hat{I}_i(\boldsymbol{x},\boldsymbol{a}_i,t+1),\sigma_i) \tag{9.53}$$

式中，$\boldsymbol{\sigma}=(\sigma_0,\cdots,\sigma_N)$ 为高斯函数变量；该式可进一步将观测值简化为影像帧间分层预测误差值 $\mathbf{er}_i(\boldsymbol{x})=\hat{I}_i(\boldsymbol{x},\boldsymbol{a}_i,t+1)-I(\boldsymbol{x},t)$ 对应于第 i 层 $\boldsymbol{x}$ 处的像素，省略时间变量，则模型改为

$$p(\mathbf{er}(\boldsymbol{x}) \mid \boldsymbol{\omega},\boldsymbol{a}_1,\cdots,\boldsymbol{a}_N,\boldsymbol{\sigma})=\sum_{i=0}^{N}\omega_i p_i(\mathbf{er}_i(\boldsymbol{x}) \mid \boldsymbol{a}_i,\sigma_i) \tag{9.54}$$

式中，$\mathbf{er}(\boldsymbol{x})=(\mathrm{er}_0(\boldsymbol{x}),\cdots,\mathrm{er}_i(\boldsymbol{x}))$ 为误差值矢量，$p_i(\mathrm{er}_i(\boldsymbol{x}) \mid \boldsymbol{a}_i,\sigma_i)$ 符合正态分布 $N(0,\sigma_i^2)$；相应地有概率密度模型的负对数似然函数是

$$\begin{aligned}-\log L(\mathbf{er}(\boldsymbol{x}) \mid \boldsymbol{\omega},\boldsymbol{a}_1,\cdots,\boldsymbol{a}_N,\boldsymbol{\sigma}) &= -\log\Big(\prod_{j=1}^{M} p(\mathbf{er}(\boldsymbol{x}_j) \mid \boldsymbol{\omega},\boldsymbol{a}_1,\cdots,\boldsymbol{a}_N,\boldsymbol{\sigma})\Big)\\ &= -\sum_{j=1}^{M}\log p(\mathbf{er}(\boldsymbol{x}_j) \mid \boldsymbol{\omega},\boldsymbol{a}_1,\cdots,\boldsymbol{a}_N,\boldsymbol{\sigma}) = -\sum_{j=1}^{M}\log\Big(\sum_{i=0}^{N}\omega_i p_i(\mathrm{er}_i(\boldsymbol{x}_j) \mid \boldsymbol{a}_i,\sigma_i)\Big)\end{aligned} \tag{9.55}$$

则有第 j 像素属于第 i 层的所有权概率 q_{ij} 为

$$q_{ij}=\frac{\omega_i p_i(\mathrm{er}_i(\boldsymbol{x}_j) \mid \boldsymbol{a}_i,\sigma_i)}{\sum_{i=0}^{N}\omega_i p_i(\mathrm{er}_i(\boldsymbol{x}_j) \mid \boldsymbol{a}_i,\sigma_i)} \tag{9.56}$$

对应的，在似然函数局部极值处理，估计值满足的条件包括

$$
\begin{cases}
\hat{\omega}_i = \sum_{j=1}^{M} \frac{\hat{q}_{ij}}{M}, \qquad i = 1,\cdots,N \\
\sum_{i=0}^{N} \sum_{j=1}^{M} \hat{q}_{ij} \frac{\partial \log(p_i(\mathrm{er}_i(\boldsymbol{x}_j) \mid \hat{\boldsymbol{a}}_i, \hat{\sigma}_i))}{\partial \hat{\boldsymbol{a}}_i} = 0 \\
\sum_{i=0}^{N} \sum_{j=1}^{M} \hat{q}_{ij} \frac{\partial \log(p_i(\mathrm{er}_i(\boldsymbol{x}_j) \mid \hat{\boldsymbol{a}}_i, \hat{\sigma}_i))}{\partial \hat{\sigma}_i} = 0
\end{cases}
\tag{9.57}
$$

3. 期望最大化求解方法

在数理统计中，作为一种迭代方法，期望最大化(EM)算法常被用于寻找概率模型参数的最大相似估值，而求解过程需要依靠未观测的隐藏变量。EM 方法的迭代是在期望和最大化两个步骤之间交替进行的：①期望步骤根据隐藏变量分布的当前估计，计算似然对数的期望；②最大化步骤计算能够使似然对数期望最大化的参数，随后该参数作为期望步骤的输入进一步确定隐藏变量的分布。

设有观测样本数据为 $\boldsymbol{X}_\mathrm{o}$，未知参数 $\boldsymbol{\theta}$ 的观测后验概率密度有 $p(\boldsymbol{\theta} \mid \boldsymbol{X}_\mathrm{o})$，向 $p(\boldsymbol{\theta} \mid \boldsymbol{X}_\mathrm{o})$ 中增加隐藏数据 $\boldsymbol{H}$ 生成添加后验概率密度 $p(\boldsymbol{\theta} \mid \boldsymbol{X}_\mathrm{o}, \boldsymbol{H})$。利用 EM 方法求取 $p(\boldsymbol{\theta} \mid \boldsymbol{X}_\mathrm{o})$ 的最大后验估计分为两部分，期望和最大化计算关于隐藏数据 $\boldsymbol{H}$ 的条件概率分布对数的期望(Ayer and Sawhney, 1995)有

$$
\begin{aligned}
Q(\boldsymbol{\theta} \mid \boldsymbol{\theta}^n, \boldsymbol{X}_\mathrm{o}) &\equiv E_{\boldsymbol{H}}(\log(p(\boldsymbol{\theta} \mid \boldsymbol{X}_\mathrm{o}, \boldsymbol{H})); \boldsymbol{\theta}^n, \boldsymbol{X}) \\
&= \int \log p(\boldsymbol{\theta} \mid \boldsymbol{X}_\mathrm{o}, \boldsymbol{H}) p(\boldsymbol{\theta} \mid \boldsymbol{\theta}^n, \boldsymbol{X}_\mathrm{o}) \mathrm{d}\boldsymbol{H}
\end{aligned}
\tag{9.58}
$$

最大化需要求取 $Q(\boldsymbol{\theta} \mid \boldsymbol{\theta}^n, \boldsymbol{X}_\mathrm{o})$ 极大的未知参数值 $\boldsymbol{\theta}^{n+1}$ 为

$$
\boldsymbol{\theta}^{n+1} = \arg \max_{\boldsymbol{\theta}} Q(\boldsymbol{\theta} \mid \boldsymbol{\theta}^n, \boldsymbol{X}_\mathrm{o}) \tag{9.59}
$$

式中，未知变量的上标 n 为迭代次数。交替重复期望和最大化直至未知变量或其期望收敛，则有迭代终止条件：

$$
\| \boldsymbol{\theta}^{n+1} - \boldsymbol{\theta}^n \| < \varepsilon_\theta \quad \text{or} \quad \| Q(\boldsymbol{\theta}^{n+1} \mid \boldsymbol{\theta}^n, \boldsymbol{X}_\mathrm{o}) - Q(\boldsymbol{\theta}^n \mid \boldsymbol{\theta}^{n-1}, \boldsymbol{X}_\mathrm{o}) \| < \varepsilon_Q \tag{9.60}
$$

尽管在 EM 迭代中观测数据的似然函数并未得到削弱，但是并不能保证其收敛于极大似然估值。对于多模分布，根据初始点的情况，采用 EM 算法有可能使观测数据似然函数收敛于局部极值，而改善的策略包括随机重启或模拟退火等方法。EM 算法是解决混合概率模型问题的典型方法。在式(9.45)的模型中引入隐藏数据集 $\boldsymbol{H} = (h_1, \cdots, h_M)$，相当于分类标识，即如果 $\boldsymbol{x}_j \in \boldsymbol{X}_i$，则有 $h_j = i$，隐藏数据 $\boldsymbol{H}$ 与观测样本 $\boldsymbol{X}_\mathrm{o}$ 共同组成完备数据 $\boldsymbol{C} = (\boldsymbol{X}_\mathrm{o}, \boldsymbol{H})$，则式(9.47)的对数似然函数改为

$$
\begin{aligned}
\log L(\boldsymbol{C} \mid \boldsymbol{\omega}, \boldsymbol{\theta}) &= \log L(\boldsymbol{X}_\mathrm{o}, \boldsymbol{H} \mid \boldsymbol{\omega}, \boldsymbol{\theta}) \\
&= \log \prod_{j=1}^{M} p(\boldsymbol{x}_j \mid h_j) p(h_j) \\
&= \sum_{j=1}^{M} \log \omega_{h_j} p_{h_j}(\boldsymbol{x}_j \mid \theta_{h_j})
\end{aligned}
\tag{9.61}
$$

利用期望最大化方法解算概率模型函数分为如下两个步骤。

(1) 期望步骤。在第 $n+1$ 次迭代中，未知参数的前次估值为 $\boldsymbol{\omega}^n = (\omega_1^n, \omega_2^n, \cdots, \omega_N^n)$ 和 $\boldsymbol{\theta}^n = (\theta_1^n, \theta_2^n, \cdots, \theta_N^n)$，可得 $p_i(\boldsymbol{x}_j \mid \theta_i^n)$，则有 h_j 的条件概率密度为

$$p(h_j \mid \boldsymbol{x}_j, \boldsymbol{\omega}^n, \boldsymbol{\theta}^n) = \frac{p(\boldsymbol{x}_j, h_j \mid \boldsymbol{\omega}^n, \boldsymbol{\theta}^n)}{p(\boldsymbol{x}_j \mid \boldsymbol{\omega}^n, \boldsymbol{\theta}^n)} = \frac{\omega_{h_j} p_{h_j}(\boldsymbol{x}_j \mid \theta_{h_j})}{\sum_{i=1}^{N} \omega_i^n p(\boldsymbol{x}_j \mid \theta_i^n)} \tag{9.62}$$

则隐藏数据 $\boldsymbol{H}$ 的联合概率密度是

$$p(\boldsymbol{H} \mid \boldsymbol{X}_o, \boldsymbol{\omega}^n, \boldsymbol{\theta}^n) = \prod_{j=1}^{M} p(h_j \mid \boldsymbol{x}_j, \boldsymbol{\omega}^n, \boldsymbol{\theta}^n) \tag{9.63}$$

进而有关于其的期望为

$$\begin{aligned} Q(\boldsymbol{\omega}, \boldsymbol{\theta} \mid \boldsymbol{\omega}^n, \boldsymbol{\theta}^n, \boldsymbol{X}_o) &= E_{\boldsymbol{H}}(\log(\boldsymbol{X}_o, \boldsymbol{H} \mid \boldsymbol{\omega}, \boldsymbol{\theta}); \boldsymbol{X}_o, \boldsymbol{\omega}^n, \boldsymbol{\theta}^n) \\ &= \sum_{j=1}^{M} \sum_{i=1}^{N} \log(\omega_i p_i(\boldsymbol{x}_j \mid \boldsymbol{\theta}_i)) p(i \mid \boldsymbol{x}_j, \boldsymbol{\omega}^n, \boldsymbol{\theta}^n) \end{aligned} \tag{9.64}$$

期望亦可拆解为 $Q(\boldsymbol{\omega}, \boldsymbol{\theta} \mid \boldsymbol{\omega}^n, \boldsymbol{\theta}^n, \boldsymbol{X}_o) = Q_{\boldsymbol{\omega}}(\boldsymbol{\omega} \mid \boldsymbol{\omega}^n, \boldsymbol{\theta}^n, \boldsymbol{X}_o) + Q_{\boldsymbol{\theta}}(\boldsymbol{\theta} \mid \boldsymbol{\omega}^n, \boldsymbol{\theta}^n, \boldsymbol{X}_o)$ 并有

$$\begin{aligned} Q_{\boldsymbol{\omega}}(\boldsymbol{\omega} \mid \boldsymbol{\omega}^n, \boldsymbol{\theta}^n, \boldsymbol{X}_o) &= \sum_{j=1}^{M} \sum_{i=1}^{N} \log(\omega_i) p(i \mid \boldsymbol{x}_j, \boldsymbol{\omega}^n, \boldsymbol{\theta}^n) \\ Q_{\boldsymbol{\theta}}(\boldsymbol{\theta} \mid \boldsymbol{\omega}^n, \boldsymbol{\theta}^n, \boldsymbol{X}_o) &= \sum_{j=1}^{M} \sum_{i=1}^{N} \log(p_i(\boldsymbol{x}_j \mid \boldsymbol{\theta}_i)) p(i \mid \boldsymbol{x}_j, \boldsymbol{\omega}^n, \boldsymbol{\theta}^n) \end{aligned} \tag{9.65}$$

得到期望值后进入下一步计算。

(2) 最大化步骤。根据前一步骤得出的期望最大化似然函数以获取未知参数：

$$\begin{aligned} \boldsymbol{\omega}^{n+1} &= \arg \max_{\sum_{i=1}^{N} \omega_i = 1} Q_{\boldsymbol{\omega}}(\boldsymbol{\omega} \mid \boldsymbol{\omega}^n, \boldsymbol{\theta}^n, \boldsymbol{X}_o) \\ \boldsymbol{\theta}^{n+1} &= \arg \max_{\boldsymbol{\theta}} Q_{\boldsymbol{\theta}}(\boldsymbol{\theta} \mid \boldsymbol{\omega}^n, \boldsymbol{\theta}^n, \boldsymbol{X}_o) \end{aligned} \tag{9.66}$$

式中关于混合权重期望的最大化利用 Lagrange 乘数方法引入修正函数有

$$F(\boldsymbol{\omega}, \kappa \mid \boldsymbol{\omega}^n, \boldsymbol{\theta}^n, \boldsymbol{X}_o) = Q_{\boldsymbol{\omega}}(\boldsymbol{\omega} \mid \boldsymbol{\omega}^n, \boldsymbol{\theta}^n, \boldsymbol{X}_o) + \kappa\left(\sum_{i=1}^{N} \omega_i - 1\right) \tag{9.67}$$

对该函数求关于混合权重分量 ω_i 和 Lagrange 乘数的偏导数，得到方程组为

$$\begin{cases} \dfrac{\partial F(\boldsymbol{\omega}, \kappa \mid \boldsymbol{\omega}^n, \boldsymbol{\theta}^n, \boldsymbol{X}_o)}{\partial \omega_i} = \dfrac{1}{\omega_i} \sum_{j=1}^{M} p(i \mid \boldsymbol{x}_j, \boldsymbol{\omega}^n, \boldsymbol{\theta}^n) + \kappa = 0, \quad i = 1, \cdots, N \\ \dfrac{\partial F(\boldsymbol{\omega}, \kappa \mid \boldsymbol{\omega}^n, \boldsymbol{\theta}^n, \boldsymbol{X}_o)}{\partial \kappa} = \sum_{i=1}^{N} \omega_i - 1 = 0 \end{cases} \tag{9.68}$$

求得方程的解有

$$\begin{cases} \omega_i^{n+1} = \dfrac{1}{M} \sum_{j=1}^{M} p(i \mid \boldsymbol{x}_j, \boldsymbol{\omega}^n, \boldsymbol{\theta}^n), \quad i = 1, \cdots, N \\ \kappa = -M \end{cases} \tag{9.69}$$

而关于未知参数期望的最大化需要结合具体问题使用优化搜索方法进行求解。取得该次迭代解的值后返回前一步骤，继续迭代直至满足收敛条件为止。

在混合概率模型 EM 算法中不能够直接解算未知参数，但是一种常用特例——高斯混合概率模型可以在 EM 迭代中一并求解。若设高斯概率密度函数 $p_i(\boldsymbol{x} \mid \mu_i, \sigma_i)$ 满足正态分布 $N(\mu, \boldsymbol{\sigma}^2)$，则未知参数向量为 $\boldsymbol{\theta} = ((\mu_1, \sigma_1), \cdots, (\mu_N, \sigma_N))$，关于未知参数的条件期望是

$$Q_{\boldsymbol{\theta}}(\boldsymbol{\theta} \mid \boldsymbol{\omega}^n, \boldsymbol{\theta}^n, \boldsymbol{X}_o) = \sum_{j=1}^{M} \sum_{i=1}^{N} \log(p_i(\boldsymbol{x}_j \mid \theta_i)) p(i \mid \boldsymbol{x}_j, \boldsymbol{\omega}^n, \boldsymbol{\theta}^n)$$

$$= \sum_{j=1}^{M}\sum_{i=1}^{N}\left(-\frac{1}{2}\log\sigma_i - \frac{(\boldsymbol{x}_j-\mu_i)^2}{2\sigma_i^2}\right)\cdot p(i \mid \boldsymbol{x}_j, \boldsymbol{\omega}^n, \boldsymbol{\theta}^n) + \boldsymbol{C} \tag{9.70}$$

则由 EM 方法求解可得概率密度函数的参数：

$$\mu_i^{n+1} = \frac{\sum_{j=1}^{M}\boldsymbol{x}_j p(i \mid \boldsymbol{x}_j, \boldsymbol{\omega}^n, \boldsymbol{\theta}^n)}{\sum_{j=1}^{M} p(i \mid \boldsymbol{x}_j, \boldsymbol{\omega}^n, \boldsymbol{\theta}^n)}, \quad \sigma_i^{n+1} = \frac{\sum_{j=1}^{M} p(i \mid \boldsymbol{x}_j, \boldsymbol{\omega}^n, \boldsymbol{\theta}^n)(\boldsymbol{x}_j - \mu_i^{n+1})^2}{\sum_{j=1}^{M} p(i \mid \boldsymbol{x}_j, \boldsymbol{\omega}^n, \boldsymbol{\theta}^n)}, \quad i = 1,\cdots N \tag{9.71}$$

对于高斯函数，上述解算方法也可以扩展到更高的空间维度。利用期望最大化方法可对高斯混合数据给出其生成模型的估计。在计算机视觉中，EM 方法主要是用以对聚类相关的应用进行处理或分析，如图像分割等。如果一个问题能够以后验概率模型或者混合概率模型进行描述，并最终可归结为极大似然函数，那么就可以使用 EM 方法进行求解，而且作为隐藏数据添加进模型的通常是属性标识信息，能够进一步为分类等操作所使用。

4. 运动分割检测方法

关于运动分割问题，常用的算法可分为两类：直接方法和间接方法（Weiss，1997）。直接方法如式(9.53)的模型，即利用或操作的是影像的原始数据；间接方法所针对的是光流的局部测度，如式(9.48)的模型。两式描述了关于运动分割的基本混合概率模型，使得可以根据所生成的混合模型，套用 EM 方法进行聚类处理，将像素或光流配属于对应的层。运动分割所依据的主要信息是运动特征，在上述的模型中表示为运动参数，这也是实现运动检测的基础；但是依赖单纯的运动信息是不足以做到有效检测的，还应该包括其他的属性特征。

在时序上，序列影像表现为目标的移动和背景的变化。即使对于静止背景的序列影像，由于不同时刻前景目标在不同位置的遮挡，影像中的背景表象同样会产生变化，而移动背景影像则反映为随时间的不断更新。至于目标也会因为成像角度的改变在形状外观等方面显现差别。所以在运动特征之外，运动检测可利用的另外一类信息是背景或目标的表征属性。将运动特征与表征属性相结合可形成对序列影像中各种目标及背景的动态层表示（Tao et al.，2002），还可包括其他先验信息等。

从影像分层的角度，影像可以分为两个基本层次：背景和非背景层。所需要提取的目标位于非背景层内。因此，如果将检测的关注重心偏向于背景层，那么在背景层得到完整准确描述同时便可以分离出其中的运动目标。对于具有运动背景的序列影像，可通过最大化背景表征与光流矢量相关后验估计同步完成背景的更新和对运动的估计，实现运动分割检测（Beauchemin et al.，1997）。如果将该问题转化为关于影像观测似然的混合概率模型可表述为

$$p(B^{t+1} \mid \mathrm{Bs}^t, I^{t+1}, \mathrm{Is}^t, \boldsymbol{v}^{t+1}) = \omega_\mathrm{b} p_\mathrm{b}(B^{t+1} \mid I^{t+1}, \mathrm{Is}^t, \boldsymbol{v}^{t+1}) + \omega_\mathrm{o} p_\mathrm{o}(B^{t+1} \mid \mathrm{Bs}^t, I^{t+1}, \mathrm{Is}^t, \boldsymbol{v}^{t+1}) \tag{9.72}$$

式中，B 为背景表征模型；Bs 为纠正后模型；Is 为纠正影像灰度（亮度）；上标 t 为时序标识；分析条件概率 $p_\mathrm{b}(B^{t+1} \mid I^{t+1}, \mathrm{Is}^t, \boldsymbol{v}^{t+1})$ 和 $p_\mathrm{o}(B^{t+1} \mid \mathrm{Bs}^t, I^{t+1}, \mathrm{Is}^t, \boldsymbol{v}^{t+1})$ 的背景模型似然

性有

$$\begin{cases}p_{\mathrm{b}}(B^{t+1} \mid I^{t+1},\mathrm{Is}^{t},\boldsymbol{v}^{t+1})=p(B^{t+1} \mid I^{t+1})\cdot p(I^{t+1} \mid \mathrm{Is}^{t},\boldsymbol{v}^{t+1})\\ p_{\mathrm{o}}(B^{t+1} \mid \mathrm{Bs}^{t},I^{t+1},\mathrm{Is}^{t},\boldsymbol{v}^{t+1})=p(B^{t+1} \mid \mathrm{Bs}^{t},\boldsymbol{v}^{t+1})\cdot p(I^{t+1} \mid \mathrm{Is}^{t},\boldsymbol{v}^{t+1})\end{cases} \tag{9.73}$$

其表明了背景表征与当前影像区域及前帧背景表征间的近似性。对于光流矢量，进一步补充有矢量的时空相似性 $p(\boldsymbol{v}^{t+1} \mid \boldsymbol{v}^{t})$ 和 $p(\boldsymbol{v}^{t+1} \mid \boldsymbol{v}^{t+1}(\Omega))$ 作为约束，$\boldsymbol{v}^{t}(\Omega)$ 表示像素邻域矢量，从而使得通过式(9.73)模型可由稀疏光流估计出密集光流。式(9.72)模型的对数似然函数为

$$\begin{aligned}\log L(B^{t+1},\boldsymbol{v}^{t+1})=&\log p(B^{t+1} \mid \mathrm{Bs}^{t},I^{t+1},\mathrm{Is}^{t},\boldsymbol{v}^{t+1})+\log p(\boldsymbol{v}^{t+1} \mid \boldsymbol{v}^{t})\\&+\log p(\boldsymbol{v}^{t+1} \mid \boldsymbol{v}^{t+1}(\Omega))+\lambda(1-\omega_{\mathrm{b}}-\omega_{\mathrm{o}})\end{aligned} \tag{9.74}$$

则背景层和前景层的所有权概率 q_{b} 和 q_{o} 分别有

$$\begin{aligned}q_{\mathrm{b}}&=\omega_{\mathrm{b}}\frac{p(B^{t+1} \mid I^{t+1})\cdot p(I^{t+1} \mid \mathrm{Is}^{t},\boldsymbol{v}^{t+1})}{p(B^{t+1} \mid \mathrm{Bs}^{t},I^{t+1},\mathrm{Is}^{t},\boldsymbol{v}^{t+1})}\\ q_{\mathrm{o}}&=\omega_{\mathrm{o}}\frac{p(B^{t+1} \mid \mathrm{Bs}^{t},\boldsymbol{v}^{t+1})\cdot p(I^{t+1} \mid \mathrm{Is}^{t},\boldsymbol{v}^{t+1})}{p(B^{t+1} \mid \mathrm{Bs}^{t},I^{t+1},\mathrm{Is}^{t},\boldsymbol{v}^{t+1})}\end{aligned} \tag{9.75}$$

在函数式(9.74)的局部极值处满足条件是

$$\begin{cases}q_{\mathrm{b}}\dfrac{\partial\log(p(B^{t+1} \mid I^{t+1}))}{\partial B^{t+1}}+q_{\mathrm{o}}\dfrac{\partial\log(p(B^{t+1} \mid \mathrm{Bs}^{t},\boldsymbol{v}^{t+1}))}{\partial B^{t+1}}=0\\ (q_{\mathrm{b}}+q_{\mathrm{o}})\cdot\dfrac{\partial\log(p(I^{t+1} \mid \mathrm{Is}^{t},\boldsymbol{v}^{t+1}))}{\partial\boldsymbol{v}^{t+1}}+\dfrac{\partial\log(p(\boldsymbol{v}^{t+1} \mid \boldsymbol{v}^{t}))}{\partial\boldsymbol{v}^{t+1}}+\dfrac{\partial\log(p(\boldsymbol{v}^{t+1} \mid \boldsymbol{v}^{t+1}(\Omega)))}{\partial\boldsymbol{v}^{t+1}}=0\end{cases} \tag{9.76}$$

使用 EM 方法对式(9.76)模型进行求解，首先在期望步骤中估计每一层的所有权概率 $\hat{q}_{\mathrm{b}}$ 和 $\hat{q}_{\mathrm{o}}$。给定所有权概率，然后在最大化步骤根据优化式(9.76)的条件并迭代计算当前的背景模型 B^{t+1} 和光流矢量 $\boldsymbol{v}^{t+1}$ 有

$$\begin{cases}\begin{aligned}\boldsymbol{v}(\boldsymbol{x})^{n+1}=&\boldsymbol{v}(\boldsymbol{x})^{n}-(\hat{q}_{\mathrm{b}}+\hat{q}_{\mathrm{o}})\cdot\phi(I^{t+1}(\boldsymbol{x})-\mathrm{Is}^{t}(\boldsymbol{x}-\boldsymbol{v}^{t+1}),\delta_{\mathrm{II}},\beta_{\mathrm{II}})\\&-\phi(\boldsymbol{v}^{t+1}(\boldsymbol{x})-\boldsymbol{v}^{t}(\boldsymbol{x}),\delta_{\mathrm{tm}},\beta_{\mathrm{tm}})-\sum_{\mu\in\Omega_{\boldsymbol{x}}}\phi(\boldsymbol{v}^{t+1}(\boldsymbol{x})-\boldsymbol{v}^{t+1}(\mu),\delta_{\mathrm{sp}},\beta_{\mathrm{sp}})\end{aligned}\\ \begin{aligned}B(\boldsymbol{x})^{n+1}=&B(\boldsymbol{x})^{n}-\hat{q}_{\mathrm{b}}\cdot\phi(B^{t+1}(\boldsymbol{x})-I^{t+1}(\boldsymbol{x}),\delta_{\mathrm{IB}},\beta_{\mathrm{IB}})\\&-\hat{q}_{\mathrm{o}}\phi(B^{t+1}(\boldsymbol{x})-\mathrm{Bs}^{t}(\boldsymbol{x}-\boldsymbol{v}^{t+1}),\delta_{\mathrm{BB}},\beta_{\mathrm{BB}})\end{aligned}\end{cases} \tag{9.77}$$

该模型的似然性和先验信息之间的关系是以自由度为 3 的 t 分布进行描述的，关于其稳健的误差函数是以负对数形式给出的，其导数函数 $\phi(x,\delta,\beta)$ 可定义为

$$\phi(\boldsymbol{x},\delta,\beta)=\beta\frac{-4\boldsymbol{x}}{\delta^{2}+\boldsymbol{x}^{2}} \tag{9.78}$$

该函数将有助于迭代的有效和稳定收敛。在式(9.77)关于背景模型和光流矢量的迭代计算中的参数，根据表征相似性、运动特征等先验信息预置给定，光流场的连续性在矢量迭代中有所体现，并附加了时空条件的约束性。而在所有权权重的作用下，背景的表征模型进行适时更改。光流矢量引起的变化同时要求式(9.72)模型混合权重的相应更新有

$$\begin{cases}\omega_{\mathrm{b}}^{t+2}=\eta_{1}\cdot\omega_{\mathrm{b}}^{t+1}+\eta_{2}\cdot\hat{q}_{\mathrm{b}}+\eta_{3}\left(1-\mathrm{e}^{-\frac{(\boldsymbol{v}^{t+1})^{2}}{2\boldsymbol{\sigma}_{\mathrm{mp}}^{2}}}\right)\\ \omega_{\mathrm{o}}^{t+2}=\eta_{1}\cdot\omega_{\mathrm{o}}^{t+1}+\eta_{2}\cdot\hat{q}_{\mathrm{o}}+\eta_{3}\cdot\mathrm{e}^{-\frac{(\boldsymbol{v}^{t+1})^{2}}{2\boldsymbol{\sigma}_{\mathrm{mp}}^{2}}}\end{cases} \tag{9.79}$$

至此构成计算循环，随序列影像的逐步进行生成背景表征模型并实现对目标的分割检测。运动分割混合概率模型的优势是仅需要初始的稀疏光流和精确的影像纠正，因此非常适合于无人飞行器序列影像的处理需求，可作为一种具有较强实用性的技术方法。

针对无人飞行器的特殊应用和实际情况条件，由其他途径获得的信息参数也可以为检测处理所利用。根据如表 9.1 中无人飞行器序列影像运动检测的要点，其中的一些内容可作为先验信息对检测处理进行约束，如给定飞行器的飞行高度及镜头焦距等基本信息；目标在影像中的大小尺寸可限制于一定的范围之内，而将影像的分辨率、飞行器速度、目标一般运动速度等综合后可作为运动特征的先验条件。

将这些信息代入运动检测的方式是通过混合概率或后验概率模型对问题进行描述。在可尔可夫随机场框架下，同样以影像的像素亮度（灰度）作为观测数据，并以高斯分布表示各类特征属性信息在时序上改变，而信息的不确定性则是隐含在其互方差矩阵之中的（Tao et al.，2002）。那么根据辅助信息数据，调节互方差矩阵中的方差值，便能够对模型施加影响，使辅助数据起到引导检测的作用。具体的解算方法同样可采用期望最大化方法，还可以进一步实现对目标的跟踪。

参考文献

陈祖爵，陈潇君，何鸿. 2007. 基于改进的混合高斯模型的运动目标检测. 中国图象图形学报. 12(9)：1585-1589

Ayer S，Sawhney H. 1995. Layered representation of motion video using robust maximum-likelihood estimation of mixture models and MDL encoding. In：Proceedings of IEEE Internatronal Conference on Computer Vision，777～784

Beauchemin S，Chalifour A，Barron J. 1997. Discontinuous optical flow：Recent theoretical results. In Vision Interface，57～64

Brox T，Weickert J. 2004. Level set based segmentation of multiple objects. Pattern Recognition，LNCS 3175：415～423

Bruhn A，Weickert J. 2006. A multigrid platform for real-time motion computation with discontinuity-preserving variational methods. Int Journal of Computer Vision，70(3)：257～277

Cremers D. 2003. A multiphase level set framework for motion segmentation. 4th Internatronal Conference on Scale Space Theories in Computer Vision，LNCS 2695：599～614

Davies E. 2005. Machine Vision：Theory，Algorithms，Practicalities (Third Edition). Singapore：Elsevier

Forsyth D，Ponce J. 2003. Computer Vision：A Modern Approach. Upper Saddle River：Pearson

Jepson A，Black M. 1993. Mixture models for optical flow computation. RBCV-TR-93-44，the Univeristy of Toronto

Kass M，Witkin A，Terzopolos D. 1988. Snakes：Active contour models. Int Journal of Computer Vision，(1)：321～331

OSher S，Sethian J. 1988. Fronts propagating with curvature dependent speed ：Algorithms based on the Hamilton-Jacobi formulation. Jounal of Computation Physics，79：12～49

Tao H，Sawhney H，Kumar R. 2002. Object tracking with Bayesian estimation of dynamic layer representations. IEEE Transactions on Pattern Analysis and Machine Intelligence，24(1)：75～89

Weiss Y. 1997. Smoothness in layers：Motion segmentation using nonparametric mixture estimation. In：Proceeding of IEEE Conference on CVPR：520～527

Xiao J，Yang C，Han F，Cheng H. 2008. Vehicle and person tracking in aerial videos. CLEAR 2007 and RT 2007 ，LNCS 4625：203～214

第 10 章　运动对象跟踪

对于从序列影像中检测出的运动目标，如果确认其为兴趣关注目标，就需要锁定该目标并对其进行跟踪。基于序列影像的运动目标跟踪从本质上还要求能够驱动飞行器的空中机动和传感器成像姿态的调整。但仅就影像分析而言，目标跟踪处理的实质则是根据原有的属性信息预测目标对象的位置和方向，从而描绘出其运动轨迹，或者在连续的影像帧中对被跟踪目标给出一致的标识。

在运动分析技术体系中，运动估计、运动检测主要根据的是运动属性，而目标跟踪仅依靠运动特征难以对具体的目标进行有效鉴别，所以还必须选择更具代表性或者随时间的演变更有规律、更易于描述的颜色等特征属性，从而克服各自因素的干扰，进一步提高跟踪的稳定性和可靠性。

10.1　运动跟踪模式类型分析

在计算机视觉技术领域，目标跟踪是一项非常有挑战性的任务，因为其通常要面对各种复杂因素的干扰，同时还需要满足较高的性能要求，如因空间投影或目标对象被遮挡导致的信息缺失、目标对象复杂的形状特征或运动模式以及影像噪声等，而处理的快速乃至实时性则是对跟踪的基本要求（Yilmaz et al.，2006）。

从某种意义上讲，运动目标检测完成了对于目标各类特征属性的归纳，其中包括目标对应的影像区域、目标的运动特征属性以及目标的空间坐标位置等。这些属性信息为跟踪处理提供了起始依据和目标模型的构建基础。与运动检测相比，运动跟踪的优势在于随着时序上的推进，其能够自动给出对目标的标识，而且执行效率更高也可以避免出现检测错误等问题。

运动目标跟踪的处理流程一般包括三个基本的步骤：构建目标模型、确认跟踪域和选定跟踪方法。构建目标模型是将影像中的目标抽象为特定的属性特征进行表示，以便于操作和实现；跟踪域是与目标模型相对应的处理空间，在多数情况下，跟踪处理经过目标建模后将影像相关属性信息转换至该空间进行实施；跟踪方法是在跟踪域内通过匹配、更新、优化等完成目标跟踪的具体算法。

10.1.1　运动目标模型分类

对于目标模型的建立，一般可采用的特征有颜色、纹理、边缘和光流矢量等。颜色信息的物理影响因素主要是光源的光谱分布和目标对象自身的表面反射特性。影像处理通常使用的是 RGB 空间，但是该空间不具有感知一致性，并且在空间维度上高度相关（Paschos，2001）。其他的色彩空间尽管感知一致或近似感知一致，但是对噪声较为敏感，所以考虑到处理运行的效率，RGB 仍然是较为常用的颜色特征空间。

纹理是目标对象表面亮度变化的量化属性测度。纹理特征要求预先生成描述符[如小波族(Mallat，1989)、易控金字塔(Greenspan et al.，1994)等]，对于影像中的亮度变化，纹理特征较为稳定。边缘特征标识了影像灰度在空间上的阶跃变化，其优点是处理简单且结果较为精确；边界跟踪处理中，经常采用边缘作为显著特征。光流矢量在基于运动的跟踪方法中可作为特征加以使用(Barron et al.，1994)。

上述与影像相关的特征属性需要进一步转化为可供处理计算的目标表征模型，表征模型主要有如下四种类型。

(1) 概率密度模型。目标表征信息的概率密度估计既可以是参数型，也可以是非参数型；前者如混合高斯模型，而后者如颜色特征空间直方图等。目标表征特征概率密度的计算通常限定于由形状模型确定的影像区域内。

(2) 目标模板。匹配模板一般是由目标的简略几何外形或剪影所生成，其优势是同时包含了空间信息和表征信息，但是通常模板是由单视(单一影像帧)获得的，因此这种模型通常仅适用于跟踪过程中目标姿态变化不大的情况。

(3) 活动表征模型。活动表征模型对目标对象的形状和表征同步建模(Edwards et al.，1998)。对象的形状由一组界标进行定义，其中，每个界标存储了色彩、纹理或梯度幅值等构成的表征矢量。活动表征模型需要使用训练样本对形状和相关的表征进行前期认知。

(4) 多视表征模型。基于给定的多个视(多帧影像)，通过子空间的生成从多个视角表示目标对象，构建多视表征模型。用于生成此种模型的子空间方法有主成分分析、独立成分分析等(Black and Jepson，1998)。

面向跟踪处理应用，序列影像中运动目标的表现可以有很多具体的形式，图 10.1 给出了其中的一些示例。图 10.1(a)是检测分割出的目标影像区域，也是对目标最为基本的表达，其中包含了目标的颜色、纹理、形状、轮廓等特征信息。图 10.1(b)中标识了影像区域的中心质点；如果目标所占影像区域较小或者作为刚性目标可以抽象为一个点，这类表示使得目标除了坐标位置、运动方向和速度矢量等运动属性之外，不再含有其他的特征信息。图 10.1(c)、(d)中的矩形框和椭圆框表示了目标的基本形状；刚性目标的平移、仿射及投影等运动模式完全可利用这两种形状加以对应描述。图 10.1(e)所给出的是由目标影像生成的点集，可以是提取出的特征点，也可以是由影像的纹理边缘离散后空间上具有一定间隔的二值化点；对于一些特殊的处理方法，如基于 Hausdorff 距离(Huttenlocher et al.，1993)的模板匹配方法等，这种点集可作为目标模板，通过搜索匹配实现对目标的跟踪。图 10.1(f)中显示的是目标的轮廓；如目标检测中的相关分析，轮廓确定了影像区域的边界，使用轮廓对目标进行表示的优点是可结合活动轮廓等方法，适应跟踪过程中的目标形状变化。图 10.1(g)中给出的是对轮廓采样后的控制点，目标轮廓的演变则可以利用控制点的分布改变进行描述。图 10.1(h)所显示的是轮廓内部的目标剪影；剪影是目标检测跟踪处理中的常用表达方式，通常用其标识属性一致的区域；由轮廓给定的周长特征结合由剪影提供的面积属性，可基于矩方法等来实现目标识别等处理应用(Shutler and Nixon，2006)。

在各种目标表现形式中，最为形象直观地是矩形框或椭圆框。因为其既可以指明被跟踪的目标对象，也可以表示运动方向等信息，所以常用作跟踪绑定框。

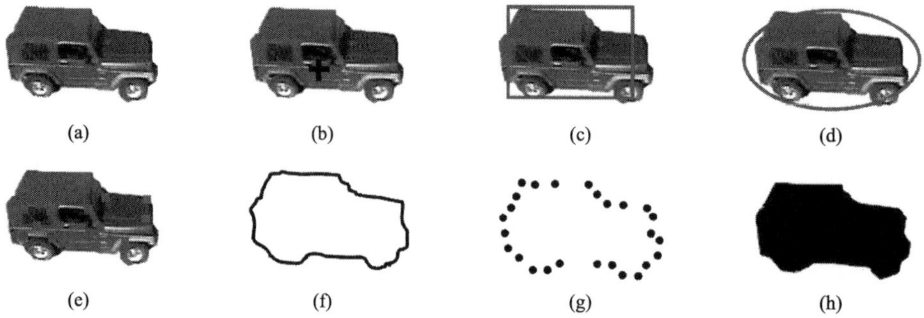

图 10.1　运动目标表现形式示例(彩图附后)

10.1.2　运动跟踪模式类型

根据目标跟踪的处理流程,目标的表现形式与跟踪算法之间有很大关联性,而目标的表现形式是由实际的应用所决定的。在无人飞行器序列影像的目标跟踪中,由于获取成像距离相对较远,以及检测处理对目标尺度的控制,无论是地面的车辆还是人员都可以视为刚性目标,那么相应的主要采用二维刚性目标跟踪方法。相关的方法可分为四个主要类别(Bovik, 2006):基于区域的方法、基于轮廓的方法、基于特征的方法和基于模板的方法。

1) 基于区域的方法

在影像中对于区域的定义是具有相似属性的像素集合。本质上,区域有可能是兴趣对象投影到像平面内所覆盖的影像范围。由于在保证快速实时处理的同时能够提供足够稳健的结果,色彩信息对于基于区域的目标跟踪是非常有效的属性特征。因此,在区域跟踪方法中最为常用的技术解决途径之一是使用颜色直方图(Swain and Ballard, 1991)。

颜色直方图属于非参数相关方法。其原理是在跟踪初始阶段计算序列影像中所有兴趣目标区域的颜色直方图作为参考索引存储于数据库中,而对于被跟踪对象,在刷新帧中的每一个目标候选位置计算其所对应的颜色直方图,对比目标直方图和参考直方图,通过测度直方图之间的距离或相似性确定最佳匹配,从而在当前影像帧中寻得目标的确切位置。在跟踪过程中,参考直方图容器的数量和内容通常需要动态更新,尽管会增加计算处理的数据量,但是可以避免潜在的照度变化所导致的跟踪偏离或失败。此外,直方图只有在其容器数量适中的情况下才会比较有效。

2) 基于轮廓的方法

基于轮廓的跟踪方法是使用外形轮廓特征建立目标模型并在时序上对其实施跟踪,在特征空间中同步搜索目标的形状和坐标位置信息。该种建模方式相对比较复杂,但是对于目标被部分遮挡等情况,具有较为稳健的性能表现。

活动轮廓方法的跟踪原理是利用轮廓的变形锁定线、边缘、边界等特征(Kass et al., 1988)。除用于运动分割之外,活动轮廓水平集方法可进一步用于目标跟踪处理,基于运动属性结合色彩、纹理等其他特征信息能够对多个目标同步跟踪(Brox et al., 2005)。更为传统的蛇形算法同样适用于对运动目标的跟踪。

3）基于特征的方法

基于特征的目标跟踪主要是指对序列影像中特征点运动参数的恢复，而在二维空间中，点特征没有在景深上的旋转或移动，因此仅需要考虑平面平移运动。尽管特征跟踪方法易受到离异值的影响或发生跟踪偏离，并且对于局部遮挡较为敏感，但是有比较高的执行效率。该种方法一般采用与其邻域有明显属性区别的像素作为特征点。对于相关的特征提取处理，一个可以选择的方法是使用 Gabor 小波（Chao et al.，2002），原理与 Gabor 滤波器族基本相同，能够在多个尺度和方向上提取特征并组合成特征向量，据此通过相似测度函数的定义，便可以依匹配相关处理进行特征跟踪。

4）基于模板的方法

基于模板匹配的目标跟踪与目标识别具有相似的原理。首先是要选择所使用的模板。模板指代了可合成的目标对象类型特例，稳健性较好的模板通常是通过统计方式获得的。模板匹配则是根据相似性或距离测度在影像中搜索与模板相似的影像区域，在处理算法方面，模板匹配经常会被转化为估计目标影像区域与模板之间的几何变换参数。

实际处理应用中，固定的模板可能无法适应视角变化等条件状况，所以可使用变形模板作为改进，在原始模板的基础上结合适当的变形函数生成变形模板（Brox et al.，2005）。

对于无人飞行器处理应用，运动目标跟踪所受到各种干扰影响以及对目标跟踪性能所提出的各项要求都会在处理应用中得到体现；如果不考虑工程上的细致分解或者更具针对性的功能实现，单就技术方法而言，尚未有基于某类特征属性的特定跟踪方法能够在适应度和高效性上取得平衡并给出良好的实际表现。因此，对目标跟踪类型模式的多方面分析将为在各种情况条件下确定目标模型的形式以及对应跟踪方法的选择提供必要的准备和技术支持。

10.2 基于目标特征的运动跟踪

影像中的目标指代的是现实中的物体，而目标的典型标识通常反映为各种特征。在有关光流及运动估计的内容中，已介绍了稀疏光流等方法，原理是在影像特征检测提取的基础上，迭代计算位移矢量。光流计算所针对的主要是影像中的背景信息，而如果以目标所包含的特征为数据对象，那么采用类似的方法也可以实现对目标的跟踪处理。

10.2.1 KLT 特征光流跟踪

KLT 特征跟踪方法与稀疏光流 Lucas-Kanade 方法以及 Harris 角点检测算子具有一定的共通之处，因为对于特征的选择和提取，三者的原理基本相同。所区别的是 KLT 特征跟踪考虑了窗口尺寸及特征被遮挡等可能造成的影响，并且引入仿射变换对特征窗口的变形进行描述（Shi and Tomasi，1994）。

在跟踪过程中，特征窗口内的变形，以仿射运动模型表示为

$$\boldsymbol{v} = \boldsymbol{d} + \mathbf{Tr} \cdot \boldsymbol{x} \tag{10.1}$$

式中，$\boldsymbol{d} = \begin{bmatrix} a_1 \\ a_4 \end{bmatrix}$ 为特征窗口中心平移矢量；$\boldsymbol{x} = \begin{bmatrix} x \\ y \end{bmatrix}$ 为窗口中心坐标；$\mathbf{Tr} = \begin{bmatrix} a_2 & a_3 \\ a_5 & a_6 \end{bmatrix}$ 为

旋转变形矩阵，并设 $\boldsymbol{B}=\begin{bmatrix}1+a_2 & a_3\\ a_5 & 1+a_6\end{bmatrix}$，则根据光流的亮度一致假设有

$$J(\boldsymbol{Bx}+\boldsymbol{d})=I(\boldsymbol{x}) \tag{10.2}$$

式中，$J(\boldsymbol{x})$ 为运动后影像。若已有运动前后影像以及特征窗口，那么对于特征的跟踪处理是估计向量 $\boldsymbol{d}$ 和矩阵 $\mathbf{Tr}$ 中的变换参数。该种模式下，特征窗口的尺寸是计算结果质量优劣的重要决定因素。如果窗口较小，则变形矩阵可忽略不计，近似等同于光流矢量计算。关于变换参数的计算可通过最小化能量泛函得到

$$E(\boldsymbol{B},\boldsymbol{d})=\iint_{\Omega_W}(J(\boldsymbol{Bx}+\boldsymbol{d})-I(\boldsymbol{x}))^2\omega(\boldsymbol{x})\mathrm{d}\boldsymbol{x} \tag{10.3}$$

式中，Ω_W 定义了窗口区域；$\omega(\boldsymbol{x})$ 为窗口内权重函数。求取该能量函数极值的方法一般是对函数中的未知变量求偏微分并设其为零。对得到的方程组进行线性化后可简写为

$$\boldsymbol{Na}=\boldsymbol{\varepsilon} \tag{10.4}$$

式中，$\boldsymbol{a}=(a_1,a_2,a_3,a_4,a_5,a_6)^{\mathrm{T}}$ 为待解参数向量；线性系统矩阵 $\mathbf{N}$ 和残差向量 $\boldsymbol{\varepsilon}$ 表示为

$$\mathbf{N}=\iint_{\Omega_W}\begin{bmatrix}\boldsymbol{Z}_1 & \boldsymbol{Z}_2^{\mathrm{T}}\\ \boldsymbol{Z}_2 & \boldsymbol{Z}_3\end{bmatrix}\omega(\boldsymbol{x})\mathrm{d}\boldsymbol{x}$$

$$\boldsymbol{\varepsilon}=\iint_{\Omega_W}(I(\boldsymbol{x})-J(\boldsymbol{x}))\begin{bmatrix}xI_x\\ xI_y\\ yI_x\\ yI_y\\ I_x\\ I_y\end{bmatrix}\omega(\boldsymbol{x})\mathrm{d}\boldsymbol{x} \tag{10.5}$$

对称矩阵 $\mathbf{N}$ 的积分内部可进一步划分为三个子矩阵 $\boldsymbol{Z}_1$、$\boldsymbol{Z}_2$ 和 $\boldsymbol{Z}_3$ 有

$$\boldsymbol{Z}_1=\begin{bmatrix}x^2I_x^2 & x^2I_xI_y & xyI_x^2 & xyI_xI_y\\ x^2I_xI_y & x^2I_y^2 & xyI_xI_y & xyI_y^2\\ xyI_x^2 & xyI_xI_y & y^2I_x^2 & y^2I_xI_y\\ xyI_xI_y & xyI_y^2 & y^2I_xI_y & y^2I_y^2\end{bmatrix}$$

$$\boldsymbol{Z}_2=\begin{bmatrix}xI_x^2 & xI_xI_y\\ xI_xI_y & xI_y^2\\ yI_x^2 & yI_xI_y\\ yI_xI_y & yI_y^2\end{bmatrix} \tag{10.6}$$

$$\boldsymbol{Z}_3=\begin{bmatrix}I_x^2 & I_xI_y\\ I_xI_y & I_y^2\end{bmatrix}$$

式(10.4)只是关于仿射模型的近似，但是按 Newton-Raphson 方式迭代可逐步纠正窗口内的仿射变形，获得正确的结果。若设变形矩阵 $\mathbf{Tr}=\mathbf{0}$ 且窗口内权重 $\omega(\boldsymbol{x})=1$，则式(10.3)转化为 Lucas-Kanade 方法的窗口区域矢量一致约束条件。

在 KLT 特征跟踪中采用了多尺度框架，出发点是根据特征窗口尺寸对跟踪效果的影响，而且依托金字塔结构的计算，可以逐层次地为迭代处理提供良好的初始值；以此既提高了运行效率，也优化了结果精度。另外，多尺度结构的区域分割特性，结合使用局部抑

制非最大处理，既保证了特征的均匀分布，也防止了误匹配操作，这从另一个方面确保了对特征的准确跟踪。

KLT 特征跟踪本质上属于稀疏光流方法，对于无人飞行器运动目标跟踪，在有一定的条件作为保障的情况下，其可以作为有效的处理方法。使用 KLT 方法的目标跟踪首先需要目标的分辨率要适当。最低限度的要求是目标能够由单个的特征点所指示（作质点处理）或者至少被一个特征窗口所包括，则在处理过程中，可通过锁定该特征完成对目标的跟踪，但是仅依赖该方法，将极易发生跟踪丢失。如果影像数据的分辨率相对较高，目标影像区域内包含有多个特征，那么该组特征可作为跟踪过程中对于目标的指代；而且由于 KLT 方法中含有多尺度分析模式，因此可以综合多个尺度的特征对目标进行定义，从而使性能更加稳定。

特征跟踪方法的局限性也是比较明显的。该方法主要适用于特征窗口的平移或者具有仿射变形的运动模式，如果影像中的目标运动形式不能满足这一条件，则跟踪不能继续实施。另外，KLT 跟踪的内设机制是当跟踪丢失时，即行舍弃相应的特征，重新提取匹配，因此基于该方法的处理没有“记忆”功能，无法应对遮挡等问题。

对此，一种可行的解决方案是以目标影像区域为基础，确定目标所辖特征范围。通过间距或拓扑关系等建立特征之间的联系和判定测度，若目标不发生较大变形，则在跟踪过程中重点考察区域内的特征更新情况，根据测度判断新增特征或者舍弃特征是否属于该运动目标，这也相当于动态链式更新。当然，更为有效的方式是结合其他属性特征及跟踪方法协同处理，才能具有更好的处理结果。

尽管运动属性的功能作用有所弱化，但是对于跟踪处理，其仍然是一种重要的特征信息。以位移矢量为基本构成单位的运动特征，在 Bayesian 滤波器处理框架中，能够转化为状态信息用于目标跟踪。而基于目标影像区域的表征模型，针对颜色、纹理等特征的跟踪则需要转化到相应特征空间，采用诸如均值偏移等方法实现跟踪应用。至于非运动特征的跟踪处理，光流矢量的作用是对跟踪的结果提供校验或辅助判断。多尺度分析可用以确定运动跟踪对特征属性的选择，并作为多属性综合的一种区分索引方式；另外尺度属性也可以融入其他具体的特征类型，以增强处理运算的效率和精度。

颜色信息是区域跟踪方法所依据的主要特征属性。在该种类型的方法中，目标模型通常是由颜色直方图加以表示的，相应的跟踪处理也是在颜色特征空间中进行的。由目标影像区域转化为目标特征属性模型，再通过特征空间中目标模型与目标备选之间的相似性测度预测目标在影像空间的下一步坐标位置；这相当于给定观测的状态估计，因此可以采用概率模型，而相关的估计问题即为求取概率密度的极值。

因为需要先验信息并计算未知参数，如混合概率模型属于参数模型，类似的方法更适宜分割等精确细致处理，但经常不能满足跟踪的性能要求。特征直方图作为非参数概率密度模型，结合使用均值偏移迭代等密度估计方法，可有效用于实现跟踪处理应用。

10.2.2 直方图及核函数模型

直方图是一种简单直观的概率密度估计方法。设有 d 维空间的任一向量 $\boldsymbol{x}$，对其在每一维度上的落入范围均量化为 m 个间隔，从而将 $\boldsymbol{x}$ 的概率落入空间区域分割成 $M = m^d$ 个容器，每个容器具有一致的容积 V，统计落入每一个容器内的空间点数则建立了关于 $\boldsymbol{x}$ 的直方图。

若空间内有N个样本，并且设有第i个容器b_i包含的空间样本点数为k_i，则由直方图概率密度的估计近似为

$$\hat{p}(\boldsymbol{x}) = \frac{k_i/N}{V}, \quad \boldsymbol{x} \in b_i \tag{10.7}$$

该式需要满足的条件是在容器内的各处概率密度函数 $\hat{p}(\boldsymbol{x})$ 是恒定的，另外作为概率密度函数必有

$$\int \hat{p}(\boldsymbol{x})\mathrm{d}\boldsymbol{x} = \sum_{i=1}^{M}\int_{b_i} \frac{k_i}{NV}\mathrm{d}\boldsymbol{x} = \frac{1}{N}\sum_{i=1}^{M} k_i = 1 \tag{10.8}$$

在直方图方法中，容器数量M和各容器的起始位置是需要设定的参数，其中，M是较为关键的参数，因为其决定了直方图与概率密度函数之间近似性的平滑程度。由于仅需要在处理中更新容器的计数器而不必存储具体的数据，所以直方图方法是比较高效的。但是该方法一般只用于低维向量，因为维度的提高将会使直方图容器的数量成指数级的增加。

设容器在每一维度上边长均为h，则容积$V = h^d$(二维空间容器即可视为一个窗口，h又称为窗口带宽)，进一步的在d维空间中定义窗口(核)函数为

$$k(u) = \begin{cases} 1, & \| u_i \| \leqslant 1/2, \quad i = 1,\cdots,d \\ 0, & \text{otherwise} \end{cases} \tag{10.9}$$

该函数表示如果有样本点 $\boldsymbol{x}_j$ 落入容器b_i 内，则有 $k((\boldsymbol{x}-\boldsymbol{x}_j)/h) = 1$，否则其为0；进而有样本点数 k_i 为

$$k_i = \sum_{j=1}^{N} k\left(\frac{\boldsymbol{x}-\boldsymbol{x}_j}{h}\right), \quad i = 1,\cdots,d \tag{10.10}$$

将其代入式(10.7)有

$$\hat{p}(\boldsymbol{x}) = \frac{1}{N}\sum_{j=1}^{N} \frac{1}{V}k\left(\frac{\boldsymbol{x}-\boldsymbol{x}_j}{h}\right), \quad \boldsymbol{x} \in b_i, \quad i = 1,\cdots,d \tag{10.11}$$

该式的作用是将概率密度估计问题转换为求取关于 $\boldsymbol{x}$ 及 $\boldsymbol{x}_j$ 的核函数均值，其本质涵义表明了按空间距离，容器内的样本点对于生成 $\boldsymbol{x}$ 的贡献(Duda et al.，2001)。由于概率密度函数非负而且积分为1，所以窗口函数需要满足条件：

$$k(\boldsymbol{x}) \geqslant 0, \quad \int k(\boldsymbol{u})\mathrm{d}\boldsymbol{u} = 1 \tag{10.12}$$

如果空间内的样本数无限，那么V便趋近于0，则 $\hat{p}(\boldsymbol{x})$ 收敛于概率密度函数 $p(\boldsymbol{x})$。

10.2.3　均值偏移跟踪方法

对于给定的一组数据样本，关于其隐含模式的分析方法通常是估计所对应的概率密度函数。若有先验信息或已知概率密度所符合的模型，那么运算处理所采用的就是参数，而类似于直方图或核函数则属于非参数处理方法。

1. 核函数概率密度估计

在式(10.11)中以核函数的形式对概率密度估计进行表示，可设有

$$K(\boldsymbol{x}-\boldsymbol{x}_j)=\frac{1}{V}k\left(\frac{\boldsymbol{x}-\boldsymbol{x}_j}{h}\right) \tag{10.13}$$

式中，$K(\boldsymbol{x}-\boldsymbol{x}_j)$仍为核函数，该式可理解为对核的归一化或将窗口(单一容器)视为整个样本空间。将其代入式(10.11)则相应地有

$$\hat{p}(\boldsymbol{x})=\frac{1}{N}\sum_{j=1}^{N}K(\boldsymbol{x}-\boldsymbol{x}_j) \tag{10.14}$$

该式给出了样本空间内以核密度估计代替的概率密度估计。常用的核函数有 Epanechnikov 核(Scott, 1992) $K_{\mathrm{E}}(\boldsymbol{x})$ 和多元标准核 $K_N(\boldsymbol{x})$ 分别为

$$K_{\mathrm{E}}(\boldsymbol{x})=\begin{cases}\frac{1}{2V}(d+2)(1+\|\boldsymbol{x}\|^2), & \|\boldsymbol{x}\|<1\\ 0, & \text{otherwise}\end{cases}$$

$$K_N(\boldsymbol{x})=\frac{1}{(\sqrt{2\pi})^d}\mathrm{e}^{-\frac{1}{2}\|\boldsymbol{x}\|^2} \tag{10.15}$$

2. 均值偏移方法

核函数的作用在于建立了估计区域窗口，而窗口内的概率密度是由其所包括的样本点数量及其分布决定的。如果将窗口沿核密度的梯度方向偏行移动，那么经多次迭代后，结果将有可能收敛于整个样本空间的概率密度极值处。由于概率密度是关于核函数的均值，又有在梯度方向的偏移，所以这种处理方式也称为均值偏移(mean-shift)方法(Comaniciu and Meer, 1999)。由线性空间关系，关于概率密度梯度的估计等于概率密度梯度的估计，对式(10.14)的概率密度估计求取梯度有

$$\nabla\hat{p}(\boldsymbol{x})=\frac{1}{N}\sum_{j=1}^{N}\nabla K(\boldsymbol{x}-\boldsymbol{x}_j) \tag{10.16}$$

将式(10.13)代入式(10.16)，同时将核设为点空间距离的核剖面函数则有

$$\nabla\hat{p}(\boldsymbol{x})=\frac{1}{N}\sum_{j=1}^{N}\nabla\frac{1}{V}k\left(\left\|\frac{\boldsymbol{x}-\boldsymbol{x}_j}{h}\right\|^2\right)=\frac{1}{N}\sum_{j=1}^{N}\nabla\frac{1}{h^d}k\left(\left\|\frac{\boldsymbol{x}-\boldsymbol{x}_j}{h}\right\|^2\right) \tag{10.17}$$

如果设核导数 $k'(\boldsymbol{x})=-g(\boldsymbol{x})$，且除部分有限点集，该导数在空间各处均存在，代入式(10.17)后有

$$\begin{aligned}\nabla\hat{p}(\boldsymbol{x})&=\frac{1}{N}\sum_{j=1}^{N}\nabla\frac{1}{h^d}k\left(\left\|\frac{\boldsymbol{x}-\boldsymbol{x}_j}{h}\right\|^2\right)=\frac{2}{Nh^{d+2}}\sum_{j=1}^{N}(\boldsymbol{x}-\boldsymbol{x}_j)k'\left(\left\|\frac{\boldsymbol{x}-\boldsymbol{x}_j}{h}\right\|^2\right)\\&=\frac{2}{Nh^{d+2}}\sum_{j=1}^{N}(\boldsymbol{x}-\boldsymbol{x}_j)g\left(\left\|\frac{\boldsymbol{x}-\boldsymbol{x}_j}{h}\right\|^2\right)\\&=\frac{2}{Nh^{d+2}}\left(\sum_{j=1}^{N}g\left(\left\|\frac{\boldsymbol{x}-\boldsymbol{x}_j}{h}\right\|^2\right)\right)\cdot\left[\frac{\sum_{j=1}^{N}\boldsymbol{x}_j g\left(\left\|\frac{\boldsymbol{x}-\boldsymbol{x}_j}{h}\right\|^2\right)}{\sum_{j=1}^{N}g\left(\left\|\frac{\boldsymbol{x}-\boldsymbol{x}_j}{h}\right\|^2\right)}-\boldsymbol{x}\right]\end{aligned} \tag{10.18}$$

根据核函数的性质，可以假设 $\sum_{j=1}^{N}g\left(\left\|\frac{\boldsymbol{x}-\boldsymbol{x}_j}{h}\right\|^2\right)$ 为非零值，而且式(10.18)中具有样本均值偏移向量为

$$\mathbf{Ms}(\boldsymbol{x}) = \frac{\sum_{j=1}^{N} \boldsymbol{x}_j g\left(\left\| \frac{\boldsymbol{x} - \boldsymbol{x}_j}{h} \right\|^2\right)}{\sum_{j=1}^{N} g\left(\left\| \frac{\boldsymbol{x} - \boldsymbol{x}_j}{h} \right\|^2\right)} - \boldsymbol{x} \tag{10.19}$$

进一步定义核函数 $G(\boldsymbol{x} - \boldsymbol{x}_j)$ 有

$$G(\boldsymbol{x} - \boldsymbol{x}_j) = \frac{C}{h^d} g\left(\left\| \frac{\boldsymbol{x} - \boldsymbol{x}_j}{h} \right\|^2\right) \tag{10.20}$$

式中，C 为归一化常数；关于该核函数的概率密度估计为

$$\hat{p}_G(\boldsymbol{x}) = \frac{1}{N}\sum_{j=1}^{N} G(\boldsymbol{x} - \boldsymbol{x}_j) = \frac{C}{Nh^d}\sum_{j=1}^{N} g\left(\left\| \frac{\boldsymbol{x} - \boldsymbol{x}_j}{h} \right\|^2\right) \tag{10.21}$$

则式(10.19)的均值偏移向量 $\mathbf{Ms}(\boldsymbol{x})$ 改写为

$$\mathbf{Ms}(\boldsymbol{x}) = \frac{Ch^2}{2} \cdot \frac{\nabla \hat{p}(\boldsymbol{x})}{\hat{p}_G(\boldsymbol{x})} \tag{10.22}$$

该式表示核函数 $G(\boldsymbol{x} - \boldsymbol{x}_j)$ 的样本均值偏移矢量是关于 $K(\boldsymbol{x} - \boldsymbol{x}_j)$ 归一化概率密度梯度的估计。在式(10.19)中定义有

$$\boldsymbol{y} = \frac{\sum_{j=1}^{N} \boldsymbol{x}_j g\left(\left\| \frac{\boldsymbol{x} - \boldsymbol{x}_j}{h} \right\|^2\right)}{\sum_{j=1}^{N} g\left(\left\| \frac{\boldsymbol{x} - \boldsymbol{x}_j}{h} \right\|^2\right)} \tag{10.23}$$

其表示了核函数 $G(\boldsymbol{x})$窗口中心为 $\boldsymbol{x}$ 时，窗口内样本点集质心以核密度估计位于 $\boldsymbol{y}$ 处。对于均值偏移处理方法，其基本过程是迭代计算偏移矢量 $\mathbf{Ms}(\boldsymbol{x})$，并按 $\mathbf{Ms}(\boldsymbol{x})$平移 $G(\boldsymbol{x})$的窗口中心至 $\boldsymbol{y}$。而关于偏移迭代是否收敛，可证明，如果核函数的剖面是凸函数且单调递减，同时 $G(\boldsymbol{x})$按上述进行定义，则在偏移迭代过程中的核概率密度和关于 $\boldsymbol{y}$ 的核概率密度收敛(Comaniciu et al.，2000)。

3. *颜色直方图*

已知目标的参考影像，基于颜色的区域跟踪的具体实现首先依颜色特征构建目标模型，而所给出的主要模型即是直方图。直方图属于无参数概率密度模型，并且与核函数之间存在一定的关联，因此可以采用均值偏移方法进行处理。

在特征空间中，如果目标影像的颜色特征分布能够以概率密度函数 q 表示，对于中心位于 $\boldsymbol{y}$ 处的目标备选区域影像的分布符合 $p(\boldsymbol{y})$，则跟踪处理即为根据概率密度之间的最大相似性搜索对应的坐标位置 $\boldsymbol{y}$。由 Bayesian 决策假设检验理论可得，两类分布的相似性越大，则分类误差的概率也相应的增大。若对于目标预测位置周围邻域内的所有 $\boldsymbol{y}$ 具有相同的先验概率，那么可通过最大化目标参考模型与目标备选之间特征分布的误差概率搜索最佳的匹配。

给定正确(或错误)分类的概率，Bhattacharyya 系数可用于测定类别之间的分离程度，将其推广可用于测度离散分布间的距离(Djouadi et al.，1990)。对于模型特征分布 q 与备选特征分布 $p(\boldsymbol{y})$的 Bhattacharyya 系数为

$$\mathrm{Bc}(p(\boldsymbol{y}), q) = \int \sqrt{p(\boldsymbol{x};\boldsymbol{y})q(\boldsymbol{x})}\mathrm{d}\boldsymbol{x} \tag{10.24}$$

该式也是关于 q 与 $p(\boldsymbol{y})$之间散度的测度，其几何解释是高维向量间夹角的余弦值。考虑

到影像空间及其相应特征空间的离散特性，对于概率密度 q 和 $p(\mathbf{y})$，通常是以对应的直方图近似估计的。如果设目标模型及目标备选的颜色直方图均包含有 m 个容器，则直方图概率密度估计表示为

$$\hat{q} = \{\hat{q}_i ; i = 1, \cdots, m\}$$

$$\hat{p}(\mathbf{y}) = \{\hat{p}_i(\mathbf{y}) ; i = 1, \cdots, m\} \tag{10.25}$$

作为对概率密度的估计，必然满足 $\sum_{i=1}^{m} \hat{q}_i = 1$ 和 $\sum_{i=1}^{m} \hat{p}_i(\mathbf{y}) = 1$。在离散化条件下代入式(10.24)的 Bhattacharyya 系数得其估计有

$$\hat{\mathrm{B}}\mathrm{c}(\mathbf{y}) = \sum_{i=1}^{m} \sqrt{\hat{p}_i(\mathbf{y})\hat{q}_i} \tag{10.26}$$

根据式(10.26)，进一步定义有分布间距离测度为

$$d(\mathbf{y}) = \sqrt{1 - \hat{\mathrm{B}}\mathrm{c}(\mathbf{y})} \tag{10.27}$$

与 Bhattacharyya 系数相比，该项测度更适宜于目标跟踪定位处理；从一个方面分析是，在采用离散密度条件下，由于量化效应，式(10.27)所给出的是目标尺度不变测度，而直方图交集(Yalcin et al.，2005)等测度则会随目标的尺度变化而改变。式(10.25)建立了颜色特征的概率密度估计模型，对于具体的目标影像区域，则要根据该模型对区域内的特征分布进行统计。设目标模型的像素坐标以集合 $\{\boldsymbol{x}_j^t ; j = 1, \cdots, n\}$ 进行表示，通过定义由二维空间到实数集 $\{1, \cdots, m\}$ 的映射函数 $b(\boldsymbol{x})$，建立像素坐标与直方图索引之间的映射关系。

图 10.2 给出了一种目标模型颜色特征直方图示例。直方图以立方体的形式进行了表示，在空间 x, y, z 三个坐标轴向上量化为 5×5×5 共 125 个等级，则对于直方图各个容器以三维坐标的方式索引得到。以颜色信息标识各容器的特征分布情况，归一化后，单位分布的值介于 0～0.2 之间。直观分析，该直方图对应目标的特征分布主要集中于左下角的容器内。

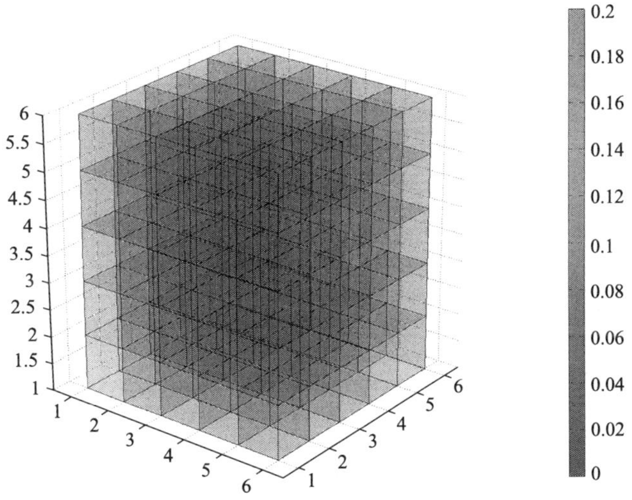

图 10.2　目标模型颜色特征直方图示例(彩图附图)

4. 基于均值偏移的目标跟踪

由直方图与核函数之间的构成关系，量化后的特征密度估计可以用核函数进行表示，对目标模型的核函数作归一化处理，则有

$$\hat{q}_i = C\sum_{j=1}^{n} k(\|\boldsymbol{x}_j^t\|^2)\delta(b(\boldsymbol{x}_j^r) - i) \tag{10.28}$$

式中，$\delta(\cdot)$ 为 kronecker delta 函数；由 $\sum_{i=1}^{m}\hat{q}_i = 1$ 可导出常数 C 为 $1\Big/\sum_{j=1}^{n}k(\|\boldsymbol{x}_j^t\|^2)$。而对于目标备选区域的核函数则要考虑窗口中心位置和宽度，设当前帧（处理中正在被执行的影像帧）中备选目标区域窗口内的像素坐标集为 $\{\boldsymbol{x}_j^c; j = 1,\cdots,n_c\}$，窗口中心为 $\boldsymbol{y}$ 可表示为

$$\hat{p}_i(\boldsymbol{y}) = C_h\sum_{j=1}^{n_c} k\left(\left\|\frac{\boldsymbol{y} - \boldsymbol{x}_j^c}{h}\right\|^2\right)\delta(b(\boldsymbol{x}_j^c) - i) \tag{10.29}$$

核窗口宽度 h 控制了其所包含的像素数量，同时预测了目标可能的尺度变化；同样由 $\sum_{i=1}^{m}\hat{p}_i(\boldsymbol{y}) = 1$ 导出常数 C_h 为 $1\Big/\sum_{j=1}^{n_c}k\left(\left\|\frac{\boldsymbol{y} - \boldsymbol{x}_j^c}{h}\right\|^2\right)$，该常数与窗口的中心位置无关，所以给定核的形式和不同窗口宽度可以预先计算出 C_h，以便在处理中快速使用。

式(10.28)与式(10.29)以核的形式建立了目标模型和目标备选的概率密度估计模型，而实际的跟踪即是测度两者间的相似性。在式(10.27)中最小化距离值 $d(\boldsymbol{y})$ 即为最大化系数 $\hat{\mathrm{B}}\mathrm{c}(\boldsymbol{y})$。跟踪处理中，当前帧中对目标新坐标位置的搜索通常由前帧计算得到的预计位置 $\hat{\boldsymbol{y}}_0$ 开始进行，对于 $\hat{\boldsymbol{y}}_0$ 的预测方法可以通过光流估计或者 Bayesian 后验概率模型等，而在运行处理及目标表征变化不大的等情况下，也可以由前帧目标影像的中心坐标作为当前帧的搜索起始位置，因此在 $\hat{\boldsymbol{y}}_0$ 处的特征分布是首先需要估计的。如果在 $\hat{p}_i(\hat{\boldsymbol{y}}_0)$ 附近做 Taylor 展开并代入式(10.26)的 Bhattacharyya 系数并整理后有

$$\hat{\mathrm{B}}\mathrm{c}(\boldsymbol{y}) \approx \frac{1}{2}\sum_{i=1}^{m}\sqrt{\hat{p}_i(\hat{\boldsymbol{y}}_0)\hat{q}_i} + \frac{1}{2}\sum_{i=1}^{m}\hat{p}_i(\boldsymbol{y})\sqrt{\frac{\hat{q}_i}{\hat{p}_i(\hat{\boldsymbol{y}}_0)_i}} \tag{10.30}$$

式中所包含的假设是目标备选区域与初始处比较特征分布不发生剧烈变化，且 $\hat{\boldsymbol{y}}_0$ 处所有的特征估计均大于 0。进一步将式(10.29)代入式(10.30)有

$$\hat{\mathrm{B}}\mathrm{c}(\boldsymbol{y}) \approx \frac{1}{2}\sum_{i=1}^{m}\sqrt{\hat{p}_i(\hat{\boldsymbol{y}}_0)\hat{q}_i} + \frac{C_h}{2}\sum_{j=1}^{n_c}w_j k\left(\left\|\frac{\boldsymbol{y} - \boldsymbol{x}_j^c}{h}\right\|^2\right) \tag{10.31}$$

式中，w_j 为密度权重，由式(10.29)和式(10.30)导出有

$$w_j = \sum_{i=1}^{m}\delta(b(\boldsymbol{x}_j^c) - i)\sqrt{\frac{\hat{q}_i}{\hat{p}_i(\hat{\boldsymbol{y}}_0)_i}} \tag{10.32}$$

由于式(10.31)中的后项为在当前帧的 $\boldsymbol{y}$ 处以 w_j 加权后的核 k 给出的密度估计，并且前项与 $\boldsymbol{y}$ 无关，因此由式(10.27)确定的关系，则有最小化特征分布直方图间的距离的 $d(\boldsymbol{y})$ 相当于最大化式(10.31)中的后项，通过均值偏移迭代可逐步达到其最大的极值。均值偏移跟踪处理的算法流程由下面的步骤组成：

(1) 给定目标模型的特征分布为 $\hat{q} = \{\hat{q}_i; i = 1,\cdots,m\}$ 和前帧的目标估计位置 $\hat{\boldsymbol{y}}_0$，在

当前帧中以 $\hat{\boldsymbol{y}}_0$ 作为目标起始位置并计算 $\hat{p}(\hat{\boldsymbol{y}}_0)=\{\hat{p}_i(\hat{\boldsymbol{y}}_0);i=1,\cdots,m\}$，同时估计该位置的 Bhattacharyya 系数 $\hat{\mathrm{B}}\mathrm{c}(\hat{\boldsymbol{y}}_0)=\sum_{i=1}^{m}\sqrt{\hat{p}_i(\hat{\boldsymbol{y}}_0)\hat{q}_i}$。

（2）由 $w_j=\sum_{i=1}^{m}\delta(b(\boldsymbol{x}_j^c)-i)\sqrt{\dfrac{\hat{q}_i}{\hat{p}_i(\hat{\boldsymbol{y}}_0)_i}}$ 导出权重集 $w=\{w_j;j=1,\cdots,n_c\}$。

（3）根据均值偏移矢量，推导得出目标的下一步位置估计 $\hat{\boldsymbol{y}}_1=\dfrac{\sum_{j=1}^{n_c}\boldsymbol{x}_j^c w_j g\left(\left\|\dfrac{\hat{\boldsymbol{y}}_0-\boldsymbol{x}_j^c}{h}\right\|^2\right)}{\sum_{j=1}^{n_c}w_j g\left(\left\|\dfrac{\hat{\boldsymbol{y}}_0-\boldsymbol{x}_j^c}{h}\right\|^2\right)}$。

（4）由估计得到的 $\hat{\boldsymbol{y}}_1$ 更新特征分布 $\hat{p}(\hat{\boldsymbol{y}}_1)=\{\hat{p}_i(\hat{\boldsymbol{y}}_1);i=1,\cdots,m\}$ 并估计 $\hat{\mathrm{B}}\mathrm{c}(\hat{\boldsymbol{y}}_1)$。若有 $\hat{\mathrm{B}}\mathrm{c}(\hat{\boldsymbol{y}}_1)<\hat{\mathrm{B}}\mathrm{c}(\hat{\boldsymbol{y}}_0)$，内循环迭代执行 $\hat{\boldsymbol{y}}_1=\dfrac{1}{2}(\hat{\boldsymbol{y}}_0+\hat{\boldsymbol{y}}_1)$ 并估计相应的 $\hat{\mathrm{B}}\mathrm{c}(\hat{\boldsymbol{y}}_1)$，当满足判决条件 $\|\hat{\boldsymbol{y}}_1-\hat{\boldsymbol{y}}_0\|<\varepsilon$，则有 $\hat{\boldsymbol{y}}_0=\hat{\boldsymbol{y}}_1$，并返回步骤(2)，执行外循环。该算法中的阈值 ε 控制了跟踪的精度，而对于实时处理的要求，可进一步对偏移迭代的次数设置限制。

尽管在无人飞行器处理应用中跟踪的车辆等属于刚性目标，但是由于飞行器机动及目标被遮挡等情况，目标的刚性定义是有限的，因此在处理中需要考虑尺度因素。对于均值偏移跟踪方法，可通过核窗口带宽的自适应调节适应目标的尺度变化。如果已知前帧的窗口带宽为 h_{p}，那么在当前帧的处理中，采用三个带宽 $h_1=h_{\mathrm{p}}-\Delta h$、$h_2=h_{\mathrm{p}}$ 和 $h_3=h_{\mathrm{p}}+\Delta h$ 分别执行跟踪算法（增量 Δh 可设为 rh_{p}，r 为小于 1 的常数），保留其中能够获得最大 Bhattacharyya 系数的窗口带宽作为最优带宽 h_{b}。为避免对目标的尺度变化过于敏感，使用滤波方法对当前帧的窗口带宽进行更新为

$$h_n=rh_{\mathrm{b}}+(1-r)h_{\mathrm{p}} \tag{10.33}$$

考虑到核窗口过大或者过小都会导致跟踪的偏差，在均匀的颜色特征空间中，相似性与带宽无关，而且窗口的减小也许可以得到更好的相似性，因此问题在于如何防止窗口过度缩小。在尺度不变特征变换(SIFT)方法中使用了 DOG 算子确定尺度不变特征，基于相同的原理，以其作为尺度相关的核函数，在影像空间和尺度空间，交错执行均值偏移迭代，直到被跟踪目标的坐标位置与尺度均达到收敛(Collins, 2003)。

尽管考虑尺度的变化而改变窗口带宽，但是根据目标模型和备选区域的颜色特征直方图，均值偏移方法所针对的主要是静态分布；另一类思路则是基于目标在跟踪中不同尺寸和位置的概率分布变化，进行动态分布处理，这种方法也称为连续适应均值偏移(cam-shift)(Bradski, 1998)。由于不保留静态分布（即目标模型特征分布），因此需要通过反复迭代空间矩逼近动态分布模式。

在实施迭代前，通过由直方图到影像的反向投影生成概率影像，该影像的像素表示了原始影像所对应输入像素属于被使用直方图的概率，并按灰度等级 0～255 进行量化。概率影像中，对于给定的搜索跟踪窗口，以均值偏移迭代将窗口中心移向窗口内概率影像的质心位置；由离散影像，若窗口内影像的有零阶矩 $M_{00}=\sum_{\Omega_s}I(\boldsymbol{x})$，以及关于坐标 x 和 y 的一阶矩 $M_{10}=\sum_{\Omega_s}xI(\boldsymbol{x})$ 和 $M_{01}=\sum_{\Omega_s}yI(\boldsymbol{x})$，则计算影像区域质心坐标为

$$\boldsymbol{x}_c=(x_c,y_c)=\left(\frac{M_{10}}{M_{00}},\frac{M_{01}}{M_{00}}\right) \tag{10.34}$$

与常规均值偏移方法类似，以前帧影像的预估位置作为起始，计算窗口质心坐标 $\boldsymbol{x}_c$。另外根据矩表现形式，还可以确定跟踪窗口的定向和尺度，相当于寻找与概率分布影像具有相同矩的等效矩形，如有二阶矩 $M_{20}=\sum_{\Omega_s}x^2I(\boldsymbol{x})$、$M_{02}=\sum_{\Omega_s}y^2I(\boldsymbol{x})$ 和 $M_{11}=\sum_{\Omega_s}xyI(\boldsymbol{x})$，则可得三项中间变量有

$$\begin{aligned}
a&=\frac{M_{20}}{M_{00}}-x_c^2\\
b&=2\left(\frac{M_{11}}{M_{00}}-x_cy_c\right)\\
c&=\frac{M_{02}}{M_{00}}-y_c^2
\end{aligned} \tag{10.35}$$

由此得到定向角度 θ 以及等效矩形到分布质心的距离 l_{h} 和 l_{v} 分别为

$$\begin{aligned}
\theta&=\frac{1}{2}\arctan\left(\frac{b}{a-c}\right)\\
l_{\mathrm{h}}&=\sqrt{\frac{(a+c)+\sqrt{b^2+(a-c)}}{2}}\\
l_{\mathrm{v}}&=\sqrt{\frac{(a+c)-\sqrt{b^2+(a-c)}}{2}}
\end{aligned} \tag{10.36}$$

基于均值偏移的运动目标跟踪方法的优点在于能够对跟踪目标的特征分布进行定向以及对其所发生的尺度变化给出及时的响应，一旦目标模型窗口确定，得到的核函数便不再需要其他参数输入，以核函数形式给出的相似测度鲁棒性较强。同时较之其他方法，实现匹配快速，更适合对实时性要求较高的应用。缺点是对目标模型缺少必要的更新措施；如果跟踪窗口的尺寸始终不变，那么当目标的尺度发生较大变化时有可能出现跟踪丢失的现象，而且生成的概率影像将有可能受到起始影像区域中背景像素的干扰；一种可行的解决方法是目标区域的概率直方图进行改化，抑制背景影响。

图 10.3 中的原始数据是实验用机载视频影像，该影像具有动态背景，而且变化较为明显，由于目标基本无尺度上的变化，因此采用固定尺寸跟踪绑定框，该试验主要测试均值偏移跟踪方法是否能处理目标被遮挡问题。在图 10.3(b)中目标车辆被路旁树木完全遮挡，跟踪框无法继续锁定目标；但是根据偏移搜索，图 10.3(c)中能够迅速找回丢失目标，继续执行跟踪处理。对于遮挡等情况的应对要视对窗口内目标影像特征的定义，这也是稳健跟踪的先决条件之一。

图 10.4 为采用均值偏移方法实现的无人飞行器序列影像多运动目标跟踪。对于被跟踪的每一个目标以数字下标进行了标识。处理表明，方法可以在动态背景条件下对不同运动形式的多个目标实现跟踪处理。对于多运动目标的跟踪，均值偏移方法依然具有一定的局限性。如果多目标交错重叠，且两者的目标模型较为接近，那么就有个可能发生错误跟踪；较为可行的解决方法是结合目标的运动属性，综合处理实现。

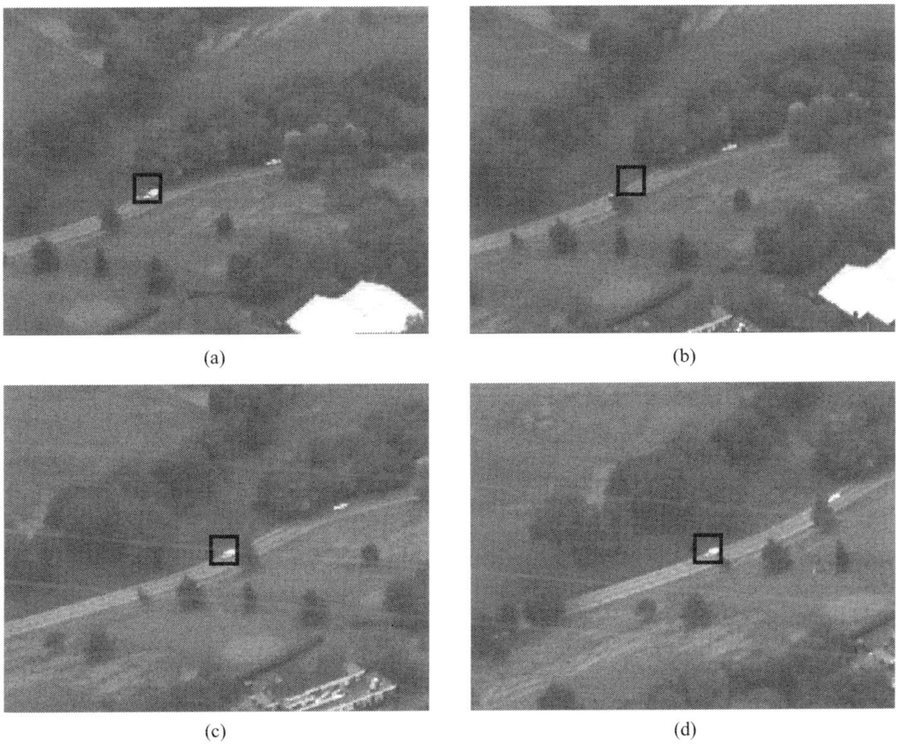

图 10.3　机载序列影像均值偏移目标跟踪(彩图附后)

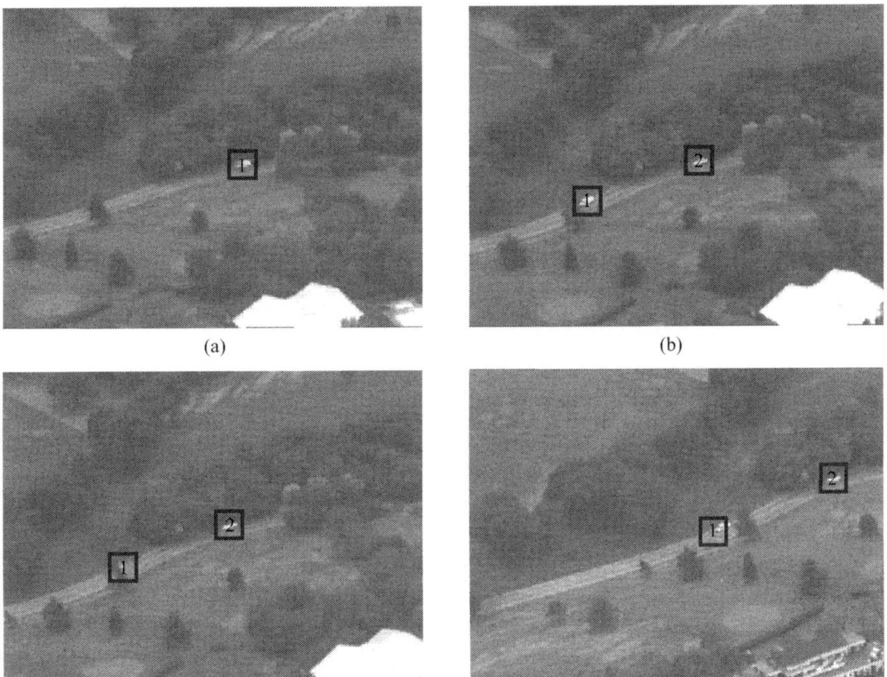

图 10.4　无人飞行器序列影像多运动目标跟踪(彩图附后)

10.3 状态滤波更新运动跟踪

跟踪处理类似于一种演变过程，也可以被定义为动态系统，即根据输入的目标表征模型等具体或抽象观测，推测估计其运动属性等状态信息。对于一个动态系统，其通常内含了状态向量，该向量包含了对系统进行描述的各种数据，而用来推断状态向量的系统输入则是受到噪声的影响并与其有关的观测向量。

如果动态系统的观测模型和系统模型能够以概率函数的形式进行表达，并且对于每一次的预测估计都有新的观测，使得处理能够递归实现，那么就可以 Bayesian 后验模型作为基本框架建立动态系统。因此，使用 Bayesian 相关滤波方法对目标的位置状态进行预测更新是一种实用可行的跟踪方式。

10.3.1 Bayesian 动态系统框架

在 Bayesian 框架下，动态系统的系统模型和观测模型（Arulampalam et al.，2002）一般可表述为

$$\boldsymbol{x}_t = f_t(\boldsymbol{x}_{t-1}, \boldsymbol{\omega}_{t-1}), \quad \boldsymbol{y}_t = h_t(\boldsymbol{x}_t, \boldsymbol{v}_t) \tag{10.37}$$

式中，$f_t(\cdot)$ 和 $h_t(\cdot)$ 有可能是非线性函数；$\boldsymbol{x}_t$ 和 $\boldsymbol{y}_t$ 为状态矢量及观测矢量；而 $\boldsymbol{\omega}_{t-1}$、$\boldsymbol{v}_t$ 则分别为独立一致分布过程的系统演化噪声和观测噪声。Bayesian 模型对当前状态的估计需要依据以往所有的观测，如果式(10.37)中的系统模型和观测模型能够以后验概率密度函数 $p(\boldsymbol{x}_t \mid \boldsymbol{x}_{t-1})$ 和 $p(\boldsymbol{y}_t \mid \boldsymbol{x}_t)$ 加以表示，同时演化噪声和观测噪声可以用概率形式进行统计，那么可以通过 Bayesian 递归滤波推导估测动态系统的演变过程。

已知初始状态的概率密度为 $p(\boldsymbol{x}_0)$，根据 $p(\boldsymbol{x}_t \mid \boldsymbol{x}_{t-1})$，可以由 $t-1$ 时刻的观测 $\boldsymbol{y}_{t-1}$ 前推预测 t 时刻的状态 $\boldsymbol{x}_t$ 有

$$p(\boldsymbol{x}_t \mid \boldsymbol{y}_{t-1}) = \int p(\boldsymbol{x}_t \mid \boldsymbol{x}_{t-1}) p(\boldsymbol{x}_{t-1} \mid \boldsymbol{y}_{t-1}) \mathrm{d}\boldsymbol{x}_{t-1} \tag{10.38}$$

从而得到 t 时刻阶段处理的先验概率 $p(\boldsymbol{x}_t \mid \boldsymbol{y}_{t-1})$。随后基于最新的观测对预测出的概率密度进行修改，而待求的后验概率密度 $p(\boldsymbol{x}_t \mid \boldsymbol{y}_t)$ 可通过 Bayesian 后验理论得到有

$$p(\boldsymbol{x}_t \mid \boldsymbol{y}_t) = \frac{p(\boldsymbol{y}_t \mid \boldsymbol{x}_t) p(\boldsymbol{x}_t \mid \boldsymbol{y}_{t-1})}{p(\boldsymbol{y}_t \mid \boldsymbol{y}_{t-1})} \tag{10.39}$$

式中，$p(\boldsymbol{y}_t \mid \boldsymbol{y}_{t-1})$ 所起到的作用是将概率密度做归一化，可由下式计算有

$$p(\boldsymbol{y}_t \mid \boldsymbol{y}_{t-1}) = \int p(\boldsymbol{y}_t \mid \boldsymbol{x}_t) p(\boldsymbol{x}_t \mid \boldsymbol{y}_{t-1}) \mathrm{d}\boldsymbol{x}_{t-1} \tag{10.40}$$

通过式(10.38)与式(10.39)的时序迭代递归，可获得 Bayesian 框架下的最优估计，式(10.37)也给出了在该种框架下，目标跟踪的基本模型，具体的处理方法则是在该模型的基础上做出更符合实际的模拟设置和改进优化。

10.3.2 Kalman 滤波跟踪及其扩展

如果动态系统对应的后验密度在各时刻均为高斯函数，而且满足 $f_t(\cdot)$ 和 $h_t(\cdot)$ 是已知的线性函数，以及其中演化噪声及观测噪声的概率分布同样可以用高斯函数进行拟合

的假设条件，则可导出 Bayesian 滤波的一个特例 Kalman 滤波（Kalman，1960）。Kalman 滤波是一种经典方法，在假设条件情况下，Kalman 滤波器被认为是最理想的预估器（Lewis，1986），同时也作为一种最小二乘拟合工具，因此得到了广泛的应用。

如果设 $\boldsymbol{\omega}_t$ 和 $\boldsymbol{v}_t$ 是分别服从标准正态分布 $N(\boldsymbol{0},\boldsymbol{Q}_t)$ 和 $N(\boldsymbol{0},\boldsymbol{R}_t)$，其中，$\boldsymbol{Q}_t$ 和 $\boldsymbol{R}_t$ 是两种噪声的协方差矩阵，可以为固定值，也可以随系统动态变化。对应于式(10.31)的模型，以线性随机差分方程表示的动态系统基本模型为

$$\boldsymbol{x}_t = \boldsymbol{A}_t\boldsymbol{x}_{t-1} + \boldsymbol{B}_t\boldsymbol{u}_{t-1} + \boldsymbol{\omega}_{t-1}, \quad \boldsymbol{y}_t = \boldsymbol{H}_t\boldsymbol{x}_t + \boldsymbol{v}_t \tag{10.41}$$

式中，$\boldsymbol{u}_{t-1}$ 为系统控制输入；$\boldsymbol{A}_t$ 为系统矩阵；$\boldsymbol{H}_t$ 为观测矩阵；$\boldsymbol{B}_t$ 为实现向量间维数转化的系数矩阵。基于该模型，Kalman 滤波处理可分为预测和纠正两个步骤阶段。根据 t 时刻之前的所有观测，以 $\hat{\boldsymbol{x}}_t^-$ 表示 t 时刻的先验状态估计；同时结合 t 时刻的观测 $\boldsymbol{y}_t$，以 $\hat{\boldsymbol{x}}_t$ 表示 t 时刻的后验估计；两种估计与真值之间的误差分别为 $\boldsymbol{e}_t^- = \boldsymbol{x}_t - \hat{\boldsymbol{x}}_t^-$ 和 $\boldsymbol{e}_t = \boldsymbol{x}_t - \hat{\boldsymbol{x}}_t$，则有先验及后验的误差协方差矩阵分别是

$$\boldsymbol{P}_t^- = E[\boldsymbol{e}_t^-\boldsymbol{e}_t^{-\mathrm{T}}], \quad \boldsymbol{P}_t = E[\boldsymbol{e}_t\boldsymbol{e}_t^{\mathrm{T}}] \tag{10.42}$$

则在预测阶段，系统方程转变为

$$\hat{\boldsymbol{x}}_t^- = \boldsymbol{A}_t\hat{\boldsymbol{x}}_{t-1} + \boldsymbol{B}_t\boldsymbol{u}_{t-1} \tag{10.43}$$

并有先验误差矩阵表示为

$$\boldsymbol{P}_t^- = \boldsymbol{A}_t\boldsymbol{P}_{t-1}\boldsymbol{A}_t^{\mathrm{T}} + \boldsymbol{Q}_{t-1} \tag{10.44}$$

进一步计算系统在更新过程中的增益矩阵有

$$\boldsymbol{K}_t = \boldsymbol{P}_t^-\boldsymbol{H}_t^{\mathrm{T}}(\boldsymbol{H}_t\boldsymbol{P}_t^-\boldsymbol{H}_t^{\mathrm{T}} + \boldsymbol{R}_t)^{-1} \tag{10.45}$$

该矩阵用来修正先验估计，并获得后验估计为

$$\hat{\boldsymbol{x}}_t = \hat{\boldsymbol{x}}_t^- + \boldsymbol{K}_t(\boldsymbol{y}_t - \boldsymbol{H}_t\hat{\boldsymbol{x}}_t^-) \tag{10.46}$$

式中，括号内的项也称为观测新息，反映了预计观测与实际观测之间的误差，通过增益矩阵将新息添加于先验估计，并得到后验估计。同时，增益矩阵也用以改正先验误差协方差，并得到后验误差协方差为

$$\boldsymbol{P}_t = (\boldsymbol{I} - \boldsymbol{K}_t\boldsymbol{H}_t)\boldsymbol{P}_t^- \tag{10.47}$$

上述由式(10.43)～式(10.46)组成的方程组也称为 Kalman 滤波器，使用该滤波器递归循环，能够逐步推导出动态系统的演化过程。对于序列影像运动分析，如果目标的运动较为规律，能够由线性模型进行拟合，且观测受噪声影响较小，那么基于影像的目标跟踪处理便可以采用该滤波方法。

实际应用过程中，首先需要考虑的问题是使用目标的哪一种或哪些属性作为滤波处理的状态变量，本节选择了目标的运动属性（当然也可以使用背景以及其他的属性信息）。描述物体运动状态的最基本的两个变量是物体所在位置和运动速度，如果物体是处在加速运动中，那么还将包括运动的加速度。这里以目标的位置向量 $\boldsymbol{s}$、运动速度向量 $\boldsymbol{v}$ 和加速度向量 $\boldsymbol{a}$ 三者组成状态变量 $\boldsymbol{x}$。为简化模型可以假设加速度恒定，则状态变量的三个分量按时间间隔 Δt 的更新式为 $\boldsymbol{s}_{t+1} = \boldsymbol{s}_t + (\Delta t)\boldsymbol{v}_t$、$\boldsymbol{v}_{i+1} = \boldsymbol{v}_i + (\Delta t)\boldsymbol{a}_i$ 及 $\boldsymbol{a}_{i+1} = \boldsymbol{a}_i$，在不考虑系统输入 $\boldsymbol{u}$ 的条件下，有状态方程为

$$\boldsymbol{x}_{t+1} = \boldsymbol{A}\boldsymbol{x}_t + \boldsymbol{\omega}_t \tag{10.48}$$

式中，$\boldsymbol{x}_t = \begin{bmatrix} \boldsymbol{s}_t \\ \boldsymbol{v}_t \\ \boldsymbol{a}_t \end{bmatrix}$；$\boldsymbol{A} = \begin{bmatrix} \boldsymbol{I}^n & (\Delta t)\boldsymbol{I}^n & 0 \\ 0 & \boldsymbol{I}^n & (\Delta t)\boldsymbol{I}^n \\ 0 & 0 & \boldsymbol{I}^n \end{bmatrix}$，$\boldsymbol{I}^n$ 为 n 阶单位阵，n 值通常为 2；$\boldsymbol{\omega}_t$ 为过程

噪声，所对应协方差矩阵为 $\boldsymbol{Q}$。对于系统来说唯一的观测值只有目标的位置，则有观测值为 $\boldsymbol{y}_t=\boldsymbol{s}_m$，$\boldsymbol{s}_t^m$ 为随机噪声干扰下的目标位置观测值，其观测方程是

$$\boldsymbol{y}_t=\boldsymbol{H}\boldsymbol{x}_t+\boldsymbol{v}_t \tag{10.49}$$

式中，$\boldsymbol{M}=[\boldsymbol{I}^n \quad 0 \quad 0]$；$\boldsymbol{v}_t$ 为量测噪声，其协方差矩阵为 $\boldsymbol{R}$。利用 Kalman 滤波器求解两个方程时，初始值 $\hat{\boldsymbol{x}}_0$ 和 $\boldsymbol{P}_0$ 可以通过前期的统计得到。如检测或匹配定位影像中的目标，统计目标位置的这些历史数据，能够给出状态变量的初始值，滤波误差协方差可初步给定一个经验值，以此代入滤波方程组。在滤波开始后的几帧中监测其输出的结果，并与准确结果进行比较，以确定是否需要重新给定初始值，重复上述过程直到跟踪滤波器达到稳定的状态。

图 10.5 是基于 Kalman 滤波方法的多目标跟踪。在运动补偿消除背景位移的基础上，通过简单的差分运算初始化运动目标区域，统计分析得到目标质心的位置，并利用 Kalman 滤波器预估目标在下一帧影像中可能出现的位置。对于多目标的情况，当目标接近时，容易造成误跟踪。

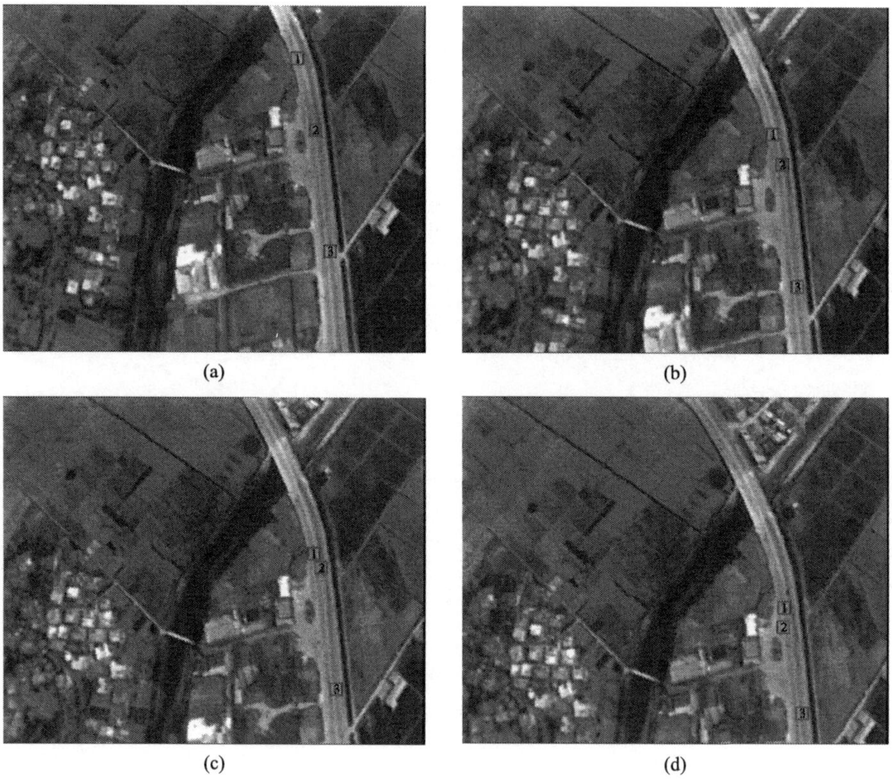

图 10.5　基于 Kalman 滤波的动态背景多运动目标跟踪

10.3.3　蒙特卡罗方法和粒子滤波跟踪

粒子滤波(particle filter)是一系列序贯蒙特卡罗方法的统称，也可以称为浓缩算法(Isard and Blake，1998)。其基本思路是以一组样本集表示概率分布，集中的每个样本都附着一个权重，以这些样本及其权重为基础，估计后验概率分布。并且随着样本数量的增

加，其接近最优的 Bayesian 估计。由于样本在粒子滤波中的基础性作用，因此采样处理对于该类方法是较为关键的，也是各种算法的核心实质。

一般情况下，样本不能由后验概率直接采样得到。若设有表现形式 $\boldsymbol{x}_{0:t}=\{\boldsymbol{x}_i, i=0,\cdots,t\}$，并且有随机加权样本 $\{(\boldsymbol{x}_{0:t}^j, w_t^j), j=1,\cdots,N\}$ 对滤波后验概率密度 $p(\boldsymbol{x}_{0:t} \mid \boldsymbol{y}_{1:t})$ 进行刻画；根据归一化的性质，其中的权重满足 $\sum_{j=1}^{N} w_t^j=1$，则 t 时刻的概率密度为

$$p(\boldsymbol{x}_{0:t} \mid \boldsymbol{y}_{1:t}) \approx \sum_{j=1}^{N} w_t^j \delta(\boldsymbol{x}_{0:t}-\boldsymbol{x}_{0:t}^j) \tag{10.50}$$

对于采样权重的设置使用了重要性采样原则(Doucet，1998)，如果某种分布的概率密度函数难于进行采样，但是该种分布可以被估计，那可以采用易于提取样本的重要性概率密度，该密度与被估计密度通过采样权重建立联系。因此，若样本 $\boldsymbol{x}_{0:t}^j$ 有重要性密度 $q(\boldsymbol{x}_{0:t} \mid \boldsymbol{y}_{1:t})$，则其对应的权重有

$$w_t^j \propto \frac{p(\boldsymbol{x}_{0:t}^j \mid \boldsymbol{y}_{1:t})}{q(\boldsymbol{x}_{0:t}^j \mid \boldsymbol{y}_{1:t})} \tag{10.51}$$

式中，$p(\boldsymbol{x}_{0:t}^j \mid \boldsymbol{y}_{1:t})/q(\boldsymbol{x}_{0:t}^j \mid \boldsymbol{y}_{1:t})$ 也称为重要性比率。在序列处理的每次迭代中，可利用样本集的构成对 $p(\boldsymbol{x}_{0:t-1} \mid \boldsymbol{y}_{1:t-1})$ 的近似，并通过新的样本集估计 $p(\boldsymbol{x}_{0:t} \mid \boldsymbol{y}_{1:t})$。如果重要性密度 $q(\boldsymbol{x}_{0:t} \mid \boldsymbol{y}_{1:t})$ 能够进行因数分解为

$$q(\boldsymbol{x}_{0:t} \mid \boldsymbol{y}_{1:t})=q(\boldsymbol{x}_t \mid \boldsymbol{x}_{0:t-1}, \boldsymbol{y}_{1:t}) q(\boldsymbol{x}_{0:t-1} \mid \boldsymbol{y}_{1:t-1}) \tag{10.52}$$

则可通过以服从 $q(\boldsymbol{x}_t \mid \boldsymbol{x}_{0:t-1}, \boldsymbol{y}_{1:t})$ 的新状态向量 $\boldsymbol{x}_t^j$ 对已服从 $q(\boldsymbol{x}_{0:t-1} \mid \boldsymbol{y}_{1:t-1})$ 的已有样本 $\boldsymbol{x}_{0:t-1}^j$ 进行扩大，获得新的服从 $q(\boldsymbol{x}_{0:t} \mid \boldsymbol{y}_{1:t})$ 的样本 $\boldsymbol{x}_{0:t}^j$。与重要性密度 $q(\boldsymbol{x}_{0:t} \mid \boldsymbol{y}_{1:t})$ 相对应的滤波密度可进一步表示为

$$p(\boldsymbol{x}_{0:t} \mid \boldsymbol{y}_{1:t})=\frac{p(\boldsymbol{y}_t \mid \boldsymbol{x}_t) p(\boldsymbol{x}_t \mid \boldsymbol{x}_{t-1})}{p(\boldsymbol{y}_t \mid \boldsymbol{y}_{1:t-1})} p(\boldsymbol{x}_{0:t-1} \mid \boldsymbol{y}_{1:t-1}) \propto p(\boldsymbol{y}_t \mid \boldsymbol{x}_t) p(\boldsymbol{x}_t \mid \boldsymbol{x}_{t-1}) p(\boldsymbol{x}_{0:t-1} \mid \boldsymbol{y}_{1:t-1}) \tag{10.53}$$

将式(10.53)与式(10.52)代入式(10.51)则有

$$w_t^j \propto \frac{p(\boldsymbol{y}_t \mid \boldsymbol{x}_t^j) p(\boldsymbol{x}_t^j \mid \boldsymbol{x}_{t-1}^j) p(\boldsymbol{x}_{0:t-1}^j \mid \boldsymbol{y}_{1:t-1})}{q(\boldsymbol{x}_t^j \mid \boldsymbol{x}_{0:t-1}^j, \boldsymbol{y}_{1:t}) q(\boldsymbol{x}_{0:t-1}^j \mid \boldsymbol{y}_{1:t-1})}=w_{t-1}^j \frac{p(\boldsymbol{y}_t \mid \boldsymbol{x}_t^j) p(\boldsymbol{x}_t^j \mid \boldsymbol{x}_{t-1}^j)}{q(\boldsymbol{x}_t^j \mid \boldsymbol{x}_{0:t-1}^j, \boldsymbol{y}_{1:t})} \tag{10.54}$$

由此得到样本权重更新公式。如在重要性密度分布中，动态系统的演化可表示为马尔可夫随机过程，则有 $q(\boldsymbol{x}_t \mid \boldsymbol{x}_{0:t-1}, \boldsymbol{y}_{1:t})=q(\boldsymbol{x}_t \mid \boldsymbol{x}_{t-1}, \boldsymbol{y}_t)$，即 t 时刻的重要性密度仅依赖于 $t-1$ 时刻状态和 t 时刻新的观测。在每个时序步骤上，对于权重的更新，只需要保留样本 $\boldsymbol{x}_t^j$，而可以省略状态样本的进行轨迹 $\boldsymbol{x}_{0:t-1}^j$ 和观测历史记录 $\boldsymbol{y}_{1:t-1}$，则修改后的权重更新公式表示为

$$w_t^j \propto w_{t-1}^j \frac{p(\boldsymbol{y}_t \mid \boldsymbol{x}_t^j) p(\boldsymbol{x}_t^j \mid \boldsymbol{x}_{t-1}^j)}{q(\boldsymbol{x}_t^j \mid \boldsymbol{x}_{t-1}^j, \boldsymbol{y}_t)} \tag{10.55}$$

进而有后验滤波处理后概率密度 $p(\boldsymbol{x}_t \mid \boldsymbol{y}_{1:t})$ 可近似为

$$p(\boldsymbol{x}_t \mid \boldsymbol{y}_{1:t}) \approx \sum_{j=1}^{N} w_t^j \delta(\boldsymbol{x}_t-\boldsymbol{x}_t^j) \tag{10.56}$$

当样本数 N 趋近于∞时，近似表示逼近于概率密度的真实值。在对权重及其支持样本的递归传播中，经过若干次迭代后，会出现除某一样本外其余样本的权重均可忽略不计的退

化想象，而且这种退化在处理过程几乎是无法避免的。对于方法退化的一个较为合适测度是有效样本数 N_{eff}，在各项概率密度未知的条件下，由式(10.55)得到权重并归一化处理后，可得到其估计值为

$$\hat{N}_{\mathrm{eff}} = \frac{1}{\sum_{j=1}^{N}\left(w_t^j \Big/ \sum_{j=1}^{N} w_t^j\right)^2} \tag{10.57}$$

对于有效样本数，必然有 $N_{\mathrm{eff}} \leqslant N$，而 N_{eff} 越小表示退化越严重。作为这种问题的解决方式，可通过采集大量的样本，强制减弱其退化，但是缺乏实用性。更为有效的方式是当原有样本退化到一定程度时进行重采样(Gordon et al.，1993)，去除其中具有低重要性比率的样本，并增加具有高重要性比率的样本。当有效样本数量 N_{eff} 小于预定阈值 N_{thr} 时，依据归一化后的权重采用补替抽样方法对原样本集做重新采样处理，新样本的权重另设为 $1/N$。

在动态模型滤波方法的应用实现过程中，首先需要考虑的是状态向量和模型的设计问题。针对于具体的序列影像运动目标处理，目标的坐标位置是状态矢量中最主要的部分，还可能包括随跟踪进行而逐渐变化的目标模型特征属性等。有鉴于颜色特征的稳健性，同样可以采用颜色直方图或核函数等作为相似性测度。

将目标状态的概率密度以加权样本集 $\boldsymbol{X}_t = \{(\boldsymbol{x}_t^j, w_t^j), j = 1, \cdots, N\}$ 进行近似，即如果以椭圆形范围内的影像表示目标区域，则有每个样本的状态向量为 $\boldsymbol{x} = \{x, y, \Delta x, \Delta y, l_x, l_y, \theta\}$。其中，$(x, y)$ 是椭圆的坐标位置；$(\Delta x, \Delta y)$ 表示了其运动矢量；l_x 和 l_y 是横纵半轴长度；θ 为椭圆相对于 y 方向的倾角，表示目标的方向变化。样本集所包含样本的传播动态模型为

$$\boldsymbol{x}_t = \boldsymbol{A}\,\boldsymbol{x}_{t-1} + \boldsymbol{\omega}_{t-1} \tag{10.58}$$

式中，$\boldsymbol{A}$ 是一阶模型；假设目标在空间位置和方向上的变化速度是恒定的，视运动及目标变化的复杂程度，也可以推广到二阶形式。为对样本集配赋权重，需要计算目标分布和假设分布之间的 Bhattacharyya 系数，假设分布的区域由对应的样本所指定。由式(10.28)和式(10.29)可求取目标区域及样本指定区域的直方图，其中，$h = \sqrt{l_x^2 + l_y^2}$。根据式(10.26)的 Bhattacharyya 系数，挑选近似于目标颜色特征分布的样本，而由其所推导出式(10.27)的分布距离用以进行加权操作，每一样本的权重可表示为

$$w^j = \frac{1}{\sqrt{2\pi}\sigma} \mathrm{e}^{-\frac{d^2(\boldsymbol{x}^j)}{2\sigma^2}} \tag{10.59}$$

对于样本集中的每一个样本均获得其权重后，在每一个时序步骤上目标状态的估计便可由样本的加权均值给出。粒子滤波目标跟踪算法的流程有如下步骤构成：

(1) 给定目标模型的特征分布 $\hat{q}$ 和前一时刻(帧)的样本集 $\boldsymbol{X}_{t-1}$，根据权重 w_{t-1}^j 从样本集 $\boldsymbol{X}_{t-1}$ 采集 N。计算归一化累计权重有 $c_{t-1}^0 = 0, \cdots, c_{t-1}^i = c_{t-1}^{i-1} + w_{t-1}^i, c'^i_{t-1} = \frac{c_{t-1}^i}{c_{t-1}^N}$，为保证均匀采样，生成[0,1]间均匀分布的随机数 r，对符合 $c'^j_{t-1} \geqslant r$ 的最小 j，设置 $\boldsymbol{x}'^i_{t-1} = \boldsymbol{x}_{t-1}^j$。

(2) 根据系统传播模型得到当前时刻(帧)的样本为 $\boldsymbol{x}_t^i = \boldsymbol{A}\boldsymbol{x}'^i_{t-1} + \boldsymbol{\omega}_{t-1}^i$。

(3) 观测颜色特征的分布情况，对样本集中的每一个样本 $\boldsymbol{x}_t^i$ 求取其特征分布 $p(\boldsymbol{x}_t^i)$，

同时计算相应的 Bhattacharyya 系数 $\mathrm{Bc}(\boldsymbol{x}_t^i)$，进一步获得对应的权重为 $w_t^i = \frac{1}{\sqrt{2\pi}\sigma}\mathrm{e}^{-\frac{1-\mathrm{Bc}(\boldsymbol{x}_t^i)}{2\sigma^2}}$。

(4) 使用取得的样本集 $\boldsymbol{X}_t$，通过加权样本均值估计目标的当前状态有 $E(\boldsymbol{X}_t) = \sum_{i=1}^{N} w_t^i \boldsymbol{x}_t^i$。

在状态向量中可进一步添加关于椭圆区域轴长变化的分量，以表明目标在跟踪过程中的尺度演变。此外，在系统模型中添加区域光流控制项，可为重采样提供一定的参考依据，从而辅助滤波跟踪处理获得更为精确、稳健的结果。

图 10.6 显示了采用粒子滤波方法实现的运动目标跟踪处理。方法的参数设置包括总样本(粒子)数，目标模型区域内的样本数，有效样本数阈值，以及标明状态向量的目标质心、初始区域范围和方向角度。图 10.6(a)中为起始状态，窗口搜索到对应目标并将其纳入处理范围内。图 10.6(b)中目标在跟踪中段放缓运动速度，跟踪结果稍有偏离，但未丢失目标。图 10.6(c)经过中段处理后，重新完整锁定目标。图 10.6 中椭圆框定的为目标模型区域，点集标识了样本(粒子)群，线划为目标的跟踪轨迹。

(a)

(b)

(c)

图 10.6　粒子滤波运动目标跟踪(彩图附后)

对于无人飞行器系统综合应用，基于状态更新的滤波跟踪处理更具实用意义。传感器平台姿态、飞行器航向航速及其航高与镜头焦距等系统参数可作为状态变量一同进行滤波处理，与单纯针对影像的处理相比较，其区别在于模型的构建更为复杂，而且各种信号数据在获取及处理的协同步调方面会出现不一致等情况，因此还会涉及多源数据融合处理等;这些都是有待进一步具体深入分析的问题。但是,这种框架可以将目标的跟踪、定位以及对无人飞行器的导航控制纳入共同的处理系统模式,因此也是一项非常有潜力的技术手段。

参考文献

Arulampalam S, Maskell S, Gordon N, Clapp T. 2002. A tutorial on particle filters for on-line non-linear/non-gaussian bayesian tracking. IEEE Transactions on Signal Processing, 50(2), 174~188

Barron J, Fleet D, Beauchemin S. 1994. Performance of optical flow techniques. International Journal of Computer Vision, 12: 43~77

Black M, Jepson D. 1998. Eigentracking: Robust matching and tracking of articulated objects using a view-based representation. International Journal of Computer Vision, 26(1), 63~84

Bovik A. 2006. Handbook of Image and Video Processing (Second Edition). San Diego: Academic Press

Bradski G. 1998. Computer vision face tracking for use in a perceptual userInterface. Intel Technology Journal Q2: 1~15

Brox T, Rousson M, Deriche R, Weickert J. 2005. Colour, texture and motion in level set based segmentation and tracking. Preprint No. 147, Saarland University

Chao H, Zheng Y F, Ahalt S C. 2002. Object tracking using the Gabor wavelet transform and golden section algorithm. IEEE Transactions on Multimedia, 4: 528~538

Collins R. 2003. Mean-shift blob tracking through scale space. In: Proceedings of IEEE Conference on Computer Vision and Pattern Recognition, 2: 234~241

Comaniciu D, Meer P. 1999. Mean shift analysis and applications. In: Proceeding of IEEE International Conference on Computer Vision: 1197~1203

Comaniciu D, Ramesh V, Meer P. 2000. Real-time tracking of non-rigid objects using mean shift. Proc IEEE Conf Computer Vision and Pattern Recognition, Ⅱ: 142~149

Djouadi A, Snorrason O, Garber F. 1990. The quality of training-sample estimates of the Bhattacharyya coefficient. IEEE Transacting on Pattern Analysis and Machine Intelligence, 12: 92~97

Doucet A. 1998. On sequential Monte Carlo methods for Bayesian filtering. University of Cambridge

Duda R, Hart P, Stork D. 2001. Pattern Classification (Second Edition). New York:John Wiley & Sons

Edwards G, Taylor C, Cootes T. 1998. Interpreting face images using active appearance models. In International Conference on Face and Gesture Recognition, 300~305

Gordon N, Salmond D, Smith A. 1993. Novel approach to nonlinear/non-Gaussian Bayesian state estimation. In: IEEE Proceedings on Radar and Signal Processing,140 (2): 107~113

Greenspan H, Belongie S, Goodman R, Perona P, Rakshit S, Anderson C. 1994. Overcomplete steerable pyramid filters and rotation invariance. In: Proceedings of IEEE Conference on Computer Vision and Pattern Recognition, 222~228

Huttenlocher D, Noh J, Rucklidge W. 1993. Comparing images using the Hausdorff distance. IEEE transactions on Pattern Analysis and Machine Intelligence, 15(9): 850~863

Isard M, Blake A. 1998. Condensation-conditional density propagation for visual tracking. International Journal of Computer Vision, 29:5~28

Kalman R. 1960. A new approach to linear filtering and prediction problems. Journal of Basic Engineering, 35~45

Kass M, Witkin A, Terzopolos D. 1988. Snakes: Active contour models. Int Journal of Computer Vision, (1): 321~331

Lewis R. 1986. Optimal Estimation with an Introduction to Stochastic Control Theory. New York: John Wiley & Sons

Mallat S. 1989. A theory for multiresolution signal decomposition: The wavelet representation. IEEE Transactions on

Pattern Analysis and Machine Intelligence, 11(7): 674～693
Paschos G. 2001. Perceptually uniform color spaces for color texture analysis: An empirical evaluation. IEEE Transactions on Image Processing,10: 932～937
Scott D. 1992. Multivariate Density Estimation: Theory, Practice and Visualization. New York: John Wiley & Sons
Shi J, Tomasi C. 1994. Good features to track. In: Proceedings of IEEE Conference on Computer Vision and Pattern Recognition, 593～600
Shutler J, Nixon M. 2006. Zernike velocity moments for sequence-based description of moving features. Image and Vision Computing, XX, 1～14
Swain M, Ballard D. 1991. Color indexing. International Journal of Computer Vision, 7: 11～32
Yalcin H, Collins R, Black M, Hebert M. 2005. A flow-based approach to vehicle detection and background mosaicking in airborne video. CMU-RI-TR-05-11, Carnegie Mellon University
Yilmaz A, Javed O, Shah M. 2006. Object tracking: A survey. ACM Computer Survey, 38(4): 1～45

索　引

Z

彩　　图

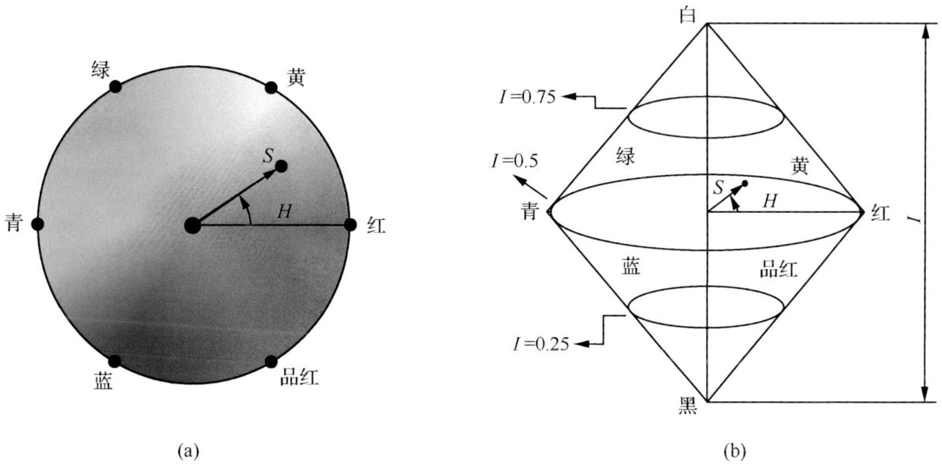

图 3.7　HIS 色彩空间模型

图 3.8　视频影像色调校正调整

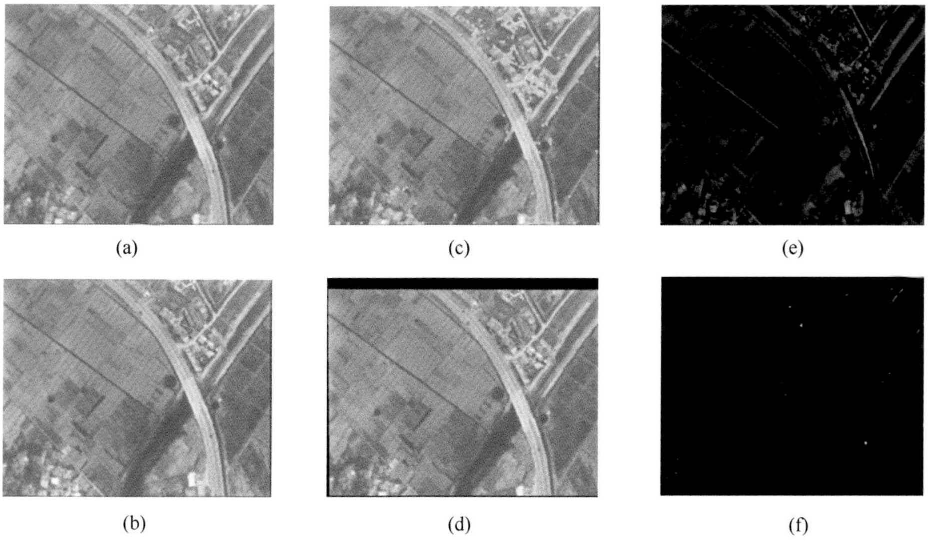

图 3.12　基于特征的影像运动补偿结果

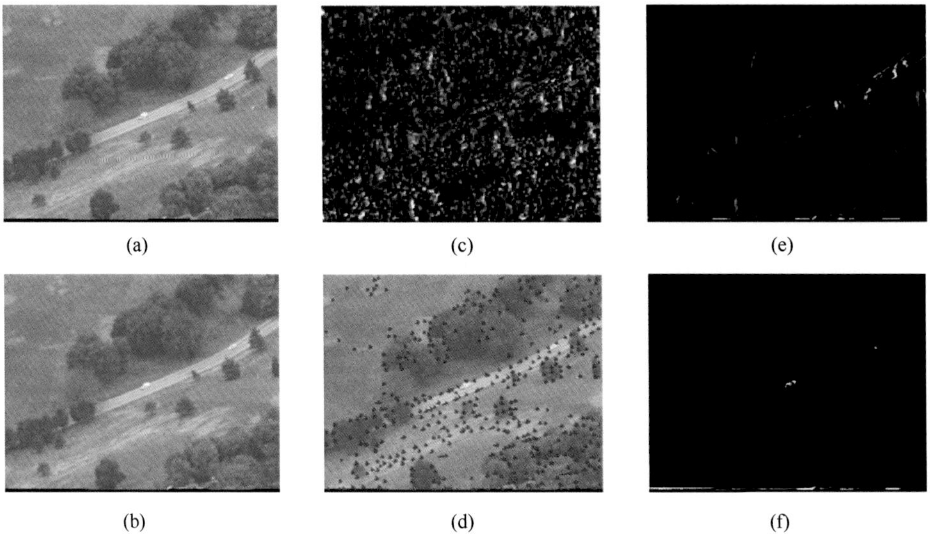

图 3.13　光流估计影像稳定结果

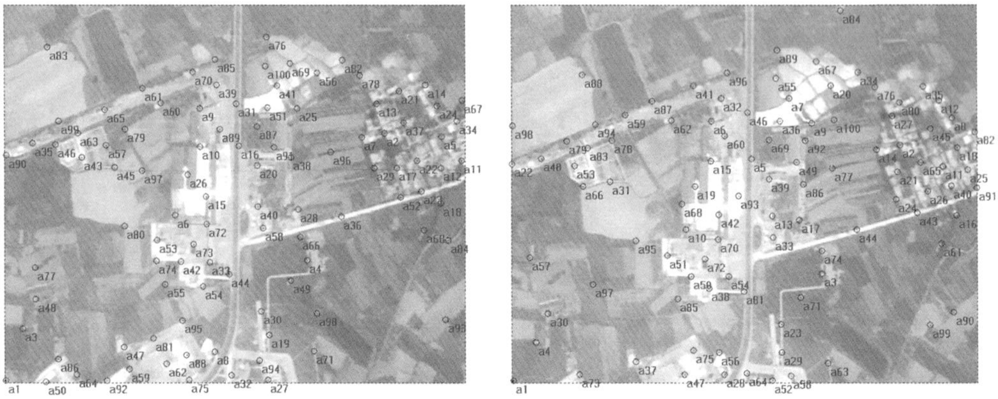

图 7.3　KLT 算法角点检测结果

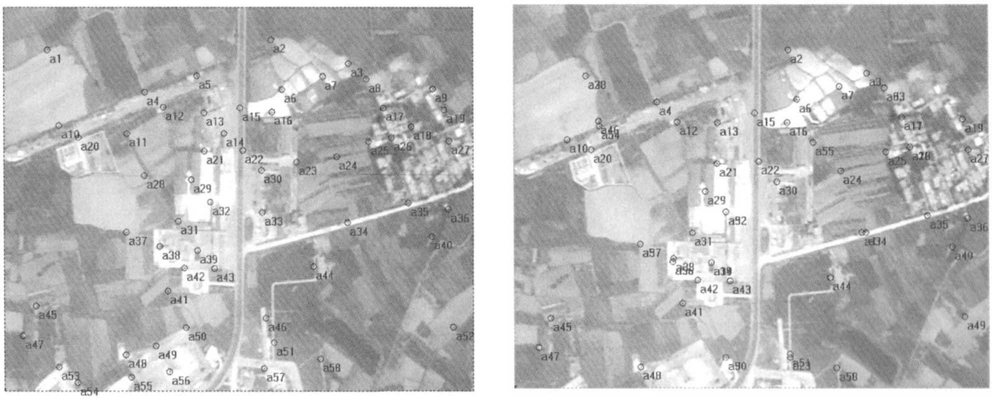

图 7.4　基于互相关测度的特征粗匹配结果

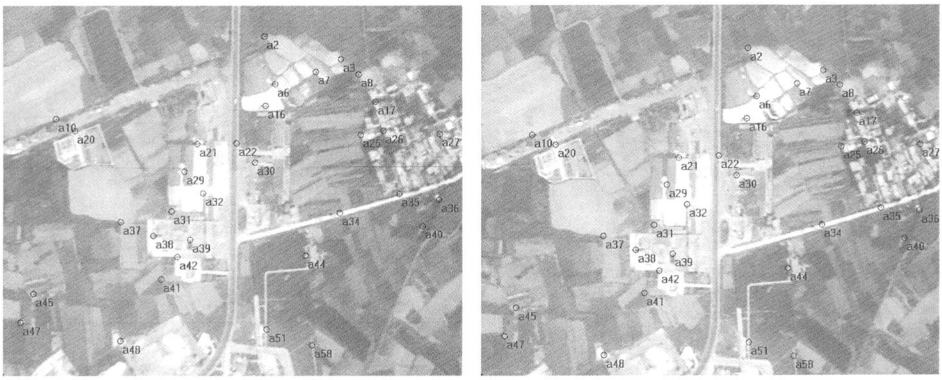

图 7.8　基于一致性判据的特征精匹配结果

图 7.12　基于三视图的匹配角点特征提取结果

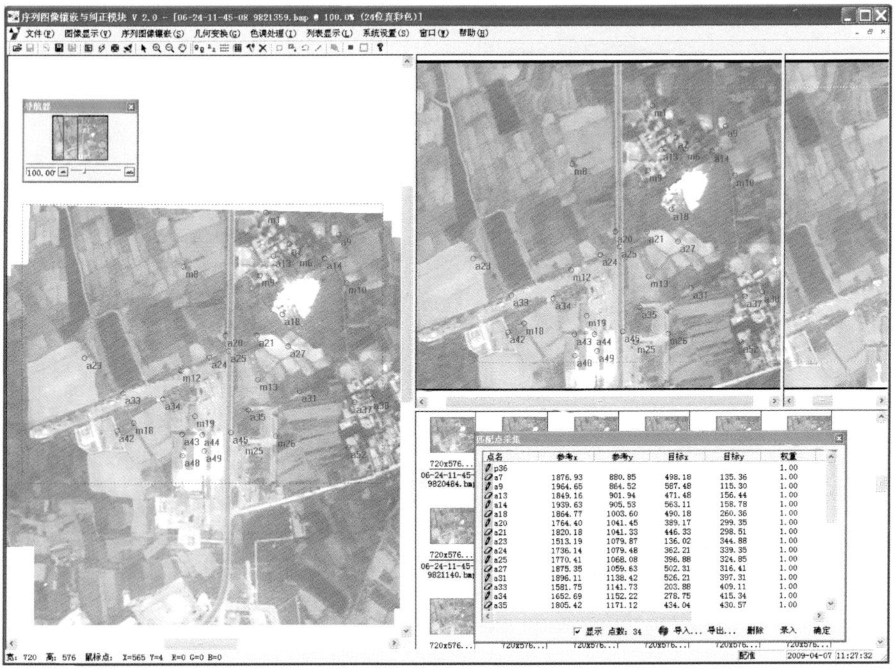

图 7.15　基于人工监督的序列图像自动镶嵌系统主界面

图 7.16　无人飞行器序列图像自动镶嵌结果

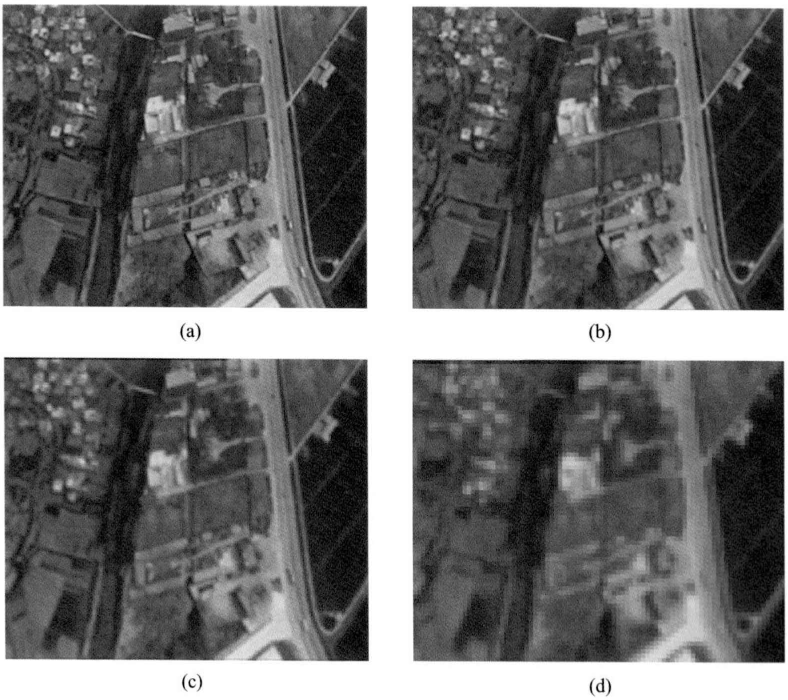

(a)　(b)

(c)　(d)

图 8.5　无人飞行器序列影像金字塔

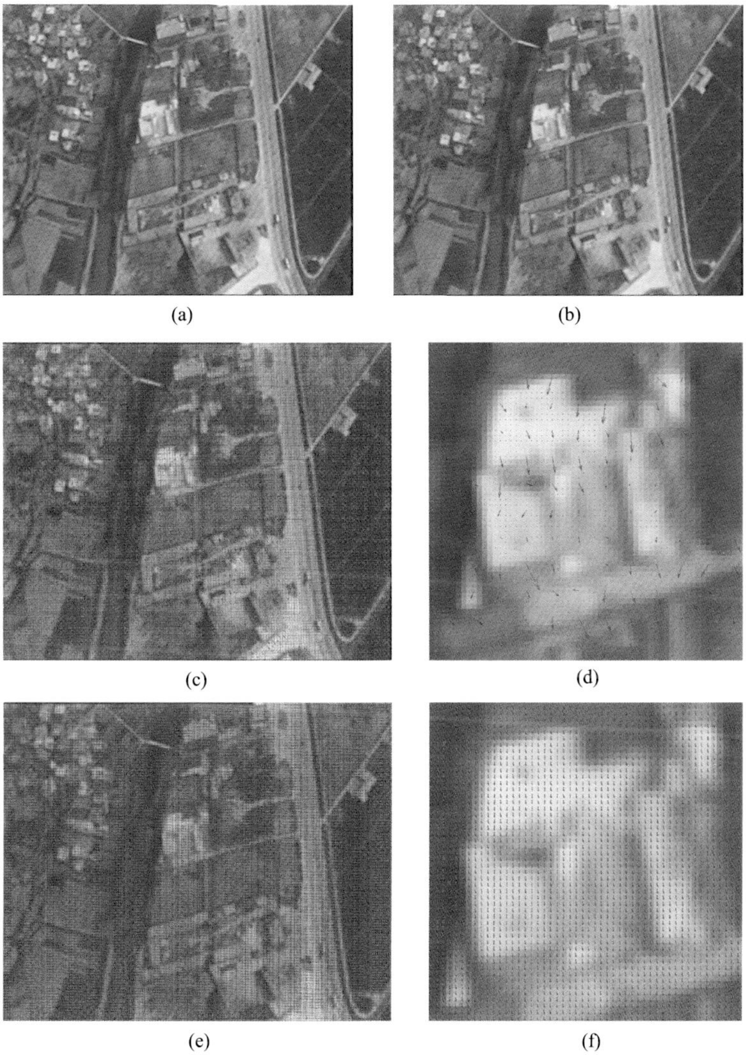

图 8.6　无人飞行器序列影像多条件约束变分光流估计及对比

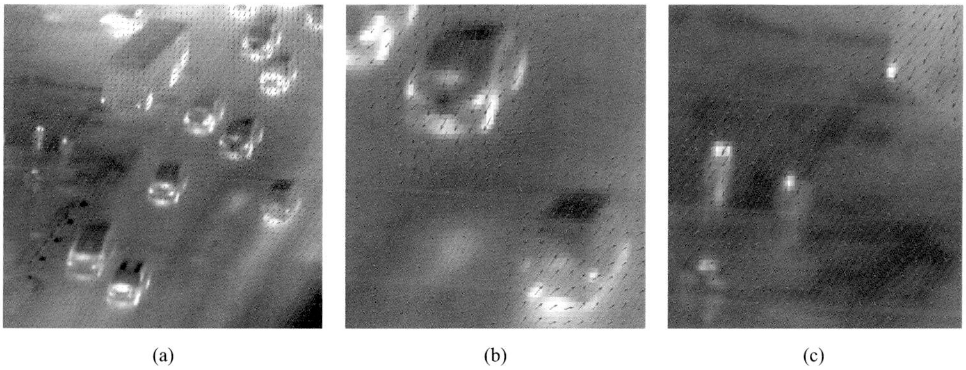

图 8.9　基于相位信息的红外序列影像光流估计

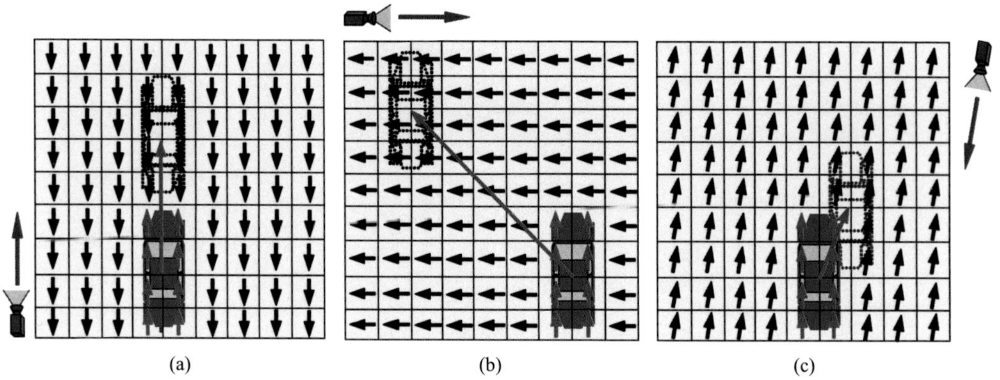

图 9.2　移动传感器平台运动目标检测示意

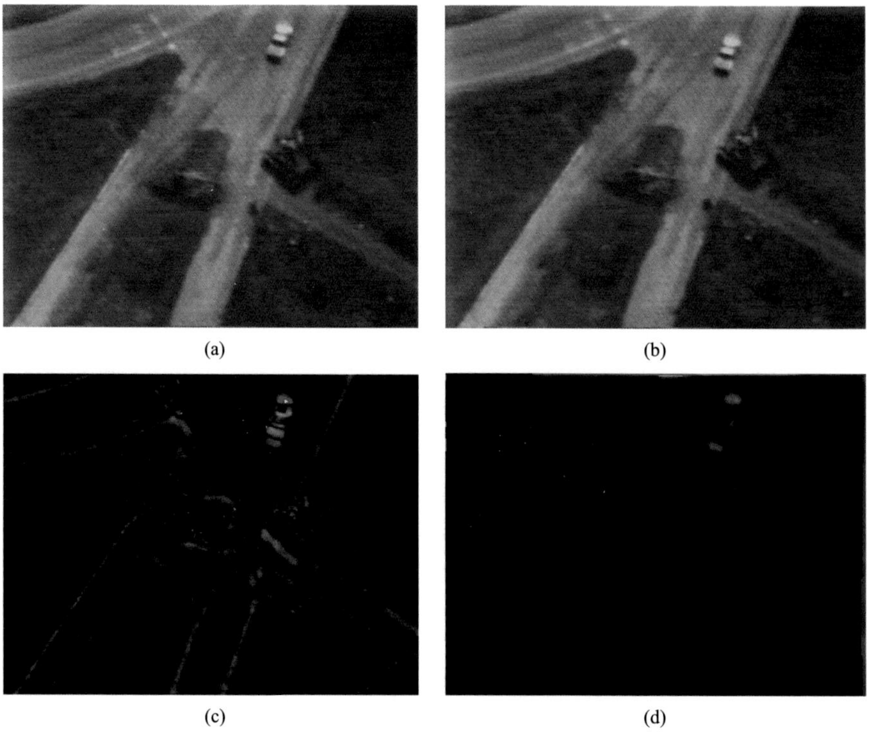

图 9.3　动态背景纠正差分运动目标检测

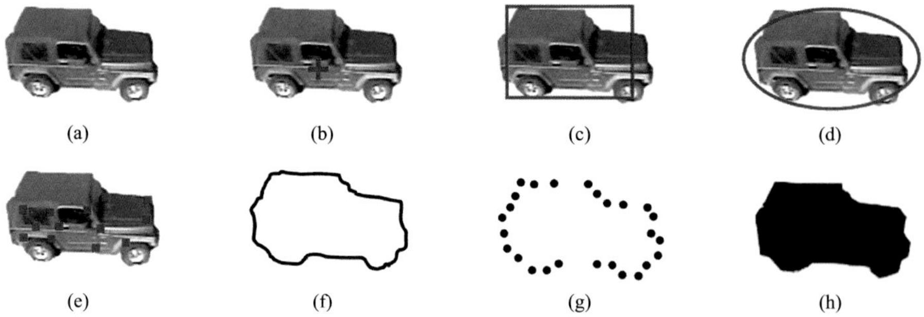

图 10.1　运动目标表现形式示例

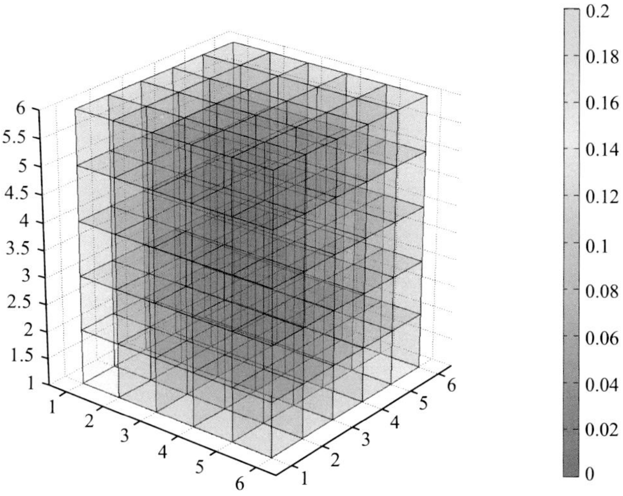

图 10.2　目标模型颜色特征直方图示例

图 10.3　机载序列影像均值偏移目标跟踪

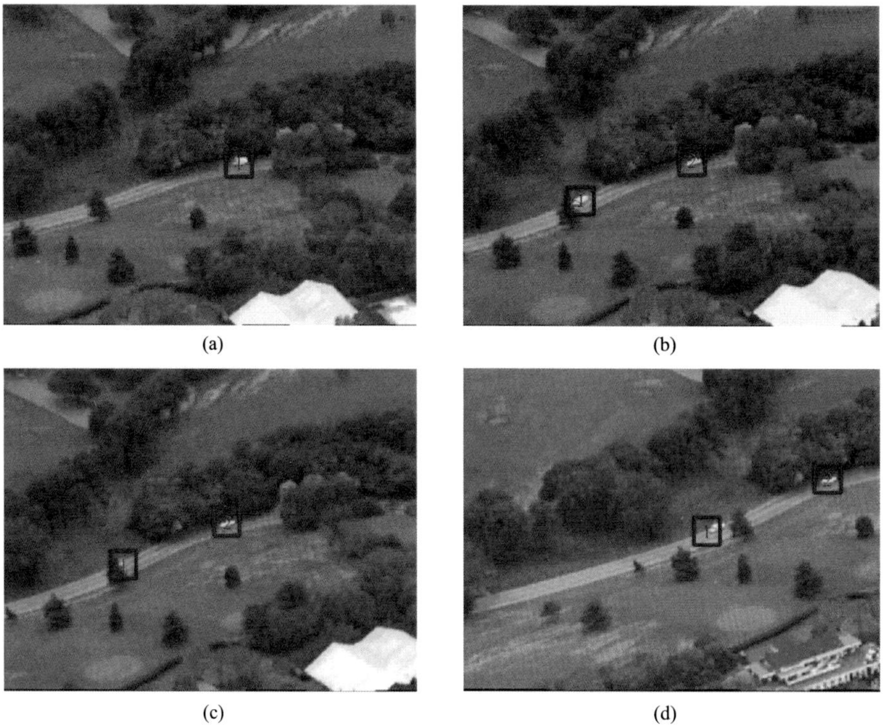

图 10.4　无人飞行器序列影像多运动目标跟踪

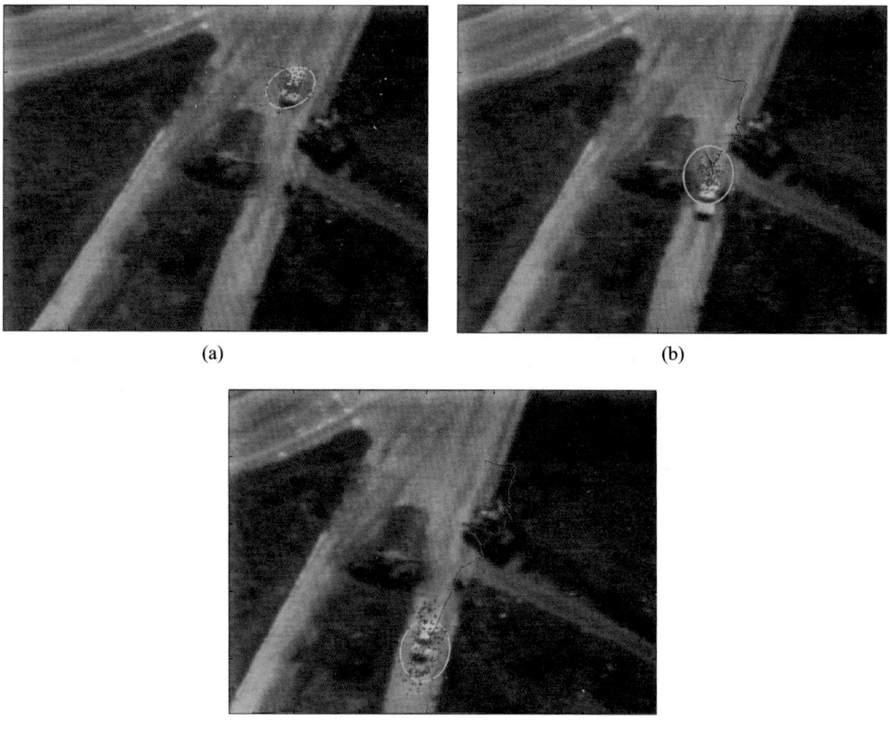

图 10.6　粒子滤波运动目标跟踪